Die
Meteorologie des Sonnblicks

I. Teil

Beiträge zur Hochgebirgsmeteorologie

nach Ergebnissen 50jähriger Beobachtungen des Sonnblick-observatoriums, 3106 m

Von

Ferdinand Steinhauser
Wien

Eingereicht zur Erlangung des Grades eines Dr. phil. habil.
an der philosophischen Fakultät der Universität in Wien

Springer-Verlag Wien GmbH 1938

ISBN 978-3-662-24043-4   ISBN 978-3-662-26155-2 (eBook)
DOI 10.1007/978-3-662-26155-2

Am 2. September 1886 wurde auf dem Gipfel des Hohen Sonnblicks das meteorologische Observatorium eröffnet, und es sind nun schon mehr als 50 Jahre, daß dort regelmäßige Beobachtungen gemacht werden. Wie die Schaffung dieses Observatoriums für die damalige Zeit eine Großtat ersten Ranges war, so kann seine Erhaltung bis zum heutigen Tage als einzigartige Leistung nicht hoch genug geschätzt werden. Dies um so mehr, als das Observatorium nicht nur als Beobachtungsstation, sondern auch als Forschungsstätte unserer Wissenschaft unmittelbar dient. Über die Gründung und über die Geschichte wie über die Bedeutung der auf dem Sonnblick geleisteten Forscherarbeit wurde bereits an anderen Orten berichtet, und es soll hier der Hinweis darauf genügen [1—8].

Eine 50jährige, ununterbrochene und homogene Beobachtungsreihe bedeutet auch für Stationen der Niederung schon viel, sie ist aber für die Höhenlage des Sonnblicks in der ganzen Welt einzig dastehend. Hervorragend und beispielgebend ausgerüstet, hat das Sonnblick-Observatorium in diesen 50 Jahren eine ungeheure Menge von Beobachtungsmaterial geliefert. Neben dem Gipfelobservatorium sorgte auch eine Reihe von ebenfalls mit Registrierinstrumenten ausgerüsteten Fuß- oder Nebenstationen, die mehr oder minder lang im Gebiet des Sonnblicks in Betrieb waren, für Material zur Erforschung der besonderen meteorologischen Verhältnisse des ganzen Gebirgsmassivs.

Die Vollendung der ersten 50jährigen Beobachtungsperiode des Observatoriums war uns nun Anlaß zu einer umfassenden Bearbeitung des gesamten Beobachtungsmaterials. In diesem ersten Teil soll zunächst eine Meteorologie des Sonnblickgipfels gegeben werden, wie sie sich durch statistische Auswertung der am Observatorium gewonnenen Beobachtungen darbietet. Ein folgender Teil soll dann die Meteorologie des Gebirgsstockes, also den Zusammenhang der meteorologischen Verhältnisse auf dem Gipfel mit denen seiner Umgebung, darstellen, und in einem dritten Teil sollen Sonderfragen behandelt werden, die zum Teil Material, das nicht im laufenden Observatoriumsbetrieb gewonnen worden ist, betreffen, wie z. B. Fragen der Strahlungsklimatologie oder auch Auswirkungen besonderer Wetterlagen, Rhythmen im Witterungsablauf und Probleme der dynamischen Klimatologie.

Um einen Überblick über die allgemeinen klimatischen Verhältnisse an einer Station geben zu können, genügt meist schon eine kürzere Beobachtungsreihe. In diesem Sinne sind wir auch bereits durch frühere Veröffentlichungen [9] hinreichend unterrichtet, und es konnte nicht meine Aufgabe sein, mich darauf zu beschränken, nur in einer Zusammenfassung des bisher Bekannten eventuell mit neuen Mittelwerten eine allgemeine Beschreibung der mittleren Witterungsverhältnisse auf dem Sonnblickgipfel zu bringen. Dies würde die große Arbeit des Observatoriums und auch die mühevolle Bearbeitung des Beobachtungsmaterials nicht lohnen. Mein Streben mußte vielmehr darauf gerichtet sein, darüber hinaus die durch die Einzigartigkeit der langen Beobachtungsreihe und durch die Vielfältigkeit der Registrierungen gegebenen besonderen Möglichkeiten auszuschöpfen und damit einen neuen Beitrag zur Kenntnis der Hochgebirgsmeteorologie zu liefern.

Wenn ich kurz erwähnen darf, welche Möglichkeiten eine statistische Untersuchung einer langen Beobachtungsreihe gibt, so sind es vor allem folgende:

1. Es können die Mittelwerte der verschiedenen meteorologischen Elemente durch sie gesichert werden. Damit ist auch eine Kontrolle der Allgemeingültigkeit der aus kürzeren

Beobachtungsreihen bekannten Mittelwerte zu verbinden, die sich aus der Beachtung ihrer Veränderlichkeit ergibt. Dies gilt auch für mittlere Jahres- und Tagesgänge.

2. Wenn sich herausstellt, daß die Mittelwerte sich mit der Zeit ändern, erhalten wir aus ihrer zeitlichen Folge Aufschluß über das Vorhandensein von säkularen Schwankungen, von Klimaschwankungen. Ihrem Rhythmus und ihrer Größe war seit langem auch das besondere Interesse der Meteorologen gewidmet. Gerade die Ungestörtheit des Hochgebirges bietet für die Erforschung solcher Änderungen gute Aussichten.

3. Was im meteorologischen Mittelwert in einer einzigen Maßzahl zum Ausdruck kommt, kann nur als quantitative Vergleichsgröße gewertet werden. Die tatsächlichen Verhältnisse zeigen sich erst in den Einzelfällen, deren nicht eindeutige Resultierende der Mittelwert ist. Es ist natürlich schwierig, alle Einzelwerte übersichtlich in einer Art zusammenzufassen, daß damit die wirklichen Verhältnisse beschrieben werden. Wenn auch nicht ganz so einfach wie im Mittelwert, so läßt sich dies doch mit verhältnismäßig wenigen Zahlen durch die Methoden der beschreibenden Statistik erreichen. Vorbedingung für ihre Anwendung ist aber das Vorhandensein eines großen Zahlenmaterials, also eine lange Beobachtungsreihe. Dann lassen sich Gesetzmäßigkeiten im Auftreten von Einzelwerten in ihren Häufigkeitsverteilungen ableiten. Auch hiezu haben wir in der 50jährigen Reihe vom Sonnblick die Möglichkeit, und ich habe im folgenden erstmalig für die Hochregion der Alpen und damit auch für ein Hochgebirge überhaupt das meteorologische Geschehen in dieser Art zur Darstellung gebracht. Dabei kann es nicht nur darauf ankommen, die Größe der Einzelwerte und die Wahrscheinlichkeit ihres Auftretens zu erfassen. Ein in klimatologischer Hinsicht ganz wesentliches Merkmal ist durch die Aufeinanderfolge der Einzelwerte, die in der Andauer bestimmter Werte zum Ausdruck kommt, zu geben. Es ist vom praktischen Standpunkt aus ganz verschieden zu werten, ob extreme Verhältnisse nur vereinzelt oder in Perioden auftreten.

4. Wir sind im allgemeinen gewöhnt, den Jahresablauf des meteorologischen Geschehens nach Mittelwerten zu beurteilen. Auch dies kann nur eine rohe Approximation darstellen, die charakteristische Einzelheiten oft sehr weitgehend verdeckt. Einen genaueren Einblick in die durchschnittliche Entwicklung des Wetters das Jahr hindurch bietet die Verfolgung von langjährigen Mittelwerten der meteorologischen Elemente für jeden Tag. Sie setzt auch eine langjährige Beobachtungsperiode voraus und bringt bei Vermeidung der durch die Bezugnahme auf Monatswerte gegebenen willkürlichen Einteilung in bestimmte Zeitabschnitte, wodurch oft zusammengehörige Witterungsentwicklungen zerrissen und andererseits ungleichartige vermischt werden, den tatsächlichen Verhältnissen am besten gerecht werdend, den durchschnittlichen Jahresablauf des Wettergeschehens zur Darstellung. Dabei kommen auch Besonderheiten zur Geltung, die besonders durch die Arbeiten von Schmauß [10] als „Singularitäten" der Jahresgänge in den Interessenkreis meteorologischer Forschung gerückt worden sind. Schmauß sieht darin „nicht Zufälligkeiten im gewöhnlichen Sinne, sondern Realitäten, die uns sagen, daß das quantenhafte Geschehen im Witterungsablauf, das uns als solches wohl vertraut ist, eine kalendermäßige Bindung wenigstens insoweit besitzt, daß nicht alle Ereignisse an jedem Tag gleich wahrscheinlich wären". Bei Unterteilung langjähriger Beobachtungsreihen in zwei Abschnitte stellte er Singularitäten fest, die in beiden Teilabschnitten an dasselbe Datum gebunden waren, und solche, die eine zeitliche Verschiebung erhalten hatten, dabei aber als Singularitäten in beiden Abschnitten auftraten. Solche Verschiebungen sind hauptsächlich um die Jahrhundertwende erfolgt, die für unser Gebiet von verschiedenen Seiten als Zeitpunkt einer Klimaverwerfung [11] festgestellt worden ist. Es ist daher vielleicht ratsam, bei Untersuchungen dieser Singularitäten dies in der Wahl des Zeitabschnittes zu berücksichtigen. Da auch von der internationalen klimatologischen Kommission die Periode 1901 bis 1930 als Nor-

malperiode empfohlen wird, habe ich in den meisten Fällen die mittleren Jahresgänge auch nur für diese Zeit abgeleitet.

Abgesehen von der Bedeutung, die man den Singularitäten in der Beurteilung des Jahresganges eines bestimmten meteorologischen Elementes gegeben hat, stellen sie auch Stationen im Jahresverlauf des Wettergeschehens dar, die beim Zusammenhalten der verschiedenen meteorologischen Elemente auch dazu geeignet sind, Einblicke in die Genetik des Wetters zu liefern. Von diesem Gesichtspunkt betrachtet, kommt es auch gar nicht darauf an, ob sie allgemein „reell" sind. Für die Zeit, aus der sie abgeleitet worden sind, müssen sie jedenfalls als reell betrachtet werden und es ist für den Zusammenbau zum gesamten Wettergeschehen nur wesentlich, daß sich die Jahresgänge der einzelnen Elemente auf dieselbe Zeit beziehen.

Die Behandlung der im vorstehenden skizzierten Aufgaben ist so umfangreich und in der Auswertung des Beobachtungsmaterials oft so mühevoll und zeitraubend, daß meist eine sinnvolle Beschränkung geboten war. Es wurde daher nicht allen Untersuchungen das gesamte Beobachtungsmaterial zugrunde gelegt, sondern dort, wo es erlaubt schien, eine zweckmäßige Auswahl von Jahren vorgenommen. Es kommt nicht in allen Fällen darauf an, sehr viel Beobachtungsmaterial zu haben, wesentlich und wichtig ist nur, genügend davon verwenden zu können.

* * *

Vor dem Eingehen auf das eigentliche Thema muß noch kurz die Lage und Ausrüstung der Station beschrieben werden. Das Observatorium ist im Schutzhaus des

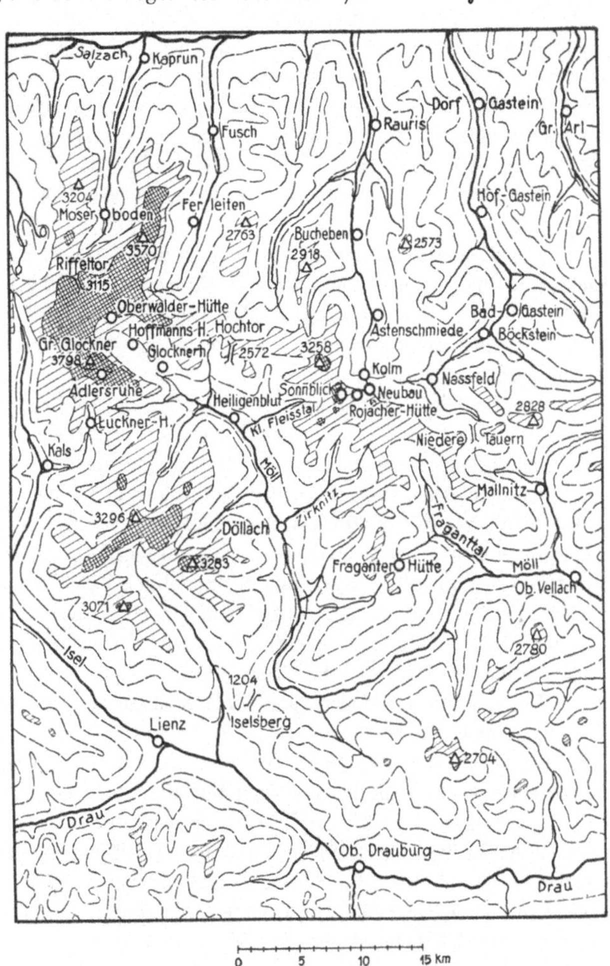

Karte des Sonnblickgebietes.

D. u. Ö. Alpenvereines, das auf dem Gipfel des 3106 m hohen Sonnblicks (47° 03′ N, 12° 57′ E) steht, in eigenen Räumen untergebracht. Der Berg liegt im Hauptkamm der Hohen Tauern und wird nur im NW von dem 3 km entfernten Hocharngipfel um 150 m und im ESE von dem 5 km entfernten Gipfel des Scharecks um 20 m überragt. Gegen N und NE fällt eine steile Wand 1500 m zum Talkessel von Kolm-Saigurn ab, von dem aus nach Norden das Raurisertal zur Salzach hinzieht. Im S, SE und SW ist der Berggipfel vom Goldberg-, bzw. Fleißgletscher umgeben. Gegen W führt in Fortsetzung des Fleißgletschers das Fleißtal nach Heiligenblut, 1300 m, in das vom Pasterzengletscher aus WNW kommende und gegen SSE weiterführende Mölltal.

Der Turm des Schutzhauses trägt das Schalenkreuzanemometer (Kew-Modell). Die zugehörige Registriervorrichtung ist im Innern des Turmes untergebracht. Vor einem Südfenster des Turmes steht auf einer vorgeschobenen Konsole der Sonnenscheinautograph (englisches Modell). An der Nordseite des Turmes hängt, durch doppelte Fenster gegen Störungen, die aus dem Innern des Turmes kommen könnten, geschützt, eine Holzjalousiehütte, die, zum Teil in mehrfacher Besetzung, Thermometer, Hygrometer, Psychrometer, Extremthermometer, Thermograph, Hygrograph und Thermohygrograph enthält. Barographen und Barometer sind im sogenannten Gelehrtenzimmer aufgestellt, das nur gelegentlich, wenn jemand zum Zwecke besonderer Untersuchungen auf dem Sonnblick weilt, benutzt wird und daher meist ungeheizt ist. Das Ombrometer steht nordwestlich vom Haus, knapp ober der Nordwand. Ein zweites Ombrometer ist seit einigen Jahren etwas südlich vom Haus aufgestellt und in derselben Richtung, noch etwas weiter entfernt, steht ein Niederschlagssammler (Totalisator) in Betrieb.

Die täglichen Beobachtungen werden um 7, 14 und 21 Uhr vorgenommen. Als Beobachter wurden immer berggewohnte Männer aus den Alpenländern verwendet, die, von Meteorologen in den Dienst eingeführt, diesen in den überwiegend meisten Fällen zur vollen Zufriedenheit durchführten. Die Station wird wegen ihrer Wichtigkeit von Wien aus sehr häufig (meist jährlich) inspiziert.

Das Beobachtungsmaterial wird in Wien an der Zentralanstalt für Meteorologie gesammelt. Die Registrierungen wurden früher von dieser Anstalt und werden jetzt im Auftrage des Sonnblick-Vereines zum größten Teil ausgewertet. Die täglichen Beobachtungen werden in extenso in den Jahrbüchern der Zentralanstalt in Wien veröffentlicht; seit 1932 sind sie auch in die Jahresberichte des Sonnblick-Vereines als Anhang aufgenommen. Monats- und Jahresübersichten der Beobachtungsergebnisse sind ebenfalls in den Jahrbüchern der Zentralanstalt und in den Jahresberichten des Sonnblick-Vereines enthalten. In früheren Jahren wurden in den Jahrbüchern der Zentralanstalt auch die stündlichen Auswertungen der Registrierungen veröffentlicht, jetzt geschieht dies aus Ersparungsgründen nur mehr für die mittleren Tagesgänge von Luftdruck und Temperatur.

In der folgenden Wiedergabe der Ergebnisse der Verarbeitung des Beobachtungsmaterials vom Sonnblick-Observatorium ist das Hauptgewicht auf die Darstellung in konkreten Zahlenangaben durch Tabellen gelegt. Diese Art der Darstellung ist vielleicht etwas schwieriger und unangenehmer zu lesen, hat aber den Vorteil, daß sie sehr viel Material bringt und jedem die Möglichkeit bietet, das für seine Zwecke Interessante herauszusuchen. Der Text wurde vorwiegend nur auf die Erläuterung der Tabellen und die Erklärung ihres wesentlichen Inhaltes beschränkt. Von einer landläufigen Beschreibung der allgemeinen Witterungsverhältnisse habe ich abgesehen, da diese einerseits aus früheren klimatographischen Darstellungen bekannt sind und andererseits sich auch wieder die Leser aus den mitgeteilten Zahlenwerten selbst das richtige Bild machen können. Zur Behandlung besonderer Witterungsvorgänge wird vielleicht im III. Teil noch Gelegenheit sein.

TEMPERATUR.

Für die Gestaltung der Temperaturverhältnisse im Flachland sind vor allem zwei Faktoren maßgebend: die Strahlung und die Advektion. Diese beiden Faktoren sind es auch, die die Temperaturverhältnisse eines Hochgebirgsgipfels beherrschen. Sie tun dies dort aber in wesentlich anderer Art als im Tiefland. Im Flachland oder in den Tälern wird zu Zeiten von überwiegender Ausstrahlung die Luft abgekühlt und bleibt dort liegen, wenn nicht gerade turbulentes Wetter für Durchmischung mit anderen Schichten oder für einen Ab-

Tabelle 1. Übersicht der Temperaturverhältnisse (1887—1936), ° C.

	Jänner	Februar	März	April	Mai	Juni	Juli	August	Sept.	Okt.	Nov.	Dez.	Jahr
50jährige Mittelwerte (1887—1936):													
7 Uhr	—13·2	—13·9	—12·6	—9·6	—4·8	—1·7	0·4	0·3	—1·9	—5·3	—8·9	—11·7	—6·91
14 „	—12·3	—12·7	—10·6	—7·6	—2·4	0·0	1·8	2·0	—0·4	—4·2	—8·1	—11·1	—5·47
21 „	—13·0	—13·5	—11·9	—9·1	—4·3	—1·4	0·7	0·8	—1·5	—5·2	—8·8	—11·5	—6·56
$(7^h+14^h+2\times21^h)/4$	—12·9	—13·4	—11·7	—8·8	—4·1	—1·2	0·9	1·0	—1·3	—4·9	—8·6	—11·5	—6·38
Durchschnittliche Veränderlichkeit der Monats- und Jahresmittel:													
	1·80	1·85	1·37	1·34	1·31	1·05	1·06	0·89	1·52	1·46	1·50	1·55	0·50
Höchste Monats- und Jahresmittel:													
	—7·9	—7·7	—8·1	—5·7	—0·7	2·0	4·2	3·7	2·6	—1·5	—5·5	—8·0	—4·7
Jahr	1898	1914	1920	1902	1920	1931	1928	1932	1932	1921	1895	1932	1920
Niedrigste Monats- und Jahresmittel:													
	—17·5	—19·6	—15·2	—12·6	—8·5	—4·3	—2·8	—1·3	—7·1	—10·7	—13·0	—16·2	—7·8
Jahr	1893	1901	1907	1903	1902	1923	1913	1912	1912	1905	1912	1906	1909
Größte positive Abweichung vom 50jährigen Mittel:													
	5·0	5·7	3·6	3·1	3·4	3·2	3·3	2·8	3·9	3·4	3·1	3·5	1·7
Größte negative Abweichung vom 50jährigen Mittel:													
	4·6	6·2	3·5	3·8	4·4	3·1	3·7	2·2	5·8	5·8	4·4	4·7	1·4
Variationsbreite der Monats- und Jahresmittel:													
	9·6	11·9	7·1	6·9	7·8	6·3	7·0	5·0	9·7	9·2	7·5	8·2	3·1
Durchschnittliche Monats- und Jahresmaxima:													
	—3·9	—4·5	—3·1	—0·7	3·4	6·6	9·1	8·7	6·0	2·6	—0·7	—2·9	9·9
Durchschnittliche Monats- und Jahresminima:													
	—25·4	—25·4	—23·1	—19·2	—13·5	—9·1	—6·8	—7·2	—10·4	—15·3	—19·8	—23·2	—28·8
Durchschnittliche Variationsbreite:													
	21·5	20·9	20·0	18·5	16·9	15·7	15·9	15·9	16·4	17·9	19·1	20·3	38·7
Absolutes Maximum:	1·3	1·2	3·5	3·5	7·0	12·8	13·8	11·7	9·8	7·2	5·8	0·7	13·8
Jahr	1901	1899	1920	1934	1931	1935	1905	1923 1925	1903	1930	1927	1920	1905
Absolutes Minimum:													
	—37·2	—33·0	—34·6	—26·6	—20·0	—15·8	—10·4	—9·5	—16·4	—25·4	—28·5	—33·0	—37·2
Jahr	1905	1901	1890	1929	1935	1897	1898	1915	1889	1891	1915	1927	1905
Variationsbreite:	38·5	34·2	38·1	30·1	27·0	28·6	24·2	21·2	26·2	32·6	34·3	33·7	51·0
10jährige Mittel:													
1887—1896	—14·1	—14·4	—12·2	—9·0	—4·3	—1·3	0·4	0·7	—1·3	—5·5	—8·3	—12·3	—6·80
1897—1906	—12·3	—12·9	—11·8	—8·6	—4·8	—1·1	1·3	1·2	—1·0	—4·9	—8·1	—11·4	—6·20
1907—1916	—13·1	—13·7	—12·0	—9·3	—3·9	—1·1	—0·2	0·2	—2·8	—4·5	—10·1	—10·7	—6·77
1917—1926	—12·4	—12·1	—11·4	—8·7	—3·4	—2·0	1·0	1·0	—0·8	—4·7	—9·0	—11·8	—6·19
1927—1936	—12·4	—13·8	—11·2	—8·6	—4·1	—0·3	1·8	1·6	—0·8	—4·9	—7·7	—11·1	—5·96
30jährige Mittel 1901—1930:													
$(7^h+14^h+2\times21^h)/4$	—12·71	—13·16	—11·50	—8·86	—3·96	—1·11	0·86	0·95	—1·52	—4·73	—9·13	—11·45	—6·36
24stündig	—12·76	—13·20	—11·48	—8·98	—4·06	—1·17	0·81	0·90	—1·54	—4·73	—9·13	—11·43	—6·40

transport sorgt; in Tälern oder in Kessellagen kommt noch zur Verschärfung der Temperatur-
erniedrigung dazu, daß die an den Hängen abgekühlte Luft dorthin abfließt und sich dort
sammelt. Auf dem Hochgebirgsgipfel wird die Luft ebenfalls durch Ausstrahlung abgekühlt;
sie sinkt aber in die umgebende Niederung ab und wird durch Luft, die aus höheren Schichten
nachkommt und dabei eher noch erwärmt wird, ersetzt. Zu Zeiten überwiegender Einstrahlung wirkt das Flachland als weite Heizfläche. Die Luft wird stark erwärmt. In Tälern
oder Kessellagen wird bei behinderter Ventilation und bei Vergrößerung der Heizflächen
durch die Hänge die Erwärmung noch gesteigert. Auf dem Hochgebirgsgipfel und im besonderen auf einem von Eisflächen umgebenen ist die unmittelbare Heizfläche sehr beschränkt.
Die Erwärmung wird dann zum guten Teil auf die aus den umliegenden Tälern durch
Vertikalkonvektion herbeigeschaffte Warmluft zurückgeführt werden müssen. Die unmittelbar temperatursteigernd wirkende Einstrahlung kann trotz erhöhter Intensität nur in relativ
geringem Maße zur Geltung kommen.

Die Wirkung der Advektion im Flachland besteht hauptsächlich in einer horizontalen
Herbeischaffung oder Verschiebung verschiedener Luftmassen. Auf dem Hochgebirgsgipfel
kommt als wesentlicher Faktor die gesteigerte Möglichkeit zur Advektion in vertikaler
Richtung hinzu. Die dynamisch zum Aufsteigen über den Gipfel gezwungene Luft wird dabei
abgekühlt; umgekehrt wird die z. B. in Antizyklonen dynamisch zum Absinken gezwungene
Luft dem Hochgebirgsgipfel Erwärmung bringen. Für die Beeinflussung der Temperatur des
aufsteigenden Luftstromes kommt auch noch die bei Wolkenbildung frei werdende Kondensationswärme in Betracht. Damit sind im wesentlichen die Unterschiede der Wirkung der
temperaturbeeinflussenden Faktoren in der Niederung und auf dem Berggipfel umrissen.
Darin kommt aber auch zugleich zum Ausdruck, daß die Temperaturverhältnisse auf einem
Hochgebirgsgipfel — auch wenn er ganz frei liegt — sich von denen der freien Atmosphäre
unterscheiden müssen. Dies geschieht aber nur in bestimmten Grenzen, die wir aus verschiedenen Untersuchungen, auf die später noch zurückgekommen werden soll, kennen.
Unter Berücksichtigung dieser Grenzen können wir aber doch sagen, daß uns das in eine
Höhe über 3100 m emporgehobene Gipfelobservatorium des Hohen Sonnblicks mit seinen nun
50 Jahre hindurch ohne Unterbrechung fortgeführten Temperaturaufzeichnungen in einzig-
artiger und sonst nirgends erreichter Weise eine Geschichte des Temperaturablaufes
dieser Atmosphärenschichte gibt. Darin liegt die hohe Bedeutung dieser Beobachtungen und
darin sehen wir auch die Begründung für eine möglichst ausführliche Behandlung der Temperaturverhältnisse auf dem Sonnblick.

Die Thermometer und Thermographen waren, wie erwähnt, immer in einer Jalousiehütte
untergebracht, die unmittelbar über der Nordwand des Berges am Turm des Zittelhauses hängt.
Die ganze 50jährige Reihe ist also, was die Aufstellung der Instrumente anlangt, homogen.

Am einfachsten werden die Temperaturverhältnisse durch die Monats- und Jahresmittel
gekennzeichnet. Im 50jährigen Mittel beträgt die Jahrestemperatur auf dem Sonnblick
—6·4°. Die Jahresschwankung ist, beurteilt nach der Differenz zwischen höchstem und
niedrigstem Monatsmittel, 14·4°. Der kälteste Monat ist der Februar und der wärmste der
August. Gegenüber den Stationen der Niederung zeigt sich also im Jahresgang eine Ver-
zögerung der Extreme und eine beträchtliche Verminderung der Jahresschwankung. (Jahresschwankung in Badgastein, 974 m, 18·3°, in Wien, 202 m, 20·7°.) Beides erklärt sich aus den
einleitend dargelegten Unterschieden in der Wirkung der Strahlungsfaktoren zwischen Niederung und Berggipfel. Die Phasenverschiebung des Jahresganges hat verschiedene Gründe.
Hauptsächlich hängt die Erwärmung, bzw. Abkühlung der oberen Luftschichten von den dem
Jahresgang entsprechenden Temperaturänderungen der Niederung ab. Das Bindeglied stellt
die Austauschkonvektion dar. Ihr entspricht, ähnlich wie bei der Wärmeleitung im Boden,
eine Phasenverzögerung. Die Verschiebung des Minimums vom Jänner auf Februar ist zum

Teil auch darauf zurückzuführen, daß, während im Gebirge noch Schnee liegt und die zur Verfügung stehende Einstrahlung daher hauptsächlich zur Schneeschmelze und beinahe gar nicht zur Erwärmung der Luft verwendet wird, in der zum Großteil oder schon ganz schneefreien Niederung der Boden und damit auch die Luft bereits beträchtlich erwärmt werden.

Die charakteristischen Abweichungen im Bau der Jahreskurve der Temperatur auf dem Hochgebirgsgipfel von der der Niederung zeigen sich deutlich, wenn man die Monatsmittel in Relativwerten ausdrückt. Die Relativtemperaturen sind dadurch definiert, daß sie, ausgehend vom niedrigsten Monatsmittel als Nullpunkt, die einzelnen Monatswerte in Prozenten der Jahresschwankung ausdrücken [12]. Dies ist in der Tab. 2 zum Vergleich von Sonnblick und Wien gemacht. Für den normalen Jahresgang hat W. Köppen [12] die Funktion $\tau = 100 \sin^2 15\,x$ angenommen; dabei wird Mitte Jänner für x = 0 und Mitte Juli für x = 6 gerechnet. In der Tab. 2 sieht man, daß die Abweichungen des relativen Jahresganges der Temperatur von Wien von dem normalen Gang nicht groß sind, die vom Sonnblick sind aber in der ersten Jahreshälfte stark negativ und in der zweiten positiv. Das ist ein Charakteristikum für den ozeanischen Typus des Jahresganges der Temperatur. Die negativen Abweichungen im Frühjahr sind viel größer als die positiven im Herbst; es handelt sich also nicht nur um eine Phasenverschiebung, sondern auch um eine Deformierung der Jahreskurve. Einen interessanten Einblick in die Unterschiede der Struktur der Jahreskurven der Temperatur auf dem Sonnblickgipfel und in Wien gibt die Beachtung des Jahresganges der Änderungen der relativen Temperaturen von einem Monat zum nächsten, der in Abb. 1 dargestellt ist; darin zeigt sich, daß in der Zeit der gesteigerten Vertikalkonvektion im Sommerhalbjahr auf dem Sonnblick die Erwärmung von einem Monat zum nächsten relativ größer, bzw. die Abkühlung relativ kleiner ist als in Wien. Am stärksten ist die Temperaturzunahme auf dem Sonnblick vom April zum Mai, in Wien aber vom März zum April; die Temperaturabnahme ist an beiden Stationen am größten vom Oktober zum November. April bis Mai ist die Zeit der stärksten Vertikalkonvektion und damit auch eine Zeit stärkerer Wolkenbildung auf dem Berggipfel; es ist demnach anzunehmen, daß ein Teil der Erwärmung um diese Zeit auch auf Konto der bei der Kondensation freiwerdenden latenten Wärme zu setzen ist. Dabei ist das natürlich nur so zu verstehen, daß die Abkühlung des aufsteigenden Luftstromes durch die Kondensationswärme verringert wird, und dieser Beitrag kann dann zur Beschleunigung der Temperaturzunahme im Jahresgang etwas ausmachen. Im Winterhalbjahr ist die relative Abkühlung auf dem Sonnblick größer, bzw. die Erwärmung geringer als in Wien. Es ist dies die Zeit, wo zufolge der sperrenden winterlichen Inversion die enge Austauschkonvektion zwischen Hochgebirge und Niederung zum Großteil unterbunden ist.

Eine kleine Jahresschwankung der Temperatur kennzeichnet das Klima eines Ortes als ozeanisch. Es gibt verschiedene Maße, die die Ozeanität, bzw. die Kontinentalität nach der

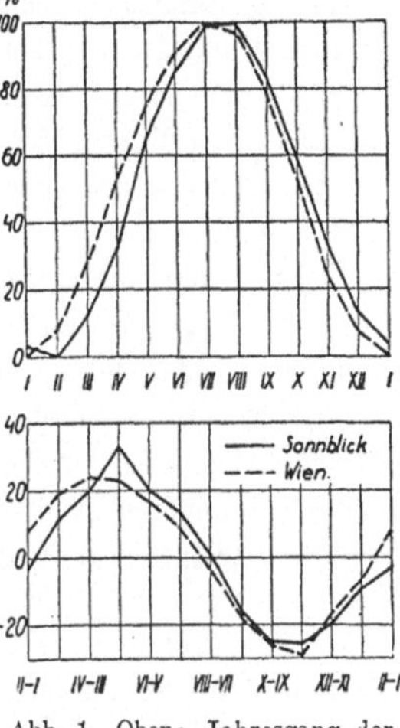

Abb. 1. Oben: Jahresgang der relativen Temperaturen. Unten: Jahresgang der Änderungen der relativen Temperaturen von einem Monat zum nächsten.

Tabelle 2. *Relative Temperaturen, % der Jahresschwankung.*

	Jänner	Febr.	März	April	Mai	Juni	Juli	August	Sept.	Okt.	Nov.	Dez.
Normalkurve	0	7	25	50	75	93	100	93	75	50	25	7
Sonnblick	3	0	12	32	65	85	99	100	84	59	33	13
Abweichung vom Normal	+3	−7	−13	−18	−10	−8	−1	+7	+9	+9	+8	+6
Wien	0	8	27	52	74	91	100	97	79	53	24	7
Abweichung vom Normal	0	+1	+2	+2	−1	−2	0	+4	+4	+3	−1	0

Form des Jahresganges der Temperatur beurteilen lassen. Um einen zahlenmäßigen Vergleich geben zu können, sei nach der von Gorczyński [13] angegebenen Formel die Kontinentalität $k = \dfrac{1 \cdot 7\,A}{\sin \varphi} - 20 \cdot 4$ berechnet. Dabei ist A die Jahresschwankung der Temperatur und φ die geographische Breite. Der Ableitung der Formel liegt die Festsetzung zugrunde, daß die Kontinentalität am sibirischen Kältepol Werchojansk 100% und auf dem Ozean 0% ist. Nach dieser Formel ergibt sich für den Sonnblick eine Kontinentalität von 13·1% und für Wien eine solche von 25·4%. Diese Werte haben nur als Vergleichszahlen einen Sinn und sollen nur andeuten, wie sehr die Temperaturverhältnisse des Sonnblicks dem ausgeglichenen Klima der Ozeane nahe kommen. Der Ausdruck Ozeanität ist bei höheren Luftschichten eigentlich nicht angebracht.

Noch einmal auf den mittleren Jahresgang der Temperatur zurückkommend, sei bemerkt, daß natürlich auch auf dem Sonnblick nicht in jedem Jahr der Februar der kälteste und der August der wärmste Monat ist. In der 50jährigen Beobachtungszeit fiel das höchste Temperaturmonatsmittel 4mal auf den Juni, 25mal auf den Juli, 20mal auf den August und 1mal sogar erst auf den September. Das niedrigste Monatsmittel fiel 1mal schon auf den November, 6mal auf den Dezember, 16mal auf den Jänner, 21mal auf den Februar, 5mal auf den März und 1mal erst auf den April. Die absoluten Jahresmaxima fielen 1mal auf den Mai, 6mal auf den Juni, 25mal auf den Juli, 16mal auf den August und 2mal auf den September. Die absoluten Minima fielen 2mal auf den November, 10mal auf den Dezember, 16mal auf den Jänner, 12mal auf den Februar, 9mal auf den März und 1mal auf den April. Die höchste bisher auf dem Sonnblick gemessene Temperatur beträgt 13·8° und die niedrigste Temperatur —37·2°.

Um einen anschaulichen Eindruck von der Bedeutung der mittleren Temperaturwerte des Sonnblickgipfels zu bekommen, ist es nützlich, sich umzusehen, wo es auf der Erde noch ähnliche Temperaturen gibt. In geringer Seehöhe finden wir ähnliche Jahrestemperaturen in Jakobshavn in Grönland (69° 13′ n. Br., Jahr —6·3°, Jänner —18·0°, Juli + 7·6°), auf der Südspitze von Spitzbergen, in Malye Karmakuly auf Novaja Semlja (72° 23′ n. Br., Jahr —6·0°, Jänner —15·7°, Juli 6·4°), in Obdorsk in Sibirien (66° n. Br., Jahr —7·0°, Jänner —25·6°, Juli 13·8°); in der Mongolei und im Ostteil von Kanada geht die Jahresisotherme von —6° bis 58° n. Br. herunter. An allen diesen Orten ist aber die Jahresschwankung wesentlich größer als auf dem Sonnblick. Die Winter sind kälter, besonders im sibirischen Festland, und die Sommer viel wärmer. Ähnliche Jännertemperaturen wie auf dem Sonnblick findet man in der Niederung auf der Südspitze von Grönland, in Kola (68° 53′ n. Br., Jänner —13·2°, Juli 12·5°, Jahr —0·7°), Archangelsk (64° 35′ n. Br., Jänner —13·3°, Juli 15·3°, Jahr 0·2°), Kasan (55° 47′ n. Br., Jänner —13·6°, Juli 19·9°, Jahr 3·3°), nur wenig nördlich vom Kaspischen Meer (Uilskoe, 49° 4′ n. Br., Jänner —13·9°, Juli 24·5°, Jahr 5·9°) und in dieser Breite bis zur ostasiatischen Küste (Mukden, 41° 48′ n. Br., Jänner —12·8°, Juli 24·4°, Jahr 7·0°). Im Zentrum von Nordamerika geht die —12°-Isotherme auch bis 44° n. Br. herunter; über den Ozeanen ist sie weit nach Norden verschoben (bis in die Nähe von Spitzbergen, 73° n. Br., und an die Südküste von Alaska, 60° n. Br.). Überall dort ist aber die Sommertemperatur und damit auch die Jahrestemperatur wesentlich höher als auf dem Sonnblick. Gleiche Julitemperaturen wie auf dem Sonnblick findet man im Nordpolgebiet nur nördlich von 75° Breite auf der europäischen Seite und nördlich von 70° Breite auf der ostasiatischen, bzw. westamerikanischen Seite [14].

Von Hochstationen hat eine ähnliche Jahrestemperatur wie der Sonnblick der um 1200 m höhere, aber um mehr als 8° weiter südlich gelegene Pikes Peak in Nordamerika (38° 50′ n. Br., 4308 m, Jahr —6·9°, Jänner —16·5°, Juli 4·9°). Das ungefähr in gleicher Breite auf dem Pamir-Hochplateau gelegene Pamirskij Post (38° 11′ n. Br., 3653 m, Jahr — 0·9°, Jänner — 17·2°, Juli 13·5°) hat tiefere Jännertemperaturen und viel höhere Sommer- und Jahrestemperaturen als der Sonnblick. Zum Vergleich sei auch der in Äquatornähe auf Java gelegene Pangerango, der ungefähr gleich hoch wie der Sonnblick ist (6 ° 45 ′ s. Br., 3023 m), erwähnt: Jahr 8·9 °, Jänner 8·5 °, Juli 9·0 °. Der höchste Berg, von dem Jahresreihen der Temperatur bekannt sind, ist der El Misti in Südamerika (16 ° 16 ′ s. Br., 5850 m); das Jahresmittel der Temperatur beträgt dort —7·9 ° und ist damit etwas niedriger als auf dem Sonnblick; wegen seiner Lage im Tropengebiet hat der El Misti natürlich nur eine geringe Jahresschwankung der Temperatur (Jänner —6·0 °, Juli —9·5 °).

Von besonderem Interesse ist ein Vergleich der Sonnblicktemperaturen mit den Temperaturen ähnlicher Höhenlagen in den Alpen und mit den Temperaturen der freien Atmosphäre. In der 3000 m-Region haben wir in den Ostalpen nur noch ein Observatorium mit längerer Beobachtungsreihe, das ist jenes auf der Zugspitze, 2964 m. Wenn wir die Differenzen der Monatsmittel der Temperatur bilden, so sehen wir, daß diese im Winter am größten und im Hochsommer am kleinsten sind. Im Februar ist der Sonnblick im 30jährigen Mittel um mehr als 2 °, im August aber nur um 0·8 ° kälter als die Zugspitze (Tabelle 3) [15]. Wenn diese Differenzen auf eine Temperaturabnahme pro 100 m umgerechnet werden, zeigt sich, daß die Gradienten vom November bis April überadiabatisch sind. Wenn wir zum Vergleich die aus der Temperaturabnahme in der Gipfelnähe des Sonnblicks berechneten Gradienten betrachten, so zeigt sich ein umgekehrter Jahresgang: sie sind im Winter klein und im Sommer größer, bleiben aber immer beträchtlich hinter den adiabatischen Gradienten zurück. Es ist also die Luft in Gipfelhöhe der Zentralalpen im Vergleich zur Luft über den Randgebirgen der Nordalpen wesentlich zu kalt. Offenbar ist das darauf zurückzuführen, daß im Zentralgebiet der Alpen das ganze Niveau der Umgebung und damit die Ausstrahlungsfläche im Vergleich zum Randgebiete beträchtlich gehoben ist. Auf denselben Einfluß ist es auch zurückzuführen, daß im Juli und August der Sonnblick im Vergleich zur Zugspitze etwas zu warm ist, wie daraus ersehen werden kann, daß in diesen Monaten die Temperaturgradienten am Sonnblick selbst etwas größer sind als die zwischen Zugspitze und Sonnblick. Der Sonnblick hat also kontinentalere Temperaturverhältnisse als die Zugspitze.

Vergleiche der bei aerologischen Aufstiegen gemessenen Temperaturen mit den auf den Berggipfeln beobachteten haben ergeben, daß im allgemeinen die Berge kälter sind als die freie Atmosphäre [16]. Diese Erscheinung wird vor allem damit erklärt, daß die am Berg zum Aufsteigen gezwungene Luft dabei adiabatisch abkühlt und so am Gipfel kälter ankommt als die Luft der freien Atmosphäre im gleichen Niveau.

Früher konnten Untersuchungen über die Abweichung der Temperatur auf dem Sonnblick, bzw. Zugspitze von der Temperatur der freien Atmosphäre nur mit Hilfe von vereinzelten Registrierballonaufstiegen über München angestellt werden. So konnten auch nur recht unzuverlässige Werte gefunden werden. Seit einigen Jahren werden in München täglich morgens und in den letzten Jahren auch nachmittags Flugzeugaufstiege durchgeführt. Aus dieser ununterbrochenen Folge von Aufstiegen lassen sich die durchschnittlichen Abweichungen natürlich zuverlässiger ableiten als aus stichprobenartig vorgenommenen. Durch Differenzenbildung zwischen der Temperatur auf dem Sonnblick und der in gleicher Höhe über München wurden die in Tab. 4 mitgeteilten durchschnittlichen Abweichungen ge-

Tabelle 3. Temperaturgradienten in Sonnblickhöhe über den Alpen.

Jänner	Februar	März	April	Mai	Juni	Juli	August	Sept.	Okt.	Nov.	Dez.	Jahr
Temperaturgradient am Sonnblick zwischen 2500 und 3000 m Höhe, ° C/100 m:												
0·54	0·56	0·64	0·64	0·64	0·68	0·68	0·66	0·62	0·58	0·56	0·54	0·60
Temperaturdifferenz Sonnblick—Zugspitze 1901—1930, ° C/142 m:												
— 1·76	— 2·06	— 1·79	— 1·52	— 1·40	— 1·01	— 0·93	— 0·81	— 1·21	— 1·36	— 1·60	— 1·67	— 1·43
Temperaturgradient zwischen Sonnblick und Zugspitze, ° C/100 m:												
1·24	1·45	1·26	1·07	0·99	0·71	0·65	0·57	0·85	0·96	1·13	1·18	1·01

wonnen. Sie zeigen einen ausgesprochenen Jahresgang und sind mit $-3\cdot1°$ am größten im Jänner und mit $-0\cdot3°$ am kleinsten im Mai, was darauf hinweist, daß neben dem erwähnten thermodynamischen Effekt der erzwungen aufsteigenden Strömung auch noch andere Faktoren, vor allem vermutlich Strahlungswirkungen, in Betracht kommen. Der geringe Temperaturunterschied im Mai erklärt sich wahrscheinlich hauptsächlich dadurch, daß um diese Zeit auch im freien Gelände die Vertikalkonvektion sehr stark entwickelt ist und daher die Abweichungen gegenüber der durch den am Gebirge erzwungenen Aufstieg abgekühlten Luft nicht so groß sind. Wenn man die in Tab. 3 wiedergegebenen mittleren Temperaturabweichungen zwischen Sonnblick und Zugspitze berücksichtigt, so zeigt sich, daß am Rand der Alpen die Abweichungen gegenüber der freien Atmosphäre im Jahresgang viel mehr ausgeglichen sind als am Zentralalpenkamm.

In Tab. 4 ist auch noch die Häufigkeitsverteilung der Temperaturabweichungen bei den einzelnen Aufstiegen angegeben, die veranschaulichen soll, wie die mittleren Abweichungen zustande kommen. Bei Beurteilung dieser Werte ist natürlich die große Entfernung zwischen München und Sonnblick (160 km) vor allem zu berücksichtigen, worauf zurückzuführen ist, daß wir häufig an beiden Stellen schon ganz verschiedene Luftmassen haben, wodurch dann einzelne große Temperaturunterschiede verursacht werden.

Die Tab. 4 zeigt die Grenzen, in denen ungefähr die Abweichungen von den Temperaturen der freien Atmosphäre liegen, und diese müssen wir uns vergegenwärtigen, wenn wir aus den Temperaturaufzeichnungen auf dem Sonnblick auf die freie Atmosphäre schließen wollen.

Zur richtigen Beurteilung der Monats- und Jahresmittel der Temperatur ist es notwendig, auch ihre Veränderlichkeit zu kennen. Diese ist in Tab. 1 durch die Mittelwerte der absoluten Beträge der Abweichungen der Monats- und Jahresmittel vom 50jährigen Mittel (durchschnittliche Veränderlichkeit), durch die größten positiven und negativen Abweichun-

Tabelle 4. Abweichungen der Temperatur auf dem Sonnblick von der gleichzeitigen Temperatur der freien Atmosphäre über München um 8 Uhr nach Flugzeugaufstiegen in den Jahren 1933 bis 1936.

Mittlere Abweichungen, °C:

	Jänner	Februar	März	April	Mai	Juni	Juli	August	Sept.	Okt.	Nov.	Dez.	Jahr
	$-3\cdot1$	$-2\cdot4$	$-2\cdot2$	$-1\cdot2$	$-0\cdot3$	$-0\cdot6$	$-0\cdot6$	$-1\cdot6$	$-1\cdot7$	$-1\cdot6$	$-2\cdot6$	$-2\cdot6$	$-1\cdot6$

Häufigkeitsverteilung der Temperaturabweichungen:

	Jänner	Februar	März	April	Mai	Juni	Juli	August	Sept.	Okt.	Nov.	Dez.	Jahr
6·1° bis 7·0°	—	—	—	—	—	—	—	1	—	—	—	—	1
5·1 „ 6·0	—	1	—	2	—	—	2	—	—	—	—	—	5
4·1 „ 5·0	—	—	1	—	2	2	1	—	—	3	1	1	11
3·1 „ 4·0	—	—	1	—	5	2	3	1	—	4	1	2	19
2·1 „ 3·0	2	—	2	4	4	8	10	6	1	4	2	1	44
1·1 „ 2·0	2	8	5	9	15	13	14	—	4	5	3	4	82
0·1 „ 1·0	5	3	6	11	21	19	20	16	22	16	6	5	150
0	1	1	1	—	3	2	4	3	2	1	3	—	21
—0·1 bis —1·0	12	17	14	24	31	26	21	27	23	14	12	8	229
—1·1 „ —2·0	18	15	27	22	14	24	20	28	16	21	19	20	244
—2·1 „ —3·0	10	21	16	15	11	7	12	9	18	18	16	17	170
—3·1 „ —4·0	11	14	20	12	4	5	8	15	14	13	11	13	140
—4·1 „ —5·0	18	11	10	4	4	2	1	7	7	5	11	11	91
—5·1 „ —6·0	8	3	8	3	2	3	5	6	3	7	6	6	60
—6·1 „ —7·0	4	3	1	1	1	2	1	3	3	5	7	3	34
—7·1 „ —8·0	5	3	2	—	—	—	2	—	2	1	4	2	21
—8·1 „ —9·0	2	—	—	—	—	—	—	1	—	1	2	2	8
—9·1 „ —10·0	1	1	—	—	—	—	—	1	—	—	—	1	4
—10·1 „ —11·0	—	—	—	—	—	1	—	—	—	—	—	1	2
—11·1 „ —12·0	—	1	—	—	—	—	—	—	—	—	—	—	1
Zahl der Aufstiege	99	102	114	107	117	116	124	124	115	118	104	97	1337

gen und durch die Variationsbreite, das ist die Differenz zwischen höchstem und niedrigstem Mittelwert jedes Monats, bzw. der Jahre, angegeben. Die durchschnittliche Veränderlichkeit der Monatstemperaturen ist im Februar am größten (1.85°) und im August am kleinsten (0.89°). Auffallend ist der rasche Anstieg der Veränderlichkeit vom August zum September. Die hohe Veränderlichkeit des Septembers ist offenbar darauf zurückzuführen, daß dieser Monat an der Grenze zwischen zwei Jahreszeiten liegt, an der der Übergang zuweilen recht sprunghaft erfolgt. Häufig dauert das warme Sommerwetter in den September hinein an und gerade in der Höhe werden in langanhaltenden spätsommerlichen Hochdruckwetterlagen mitunter beträchtliche Mittelwerte der Temperatur erreicht; zuweilen kommt es aber auch vor, daß das sommerliche Wetter schon mit August schließt und durch darauffolgendes Schlechtwetter im September werden diese Monatsmittel manchmal stark erniedrigt. Diese Erscheinung finden wir an den Stationen der Niederung nicht [17], weil dort der Gegensatz zwischen Hochdruckwetter und Schlechtwetter um diese Jahreszeit in thermischer Hinsicht nicht mehr so ausgeprägt ist. Die Temperaturerhöhung, die das herbstliche Schönwetter tagsüber bringt, wird durch erhöhte Ausstrahlung in den schon länger werdenden Nächten im Tagesmittel zum Großteil ausgeglichen. Abgesehen von dieser Anomalie im September verläuft der Jahresgang der durchschnittlichen Veränderlichkeit der Monatsmittel der Temperatur ähnlich wie an den Stationen der Niederung. Für einen strengen Vergleich fand ich von keiner anderen Station Berechnungen aus der der Veränderlichkeit der Sonnblicktemperaturen zugrunde gelegten Zeitspanne. Es können daher nur die Veränderlichkeiten der Jahrestemperatur einiger Stationen aus verschiedenen Perioden gegenübergestellt werden: Sonnblick 0.50 (1887—1936), Bad Gastein 0.39 (1901—1930), Innsbruck 0.46 (1891—1930), Wien 0.53 (1851—1920).

Die absolute Schwankung der Monatsmittel der Temperatur ist auf dem Sonnblick am größten im Februar (11.9°) und am kleinsten im August (5.0°). Die Schwankung zwischen höchstem und niedrigstem Jahresmittel der Temperatur betrug 3.1°.

In Tab. 1 sind außer den 50jährigen Mittelwerten der Temperatur auch noch für je 10 Jahre und für die von der internationalen klimatologischen Kommission als Normalperiode empfohlene Reihe 1901—1930 die Mittelwerte angeführt. Es zeigt sich, daß in der 30jährigen Normalperiode auf dem Sonnblick der September und November etwas kälter und die übrigen Monate entweder ebenso warm oder wärmer als in der 50jährigen Periode waren.

Der Vergleich von Mittelwerten aus verschiedenen Zeitabschnitten oder aus verschieden langen Perioden führt uns auf die Frage nach der Veränderlichkeit von mehrjährigen Mittel-

Tabelle 5. Extreme und Veränderlichkeit der 1-, 5-, 10-, 20- und 30jährigen Mittel der jahreszeitlichen und Jahrestemperaturen auf dem Sonnblick (1887—1936), °C.

	Winter	Frühling	Sommer	Herbst	Jahr
Wärmstes 1jähriges Mittel	− 9.7	− 5.1	2.1	− 2.5	− 4.7
Kältestes „ „	− 16.4	− 10.1	− 1.7	− 8.5	− 7.8
Schwankung	6.7	5.0	3.8	6.0	3.1
Wärmstes 5jähriges Mittel	− 11.51	− 6.97	1.50	− 3.96	− 5.78
Kältestes „ „	− 14.15	− 9.05	− 0.67	− 6.45	− 7.02
Schwankung	2.64	2.08	2.17	2.49	1.24
Wärmstes 10jähriges Mittel	− 11.60	− 7.58	1.04	− 4.15	− 5.90
Kältestes „ „	− 13.76	− 8.77	− 0.44	− 5.67	− 6.79
Schwankung	2.16	1.19	1.48	1.52	0.89
Wärmstes 20jähriges Mittel	− 12.04	− 7.83	0.52	− 4.51	− 6.06
Kältestes „ „	− 13.08	− 8.59	− 0.17	− 5.36	− 6.60
Schwankung	1.04	0.76	0.69	0.85	0.54
Wärmstes 30jähriges Mittel	− 12.25	− 8.06	0.29	− 4.84	− 6.28
Kältestes „ „	− 12.84	− 8.44	0.02	− 5.03	− 6.57
Schwankung	0.59	0.38	0.27	0.19	0.29

werten überhaupt. Ich habe diese für die Jahreszeitenmittel und für die Jahresmittel untersucht, und zwar für 1-, 5-, 10-, 20- und 30jährige Mittelwerte. Dies wurde so gemacht, daß
z. B. aus allen Mittelwerten von aufeinanderfolgenden 5 Jahren, also aus 1887/91, 1888/92
usw., der höchste und der niedrigste Wert herausgesucht wurde. Dasselbe geschah auch für
die anderen oben angeführten mehrjährigen Mittelwerte. Die Ergebnisse sind in Tab. 5 zusammengestellt. Am größten ist die Veränderlichkeit im Winter und am kleinsten im Sommer,
bzw. Frühling. Sie nimmt mit der Länge der Periode rasch ab, und zwar im Winter rascher
als im Sommer. Die absolute Veränderlichkeit betrug für 5jährige Mittelwerte im Winter 39,
im Sommer 57 und im Jahr 40% der einjährigen Schwankungen, für 10jährige Mittelwerte im
Winter 32, im Sommer 39 und im Jahr 29%, für 20jährige Mittelwerte im Winter 16, im

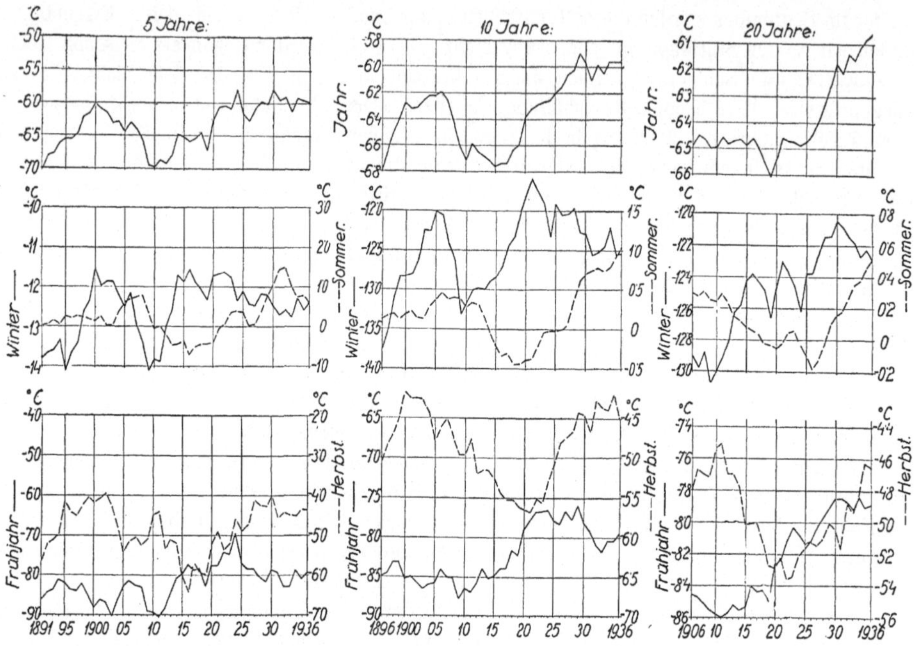

Abb. 2. Säkulare Änderungen der Temperatur auf dem Sonnblick nach übergreifenden 5-, 10- und 20jährigen
Mittelwerten der Jahres- und der Jahreszeitentemperaturen.

Sommer 18 und im Jahr 17% und für 30jährige Mittelwerte im Winter 9, im Sommer 7 und im
Jahr 9% der einjährigen Schwankungen. Es zeigt sich also keine Gesetzmäßigkeit der Abnahme der Veränderlichkeit der mehrjährigen Mittelwerte, wie sie zu erwarten wäre, wenn es
sich um Zufallsstreuungen handeln würde. Es zeigen sich vielmehr säkulare Änderungen
der Temperatur, also, wenn man so sagen will, Klimaschwankungen, die zum Ausdruck
kommen, wenn man die Aufeinanderfolge der entsprechenden Mittelwerte betrachtet. Die
50jährige Reihe der jahreszeitlichen Mittelwerte der Temperatur ist in Tab. 6 zusammengestellt. Daraus, und aus der Reihe der Jahresmittel wurden übergreifende 5-, 10- und
20jährige Mittelwerte abgeleitet, deren Änderungen aus Abb. 2 ersichtlich sind. Gerade die
Sonnblickstation eignet sich zur Untersuchung säkularer Temperaturänderungen besonders
gut, da sie einerseits durch ihre hohe Lage auf einem Berggipfel Änderungen in der näheren
Umgebung entrückt ist und da dort die Aufstellung der Instrumente die ganze 50jährige Beobachtungszeit hindurch ungeändert geblieben war. An anderer Stelle [18] habe ich die langjährigen Temperaturschwankungen vom Sonnblick mit denen vom Obir und von Wien verglichen; darauf sei hier nur hingewiesen.

Tabelle 6. Jahreszeitenmittel und Jahresschwankung der Temperatur, °C.

	Winter	Frühling	Sommer	Herbst	Absolutes Maximum — absolutes Minimum	Wärmster — kältester Monat	Sommer — Winter
1887	— 13·8	— 9·0	0·4	— 6·6	42·0	18·5	14·2
1888	— 15·2	— 8·9	— 0·5	— 4·7	40·2	15·4	14·7
1889	— 13·3	— 8·5	0·5	— 5·6	44·0	18·4	13·8
1890	— 12·3	— 7·9	— 0·2	— 7·1	44·0	16·1	12·1
1891	— 14·6	— 8·8	— 0·1	— 4·2	44·0	16·7	14·5
1892	— 12·8	— 8·2	0·6	— 4·4	39·4	16·2	13·4
1893	— 14·8	— 8·6	0·0	— 4·2	42·0	18·5	14·8
1894	— 12·1	— 7·1	0·0	— 4·9	40·2	15·9	12·1
1895	— 16·4	— 8·3	0·8	— 3·1	42·4	20·5	17·2
1896	— 11·8	— 9·7	— 0·3	— 5·6	37·2	14·0	11·5
1897	— 11·9	— 8·5	0·8	— 4·8	41·4	15·2	12·7
1898	— 11·1	— 7·6	— 0·1	— 2·5	33·4	17·0	11·0
1899	— 10·5	— 8·6	— 0·3	— 3·9	37·8	14·1	10·2
1900	— 12·3	— 9·8	0·5	— 3·6	40·2	17·2	12·8
1901	— 14·1	— 8·6	0·3	— 5·1	41·0	20·5	14·4
1902	— 11·4	— 8·9	— 0·3	— 4·3	34·0	13·7	11·1
1903	— 11·1	— 9·3	— 0·1	— 4·5	35·6	14·4	11·0
1904	— 12·2	— 6·7	1·5	— 6·5	37·0	16·0	13·7
1905	— 13·8	— 8·1	1·6	— 6·7	51·0	20·0	15·4
1906	— 12·3	— 7·9	0·6	— 3·8	37·3	17·9	12·9
1907	— 15·4	— 9·4	0·1	— 3·7	37·6	16·8	15·5
1908	— 13·3	— 9·5	0·0	— 5·4	35·3	16·4	13·3
1909	— 15·7	— 9·5	— 0·5	— 5·9	39·8	20·4	15·2
1910	— 12·4	— 8·5	— 0·4	— 3·5	34·0	13·8	12·0
1911	— 12·6	— 8·4	0·8	— 3·5	38·6	16·3	13·4
1912	— 11·1	— 8·5	— 0·5	— 8·5	34·1	13·8	10·6
1913	— 11·2	— 7·5	— 1·7	— 4·0	32·0	12·9	9·5
1914	— 11·2	— 7·8	— 0·5	— 6·5	35·0	14·5	10·7
1915	— 13·3	— 7·8	0·0	— 7·7	37·7	16·1	13·3
1916	— 10·9	— 7·1	0·8	— 5·5	31·7	13·4	10·1
1917	— 12·9	— 9·9	0·3	— 4·7	35·7	15·8	13·2
1918	— 12·1	— 7·3	— 1·3	— 5·3	40·7	12·2	10·8
1919	— 11·9	— 10·1	— 0·4	— 6·9	41·1	15·4	11·5
1920	— 10·9	— 5·1	0·1	— 3·9	32·8	12·7	11·0
1921	— 10·6	— 7·1	0·9	— 3·8	33·7	15·0	11·5
1922	— 12·7	— 7·4	1·0	— 7·1	40·9	17·2	13·7
1923	— 12·8	— 7·6	0·2	— 4·2	40·6	17·1	13·0
1924	— 14·8	— 7·6	— 0·3	— 3·9	35·8	16·6	14·5
1925	— 9·7	— 8·9	0·0	— 5·6	41·3	15·9	9·7
1926	— 12·2	— 7·9	— 0·6	— 3·0	40·5	14·8	11·6
1927	— 12·8	— 7·5	1·0	— 3·9	43·4	15·0	13·8
1928	— 11·3	— 8·5	2·1	— 4·8	33·1	17·3	13·4
1929	— 14·9	— 8·2	1·3	— 4·1	44·2	18·5	16·2
1930	— 11·1	— 7·4	1·2	— 4·2	34·1	15·2	12·3
1931	— 13·3	— 8·2	1·4	— 5·9	40·5	17·2	14·7
1932	— 12·3	— 9·1	1·3	— 3·2	39·8	20·2	13·6
1933	— 12·1	— 8·5	— 0·3	— 5·1	41·6	15·8	11·8
1934	— 12·6	— 6·2	0·2	— 4·1	33·6	14·0	12·8
1935	— 12·7	— 9·2	1·4	— 3·7	40·8	18·2	14·1
1936	— 12·2	— 6·7	0·6	— 5·9	39·9	14·8	12·8

Die allgemeine Tendenz der Temperaturänderungen zeigt sich in Abb. 2 am besten im Verlauf der 20jährigen Mittel, weil hierin die kurzperiodischen Schwankungen schon ziemlich ausgeglichen sind. Auf dem Sonnblick stieg das 20jährige Jahresmittel der Temperatur nach einem kleinen Abfall seit 1900/19 bis zur Gegenwart um $0.54°$ Ċ. Dieser Anstieg ist auf dem Sonnblick etwa doppelt so groß wie in Wien. Besonders steil ist der Anstieg von 1906/25 bis 1911/30. Mehr Details über die Temperaturänderungen erfahren wir, wenn wir die Darstellung der 5- oder 10jährigen übergreifenden Mittel betrachten. Die 10jährigen Mittel stiegen von einem Minimum in der Periode 1887/96 bis 1891/1900 um $0.5°$. Von einem Maximum 1897/1906 fiel bis 1901/10 die Temperatur wieder um $0.5°$; von 1906/15 an stieg die Temperatur bis 1920/29 wieder um etwa $0.9°$. Im Verlauf der 5jährigen Mittel folgt einem Anstieg um $1°$ von 1887/91 bis 1896/1900 ein nahezu ebenso großer Abfall bis 1906/10, worauf die Temperatur bis 1920/24 im 5jährigen Mittel wieder um $1.2°$ stieg.

Am größten sind die langjährigen Temperaturschwankungen im Winter. Auf dem Sonnblick stieg das 20jährige Wintermittel von einem Minimum 1890/1909 bis 1897/1916 um $0.7°$, dann folgten kleinere Schwankungen und von 1905/24 bis 1911/30 wieder ein rascher Anstieg um $0.6°$. Seither nimmt die Wintertemperatur wieder ab. Auf dem Sonnblick ist der letzte Anstieg der Wintertemperatur wesentlich kleiner als in Wien. In den 10jährigen Mitteltemperaturen der Winter findet sich ein rascher Anstieg von 1887/96 bis 1896/1905 um $1.8°$, dann ein Abfall um $1.3°$ bis 1900/09, dann wieder ein Anstieg um $1.7°$ bis 1912/21 und seither mit Unterbrechungen wieder ein Abfall. In den Sommertemperaturen zeigt sich auf dem Sonnblick in gewissem Sinn eine Gegenläufigkeit zu den Wintertemperaturen. Die 20jährigen Mittel nahmen vom ersten Jahrzehnt der Sonnblickbeobachtungen bis 1907/26 um $0.5°$ ab, seither aber wieder um $0.7°$ zu. Das Maximum der Sommertemperaturen fällt auf die letzten 20 Jahre. Im Verlauf der 10jährigen Sommermittel sieht man, daß die Abnahme eigentlich erst mit dem Jahrzehnt 1903/12 einsetzte. Die Frühjahrstemperaturen waren in den 20jährigen Mitteln bis 1900/19 recht niedrig und sind seit 1911/30 ziemlich hoch; in der Zwischenzeit erfolgte ein Anstieg um $0.6°$. Die Kurve der 10jährigen Mittel zeigt, daß die höchsten Frühlingsmittelwerte nur in die Zeit von 1913/22 bis 1920/29 fallen, daß sie seither aber wieder niedriger geworden sind. Die Änderungen der Herbsttemperaturen waren recht beträchtlich. In den 20jährigen Mittelwerten nahmen sie von 1892/1911 bis 1903/22 um $0.9°$ ab und seither wieder um $0.7°$ zu.

Zusammenfassend können wir sagen, daß in den langjährigen Mittelwerten sowohl die Jahrestemperaturen wie auch die Jahreszeitentemperaturen auf dem Sonnblick beträchtliche Schwankungen in großen, aber unregelmäßigen Perioden zeigen. Dabei unterscheiden sich die Schwankungen der Jahreszeitentemperaturen untereinander und im Vergleich zu den Schwankungen der Jahrestemperaturen wesentlich. Die Periode der zunehmenden Wintertemperaturen ist bereits seit einiger Zeit und die der abnehmenden Sommertemperaturen sogar schon länger überschritten.

Im Zusammenhang mit den säkularen Änderungen der Temperatur sollen noch die extremen Jahreszeiten angeführt werden. Es ist zweckmäßig, die Größe der Abweichungen einzelner Jahreszeitentemperaturen vom 50jährigen Mittel nach einem objektiven Maß zu beurteilen. Als solches wurde die Wurzel aus dem mittleren Fehlerquadrat σ oder die mittlere Abweichung der Einzelwerte angeführt. In einer der Gaußschen Fehlerverteilungskurve entsprechenden Häufigkeitsverteilung von Werten sollen im Bereich zwischen $\pm \sigma$ um den Mittelwert zwei Drittel aller Werte liegen, die nach Chapman [19] als normal bezeichnet werden. Die Werte, die um σ bis 2σ über, bzw. unter dem Mittelwert liegen, werden als ober-, bzw. unternormal bezeichnet. Wir wollen die Jahreszeiten, deren Temperaturmittel um diese Beträge vom 50jährigen Mittel abweichen, als extrem betrachten. Werte, die um 2σ bis 3σ vom Mittelwert abweichen, sollen sehr unter-, bzw. obernormal oder sehr extrem heißen. Nach dieser Beurteilung waren auf dem Sonnblick die Winter 1888, 1891, 1893, 1895, 1901, 1907, 1909, 1924 und 1929 mit Abweichungen um mehr als $1.4°$ extrem kalt und die Winter 1898, 1899, 1903, 1912, 1916, 1920, 1921, 1925 und 1930 extrem warm; sehr extrem kalt waren die

Winter 1895 (kältester Winter mit einer Abweichung von — 3·8°) und 1909 (— 3·1°) und sehr extrem warm war der Winter 1925 (Abweichung + 2·9°). Im Winter 1928/29, der in Europa besonders kalt war, war die Abweichung auf dem Sonnblick wohl auch negativ; der Winter steht seiner Strenge nach mit einer Abweichung um — 2·3° erst an fünfter Stelle in der ganzen 50jährigen Reihe.

Einen extrem kalten Frühling (mit Temperaturabweichungen um mindestens 1°) hatten die Jahre 1896, 1900, 1903, 1907, 1908, 1909, 1917 und 1919 und einen extrem warmen Frühling die Jahre 1894, 1904, 1916, 1920, 1921, 1934 und 1936. Am kältesten war der Frühling 1919 mit einer Abweichung von — 1·7° und am wärmsten der Frühling 1920 mit einer Abweichung von + 3·1°.

Für die Beurteilung der extremen Sommer ist eine Abweichung um mindestens 0·8° das Kriterium. Danach waren die Sommer 1888, 1909, 1912, 1913, 1914, 1918 und 1926 extrem kühl und die Sommer 1904, 1905, 1928, 1929, 1930, 1931, 1932 und 1935 extrem warm. Am kühlsten war mit einer Temperaturabweichung um — 2·0° der Sommer 1913 und am wärmsten mit einer Anomalie von + 1·8° der Sommer 1928.

Im Herbst war es bei Temperaturabweichungen um mehr als 1·3° extrem kalt in den Jahren 1887, 1890, 1904, 1905, 1912, 1914, 1915, 1919 und 1922 und extrem warm in den Jahren 1895, 1898, 1910, 1911, 1926 und 1932. Die größte positive Anomalie betrug 2·4° im Herbst 1898 und die größte negative — 3·6° im Herbst 1912.

Zur Charakterisierung strenger Winter oder warmer Sommer eignen sich auch Temperatursummen unter oder über bestimmten Schwellenwerten [20]. Mit ihrer Hilfe können abnor-

Tabelle 6 a. Temperatursummen.

Jahr	Sommer[1] Temperaturtagesmittel > 0° °C	Tage	Winter[2] Temperaturtagesmittel < —15° °C	Tage	Jahr	Sommer[1] Temperaturtagesmittel > 0° °C	Tage	Winter[2] Temperaturtagesmittel < —15° °C	Tage
1887/88	180	66	218	57	1912/13	81	43	74	27
1888/89	142	61	155	39	1913/14	73	39	102	26
1889/90	141	69	226	56	1914/15	125	49	53	20
1890/91	142	59	133	31	1915/16	121	51	199	51
1891/92	162	77	214	42	1916/17	95	47	54	18
1892/93	208	78	166	42	1917/18	209	98	148	50
1893/94	150	59	195	41	1918/19	134	51	98	24
1894/95	163	57	115	34	1919/20	158	61	133	42
1895/96	244	80	280	50	1920/21	207	82	31	12
1896/97	100	51	54	30	1921/22	320	110	36	18
1897/98	201	75	87	23	1922/23	203	71	155	34
1898/99	166	69	75	20	1923/24	211	73	145	35
1899/1900	128	53	129	28	1924/25	171	66	131	39
1900/01	228	79	118	32	1925/26	126	56	178	37
1901/02	145	72	285	55	1926/27	186	67	87	25
1902/03	165	58	49	21	1927/28	212	80	95	20
1903/04	180	56	73	31	1928/29	329	79	46	24
1904/05	228	79	79	24	1929/30	298	90	197	47
1905/06	255	74	146	28	1930/31	243	85	25	17
1906/07	223	82	161	47	1931/32	248	71	196	49
1907/08	169	71	171	46	1932/33	306	96	134	34
1908/09	120	63	196	58	1933/34	171	50	135	36
1909/10	115	53	283	66	1934/35	161	72	36	11
1910/11	87	45	113	37	1935/36	242	76	196	58
1911/12	226	79	93	32	1936/37	210	70	56	17
					Mittel	182	68	131	35

[1] Sommer = Mai bis Oktober.
[2] Winter = November bis April.

male Winter-, bzw. Sommerhalbjahre auch quantitativ nach der bereits erwähnten Methode von Chapman beurteilt werden. Man muß hiezu natürlich geeignete Schwellenwerte wählen. Als solche scheinen auf dem Sonnblick für das Sommerhalbjahr der Nullpunkt der Temperaturskala und für das Winterhalbjahr die Temperatur von — 15 ° geeignet. Unter Sommerhalbjahr sind die Monate Mai bis Oktober und unter Winterhalbjahr die Monate November bis April zu verstehen. In Tab. 6 a sind für jedes Jahr die Summen aller Temperaturwerte über 0 ° und auch die Anzahl der Tage, an denen solche vorgekommen sind, und desgleichen auch die Summen der Temperaturwerte unter — 15 ° und die entsprechende Anzahl der Tage angeführt. Die Berechnungen erfolgten nach den Tagesmittelwerten der Temperatur. Die mittlere Abweichung von der mittleren Summe der positiven Temperaturtagesmittel betrug

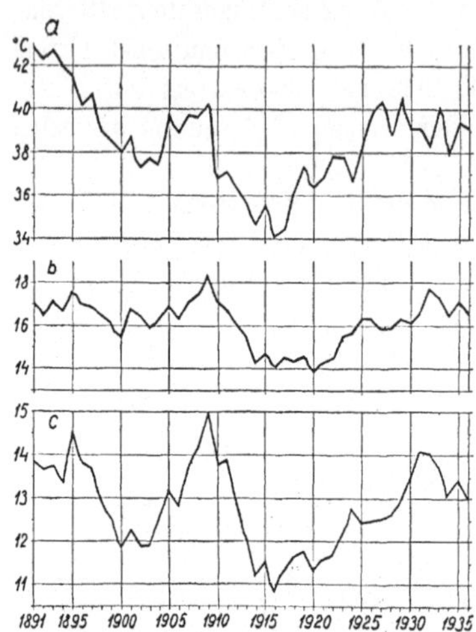

Abb. 3. Säkulare Änderungen der Jahresschwankungen der Temperatur nach übergreifenden 5jährigen Mittelwerten. a) Absolutes Maximum — absolutes Minimum des Jahres. b) Wärmster Monat — kältester Monat. c) Sommer- — Wintermittel der Temperatur.

auf dem Sonnblick 61 °. Daher gelten Sommerhalbjahre mit positiven Temperatursummen zwischen 121 und 243 ° als normal und die Sommer, in denen diese Grenzen überschritten wurden, als abnormal kühl, bzw. warm. Nach diesem Kriterium waren die Sommerhalbjahre 1895, 1905, 1921, 1928, 1929, 1931 und 1932 übernormal warm und die Sommer 1896, 1908, 1909, 1910, 1912, 1913 und 1916 unternormal kühl. Die mittlere Abweichung von der mittleren Summe der Temperaturen unter — 15 ° betrug auf dem Sonnblick 67 °. Daher gelten Winterhalbjahre, in denen die Summen der Temperaturen unter — 15 ° zwischen 64 und 198 ° lagen, als normal. Als abnormal kalt sind demnach die Winterhalbjahre 1887/88, 1889/90, 1891/92, 1895/96, 1901/02, 1909/10 und 1915/16 und als übernormal warm die Winter 1896/97, 1902/03, 1914/15, 1916/17, 1920/21, 1921/22, 1928/29, 1930/31, 1934/35 und 1936/37 anzusehen.

Von besonderem Interesse ist es noch, den Verlauf der Temperaturdifferenzen zwischen Sommer und Winter zu beachten, weil in diesen Differenzen ein Ausdruck für die Stärke der Kontinentalität, bzw. Ozeanität des Klimas gesehen wird. In übergreifenden 5jährigen Mittelwerten ist der Verlauf der Differenzen zwischen Sommer- und Wintertemperatur wie auch der Differenzen zwischen wärmstem und kältestem Monat und zwischen absolutem Jahresmaximum und -minimum in Abb. 3 dargestellt (siehe auch Tab. 6). Maxima der Jahresschwankung finden sich 1891/95, 1905/09 und 1927/31, Minima 1896/1900 und 1912/16. Bemerkenswert ist, daß auch die Differenzen der absoluten Extreme einen ähnlichen Verlauf aufweisen wie die der Sommer- und Wintermittel, obwohl es sich dabei doch nur um Einzelwerte handelt, die, wie man annehmen könnte, eine mehr zufällige Verteilung zeigen dürften.

Tabelle 7. Korrelationen der Jahreszeitenmittel der Temperatur.

	Korrelationskoeffizient
Winter zu Frühling	0·324 ± 0·085
Frühling zu Sommer. . . .	0·137 ± 0·093
Sommer zu Herbst	0·186 ± 0·092
Herbst zu Winter	— 0·067 ± 0·095
Winter zu Sommer	— 0·121 ± 0·094
Sommer zu Winter	— 0·163 ± 0·093

Im Zusammenhang mit den Schwankungen der Temperatur sei hier auch gleich die Frage untersucht, ob die Temperaturanomalie einer Jahreszeit auf die Anomalie einer folgenden Jahreszeit einen Einfluß hat oder nicht, ob also z. B. auf einen übernormal warmen Winter ein warmer oder ein kalter Frühling oder ein warmer oder ein kalter Sommer folgt. Ein Maß für das Bestehen linearer Beziehungen in dem erwähnten Sinn ist der Korrelationskoeffizient; er berücksichtigt nicht nur den Sinn der Abweichungen, ob gleichsinnig oder entgegengesetzt, sondern auch die Größe der Abweichungen. Die aus der 50jährigen Beobachtungsreihe berechneten Korrelationen der verschiedenen Jahreszeitenkombinationen sind in Tab. 7 zusammengestellt. Dort sind auch die mittleren Fehler der Korrelationskoeffizienten beigefügt. Man nimmt eine Korrelation als gesichert an, wenn sie durch einen Koeffizienten bestimmt ist, der mindestens sechsmal so groß ist wie sein mittlerer Fehler.

Nach der Tabelle zeigt sich von Winter zu Frühling, von Frühling zu Sommer und von Sommer zu Herbst eine positive, also gleichsinnige Korrelation, von Herbst zu Winter, von Winter zu Sommer und von Sommer zu Winter aber eine negative Korrelation.. Verhältnismäßig am engsten ist noch die gleichsinnige Beziehung vom Winter zum nachfolgenden Frühling. Nach dem oben angeführten Kriterium können aber alle Korrelationen nicht als gesichert betrachtet werden, da die Koeffizienten im Verhältnis zum mittleren Fehler viel zu klein sind.

Wenn wir nur dem Vorzeichen der Abweichungen vom Mittelwerte nach die Beziehung von einer Jahreszeit zur nächsten, bzw. übernächsten betrachten, so finden wir folgende prozentuelle Wahrscheinlichkeiten für die Gleichsinnigkeit der Temperaturabweichungen: für Winter zu Frühling 52%, Frühling zu Sommer 46%, Sommer zu Herbst 50%, Herbst zu Winter 50%, Winter zu Sommer 34%, Frühling zu Herbst 40%, Sommer zu Winter 43% und Herbst zu Frühling 41%. Während die Erhaltung der Temperaturabweichung beim Übergang von einer Jahreszeit zur nächsten nahezu ebenso wahrscheinlich ist wie ihre Änderung in eine entgegengesetzte Abweichung, ist die Wahrscheinlichkeit für gleichsinnige Temperaturabweichungen vom Winter und dem darauffolgenden Sommer verhältnismäßig klein. Das ist auch in den Kurven der säkularen Änderungen der Jahreszeitentemperaturen in einem entgegengesetzten Verlauf zum Ausdruck gekommen. Köppen [21] hat für Mitteleuropa festgestellt, daß die Wahrscheinlichkeit dafür, daß auf einen zu kalten oder zu warmen Winter ein gleicher Sommer folgt, etwas größer ist als die einer Änderung. Das gilt nach dem Vorigen für den Sonnblickgipfel nicht.

Über die Frage nach der Wahrscheinlichkeit, daß der folgende Monat eine Temperaturabweichung vom langjährigen Mittel in einem anderen Sinne oder im gleichen Sinne wie der vorhergehende Monat hat, gibt die Tab. 8 Auskunft. Die Wahrscheinlichkeit eines Zeichenwechsels der Anomalien ist am kleinsten von Februar zu März; sehr klein ist sie auch von Jänner zu Februar und von August zu September. Die nach Köppen angegebenen Wahrscheinlichkeiten für Zeichenwechsel der Temperaturabweichungen stellen Mittelwerte für mehrere Stationen der Niederung und an Küsten dar. Im Hochwinter sind die Wahrschein-

Tabelle 8. Prozentuelle Wahrscheinlichkeit eines Wechsels oder einer Erhaltung der Temperaturabweichung vom langjährigen Mittel von einem Monat zum nächsten für Sonnblick und für Stationen der Niederung nach Köppen.

	I./II.	II./III.	III./IV.	IV./V.	V./VI.	VI./VII.	VII./VIII.	VIII./IX.	IX./X.	X./XI.	XI./XII.	XII./I.
Zeichenwechsel der Temperaturabweichungen:												
Sonnblick . . .	32	24	42	50	40	50	50	34	42	42	44	45
nach Köppen . .	44	38	36	45	43	37	35	39	41	46	43	43
Zeichenfolgen der Temperaturabweichungen:												
Sonnblick . . .	60	64	54	44	54	46	44	58	54	54	52	55

Tabelle 9. Häufigkeiten der Folgen von Monaten mit positiven, bzw. negativen Abweichungen vom 50jährigen Temperaturmittel.

	1	2	3	4	5	6	>6
Dauer der Folgen von Monaten	1	2	3	4	5	6	>6
Häufigkeit von Folgen mit positiven Abweichungen	52	37	13	8	6	3	7
Häufigkeit von Monatsfolgen mit negativen Abweichungen	63	17	26	9	6	3	2

lichkeiten für Zeichenwechsel auf dem Sonnblick bedeutend kleiner und im Hochsommer sind sie wesentlich größer als in der Niederung. Dabei ist aber auch zu berücksichtigen, daß es sich um verschiedene Zeitepochen handelt.

Es ist noch von Interesse, die Andauer der Erhaltungstendenz von Temperaturanomalien kennenzulernen. Zu diesem Zwecke wurde ausgezählt, wie oft positive oder negative Abweichungen der Monatsmittel vom 50jährigen Mittel 1, 2, 3, 4 usw. Monate andauerten. Die gewonnenen Häufigkeiten bringt die Tab. 9. 37% aller Folgen von Monaten mit unternormaler Temperatur dauern länger als 2, 16% länger als 3 und 9% länger als 4 Monate. Von den Folgen von Monaten mit übernormaler Temperatur reichen 29% über 2, 19% über 3 und 13% über 4 Monate. Es gab in den 50 Jahren der Beobachtungszeit vom Sonnblick eine Folge von 8 und eine von 10 Monaten mit unternormaler Temperatur. In derselben Zeit kamen 2 Folgen von 7, 2 von 9, 1 von 11, 1 von 12 und 1 von 14 Monaten mit übernormaler Temperatur vor. Die Monate mit übernormaler Temperatur haben also eine größere Erhaltungstendenz als die mit unternormaler Temperatur. Im Mittel errechnet man für die Folgen der Monate mit positiven Temperaturabweichungen eine Andauer von 2·6 und für die mit negativen Temperaturabweichungen eine Andauer von 2·2 Monaten.

Tabelle 10. Häufigkeiten der abnormalen Temperaturdifferenzen aufeinanderfolgender Monate (Temperaturänderungen von einem Monat zum nächsten bei Ausschaltung des mittleren Jahresganges der Temperatur).

Betrag der abnormalen Temperaturänderung ° C	I./II.	II./III.	III./IV.	IV./V.	V./VI.	VI./VII.	VII./VIII.	VIII./IX.	IX./X.	X./XI.	XI./XII.	XII./I.
7·1 bis 8·0	—	—	—	—	—	—	—	—	—	—	I	—
6·1 „ 7·0	—	—	—	—	—	—	—	—	—	—	—	—
5·1 „ 6·0	2	—	—	I	—	—	—	—	I	I	2	I
4·1 „ 5·0	I	I	I	2	—	I	—	—	3	I	—	2
3·1 „ 4·0	5	5	3	4	5	2	I	2	4	2	3	3
2·1 „ 3·0	2	2	4	4	2	4	3	3	2	4	7	4
1·1 „ 2·0	9	10	8	6	5	9	7	10	7	8	4	11
0·1 „ 1·0	6	6	9	8	12	10	12	11	10	6	8	6
0	I	—	I	—	2	I	I	3	—	2	—	—
— 0·1 bis — 1·0	9	10	9	7	11	11	11	9	8	11	6	8
— 1·1 „ — 2·0	4	7	6	10	6	I	8	I	6	7	7	4
— 2·1 „ — 3·0	4	3	2	5	5	9	7	7	2	4	4	5
— 3·1 „ — 4·0	4	3	5	2	2	2	—	3	5	I	6	3
— 4·1 „ — 5·0	—	I	2	—	—	—	—	I	—	3	I	2
— 5·1 „ — 6·0	I	2	—	—	—	—	—	—	I	—	—	—
— 6·1 „ — 7·0	I	—	—	—	—	—	—	—	—	—	I	I
— 7·1 „ — 8·0	I	—	—	I	—	—	—	—	I	—	—	—

Temperaturänderung im 50jährigen Mittel (normale Differenz), °C:

I./II.	II./III.	III./IV.	IV./V.	V./VI.	VI./VII.	VII./VIII.	VIII./IX.	IX./X.	X./XI.	XI./XII.	XII./I.
— 0·5	1·7	2·9	4·7	2·9	2·1	0·1	— 2·3	— 3·6	— 3·7	— 2·9	— 1·4

Durchschnittliche abnormale Differenz, °C:

I./II.	II./III.	III./IV.	IV./V.	V./VI.	VI./VII.	VII./VIII.	VIII./IX.	IX./X.	X./XI.	XI./XII.	XII./I.
2·21	1·92	1·73	1·96	1·46	1·54	1·22	1·43	2·07	1·70	2·26	2·13

Größte positive abnormale Differenz, °C:

I./II.	II./III.	III./IV.	IV./V.	V./VI.	VI./VII.	VII./VIII.	VIII./IX.	IX./X.	X./XI.	XI./XII.	XII./I.
5·8	4·6	4·3	5·8	3·8	4·7	3·7	3·3	5·3	5·1	7·9	5·1

Größte negative abnormale Differenz, °C:

I./II.	II./III.	III./IV.	IV./V.	V./VI.	VI./VII.	VII./VIII.	VIII./IX.	IX./X.	X./XI.	XI./XII.	XII./I.
— 7·9	— 5·6	— 4·7	— 7·5	— 3·9	— 3·6	— 2·6	— 4·1	— 7·1	— 5·0	— 6·7	— 6·9

Im Zusammenhang mit den Beobachtungen über die Anomalien der Monatsmittel der Temperatur will ich nochmals auf die Änderungen der Temperaturmittel von einem Monat zum nächsten zurückkommen. Wie groß diese Änderungen normalerweise im 50jährigen Mittel sind, läßt sich aus dem in Tab. 1 angegebenen Jahresgang ableiten. Zur Charakterisierung der abnormalen Verhältnisse der Temperaturänderung von einem Monat zum nächsten in den einzelnen Jahresgängen sind nun die Differenzen der Mittelwerte aufeinanderfolgender Monate nicht gut brauchbar, weil darin auch die durch den normalen Jahresgang gegebenen

Tabelle 11. Häufigkeitsverteilung der Tagesmittel der Temperatur (1887—1934), °/₀₀.

°C		Jänner	Februar	März	April	Mai	Juni	Juli	Aug.	Sept.	Okt.	Nov.	Dez.	Jahr
11·0 bis	11·9	—	—	—	—	—	—	1	—	—	—	—	—	0
10·0 „	10·9	—	—	—	—	—	—	2	—	—	—	—	—	0
9·0 „	9·9	—	—	—	—	—	—	1	1	—	—	—	—	0
8·0 „	8·9	—	—	—	—	—	1	9	9	—	—	—	—	1
7·0 „	7·9	—	—	—	—	—	4	18	14	8	—	—	—	2
6·0 „	6·9	—	—	—	—	—	6	34	35	3	—	—	—	3
5·0 „	5·9	—	—	—	—	1	10	55	64	22	—	—	—	7
4·0 „	4·9	—	—	—	—	4	33	78	88	35	3	—	—	13
3·0 „	3·9	—	—	—	—	10	33	85	98	54	7	1	—	19
2·0 „	2·9	—	—	—	1	15	74	122	116	89	20	1	—	24
1·0 „	1·9	—	—	1	2	31	94	119	108	99	25	1	—	38
0·0 „	0·9	—	—	2	2	47	131	96	105	92	63	6	—	40
— 1·0 bis	— 0·1	—	1	1	5	88	143	112	91	118	68	10	2	46
— 2·0 „	— 1·1	—	2	1	15	128	107	88	68	107	96	20	4	52
— 3·0 „	— 2·1	2	5	1	29	128	97	63	62	71	116	40	10	54
— 4·0 „	— 3·1	10	3	9	60	110	81	42	62	75	103	62	15	53
— 5·0 „	— 4·1	23	11	20	70	90	69	35	35	51	77	84	25	52
— 6·0 „	— 5·1	30	28	34	85	81	48	23	25	49	82	98	46	48
— 7·0 „	— 6·1	40	37	60	110	69	29	14	13	51	62	93	58	53
— 8·0 „	— 7·1	53	47	74	96	52	24	3	5	19	72	98	76	53
— 9·0 „	— 8·1	81	61	100	100	44	9	—	1	23	42	106	86	52
— 10·0 „	— 9·1	77	74	107	85	29	5	—	—	16	42	61	95	54
— 11·0 „	— 10·1	78	76	103	60	24	1	—	—	6	29	52	101	49
— 12·0 „	— 11·0	90	90	87	70	21	1	—	—	5	26	53	94	45
— 13·0 „	— 12·1	89	80	83	60	11	—	—	—	4	23	51	83	44
— 14·0 „	— 13·1	80	93	59	32	8	—	—	—	2	12	43	57	40
— 15·0 „	— 14·1	71	65	49	33	3	—	—	—	1	12	25	51	32
— 16·0 „	— 15·1	52	59	51	24	3	—	—	—	—	7	20	37	26
— 17·0 „	— 16·1	43	47	33	24	1	—	—	—	—	5	14	45	21
— 18·0 „	— 17·1	44	39	36	15	2	—	—	—	—	3	17	25	17
— 19·0 „	— 18·1	25	46	24	6	—	—	—	—	—	1	14	18	15
— 20·0 „	— 19·1	22	32	15	7	—	—	—	—	—	2	8	21	11
— 21·0 „	— 20·1	24	26	15	3	—	—	—	—	—	—	11	10	9
— 22·0 „	— 21·1	12	22	7	3	—	—	—	—	—	1	6	7	7
— 23·0 „	— 22·1	9	15	8	2	—	—	—	—	—	1	1	8	5
— 24·0 „	— 23·1	11	11	6	1	—	—	—	—	—	—	2	6	4
— 25·0 „	— 24·1	15	9	4	—	—	—	—	—	—	—	1	9	3
— 26·0 „	— 25·1	4	6	6	—	—	—	—	—	—	—	—	2	3
— 27·0 „	— 26·1	6	5	1	—	—	—	—	—	—	—	1	5	2
— 28·0 „	— 27·1	2	5	—	—	—	—	—	—	—	—	—	2	1
— 29·0 „	— 28·1	4	1	2	—	—	—	—	—	—	—	—	1	1
— 30·0 „	— 29·1	1	1	—	—	—	—	—	—	—	—	—	—	0
— 31·0 „	— 30·1	—	3	1	—	—	—	—	—	—	—	—	—	0
— 32·0 „	— 31·1	1	—	—	—	—	—	—	—	—	—	—	1	1
— 33·0 „	— 32·1	—	—	—	—	—	—	—	—	—	—	—	—	0
— 34·0 „	— 33·1	—	—	—	—	—	—	—	—	—	—	—	—	0
— 35·0 „	— 34·1	1	—	—	—	—	—	—	—	—	—	—	—	0

Änderungen stecken. Es ist daher notwendig, diesen Jahresgang zu eliminieren. Das geschieht am einfachsten, wenn man die Jahresgänge der Abweichungen der Monatstemperaturen von den 50jährigen Mittelwerten bildet. Die Differenzen der so gewonnenen Anomalien von aufeinanderfolgenden Monaten geben dann die abnormalen Temperaturänderungen von einem Monat zum nächsten. Welche Werte da vorkommen können, zeigt die Häufigkeitsverteilung in Tab. 10. Diese Differenzen geben das richtige Maß für die **Veränderlichkeit der Temperaturänderungen aufeinanderfolgender Monate**. Im Winterhalbjahr sind größere Abweichungen vom normalen Temperaturgang häufiger als im Sommer. Der Durchschnittswert der abnormalen Temperaturübergänge von Jänner zu Februar beträgt $2\cdot12^{\,0}$ und der von Juli zu August $1\cdot22^{\,0}$.

Die in Tab. 1 angeführten 50jährigen Monatsmittel der Temperatur geben uns die Möglichkeit, einen ausgeglichenen Jahresgang zu zeichnen. Aus dieser Jahreskurve kann man ablesen, wie lange die Temperatur im Durchschnitt über oder unter bestimmten Schwellenwerten bleibt. Die so gewonnenen **Andauerwerte** sind gute Charakteristika für das Temperaturregime eines Ortes. Für den Sonnblick ergibt sich eine Andauer der Temperatur über $0^{\,0}$ von 58 Tagen, über $-5^{\,0}$ von 160 Tagen und über $-10^{\,0}$ von 240 Tagen. An 125 Tagen bleibt also die mittlere Jahreskurve der Temperatur auf dem Sonnblick unter $-10^{\,0}$. Die ausgeglichene Jahreskurve überschreitet den Nullpunkt am 3. Juli und fällt am 29. August wieder darunter; über $-5^{\,0}$ bleibt sie vom 10. Mai bis 16. Oktober und über $-10^{\,0}$ vom 3. April bis 28. November. Das ist der Verlauf der mittleren Jahreskurve. Die einzelnen Tagesmittel der Temperatur streuen um diesen mittleren Verlauf beträchtlich. In welchem Ausmaß dies geschieht, zeigen die in Tab. 11 wiedergegebenen Häufigkeitsverteilungen. Die **Häufigkeiten der Tagesmittel der Temperatur** wurden aus dem Beobachtungsmaterial von 1887 bis 1934 nach $1^{\,0}$-Intervallen ausgezählt und zur besseren Vergleichbarkeit auf $^0/_{00}$ umgerechnet.

Nach den mathematischen Methoden der beschreibenden Statistik charakterisiert man Häufigkeitsverteilungen durch bestimmte Zahlenwerte [22]. Der Mittelwert oder Durchschnitt α aller Kollektivgegenstände gibt den Wert, um den die Einzelwerte streuen; er ist die Abszisse des Schwerpunktes der Häufigkeitsverteilung. Die höheren statistischen Charakteristiken Streuung, Schiefe und Exzeß stehen alle im Zusammenhang mit den entsprechenden auf den Mittelwert bezogenen Momenten zweiter, dritter und vierter Ordnung. Unter Moment ν-ter Ordnung versteht man den Mittelwert aus den ν-ten Potenzen der Abweichungen vom Durchschnittswert. Die Streuung σ ist die Quadratwurzel aus dem Moment zweiter Ordnung, also aus dem mittleren Streuungsquadrat

$$\sigma = \sqrt{M_2} = \sqrt{\sum_i \frac{n_i}{n}(x_i - \alpha)^2}.$$ Bei einer normalen Häufigkeitsverteilung bedeutet σ die Abszisse des Wendepunktes der Häufigkeitskurve. Die Schiefe einer Häufigkeitsverteilung wird durch den Ausdruck $\varrho = M_3/\sigma^3$ charakterisiert. Bei einer zum Durchschnitt α symmetrischen Verteilung der Kollektivgegenstände wird $\varrho = 0$. Wenn $\varrho > 0$, so heißt dies, daß in der Häufigkeitsverteilung die Abweichungen über den Durchschnittswert an Größe überwiegen, aber seltener sind, und bei $\varrho < 0$ überwiegen die Abweichungen unter den Durchschnitt an Größe. Es wird durch die Schiefe also die seitliche Verschiedenheit der Häufigkeitskurven bezeichnet. Im Vergleich zu einer normalen Fehlerverteilungskurve kann es nun vorkommen, daß bei einer symmetrischen Häufigkeitskurve kleinere Abweichungen vom Durchschnitt häufiger und größere Abweichungen seltener vorkommen, als das Gaußsche Fehlerverteilungsgesetz vorschreibt; dies Verhalten der Häufigkeitskurven wird durch positiven Exzeß, der durch $\varepsilon = M_4/\sigma^4 - 3$ gegeben ist, zum Ausdruck gebracht. Bei negativem Exzeß gilt das Umgekehrte.

Die Häufigkeitsverteilung kann auch einfach noch durch Unterteilung in 10 (Dezile) oder 4 (Quartile) Teile mit gleichem Inhalt beschrieben werden. Wir wollen uns hier auf die Angabe der Grenzen der Quartile beschränken. Der Wert, der den gesamten Kollektivumfang in zwei gleiche Teile zerlegt, ist der Zentralwert. In unserem Falle ist dies jener Temperaturwert, über dem in den einzelnen Monaten in der Gesamtheit der ganzen Beobachtungszeit 50% der täglichen Temperaturmittel liegen. Die durch den Zentralwert zerlegten beiden Hälften der Häufigkeitsverteilung werden durch das obere, bzw. untere Quartil wieder in zwei gleiche Teile geteilt, so daß 25% aller täglichen Temperaturmittel größer sind als das obere Quartil und ebenso viel kleiner sind als das untere Quartil. Zwischen oberem und unterem Quartil liegen also 50% aller täglichen Temperaturmittel; die beiden Quartile stellen also die eigentlichen „wahrscheinlichen Grenzen" der Häufigkeitsverteilungen dar. Die Differenz zwischen den höchsten und den niedrigsten Werten, die die Kollektivgegenstände, in unserem Falle also die Tagesmittel der Temperatur, annehmen, gibt die Variationsbreite an. Zur Charakterisierung der Unsymmetrie der Häufigkeitskurven sei noch auf ein einfaches Maß hingewiesen, das von Köppen [23] eingeführt worden ist und wegen seiner leichten Berechenbarkeit und seiner Klarheit recht brauchbar erscheint. Dieses Maß ist definiert durch $A = \dfrac{n_o - n_u}{n}$, wo n_u die Anzahl der Werte, die unter dem Mittelwert, n_o die Zahl der Werte, die über dem Mittelwert liegen, und n die Gesamtzahl, also den Umfang des Kollektivs bedeuten. Wir verwenden das 100fache dieser Größe, die dann die Differenz zwischen den n_o und n_u in $^0/_0$ des Kollektivumfanges angibt. Negatives A heißt, daß mehr Werte unter dem Mittelwert liegen als darüber und umgekehrt ist es bei positivem A.

Für die Häufigkeitsverteilungen der Tagesmittel der Temperatur in den einzelnen Monaten sind die im vorstehenden angeführten statistischen Charakteristiken in Tab. 12 zusammengestellt. Einen anschaulichen Überblick über die Form der Häufigkeitskurven und ihrer Änderungen im Jahresgang gibt die Abb. 4. Dort sind auch die Häufigkeitsverteilungen der Tagesmittel der Temperatur von Innsbruck[1] zum Vergleich wiedergegeben. Diese beruhen allerdings nur auf den Beobachtungen in den Jahren 1906 bis 1930. Die kürzere Beobachtungsreihe von Innsbruck macht sich natürlich darin bemerkbar, daß die Kurven noch weniger ausgeglichen sind; das merkt man besonders in den hochempfindlichen Charakteristiken der Schiefe und des Exzesses.

Schon beim Anblick der Kurven fällt auf, daß die Häufigkeitsverteilungen im Winter viel breiter sind als im Sommer und daß die Häufigkeitskurven im Winter viel stärker unsymmetrisch sind als im Sommer. Auf dem Sonnblick beträgt die Variationsbreite im Jänner 32° und im August nur 18°. Die wahrscheinlichen Grenzen (Differenz zwischen oberem und unterem Quartil) umschließen im Jänner einen Bereich von 6'4° und im Juli einen von 4'6°. Die Streuung hat auf dem Sonnblick ihr Maximum mit 5'06° im Jänner und ihr Minimum mit 3'19° im Juni. Die Asymmetrie der Häufigkeitskurven erweist sich, nach dem Maß der Schiefe beurteilt, das ganze Jahr hindurch als negativ, im Winterhalbjahr stärker und im Sommer weniger stark. Nur nach der Anzahl der Werte, die über oder unter dem Mittelwert liegen, beurteilt, zeigt sich die Asymmetrie auch in der Abweichung des Zentralwertes vom Mittelwert, die, dem Vorigen entsprechend, das ganze Jahr hindurch positiv ist. Die Abweichungen besagen, daß mehr Werte über dem

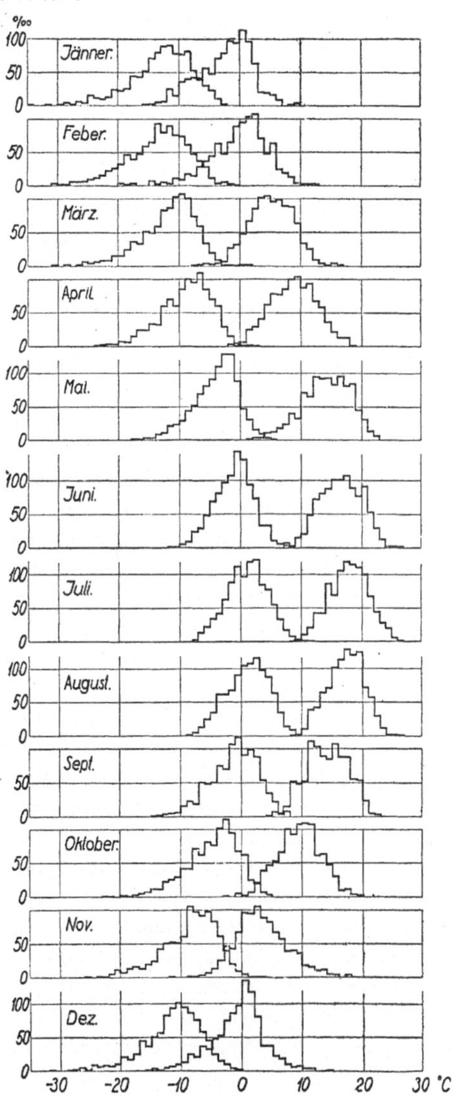

Abb. 4. Häufigkeitsverteilungen der Tagesmittel der Temperatur in $^0/_{00}$. Links: Sonnblick, 1887—1934. Rechts: Innsbruck, 1906—1930.

---

[1] Herrn Doz. Dr. E. Ekhart danke ich auch an dieser Stelle für die freundliche Überlassung seiner Häufigkeitsauszählungen der Temperaturwerte von Innsbruck.

24 Temperatur.

Tabelle 12. Statistische Charakteristiken der Häufigkeitsverteilung der Tagesmittel der Temperatur auf dem Sonnblick.

	Jänner	Februar	März	April	Mai	Juni	Juli	Aug.	Sept.	Okt.	Nov.	Dez.
Höchstes Tagesmittel, °C .	−2·1	−0·4	1·6	−1·3	5·4	8·5	11·4	9·2	7·7	4·9	3·8	−0·8
Oberes Quartil, °C. . . .	−9·14	−9·74	−8·47	−5·78	−1·42	1·05	3·39	3·60	3·50	1·51	−5·26	−8·16
Zentralwert, °C	−12·18	−12·81	−10·88	−8·25	−3·44	−0·80	1·20	1·31	−0·83	−4·00	−7·86	−10·82
Unteres Quartil, °C . . .	−15·50	−16·38	−14·16	−11·43	−6·25	−3·21	−1·20	−1·31	−3·69	−7·39	−11·32	−13·97
Tiefstes Tagesmittel, °C . .	−34·5	−30·8	−30·1	−23·9	−17·8	−11·4	−7·9	−8·1	−14·6	−22·5	−26·8	−31·3
Variationsbreite, °C . . .	32·4	30·4	31·7	22·6	23·2	19·9	19·3	17·3	22·3	27·4	30·6	30·5
Durchschnitt α, °C . . .	−12·80	−13·39	−11·65	−8·80	−4·04	−1·11	1·01	1·05	−1·29	−4·80	−8·59	−11·46
Streuung σ, °C	5·06	5·02	4·50	4·14	3·66	3·19	3·34	3·41	3·84	4·30	4·58	4·73
Schiefe ϱ	−0·70	−0·52	−0·74	−0·53	−0·29	−0·16	−0·10	−0·23	−0·47	−0·71	−0·71	−0·78
Exzeß ε	0·43	0·16	0·83	0·12	−0·54	−0·08	−0·66	−0·54	−0·28	0·46	0·36	0·93
Asymmetrie 100 A, % . .	10·9	10·3	14·0	10·8	13·2	8·1	4·6	5·5	10·3	12·5	15·2	12·4

Mittelwert liegen als darunter. Wie groß die Unterschiede in der Zahl der Werte, die über und unter dem Mittelwert liegen, sind, gibt, in Prozenten ausgedrückt, das Hundertfache des Köppenschen Asymmetriemaßes, das ebenfalls in Tab. 12 zu finden ist. Im Winter sind die Abweichungen recht beträchtlich. Der Exzeß zeigt noch keinen schönen Jahresgang. Im allgemeinen kann man aber sagen, daß er im Winter positiv und im Sommer negativ ist.

Die im Vorhergehenden besprochenen Abweichungen der Temperatur beziehen sich auf den Jahresgang, der aus den 50jährigen Monatsmittelwerten gebildet wurde und daher stark ausgeglichen ist. In Wahrheit verläuft aber der Jahresgang der Temperatur nicht so einfach und monoton. Dies kommt schon zum Ausdruck, wenn Mittelwerte über Zeiteinheiten, die kleiner als 1 Monat sind, gebildet werden. So sehen wir auch im Jahresgang der Pentadenmittel der Temperatur (Tab. 13) schon, daß es Zeiten mit Temperaturrückschlägen oder auch wieder solche mit besonders starken Temperaturanstiegen gibt.

Wenn eine langjährige homogene und ununterbrochene Beobachtungsreihe vorliegt, so ist es möglich, durch Bildung der Mittelwerte der Temperatur für jeden Tag einen noch genaueren Einblick in den Temperaturablauf des Jahres zu gewinnen. Für den Sonnblick gibt die 50jährige Reihe bereits hinreichende Möglichkeit für eine solche Darstellung. Für jeden Tag bringt die 50jährigen Mittelwerte die Tab. 14. Der Jahresgang ist in Abb. 5 dargestellt.

Aus der Tabelle sehen wir, daß im langjährigen Mittel auf dem Sonnblick der kälteste Tag mit −14·2° der 14. Februar und der wärmste mit + 2·1° der 27. Juli ist. Durch Auszählung aus der Tab. 14 finden wir, daß es im Jahr 70 Tage mit einer Temperatur über 0°, 156 Tage mit mehr als −5° und 239 Tage mit mehr als −10° gibt. Beim Vergleich mit den früher aus dem ausgeglichenen mittleren Jahresgang abgeleiteten Zahlen zeigen sich in der Andauer über −5° und −10° keine großen Unterschiede; für die Andauer über 0° finden wir aber aus dem genauen Jahresgang um 12 Tage mehr als früher.

In dem in Abb. 5 dargestellten Jahresgang der Temperatur zeigen sich auffallende Stellen, auf deren Bedeutung bei Besprechung des Temperaturverlaufes an anderen Orten schon mehrfach, so insbesondere, wie erwähnt, von Schmauß [10], hingewiesen wurde. Er hat darin, daß im langjährigen Mittel diese Stellen so markant zum Vorschein kommen, Fälligkeitsdaten für bestimmte Witterungsänderungen, die mit mehr oder minder großer Präzision wiederkehren, gesehen. Hier seien nur einige der wichtigsten dieser Stellen erwähnt: auf den raschen Temperaturanstieg im Frühling folgt eine jähe Unterbrechung mit Beginn des Juni; es ist dies die Zeit, in der der monsunartige sommerliche Witterungsrückschlag in unserer Gegend einsetzt. Eine zweite Etappe dieses Rückschlages finden wir auch Mitte Juni und gegen Ende der ersten Julidekade. Der rasche Temperaturanstieg im Frühling erfährt eine bemerkenswerte Unterbrechung gegen Ende der zweiten Aprildekade. Im Herbst gibt es

Tabelle 13. *Pentadenmittel der Temperatur (1887—1936).*

Pentade	°C	Pentade	°C	Pentade	°C	Pentade	°C
1. I. bis 5. I.	— 12·8	1. IV. bis 5. IV.	— 10·2	30. VI. bis 4. VII.	0·8	28. IX. bis 2. X.	— 2·5
6. I. „ 10. I.	— 12·5	6. IV. „ 10. IV.	— 9·8	5. VII. „ 9. VII.	0·5	3. X. „ 7. X.	— 3·3
11. I. „ 15. I.	— 13·3	11. IV. „ 15. IV.	— 9·2	10. VII. „ 14. VII.	0·7	8. X. „ 12. X.	— 4·2
16. I. „ 20. I.	— 12·5	16. IV. „ 20. IV.	— 9·0	15. VII. „ 19. VII.	1·4	13. X. „ 17. X.	— 5·0
21. I. „ 25. I.	— 12·5	21. IV. „ 25. IV.	— 8·0	20. VII. „ 24. VII.	1·4	18. X. „ 22. X.	— 5·6
26. I. „ 30. I.	— 13·1	26. IV. „ 30. IV.	— 6·5	25. VII. „ 29. VII.	1·6	23. X. „ 27. X.	— 5·9
31. I. „ 4. II.	— 13·8	1. V. „ 5. V.	— 5·8	30. VII. „ 3. VIII.	1·3	28. X. „ 1. XI.	— 6·3
5. II. „ 9. II.	— 13·6	6. V. „ 10. V.	— 5·4	4. VIII. „ 8. VIII.	1·0	2. XI. „ 6. XI.	— 6·2
10. II. „ 14. II.	— 13·6	11. V. „ 15. V.	— 4·6	9. VIII. „ 13. VIII.	1·4	7. XI. „ 11. XI.	— 7·6
15. II. „ 19. II.	— 12·9	16. V. „ 20. V.	— 3·7	14. VIII. „ 18. VIII.	1·1	12. XI. „ 16. XI.	— 8·8
20. II. „ 24. II.	— 13·0	21. V. „ 25. V.	— 3·0	19. VIII. „ 23. VIII.	1·1	17. XI. „ 21. XI.	— 9·7
25. II. „ 1. III.	— 12·2	26. V. „ 30. V.	— 2·4	24. VIII. „ 28. VIII.	0·6	22. XI. „ 26. XI.	— 10·1
2. III. „ 6. III.	— 12·9	31. V. „ 4. VI.	— 1·1	29. VIII. „ 2. IX.	0·5	27. XI. „ 1. XII.	— 9·7
7. III. „ 11. III.	— 12·2	5. VI. „ 9. VI.	— 1·5	3. IX. „ 7. IX.	— 0·2	2. XII. „ 6. XII.	— 10·6
12. III. „ 16. III.	— 11·9	10. VI. „ 14. VI.	— 1·1	8. IX. „ 12. IX.	— 0·3	7. XII. „ 11. XII.	— 11·5
17. III. „ 21. III.	— 11·2	15. VI. „ 19. VI.	— 1·5	13. IX. „ 17. IX.	— 1·6	12. XII. „ 16. XII.	— 11·6
22. III. „ 26. III.	— 10·7	20. VI. „ 24. VI.	— 1·0	18. IX. „ 22. IX.	— 1·6	17. XII. „ 21. XII.	— 11·8
27. III. „ 31. III.	— 10·8	25. VI. „ 29. VI.	— 0·4	23. IX. „ 27. IX.	— 2·5	22. XII. „ 26. XII.	— 11·5
						27. XII. „ 31. XII.	— 12·2

Tabelle 14. *50jährige Tagesmittel der Temperatur (1887—1936),* °C.

Tag	Jänner	Februar	März	April	Mai	Juni	Juli	Aug.	Sept.	Okt.	Nov.	Dez.
1	— 13·5	— 14·0	— 12·6	— 9·9	— 6·1	— 1·1	0·9	1·5	0·1	— 2·5	— 6·3	— 9·5
2	— 12·7	— 13·5	— 12·8	— 10·2	— 6·0	— 1·2	0·7	1·8	0·1	— 2·8	— 6·3	— 10·4
3	— 12·6	— 14·2	— 12·6	— 10·7	— 5·5	— 1·0	0·8	1·2	0·1	— 3·4	— 5·9	— 10·7
4	— 12·4	— 13·6	— 13·4	— 10·6	— 5·5	— 1·2	1·0	1·1	0·1	— 3·0	— 6·1	— 11·0
5	— 12·7	— 13·2	— 13·0	— 9·8	— 5·8	— 1·5	0·9	0·9	— 0·2	— 3·3	— 6·2	— 10·6
6	— 12·8	— 13·2	— 12·7	— 10·0	— 5·6	— 1·7	1·0	0·9	— 0·6	— 3·3	— 6·5	— 10·2
7	— 12·4	— 13·7	— 12·5	— 9·4	— 5·3	— 2·0	0·2	0·9	— 0·3	— 3·5	— 7·2	— 10·8
8	— 12·7	— 14·0	— 12·5	— 9·8	— 5·2	— 1·3	0·2	1·1	0·0	— 4·0	— 7·2	— 11·6
9	— 12·2	— 13·8	— 12·1	— 10·0	— 5·4	— 1·0	0·4	1·8	0·2	— 3·8	— 7·4	— 11·2
10	— 12·6	— 13·4	— 11·6	— 9·7	— 5·3	— 0·8	0·6	1·6	— 0·3	— 4·4	— 7·8	— 12·0
11	— 13·1	— 12·7	— 12·4	— 9·4	— 5·4	— 0·8	0·6	1·6	— 0·5	— 4·5	— 8·6	— 12·0
12	— 13·5	— 13·9	— 12·0	— 9·1	— 4·8	— 1·3	0·7	0·8	— 1·1	— 4·3	— 8·9	— 11·7
13	— 13·3	— 13·9	— 11·8	— 9·7	— 5·0	— 1·3	0·8	1·0	— 1·5	— 4·3	— 8·3	— 11·4
14	— 13·6	— 14·2	— 11·7	— 9·4	— 4·0	— 1·5	0·6	1·2	— 1·4	— 4·5	— 8·6	— 11·2
15	— 13·1	— 14·1	— 11·9	— 8·5	— 3·9	— 1·7	1·4	1·4	— 1·7	— 5·2	— 9·0	— 11·2
16	— 12·6	— 13·9	— 11·9	— 8·5	— 3·6	— 1·6	1·1	0·4	— 1·7	— 5·4	— 9·3	— 12·7
17	— 12·8	— 13·7	— 11·7	— 9·4	— 3·9	— 1·7	1·5	1·0	— 1·6	— 5·5	— 9·7	— 12·2
18	— 12·5	— 13·7	— 10·9	— 9·6	— 3·8	— 1·3	1·6	1·3	— 1·0	— 5·6	— 10·0	— 11·4
19	— 12·2	— 13·3	— 11·2	— 9·2	— 3·5	— 1·4	1·4	1·5	— 0·9	— 5·9	— 9·8	— 11·9
20	— 12·5	— 13·2	— 11·1	— 8·5	— 3·6	— 0·9	1·4	1·4	— 1·2	— 5·9	— 9·3	— 11·7
21	— 12·6	— 12·9	— 11·1	— 8·6	— 3·2	— 1·1	1·2	1·2	— 2·4	— 5·3	— 9·9	— 12·0
22	— 13·0	— 13·3	— 10·8	— 8·3	— 2·9	— 1·0	1·9	0·9	— 2·5	— 5·5	— 9·9	— 12·0
23	— 13·0	— 12·7	— 10·8	— 8·2	— 3·0	— 0·8	1·6	0·3	— 2·3	— 5·2	— 9·7	— 11·0
24	— 12·0	— 13·0	— 10·7	— 7·6	— 2·9	— 0·5	1·0	0·8	— 2·6	— 5·9	— 9·9	— 11·2
25	— 11·9	— 12·4	— 10·3	— 7·1	— 3·0	— 0·5	1·3	1·0	— 2·3	— 6·1	— 10·3	— 11·4
26	— 12·8	— 11·9	— 10·7	— 6·6	— 2·6	— 0·8	1·8	0·5	— 2·6	— 6·0	— 10·7	— 11·9
27	— 12·9	— 12·2	— 10·8	— 6·9	— 2·5	— 0·7	2·1	0·2	— 2·6	— 6·4	— 10·5	— 11·3
28	— 13·1	— 12·5	— 10·4	— 6·5	— 2·8	— 0·2	1·5	0·6	— 2·5	— 6·7	— 10·0	— 11·7
29	— 13·2	—	— 10·6	— 6·2	— 2·3	0·3	1·3	1·0	— 2·4	— 6·1	— 9·4	— 11·8
30	— 13·7	—	— 10·9	— 6·1	— 1·7	0·4	0·9	0·8	— 2·5	— 6·0	— 9·1	— 13·1
31	— 13·9	—	— 11·2	—	— 0·9	—	1·0	0·7	—	— 6·2	—	— 13·1

wieder bemerkenswerte Wärmerückfälle, so z. B. Ende der ersten und Ende der zweiten Septemberdekade, dann einen kräftigen Wärmerückfall Ende Oktober, der bis über die erste November-Pentade hinaus anhält, und schließlich noch Wärmerückfälle zu Beginn des Dezember und in der Zeit um Weihnachten. Da unser Klima bekanntlich nicht unverändert bleibt, ist natürlich auch mit einer Verschiebung dieser Singularitäten zu rechnen. Zum Teil können sie sich zeitlich etwas verlagern — so zeigt z. B. das Sonnblickbeobachtungsmaterial, daß der Juni-Kälterückfall in den ersten 20 Jahren der Sonnblickbeobachtungen erst um etwa eine Pentade später einsetzte als in den letzten 20 Jahren —, manchmal verschwinden sie auch gänzlich, wie etwa ein in den ersten 20 Jahren festgestellter kräftiger Kälterückfall anfangs März, der in den letzten 20 Jahren sogar durch eine Erwärmung abgelöst wurde. Mit solchen Änderungen ist naturgemäß zu rechnen.

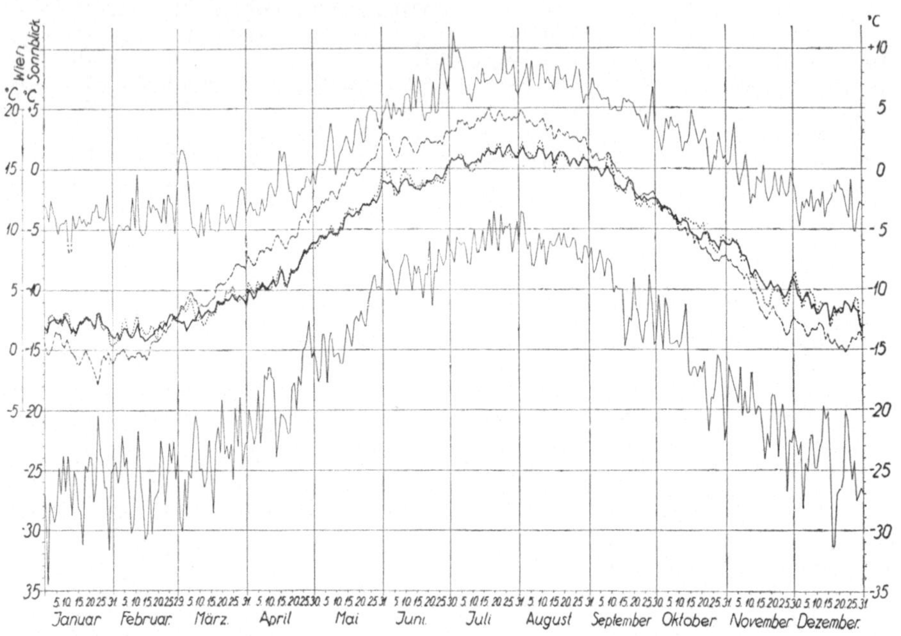

Abb. 5. Jahresgang der Temperatur nach Tagesmittelwerten. Dick ausgezogene Kurve: Sonnblick, 1887—1936. Punktierte Kurve: Sonnblick, 1901—1930. Gestrichelte Kurve: Wien, 1901—1930. Oberste Kurve: höchste Tagesmittel auf dem Sonnblick, 1887—1936. Unterste Kurve: niedrigste Tagesmittel auf dem Sonnblick, 1887—1936.

Abgesehen von der Bedeutung, die man den Singularitäten zuschreibt, gibt uns die Darstellung langjähriger Tagesmittel jedenfalls eine sehr anschauliche und brauchbare Methode zur Beschreibung und Verfolgung der mittleren Witterungsentwicklung im Laufe des Jahres. Diese Methode hat sich nicht nur für die Betrachtung des Temperaturverlaufes, sondern, wie wir später noch sehen werden, auch für andere Elemente als sehr geeignet erwiesen. Darüber hinaus gibt sie aber im Vergleich mit anderen Orten auch einen guten Führer zur Beurteilung innerer Zusammenhänge der Art und Weise der Witterungsentwicklung, im besonderen zur Beurteilung des Wirkungsbereiches dynamischer Klimafaktoren sowohl ihrer räumlichen Erstreckung nach wie auch im Vergleich zur Wirkung der Faktoren der selbständigen Klimagestaltung verschiedener Orte. Dies habe ich an anderer Stelle [24] in der Gegenüberstellung der Jahreskurven von 30jährigen Mittelwerten der Tagestemperatur vom Sonnblick und von Wien aus der Periode 1901 bis 1930 zu zeigen versucht. Aus der vergleichenden Betrachtung des Jahresverlaufes der Temperatur an beiden Orten und ihrer Singularitäten ergab sich folgende natürliche Gliederung des Jahres hinsichtlich der Temperaturgestaltung: 1. Von Anfang Dezember bis Mitte Februar stabilste Schichtung der Atmosphäre; die dynamischen Klimafaktoren wirken sich in den höheren Luftschichten zum großen Teil anders aus als in der Niederung. Der Luftraum des Hochgebirges scheint von dem der Niederung mehr oder minder getrennt. Die Temperaturkurven der beiden Orte verlaufen um diese Zeit sehr unähnlich. 2. Von Mitte Februar bis Ende März zunehmender Einfluß der Einstrahlungswirkung in der Niederung und damit Steigerung der vertikalen Konvektion. Es beginnt sich eine Art Koppelung der dynamischen Klimafaktoren zwischen oberen und unteren Schichten durchzusetzen. Die Schwankungen der Temperaturkurven von Sonnblick und Wien beginnen immer mehr und mehr gleichsinnig zu werden. 3. Von Anfang April bis Ende Juli ist die Zeit der stärksten Entwicklung der vertikalen Konvektion und damit der vollen Gleichschaltung der dynamischen Wetterfaktoren. Die Temperaturkurven beider Orte verlaufen nahezu parallel. 4. Von Anfang August bis Anfang Dezember zunehmende Ausstrahlungswirkung in der Niederung und damit Dämpfung der Singularitäten der Temperaturkurve der Niederung. Die enge Koppelung der dynamischen Wetterfaktoren zwischen oben und unten beginnt sich wieder zu lösen.

Tabelle 15. Größte positive Abweichung der Tagesmittel der Temperatur vom 50jährigen Tagesmittel (1887—1936), °C.

Tag	Jänner	Februar	März	April	Mai	Juni	Juli	August	Sept.	Okt.	Nov.	Dez.
1	10·2	7·9	13·1	6·7	4·8	6·0	7·6	5·5	6·6	5·6	6·6	7·6
2	8·3	8·5	14·4	7·5	6·1	7·2	10·7	5·8	7·6	5·2	6·9	6·7
3	10·0	9·6	14·1	7·3	5·9	5·9	9·0	6·8	6·7	4·9	8·2	5·9
4	9·1	8·9	14·2	7·3	5·8	5·3	9·0	7·8	6·6	5·5	9·9	8·3
5	8·6	8·1	12·8	5·9	6·2	7·1	8·4	6·0	6·5	7·5	6·2	7·3
6	7·3	8·4	9·6	6·2	6·6	6·2	7·5	8·3	6·4	6·5	5·0	7·7
7	7·8	9·1	7·7	7·0	7·9	7·1	7·2	6·6	6·2	7·8	6·6	7·6
8	8·2	8·9	7·7	6·3	9·1	6·3	6·0	5·8	5·8	7·6	7·3	10·0
9	7·7	11·5	6·8	7·0	7·9	5·2	5·9	5·2	5·8	7·1	8·6	7·5
10	8·5	8·5	5·8	8·2	4·8	6·9	5·0	7·1	5·1	8·1	7·5	9·3
11	6·2	12·3	8·9	8·3	5·7	7·1	6·1	7·1	5·5	7·2	5·6	9·5
12	6·6	8·9	6·4	7·4	6·1	7·5	7·0	6·3	6·3	5·6	6·8	8·5
13	9·6	8·5	8·0	7·3	6·6	6·0	6·6	6·8	6·3	6·5	5·9	9·7
14	8·7	8·8	9·0	8·0	6·2	9·6	6·5	6·1	6·2	6·6	8·0	7·1
15	8·5	9·2	7·0	10·2	6·7	6·9	7·2	5·9	6·5	7·8	8·0	8·2
16	8·8	11·5	6·9	9·1	5·4	9·4	6·2	6·2	7·7	10·3	8·2	10·0
17	8·3	10·1	6·7	11·0	5·1	8·7	6·0	7·7	7·2	9·1	10·0	9·9
18	8·4	10·8	5·6	9·5	5·8	6·3	5·9	7·2	6·8	8·6	8·1	10·1
19	7·5	10·0	6·2	7·4	7·2	5·2	6·3	6·0	6·5	7·9	7·1	9·9
20	8·1	10·0	8·0	6·7	7·9	5·5	6·6	6·1	6·7	8·3	7·0	10·8
21	8·1	9·0	8·3	5·8	6·5	5·7	6·4	6·7	7·2	8·1	8·2	10·4
22	9·5	8·8	6·3	5·0	5·0	5·6	5·3	5·9	6·9	8·9	9·7	10·3
23	9·5	10·4	6·6	6·4	5·5	8·2	5·8	6·7	6·8	6·8	7·9	8·6
24	9·3	8·5	7·0	5·4	7·3	5·0	7·4	6·0	6·6	5·3	7·6	7·8
25	7·9	10·5	5·9	5·5	8·4	5·4	9·0	6·7	5·7	6·1	9·8	7·3
26	8·9	9·2	5·7	4·9	7·7	9·1	6·2	8·2	7·1	7·1	9·0	11·1
27	8·7	9·3	7·0	6·3	7·4	10·1	5·9	8·2	5·8	7·1	8·2	6·2
28	9·1	7·1	8·5	5·7	7·7	8·3	6·8	6·2	7·7	9·8	8·1	6·5
29	11·1	—	9·1	4·9	6·0	6·3	7·5	4·4	9·2	8·0	9·1	8·3
30	8·8	—	9·2	6·0	5·0	8·1	5·7	5·4	6·2	6·8	8·0	10·4
31	7·2	—	7·4	—	5·5	—	5·3	5·4	—	7·3	—	10·2
Mittel	8·5	9·8	8·4	7·0	6·4	6·9	6·8	6·5	6·6	7·3	7·8	8·7
Größte Abweichung	11·1	12·3	14·4	11·0	9·1	10·1	10·7	8·3	9·2	10·3	10·0	11·1

Tabelle 16. Größte negative Abweichung der Tagesmittel der Temperatur vom 50jährigen Tagesmittel (1887—1936), °C.

Tage	Jänner	Februar	März	April	Mai	Juni	Juli	August	Sept.	Okt.	Nov.	Dez.
1	−21·0	−10·3	−16·7	−10·0	−9·7	−6·7	−7·8	−5·0	−6·6	−7·9	−10·0	−13·2
2	−14·9	−12·6	−17·3	−10·9	−11·6	−6·3	−8·5	−5·5	−8·7	−10·0	−10·8	−13·3
3	−15·8	−10·8	−13·1	−12·2	−11·6	−7·1	−6·4	−6·8	−8·4	−11·5	−12·0	−11·8
4	−16·7	−8·5	−15·5	−11·4	−7·8	−7·1	−7·1	−7·8	−7·7	−7·7	−12·4	−17·3
5	−15·7	−11·6	−12·1	−8·5	−8·5	−7·8	−7·2	−6·9	−6·5	−8·3	−13·2	−13·8
6	−12·0	−10·7	−13·0	−12·9	−12·2	−8·8	−6·9	−9·0	−7·0	−11·2	−9·8	−14·8
7	−14·6	−13·4	−9·6	−10·5	−9·0	−7·4	−6·8	−8·8	−8·6	−11·0	−13·3	−11·5
8	−11·0	−16·3	−8·0	−7·2	−8·1	−6·8	−8·1	−7·9	−7·5	−10·4	−11·2	−10·4
9	−14·6	−15·7	−9·5	−7·4	−10·1	−6·6	−8·2	−7·1	−7·8	−10·4	−12·9	−13·5
10	−11·3	−11·9	−13·4	−6·8	−10·0	−6·1	−6·6	−8·3	−7·7	−10·4	−12·4	−12·8
11	−12·4	−9·0	−12·5	−7·8	−9·8	−6·5	−5·6	−7·5	−9·8	−9·8	−8·1	−11·3
12	−15·3	−12·4	−14·4	−8·3	−11·4	−7·5	−7·6	−8·9	−8·6	−8·4	−10·2	−10·9
13	−11·8	−13·8	−13·9	−14·2	−10·9	−8·7	−7·6	−7·7	−8·5	−6·8	−12·1	−8·3
14	−12·2	−16·6	−10·5	−12·5	−10·3	−6·4	−6·8	−7·1	−8·6	−12·3	−11·1	−9·6
15	−15·1	−16·2	−14·2	−11·8	−8·9	−7·0	−6·5	−7·8	−8·3	−12·1	−10·9	−9·0
16	−15·9	−11·8	−16·6	−12·0	−10·1	−6·3	−8·0	−6·7	−12·9	−11·1	−12·7	−12·5
17	−18·4	−16·6	−11·1	−11·5	−10·8	−7·6	−6·8	−6·8	−11·9	−11·0	−14·4	−19·1
18	−12·1	−13·8	−10·5	−12·3	−8·8	−9·5	−5·7	−6·6	−11·3	−11·7	−11·9	−19·7
19	−13·0	−13·8	−12·4	−12·9	−8·6	−7·2	−7·8	−7·9	−11·7	−10·4	−13·3	−15·1
20	−11·4	−13·5	−7·8	−9·6	−9·0	−7·8	−4·6	−6·7	−7·7	−11·0	−9·7	−15·0
21	−11·4	−9·5	−12·6	−9·0	−8·5	−4·7	−6·6	−7·5	−9·0	−10·6	−8·6	−14·6
22	−14·7	−11·0	−12·1	−11·7	−9·7	−10·4	−8·8	−7·5	−9·6	−13·9	−10·3	−13·5
23	−13·2	−15·2	−13·3	−8·9	−10·1	−7·6	−5·2	−6·6	−11·2	−16·7	−14·2	−9·0
24	−8·4	−12·9	−12·1	−10·3	−8·4	−8·0	−6·5	−6·6	−11·9	−13·0	−10·9	−9·5
25	−11·8	−10·3	−15·6	−7·9	−7·1	−6·0	−6·0	−6·9	−10·4	−13·0	−9·2	−12·9
26	−11·4	−12·5	−9·2	−8·1	−6·7	−6·5	−6·7	−8·0	−10·0	−11·9	−10·9	−13·8
27	−13·6	−10·4	−12·3	−7·0	−6·1	−7·3	−6·6	−7·6	−6·2	−9·0	−16·3	−12·9
28	−13·3	−13·3	−8·3	−6·0	−7·1	−7·3	−8·5	−8·4	−8·7	−9·2	−12·5	−15·9
29	−18·5	—	−14·0	−9·3	−7·4	−5·7	−7·0	−7·4	−12·2	−12·2	−13·3	−15·3
30	−11·5	—	−12·0	−9·0	−8·3	−7·0	−5·2	−7·3	−11·7	−16·5	−12·3	−13·4
31	−10·8	—	−11·5	—	−5·8	—	−7·3	−8·1	—	−15·1	—	−13·8
Mittel	−13·7	−12·7	−12·4	−9·9	−9·1	−7·2	−6·9	−7·4	−9·2	−11·1	−11·7	−13·6
Größte Abweichung	−21·0	−16·6	−17·3	−14·2	−12·2	−10·4	−8·8	−9·0	−12·9	−16·7	−16·3	−19·7

In Abb. 5 sind auch noch für jeden Tag die höchsten und niedrigsten bisher gemessenen Tagesmittel eingezeichnet. In Form von Abweichungen vom 50jährigen Mittel sind sie in Tab. 15 und Tab. 16 wiedergegeben. Die positiven und negativen Abweichungen vom 50jährigen Mittel zusammengenommen geben die Variationsbreite der Temperatur für jeden Tag an. Sie ist mit 31·2° am größten am 1. Jänner und mit 10·5° am kleinsten am 1. August. Auch hier sieht man wieder, daß die Veränderlichkeit der Temperatur im Winter viel größer ist als im Sommer. Im Mittel für alle Tage jedes Monats sind die Abweichungen das ganze Jahr hindurch — und besonders im Winter — nach der negativen Richtung viel größer als nach der positiven.

Die absolute Variationsbreite der Temperatur, das ist die Differenz zwischen höchstem Maximum und niedrigstem Minimum, ist für jeden Monat in Tab. 1 angegeben. Sie beträgt im Jänner 38·5°, im August 21·2° und im Jahr 51°. Sie ist damit kleiner als z. B. in Badgastein, wo die Variationsbreite in den einzelnen Monaten 29° bis 35° und im Jahr 56° beträgt.

Sowohl vom physikalisch-meteorologischen wie auch vom praktischen Gesichtspunkt aus beansprucht die Veränderlichkeit der Temperatur von einem Tag zum nächsten großes Interesse. Für den Sonnblick habe ich aus den Differenzen aufeinanderfolgender

Tabelle 17. Mittel und Extreme der interdiurnen Änderungen der Tagesmittel der Temperatur,
$^0C.$

	Jänner	Februar	März	April	Mai	Juni	Juli	August	Sept.	Okt.	Nov.	Dez.	Jahr
25jähriges Mittel (1911—1935):	2·67	2·67	2·27	2·09	1·62	1·91	1·79	1·90	1·76	2·00	2·40	2·58	2·14
50jähriges Mittel (1887—1936):	2·72			2·08			1·78			1·94			
Mittlere Extreme der positiven Änderungen:	8·7	7·6	6·5	5·7	4·8	4·4	4·7	5·5	5·3	5·6	6·6	8·0	10·6
Mittlere Extreme der negativen Änderungen:	8·0	7·7	7·4	6·8	6·0	5·5	5·5	6·1	6·1	6·7	7·2	7·5	10·6
Absolute Extreme der positiven Änderungen:	12·8	12·7	10·7	11·8	9·3	7·9	9·6	9·1	10·7	8·1	11·0	14·8	14·8
Absolute Extreme der negativen Änderungen:	13·9	13·0	13·0	11·2	10·0	10·8	9·4	10·1	9·3	11·2	12·1	11·7	13·9

Tagesmittel der Temperatur die interdiurne Veränderlichkeit für die 25jährige Beobachtungszeit 1911 bis 1925 berechnet [25]. Diese Beschränkung war wegen der großen Rechenarbeit notwendig. Um aber Anhaltspunkte für die Änderungen, die durch Erweiterung auf 50jährige Mittelwerte zu erwarten wären, zu bekommen, wurde für Jänner, April, Juli und Oktober die interdiurne Veränderlichkeit auch bis zum Beginn der Sonnblickbeobachtungen zurückgreifend berechnet. Die Mittelwerte wie auch die mittleren und absoluten Extreme der positiven und negativen Temperaturänderungen sind in Tab. 17 angeführt.

Das Maximum der interdiurnen Veränderlichkeit der Temperatur fällt im 25jährigen Mittel mit 2·67 ° auf Jänner und Februar und das Minimum mit 1·62 ° auf den Mai. Die Unterschiede des 50jährigen Mittels sind nicht groß. Im allgemeinen hält man zur Berechnung der interdiurnen Veränderlichkeit der Temperatur eine 10jährige Beobachtungsreihe für hinreichend. Um wieviel sich mehrjährige Mittelwerte noch ändern, habe ich an der 50jährigen Reihe von Jänner, April, Juli und Oktober untersucht. Aus den Folgen der übergreifenden 5-, 10-, 15- und 25jährigen Mittelwerte wurden für jede der größte und der kleinste Wert herausgesucht und in Tab. 18 zusammengestellt. Daraus ist ersichtlich, daß auf dem Sonnblick in den letzten 50 Jahren die 5jährigen Mittel im Jänner um 1·63 ° und im Juli um 0·52 ° schwankten; die 10jährigen Mittel änderten sich im Jänner noch um 0·78 ° und im Juli um 0·28 °, die 25jährigen im Jänner um 0·27 ° und im Juli um 0·08 °. Die Veränderlichkeit der mehrjährigen Mittel ist also im Sommer bedeutend geringer als im Winter. Wenn es sich nur um Zufallsschwankungen handeln würde, wären also für die Erreichung derselben Genauigkeit der Werte im Winter wesentlich mehr Beobachtungsjahre heranzuziehen als im Sommer.

Tabelle 18. Extreme von 1-, 5-, 10-, 15- und 25jährigen Mitteln der interdiurnen Veränderlichkeiten der Temperatur (1887—1936), $^0C.$

	Jänner	April	Juli	Okt.
Größtes Monatsmittel	4·82	2·79	2·84	3·12
Kleinstes „	1·06	1·13	1·18	0·71
Größtes 5jähriges Mittel	3·75	2·50	2·07	2·28
Kleinstes „ „	2·12	1·50	1·55	1·29
Größtes 10jähriges Mittel	3·26	2·39	1·94	2·17
Kleinstes „ „	2·48	1·71	1·66	1·54
Größtes 15jähriges Mittel	3·06	2·38	1·86	2·06
Kleinstes „ „	2·52	1·88	1·68	1·75
Größtes 25jähriges Mittel	2·93	2·21	1·81	1·99
Kleinstes „ „	2·66	2·06	1·73	1·80

Bei Betrachtung des säkularen Ganges übergreifender 10jähriger Mittelwerte der interdiurnen Veränderlichkeit der Temperatur (Abb. 6) zeigt sich aber, daß es sich bei diesen Schwankungen um systematische Änderungen handelt. Im Jänner waren die 10jährigen Mittelwerte der interdiurnen Veränderlichkeit der Temperatur von einem Minimum um 1894/1903 bis zu einem Maximum 1901/10 um 0˙8 ° angestiegen und seither wieder bis auf den Wert des Minimums im letzten Jahrzehnt um denselben Betrag gefallen. Im April folgte auf eine Zunahme von 1889/98 bis 1903/12 um 0˙7 ° eine Abnahme um 0˙4 ° bis 1917/26 und seither wieder ein Anstieg um 0˙2 °. Im Juli waren die säkularen Änderungen nicht groß;

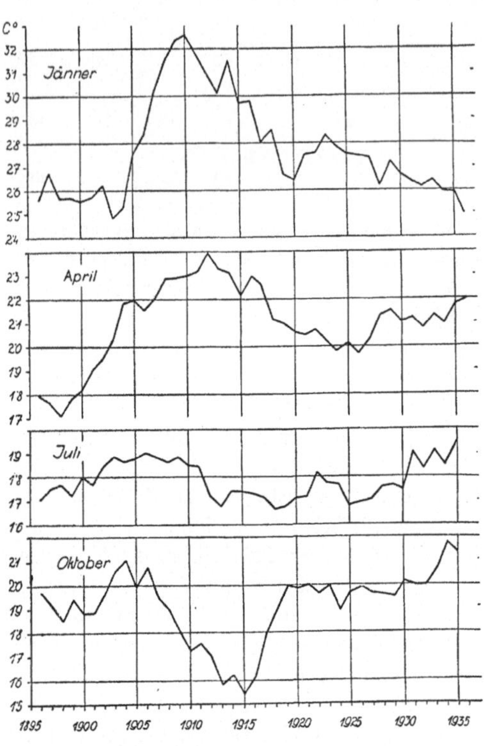

es zeigten sich darin Maxima 1896/1905 und im letzten Jahrzehnt ein Minimum um 1909/18. Im Oktober fielen die 10jährigen Mittelwerte der interdiurnen Veränderlichkeit der Temperatur von einem Maximum 1895/1904 bis zum Minimum 1906/15 um 0˙6 ° und nahmen dann rasch bis 1910/19 wieder um 0˙5 ° zu.

Aus welchen Einzelwerten die in Tab. 17 angegebenen Mittelwerte der interdiurnen Veränderlichkeit der Temperatur resultieren, zeigen die Häufigkeitsverteilungen in Tab. 19. Zum besseren Vergleich sind die Werte wieder in Promille umgerechnet. Es sind die Temperaturänderungen nach Klassenintervallen von je 1 ° zusammengefaßt. Die Streuung der interdiurnen Veränderungen der Temperatur um den Nullwert ist im Winter viel größer als im Sommer. Interdiurne Änderungen der Tagesmittel der Temperatur um mehr als 3 ° kommen im Winter ungefähr doppelt so oft vor wie im Sommer. Die Scheitelwerte der Häufigkeitsverteilungen fallen vom Jänner bis Oktober auf kleine positive Änderungen und im November und Dezember auf kleine negative Änderungen. Im Jänner und Februar findet sich ein sekundärer Scheitelwert noch in der zweiten

Abb. 6. Säkulare Änderungen der interdiurnen Veränderlichkeit der Temperatur nach übergreifenden 10jährigen Mittelwerten.

Klasse der negativen und umgekehrt fällt ein sekundärer Scheitelwert im Dezember auf die zweite Klasse der positiven Änderungen. Schmauß [26] hat bei Untersuchung der interdiurnen Veränderlichkeit der Temperatur der Zugspitze, die übrigens im Verhältnis zu der des Sonnblicks keine wesentlichen Abweichungen zeigt, darauf hingewiesen, daß sich der im allgemeinen spiegelbildliche Verlauf im jahreszeitlichen Gang für die kleineren Werte von positiven und negativen Änderungen zum Teil aus dem Jahresgang der Temperatur erklärt. Es sind aber auch bestimmte Wettervorgänge daran beteiligt, wie sich darin zeigt, daß z. B. auf das Häufigkeitsmaximum bei kleinen positiven Änderungen zufolge des sommerlichen Witterungsrückschlages im Juni und Juli eine Abnahme folgt und erst im September, wahrscheinlich unter Mitwirkung des Altweibersommers, erst wieder ein solches Häufigkeitsmaximum erreicht wird, obwohl um diese Zeit der jährliche Temperaturgang schon rückläufig ist. Ebenso sind die erwähnten sekundären Scheitelwerte auf Witterungsrückschläge zurückzuführen.

Durch die Angabe der Größen der Temperaturänderung von einem Tag zum nächsten und ihrer Häufigkeiten ist allein noch kein vollständiges Bild der Veränderlichkeit gewonnen. Als wesentliches Merkmal kommt noch ihre Aufeinanderfolge hinzu, die Andauer von Temperaturanstiegen oder -rückgängen und ihre Kombination zu Wellen. Dabei handelt es sich natürlich nicht um regelmäßige Wellen. Wir wollen vielmehr Folgen von Tagen mit positiven interdiurnen Änderungen der Temperatur und Folgen von Tagen mit negativen Temperaturänderungen betrachten und ihre Andauer und Häufigkeiten bestimmen [27]. Es geschieht dies wieder auf Grund der 25jährigen Beobachtungen von 1911 bis 1935. Daraus wurde ausgezählt, wie oft in jedem Monat Temperaturanstiege an 1, 2, 3, 4 usw. aufeinanderfolgenden Tagen vorkamen; dasselbe ist auch für die Andauer von Temperaturrückgängen gemacht worden. Perioden, die über einen Monat in den nächsten übergriffen, wurden dem Monat zugezählt, dem ihr größerer Teil angehörte. Die so gefundenen Häufigkeiten und die mittlere Dauer der Temperaturanstiege, bzw. -rückgänge gibt die Tab. 20 wieder. Nach Jahreszeiten zusammengefaßt ist die prozentuelle Wahrscheinlichkeit, daß ein

Tabelle 19. Häufigkeitsverteilung der interdiurnen Änderungen der Tagesmittel der Temperatur (1911—1935), °/oo.

° C		Jänner	Februar	März	April	Mai	Juni	Juli	August	Sept.	Okt.	Nov.	Dez.
14·0 bis	14·9	—	—	—	—	—	—	—	—	—	—	—	1
13·0 „	13·9	—	—	—	—	—	—	—	—	—	—	—	—
12·0 „	12·9	1	1	—	—	—	—	—	—	—	—	—	1
11·0 „	11·9	5	—	—	1	—	—	—	—	—	—	2	—
10·0 „	10·9	4	1	1	—	—	—	—	—	1	—	1	3
9·0 „	9·9	2	7	1	—	1	—	1	1	—	—	6	7
8·0 „	8·9	13	6	5	3	—	—	—	4	—	2	8	7
7·0 „	7·9	11	15	12	3	1	5	—	—	4	3	7	9
6·0 „	6·9	12	16	15	7	8	—	3	9	6	14	12	18
5·0 „	5·9	29	35	17	25	5	10	13	7	17	16	18	28
4·0 „	4·9	48	39	31	31	24	31	17	18	21	33	44	27
3·0 „	3·9	53	60	50	59	35	58	46	47	48	55	51	54
2·0 „	2·9	79	78	96	82	98	109	99	94	60	92	77	80
1·0 „	1·9	96	110	155	160	175	165	175	179	147	99	111	126
0·0 „	0·9	138	132	157	183	242	188	194	167	223	181	145	116
— 1·0 bis	— 0·1	129	125	144	162	197	146	177	154	167	158	159	152
— 2·0 „	— 1·1	138	128	113	99	99	106	112	132	126	165	137	111
— 3·0 „	— 2·1	75	82	83	66	50	66	71	69	76	66	80	87
— 4·0 „	— 3·1	57	58	40	44	22	54	45	55	53	45	30	77
— 5·0 „	— 4·1	49	35	25	24	8	36	16	28	16	25	40	33
— 6·0 „	— 5·1	20	29	22	25	16	14	16	16	12	11	23	14
— 7·0 „	— 6·1	25	15	13	12	7	6	7	8	11	19	18	17
— 8·0 „	— 7·1	4	10	7	4	5	2	4	8	6	8	9	13
— 9·0 „	— 8·1	1	8	2	4	3	3	3	3	5	6	7	7
— 10·0 „	— 9·1	3	6	4	5	4	—	1	—	1	2	6	7
— 11·0 „	— 10·1	1	1	6	—	—	1	—	1	—	—	1	4
— 12·0 „	— 11·1	2	2	—	1	—	—	—	—	—	1	2	1
— 13·0 „	— 12·1	4	1	1	—	—	—	—	—	—	—	1	—
— 14·0 „	— 13·1	1	—	—	—	—	—	—	—	—	—	—	—
Negative Änderungen:		509	500	460	446	411	434	452	474	473	506	513	532
Positive Änderungen um mehr als 3°:		178	180	132	129	74	104	80	86	97	123	149	155
Negative Änderungen um mehr als 3°:		167	165	120	119	65	116	92	119	104	117	137	173
Änderungen um $\leq \pm 2°$:		501	495	569	604	613	605	658	632	663	603	559	505

Tabelle 20. Häufigkeiten der Perioden von Temperaturanstiegen und -rückgängen bestimmter Dauer in den Jahren 1911 bis 1935.

Dauer in Tagen	Jänner	Februar	März	April	Mai	Juni	Juli	August	Sept.	Okt.	Nov.	Dez.
				Temperaturanstiege:								
1	96	80	52	66	70	62	64	64	63	73	69	87
2	53	47	53	49	44	61	51	55	56	53	58	54
3	26	31	32	23	21	20	33	36	35	26	24	20
4	12	10	14	18	21	18	23	14	10	14	13	17
5	4	5	8	9	12	6	5	7	6	6	5	6
6	—	1	4	2	8	1	—	2	4	6	1	2
7	1	—	2	2	2	—	1	—	—	—	1	—
8	1	—	2	1	1	2	—	1	—	—	—	—
9	—	—	1	—	1	—	1	1	—	—	—	—
10	—	—	—	—	—	—	—	—	—	—	—	—
11	—	—	—	1	—	—	—	—	—	—	—	—
Mittlere Dauer in Tagen:	1·83	1·94	2·46	2·31	2·47	2·16	2·24	2·12	2·15	2·13	2·03	1·97
				Temperaturrückgänge:								
1	85	84	73	78	87	85	75	82	68	63	56	75
2	44	47	54	46	52	57	58	58	49	54	62	60
3	37	30	25	24	22	26	32	18	30	23	27	33
4	14	14	10	13	8	8	10	12	9	23	11	10
5	7	2	5	5	3	4	4	6	6	5	7	7
6	1	3	1	1	2	—	1	1	3	2	3	5
7	—	—	1	—	1	—	—	1	1	3	2	2
8	1	—	1	1	1	—	1	1	—	1	—	—
9	—	—	1	—	—	—	—	—	—	—	—	—
Mittlere Dauer in Tagen:	2·06	1·96	2·05	1·99	1·76	1·83	2·00	1·97	2·09	2·29	2·21	2·15

Temperaturanstieg, bzw. -rückgang mindestens 2, 3, 4, 5 oder 6 Tage andauert, in Tab. 21 dargestellt. Im Mittel dauern die Perioden von Temperaturanstiegen von März bis September länger an als die Temperaturrückgänge; umgekehrt ist es vom Oktober bis Februar. Die Wahrscheinlichkeit einer längeren Andauer ist für Temperaturanstiege im Frühling am größten und für Temperaturrückgänge im Herbst am größten. Darin äußert sich der Jahresgang der Temperatur. Im Mittel der Jahreszeiten dauern die Perioden der Temperaturanstiege im Winter 1·93, im Frühling 2·41, im Sommer 2·17 und im Herbst 2·10 Tage und die Perioden der Temperaturrückgänge im Winter 2·06, im Frühling 1·93, im Sommer 1·93 und im Herbst 2·20 Tage. Im Jahresmittel überwiegen die Temperaturanstiege mit einer Andauer von 2·15 Tagen etwas über die Temperaturrückgänge mit einer mittleren Andauer von 2·03 Tagen.

    Um nun die Temperaturwellen, ihre Anzahl und ihre Dauer, festzustellen, ist es notwendig, die Aufeinanderfolge von Temperaturanstieg und Temperaturrückgang zusammenzufassen. Auf diese Art ergaben sich die in Tab. 22 wiedergegebenen Häufigkeiten der Temperaturwellen bestimmter Dauer. Im Jahr gibt es durchschnittlich etwa 85 Temperatur-

Tabelle 21. Prozentuelle Wahrscheinlichkeit der Andauer eines Temperaturanstieges, bzw. -rückganges von mindestens 2, 3, 4, 5 und 6 Tagen.

Tage	Temperaturanstieg:				Temperaturrückgang:			
	Winter	Frühling	Sommer	Herbst	Winter	Frühling	Sommer	Herbst
2	53	64	64	61	57	54	55	63
3	25	36	32	29	29	24	23	31
4	11	21	16	13	12	11	9	15
5	4	11	5	6	5	5	4	7
6	1	5	2	2	2	2	1	3

Tabelle 22. Häufigkeiten von Temperaturwellen bestimmter Dauer (1911—1935).

Dauer in Tagen	Winter	Frühling	Sommer	Herbst
2	118	97	84	70
3	143	114	123	120
4	109	97	111	116
5	94	73	89	77
6	46	53	71	52
7	22	31	27	33
8	16	20	11	19
9	7	11	7	15
10	1	7	6	5
11	3	5	1	2
12	2	5	—	—
13	1	2	1	—
14	—	1	—	—
15	—	—	—	—
16	—	—	—	—
17	—	—	—	1
Mittlere Dauer in Tagen:	4·04	4·48	4·32	4·45

wellen im angegebenen Sinn. Im Jahresmittel ist die prozentuelle Wahrscheinlichkeit der
Mindestdauer einer Temperaturwelle von 3 Tagen 83%, von 4 Tagen 59%, von 5 Tagen 39%,
von 6 Tagen 23%, von 7 Tagen 12% und von 8 Tagen 7%. In allen Jahreszeiten kommen am
häufigsten 3tägige Wellen vor. Im Winter ist die Häufigkeit von 2- und 3tägigen Wellen viel
größer als in den übrigen Jahreszeiten. Das ist ein Ausdruck für die größere Unruhe im
Temperaturverlauf des Winters. Dasselbe zeigt sich auch darin, daß die mittlere Dauer der
Temperaturwellen im Winter am kleinsten ist (4·04 Tage).

Unter den im vorstehenden besprochenen Temperaturwellen darf man sich nicht symmetrische Wellen mit gleichlang andauerndem Anstieg und Rückgang vorstellen. Solche
Wellen kommen, wie die Korrelationstafeln in Tab. 23 zeigen, nur sehr selten vor. In diesen
Tafeln ist angegeben, wie oft in dem 25jährigen Beobachtungszeitraum auf einen Temperaturanstieg von bestimmter Andauer ein Temperaturrückgang bestimmter Dauer folgte und umgekehrt. Die Ablösung eines länger andauernden Temperaturanstieges durch einen kürzer
andauernden Temperaturrückgang kommt fast ebenso häufig vor wie die Ablösung eines
kürzer dauernden Temperaturanstieges durch einen länger dauernden Temperaturrückgang.
Im Frühling und Herbst ist die Symmetrie der Korrelationstafeln in einem dem mittleren
Jahresgang der Temperatur entsprechenden Sinne etwas gestört.

Im Jahresgang der Temperatur beansprucht im allgemeinen der Nullpunkt als Gefrierpunkt des Wassers besonderes Interesse. Für Stationen der Niederung wird die Zahl der
Tage mit Temperaturen unter 0° vor allem aus praktischen Gründen in Klimabeschreibungen
angegeben, weil sie für das Pflanzenleben, aber auch für die Bautechnik u. dgl. von Bedeutung
sind. Im Hochgebirge und in der Gletscherregion fallen diese Gründe zum Teil weg. Dafür
erlangt dort die Zeit mit Temperaturen über 0° in der Hinsicht wieder Bedeutung, daß sie
für den Eishaushalt der Gletscher entscheidend werden kann. Auch für den Touristen kann
für die Beurteilung des zu erwartenden Wärmegefühls der Nullpunkt der Temperatur vielleicht als brauchbarer Anhaltspunkt betrachtet werden. Natürlich hängt das Wärmeempfinden nicht nur von der Temperatur allein, sondern auch von Wind, Sonnenschein u. dgl. ab.
Gefühlsmäßig hat man auch im Hochgebirge ein ganz anderes Wärmeempfinden wie in der
Niederung. So werden z. B. in der Niederung Temperaturen um 0° schon als unangenehm
empfunden, während wir z. B. für die Sonnblickhöhe den Nullpunkt geradezu als Grenze
warmen Wetters ansehen können. Bei Beurteilung der Tage mit Temperatur unter 0° ist es
üblich, zwischen Frosttagen, an denen das Tagesminimum $\leq 0°$ ist, und Eistagen, an

34   Temperatur.

denen das Tagesmaximum $\leq 0°$ ist, zu unterscheiden. Im österreichischen Stationsnetz beurteilt man die Frost- und Eistage nicht nach dem Tagesminimum, bzw. -maximum, sondern
darnach, ob an einem der drei Beobachtungstermine die Temperatur $\leq 0°$ war (Frosttage)

*Tabelle 23. Korrelationstafeln für die Andauer von Temperaturanstiegen und nachfolgenden
Temperaturrückgängen und umgekehrt; Häufigkeiten in den Jahren 1911 bis 1935.*

Winter:

Andauer der Temperaturanstiege (Andauer der folgenden Temperaturrückgänge)

Tage	1	2	3	4	5	6	7	8
1	118	64	35	18	6	1	—	1
2	79	38	23	5	5	1	—	—
3	36	38	15	7	3	—	—	—
4	15	11	3	7	2	—	1	1
5	9	4	3	3	—	—	—	—
6	2	2	1	1	1	—	—	—
7	—	—	—	1	—	1	—	—
8	—	—	—	1	—	—	—	—

Andauer der Temperaturrückgänge (Andauer der folgenden Temperaturanstiege)

Tage	1	2	3	4	5	6	7	8
1	123	68	50	11	6	3	—	—
2	62	39	30	16	5	1	—	—
3	36	23	16	4	4	3	—	1
4	14	14	7	2	2	—	3	—
5	4	6	1	4	—	1	—	—
6	—	2	—	2	—	—	—	—
7	—	—	1	—	—	—	—	—
8	—	—	1	—	—	—	—	—

Frühling:

Andauer der Temperaturanstiege (Andauer der folgenden Temperaturrückgänge)

Tage	1	2	3	4	5	6	7	8	9	10	11
1	97	62	28	16	12	5	—	1	—	—	—
2	52	46	28	19	10	6	1	—	1	1	—
3	23	24	14	7	4	4	1	1	—	—	1
4	5	6	5	6	1	2	2	1	2	—	—
5	2	3	3	4	2	—	—	—	—	—	—
6	1	1	—	—	—	1	—	—	—	—	—
7	—	—	—	1	1	—	—	—	—	—	—
8	—	2	—	—	—	—	—	—	—	—	—
9	—	—	1	—	—	—	—	—	—	—	—
10	—	—	—	—	—	—	—	—	—	—	—
11	—	—	—	—	—	—	—	—	—	—	—

Andauer der Temperaturrückgänge (Andauer der folgenden Temperaturanstiege)

Tage	1	2	3	4	5	6	7	8	9
1	91	56	20	10	2	1	1	—	—
2	68	40	17	9	7	1	—	1	—
3	28	30	13	6	2	—	1	1	—
4	19	16	13	1	3	2	—	—	—
5	10	8	6	4	1	—	2	—	—
6	5	7	3	—	—	—	—	—	1
7	—	3	1	—	—	—	—	1	—
8	2	—	—	—	—	—	—	—	—
9	2	—	—	—	—	—	—	—	—
10	—	1	—	—	—	—	—	—	—
11	—	—	1	—	—	—	—	—	—

Sommer:

Andauer der Temperaturanstiege (Andauer der folgenden Temperaturrückgänge)

Tage	1	2	3	4	5	6	7	8	9
1	84	70	37	20	7	4	1	1	1
2	53	53	31	24	7	—	1	3	1
3	21	26	21	7	3	2	1	—	—
4	12	13	6	2	—	—	—	—	—
5	6	3	4	1	—	—	—	—	—
6	—	—	2	1	—	—	—	—	—
7	1	—	—	—	—	—	—	—	—
8	—	1	—	—	1	—	—	—	—
9	—	—	—	—	—	—	—	—	—

Andauer der Temperaturrückgänge (Andauer der folgenden Temperaturanstiege)

Tage	1	2	3	4	5	6	7	8
1	77	57	27	11	4	1	—	1
2	77	51	23	9	3	—	1	—
3	43	37	16	8	3	1	—	1
4	23	22	4	3	1	—	—	—
5	9	4	4	1	—	—	—	—
6	2	3	1	1	—	—	—	—
7	2	1	1	—	—	—	—	—
8	—	1	1	2	—	—	—	—
9	1	1	—	—	—	—	—	—

Herbst:

Andauer der Temperaturanstiege (Andauer der folgenden Temperaturrückgänge)

Tage	1	2	3	4	5	6	7	8	9	10
1	70	60	31	14	6	4	1	—	—	—
2	60	56	23	13	6	2	1	—	—	—
3	29	25	12	6	5	5	—	—	—	—
4	15	13	10	4	3	1	—	—	—	—
5	8	5	6	1	—	—	—	—	—	—
6	2	1	3	1	—	—	—	—	—	—
7	—	1	3	1	—	—	—	—	—	1
8	1	—	—	—	—	—	—	—	—	—
9	—	—	—	—	—	—	—	—	—	—
10	1	—	—	—	—	—	—	—	—	—

Andauer der Temperaturrückgänge (Andauer der folgenden Temperaturanstiege)

Tage	1	2	3	4	5	6	7	8	9	10
1	74	56	35	10	6	2	2	—	—	—
2	57	51	22	23	3	3	1	1	—	—
3	27	26	12	6	7	3	—	—	—	—
4	14	12	9	5	2	—	1	—	—	—
5	5	13	1	1	—	—	1	—	—	—
6	3	4	1	—	3	—	—	—	—	—
7	—	1	—	—	—	—	—	—	—	1
8	—	—	—	—	—	—	—	—	—	—
9	—	—	—	—	—	—	—	—	—	—
10	1	—	—	—	—	—	—	—	—	—

Tabelle 24. Zahl der Frosttage und Eistage.

	Jänner	Febr.	März	April	Mai	Juni	Juli	August	Sept.	Okt.	Nov.	Dez.	Jahr
1. Nach Terminbeobachtungen:													
Eistage (Temperatur um 7^h, 14^h und $21^h \leq 0^0$):													
Mittel	31·0	28·1	30·9	29·6	24·8	14·5	8·7	8·6	15·4	26·2	29·5	31·0	278·3
Maximum	31	29	31	30	31	29	27	19	30	31	30	31	310
Minimum	31	27	27	26	11	1	—	2	2	10	27	30	241
Frosttage (Temperatur um 7^h oder 14^h oder $21^h \leq 0^0$):													
Mittel	31·0	28·2	31·0	30·0	29·5	22·8	16·8	16·4	21·6	29·4	29·9	31·0	317·6
Maximum	31	29	31	30	31	30	31	28	30	31	30	31	344
Minimum	31	28	29	29	21	9	5	8	9	21	28	31	289
2. Nach Extremtemperaturen:													
Eistage (Maximum $\leq 0^0$):													
	31·0	28·1	30·8	29·1	23·5	12·7	7·3	6·8	13·6	24·1	29·3	30·9	267·2
Frosttage (Minimum $\leq 0^0$):													
	31·0	28·2	31·0	30·0	30·4	26·0	19·8	19·2	23·5	30·3	30·0	31·0	330·4

oder ob dies zu allen drei Beobachtungsterminen der Fall war (Eistage). Nach dieser Beurteilung sind in Tab. 24 Mittelwerte und Extremwerte der Frost- und Eistage für den Sonnblick mitgeteilt. In der ganzen 50jährigen Beobachtungszeit ist auf dem Sonnblick in jedem Monat die Temperatur unter den Nullpunkt gesunken. Nur im Juli 1894 und im Juli 1928 ist es vorgekommen, daß das Tagesmaximum der Temperatur an keinem Tag unter dem Nullpunkt geblieben ist. Im Jahre 1913 ist nur an 21 Tagen die Temperatur an keiner der drei Tagesbeobachtungstermine nicht auf 0^0 oder darunter gesunken. Abgesehen vom August, ist es in allen Monaten schon vorgekommen, daß an allen Tagen die Temperatur an einem der drei Termine unter 0^0 gesunken war.

Ein Monat ist als Zeiteinheit für die Beurteilung des Witterungsablaufes mitunter zu lang. Um nun das Einsetzen der frostfreien Zeit, oder besser gesagt, der Zeit mit geringer Bereitschaft zu Frostwetter genauer zu erfassen, wurde, abgestuft nach Pentaden, der Jahresgang der prozentuellen Wahrscheinlichkeit von Frost- und Eistagen berechnet (Tab. 25). Es zeigt sich dabei, daß der so gewonnene Jahresgang nicht durch eine ausgeglichene einfache Kurve dargestellt wird, sondern daß es Zeitabschnitte mit relativ größerer oder kleinerer Bereitschaft zu Frostwetter gibt, die mit den bei der Besprechung des mittleren Jahresganges der Temperatur erwähnten Singularitäten zusammenhängen; so ist z. B. anfangs Juni die Wahrscheinlichkeit von Frosttagen kleiner als in der zweiten und dritten Pentade, wo sie zufolge des sommerlichen Witterungsrückschlages wieder erhöht wird. Im günstigsten Falle ist die Wahrscheinlichkeit von Frostwetter nur wenig geringer als 50%. Die Wahrscheinlichkeit von Eistagen sinkt nur in der ersten Augustpentade auf 20%. In den in Tab. 25 nicht aufgenommenen Monaten ist die Wahrscheinlichkeit von Frost- oder Eistagen in den einzelnen Pentaden 100 oder nahezu 100%.

Wie erwähnt, wurden die Frost- und Eistage nach den täglichen Terminbeobachtungen gezählt. In Tab. 25 habe ich den nach dieser Art bestimmten Wahrscheinlichkeiten die nach dem Kriterium, daß das Temperaturminimum $\leq 0^0$, bzw. das Temperaturmaximum $\leq 0^0$, bestimmten Wahrscheinlichkeiten von Frost- und Eistagen gegenübergestellt. Es muß sich dabei natürlich eine größere Anzahl von Frosttagen und eine kleinere Anzahl von Eistagen ergeben. Die Unterschiede betragen bei Frosttagen im Mai 3·0, im Juni 10·2, im Juli 11·2, im August 9·6, im September 7·2 und im Oktober 2·5%; bei Eistagen sind die Unterschiede im Mai 4·7, im Juni 5·3, im Juli 4·1, im August 5·4, im September 4·8 und im Oktober 4·2%. Nach den Temperaturextremen beurteilt, gibt es auf dem Sonnblick im Jahre durchschnittlich 267 Eis-

und 330 Frosttage (Tab. 24), also um 11 Eistage weniger und um 13 Frosttage mehr, als man aus den Terminbeobachtungen erhält.

Es hat wenig Sinn, für den Sonnblick, auf dem nur kurze Zeit des Jahres die Temperatur über 0° ist, die Andauer von Frost- oder Eisperioden zu berechnen. Hier ist es zweckmäßiger, die Aufmerksamkeit den Perioden mit warmem Wetter, mit Temperaturen über 0°, zu-

Tabelle 25. Prozentuelle Wahrscheinlichkeit von Frosttagen und Eistagen nach Pentaden (1887—1936).

	April	Mai	Juni	Juli	August	Sept.	Okt.	Nov.
Frosttage:								
a) Nach dem Kriterium, daß wenigstens an einem der drei Beobachtungstermine die Temperatur unter den Gefrierpunkt sank:								
1. bis 5.	100	100	77	58	54	64	93	100
6. „ 10.	100	98	80	60	51	57	91	100
11. „ 15.	100	97	80	47	49	70	94	100
16. „ 20.	100	94	79	54	52	71	96	100
21. „ 25.	100	94	79	52	56	80	99	100
26. „ Ende	100	88	65	48	53	84	98	100
b) Temperaturminimum $\leq 0°$:								
1. bis 5.	100	100	87	68	62	71	96	100
6. „ 10.	100	99	90	72	62	66	94	100
11. „ 15.	100	98	87	63	61	77	99	100
16. „ 20.	100	98	89	64	62	80	97	100
21. „ 25.	100	98	90	62	62	87	99	100
26. „ Ende	100	95	76	57	63	87	100	100
Frosttage, Differenzen b—a:								
1. bis 5.	0	0	10	10	8	7	3	0
6. „ 10.	0	1	10	12	11	9	3	0
11. „ 15.	0	1	7	16	12	7	5	0
16. „ 20.	0	4	10	10	10	9	1	0
21. „ 25.	0	4	11	10	6	7	0	0
26. „ Ende	0	7	11	9	10	3	2	0
Eistage:								
a) Temperatur an den drei Beobachtungsterminen $\leq 0°$:								
1. bis 5.	100	96	46	30	20	38	69	96
6. „ 10.	100	94	49	33	28	37	76	98
11. „ 15.	99	83	50	29	27	48	82	99
16. „ 20.	96	75	52	24	33	51	89	100
21. „ 25.	100	71	45	24	31	58	92	100
26. „ Ende	96	65	42	26	29	68	94	100
b) Temperaturmaximum $\leq 0°$:								
1. bis 5.	100	92	42	26	17	34	63	91
6. „ 10.	100	88	45	29	21	32	72	97
11. „ 15.	97	77	46	25	25	42	78	99
16. „ 20.	96	70	47	20	24	47	86	99
21. „ 25.	98	65	40	19	27	53	89	99
26. „ Ende	92	63	34	22	22	63	89	100
Eistage, Differenzen a—b:								
1. bis 5.	0	4	4	4	3	4	6	5
6. „ 10.	0	6	4	4	7	5	4	1
11. „ 15.	2	6	4	4	2	6	4	0
16. „ 20.	0	5	5	4	9	4	3	1
21. „ 25.	2	6	5	5	4	5	3	1
26. „ Ende	4	2	8	4	7	5	5	0

Tabelle 26. Häufigkeiten der Perioden von Tagen mit Temperaturminima $\geq 0°$ (1887—1936); Andauer von mehr als n Tagen.

n	Jänner	Februar	März	April	Mai	Juni	Juli	August	Sept.	Okt.	Nov.	Dez.
0	—	—	1	—	19	97	152	170	103	21	2	—
1	—	—	—	—	10	57	120	119	72	12	1	—
2	—	—	—	—	3	35	92	79	57	3	—	—
3	—	—	—	—	2	22	71	60	37	1	—	—
4	—	—	—	—	1	13	45	46	26	—	—	—
5	—	—	—	—	1	7	30	42	20	—	—	—
6	—	—	—	—	1	7	20	29	16	—	—	—
7	—	—	—	—	—	6	18	20	14	—	—	—
8	—	—	—	—	—	5	16	13	10	—	—	—
9	—	—	—	—	—	2	12	11	9	—	—	—
10	—	—	—	—	—	1	10	9	7	—	—	—
11	—	—	—	—	—	1	6	7	4	—	—	—
12	—	—	—	—	—	1	4	5	4	—	—	—
13	—	—	—	—	—	1	3	2	4	—	—	—
14	—	—	—	—	—	1	3	1	3	—	—	—
Längste Dauer in Tagen	—	—	1	—	7	16	18	21	18	4	2	—
Mittlere Dauer in Tagen	0	0	0	0	1·9	2·7	4·0	3·6	3·8	1·8	1·5	0
Mittlere Zahl der Tage mit Temp.-Min. $\geq 0°$	0	0	0	0	0·6	4·4	11·2	11·8	6·5	0·7	0·1	0

Tabelle 27. Häufigkeiten der Perioden von Tagen mit Temperaturmaxima $\geq 0°$ (1887—1936); Andauer von mehr als n Tagen.

n	Jänner	Februar	März	April	Mai	Juni	Juli	August	Sept.	Okt.	Nov.	Dez.
0	2	2	5	25	124	159	131	116	120	90	21	5
1	—	1	2	16	82	128	115	107	98	68	12	1
2	—	—	1	7	53	109	106	98	88	47	4	—
3	—	—	1	1	41	89	101	81	70	38	2	—
4	—	—	1	—	30	70	85	75	65	26	1	—
5	—	—	1	—	21	57	76	70	59	14	1	—
6	—	—	—	—	16	48	71	65	50	8	1	—
7	—	—	—	—	13	41	63	59	44	7	1	—
8	—	—	—	—	12	32	59	55	39	6	1	—
9	—	—	—	—	9	25	52	50	35	4	—	—
10	—	—	—	—	8	20	49	44	32	3	—	—
11	—	—	—	—	6	19	44	41	28	2	—	—
12	—	—	—	—	5	15	38	34	25	2	—	—
13	—	—	—	—	3	14	34	31	21	2	—	—
14	—	—	—	—	2	12	31	27	19	2	—	—
15	—	—	—	—	2	10	25	23	15	2	—	—
16	—	—	—	—	2	9	25	19	13	2	—	—
17	—	—	—	—	2	8	24	18	13	2	—	—
18	—	—	—	—	2	8	23	15	13	2	—	—
19	—	—	—	—	2	8	19	14	11	1	—	—
20	—	—	—	—	1	4	17	14	9	1	—	—
21	—	—	—	—	1	3	15	12	9	1	—	—
28	—	—	—	—	—	2	8	6	4	—	—	—
35	—	—	—	—	—	1	4	2	2	—	—	—
Längste Dauer in Tagen	1	2	6	4	27	37	39	46	58	22	9	2
Mittlere Dauer in Tagen	1·0	1·5	2·2	2·0	4·1	5·8	10·0	9·9	8·0	3·7	2·1	1·2
Mittlere Zahl der Tage mit Temp.-Max. $\geq 0°$	0·0	0·1	0·2	1·0	10·3	18·4	26·3	23·0	19·2	6·6	0·9	0·1

zuwenden. Da sind es vor allem die Perioden mit ununterbrochenem Warmwetter, also die
Folgen von Tagen, an denen die Temperatur überhaupt nicht unter den Nullpunkt gesunken
ist. Die Häufigkeiten dieser Wärmeperioden, ihre längste und mittlere Dauer bringt die
Tab. 26. Hauptsächlich kommen solche Wärmeperioden auf dem Sonnblick nur vom Mai bis
Oktober vor. Die längste Wärmeperiode dauerte 21 Tage lang. Im Mittel ist die Dauer der
Wärmeperioden im Juli am größten (4·0 Tage).

Wesentlich länger als die Perioden von frostfreien Tagen sind natürlich die Folgen von
Tagen, an denen nur das Tagesmaximum der Temperatur den Nullpunkt erreichte oder über-
schritt. Ihre Häufigkeiten, ihre längste und ihre mittlere Dauer zeigt die Tab. 27. Vom Mai
bis November ist es vorgekommen, daß solche Perioden auf dem Sonnblick länger als eine
Woche andauerten. Die längste Folge von Tagen mit Temperaturmaxima $\geq 0°$ dauerte
58 Tage lang. Die mittlere Dauer ist im Juli am größten (10·0 Tage).

Nach diesen Betrachtungen, die hauptsächlich den Jahresgang der Temperatur und die
Veränderlichkeit der Temperatur im Jahresgang betrafen, müssen wir uns nun noch den Änderungen der Temperatur, die sich im Laufe des Tages vollziehen, zuwenden. Der Tagesgang der Temperatur einer Hochstation von der Lage des Sonnblicks ist schon deshalb von besonderem Interesse, weil er uns Anhaltspunkte dafür gibt, zu beurteilen, wie weit
das Temperaturregime dieser Höhenlage von der direkten Einstrahlung beeinflußt wird. In
dieser Hinsicht ist er bereits von Trabert [28] bearbeitet worden. Im Zusammenhang mit
den Verhältnissen an anderen österreichischen Stationen hat auch Valentin [29] den Tagesgang der Temperatur auf Grund einer 13jährigen Beobachtungsreihe schon behandelt. In-
zwischen sind wieder eine beträchtliche Anzahl von Beobachtungsjahren dazugekommen, so
daß nun Unregelmäßigkeiten, die in den kürzeren Reihen noch auftauchten, schon weitgehend
beseitigt sind. Überdies gibt uns die lange Beobachtungsreihe auch noch die Möglichkeit zu
verschiedenen neuen statistischen Untersuchungen, die die Fragen des Tagesganges der Temperatur betreffen.

Tabelle 28. Tagesgang der Temperatur; Abweichungen vom Tagesmittel (1887—1930), °C.

Stunde	Jänner	Februar	März	April	Mai	Juni	Juli	August	Sept.	Okt.	Nov.	Dez.	Jahr
1	—0·19	—0·36	—0·57	—0·77	—0·90	—0·87	—0·86	—0·73	—0·53	—0·36	—0·17	—0·10	—0·53
2	—0·21	—0·36	—0·63	—0·87	—1·02	—0·99	—0·98	—0·81	—0·59	—0·42	—0·20	—0·11	—0·60
3	—0·24	—0·37	—0·70	—0·93	—1·10	—1·09	—1·05	—0·89	—0·66	—0·45	—0·21	—0·11	—0·65
4	—0·27	—0·41	—0·73	—1·02	—1·20[x]	—1·16[x]	—1·07	—0·98	—0·71	—0·48	—0·25	—0·15	—0·70
5	—0·28	—0·45	—0·78	—1·07[x]	—1·19	—1·06	—1·11[x]	—1·01[x]	—0·74[x]	—0·50	—0·27	—0·16	—0·72
6	—0·30[x]	—0·45	—0·79[x]	—1·01	—0·95	—0·85	—0·87	—0·88	—0·72	—0·54[x]	—0·30	—0·16	—0·65
7	—0·30	—0·46[x]	—0·69	—0·72	—0·63	—0·54	—0·57	—0·58	—0·50	—0·44	—0·30[x]	—0·18	—0·49
8	—0·25	—0·30	—0·36	—0·40	—0·28	—0·23	—0·24	—0·30	—0·27	—0·20	—0·18	—0·18	—0·27
9	—0·13	—0·08	—0·01	—0·03	0·04	0·10	0·06	—0·01	—0·00	—0·00	—0·02	—0·08	—0·01
10	0·05	0·12	0·27	0·30	0·34	0·39	0·35	0·25	0·18	0·17	0·14	0·09	0·22
11	0·23	0·33	0·52	0·56	0·60	0·63	0·60	0·48	0·37	0·35	0·30	0·24	0·43
12	0·39	0·46	0·76	0·86	0·86	0·88	0·86	0·71	0·60	0·52	0·44	0·37	0·64
13	0·50	0·66	0·97	1·11	1·04	1·05	1·09	0·92	0·79	0·65	0·54	0·44	0·81
14	0·55	0·76	1·09	1·28	1·24	1·20	1·23	1·10	0·96	0·75	0·56	0·44	0·93
15	0·47	0·70	1·07	1·28	1·24	1·19	1·19	1·13	1·00	0·77	0·49	0·36	0·91
16	0·39	0·60	0·95	1·17	1·14	1·10	1·14	1·11	0·94	0·71	0·37	0·24	0·82
17	0·19	0·40	0·71	0·96	0·99	0·93	0·96	0·93	0·79	0·46	0·16	0·06	0·63
18	0·06	0·13	0·37	0·65	0·75	0·71	0·74	0·68	0·52	0·21	0·04	—0·02	0·40
19	—0·02	—0·01	0·07	0·24	0·43	0·40	0·41	0·38	0·20	0·03	—0·06	—0·08	0·17
20	—0·06	—0·08	—0·10	—0·01	0·11	0·07	0·05	0·06	0·03	—0·09	—0·12	—0·13	—0·02
21	—0·08	—0·11	—0·20	—0·17	—0·11	—0·20	—0·21	—0·13	—0·16	—0·16	—0·15	—0·14	—0·15
22	—0·13	—0·20	—0·30	—0·34	—0·32	—0·40	—0·42	—0·35	—0·32	—0·28	—0·22	—0·20	—0·29
23	—0·16	—0·26	—0·40	—0·46	—0·46	—0·55	—0·57	—0·49	—0·43	—0·36	—0·26	—0·21	—0·38
24	—0·18	—0·31	—0·50	—0·47	—0·60	—0·72	—0·70	—0·62	—0·52	—0·42	—0·28	—0·23[x]	—0·46

Zur Ableitung der mittleren Tagesgänge wurde die Reihe von 1887 bis 1930 verwendet, da nur bis 1930 stündliche Auswertungen vorliegen. Seither werden die Temperaturregistrierungen vom Sonnblick nur in zweistündigen Intervallen ausgewertet und es wären daher bei Verwendung der letzten Jahre Umrechnungen nötig, die mir, da ja nichts Neues zu erwarten ist, nicht lohnend schienen. In Abweichungen vom Tagesmittel gibt die Tab. 28 die Tagesgänge wieder. Daraus sind die periodischen Extreme und ihre Eintrittszeiten entnommen, die in Tab. 29 zusammengestellt sind. Die periodischen Tagesschwankungen der Temperatur sind in der später folgenden Tab. 37 zusammengestellt.

Die periodischen Tagesschwankungen der Temperatur sind außerordentlich niedrig, besonders im Winter. Im Jänner betragen sie nur 29% und im Juli 31% der Tagesschwankungen der Temperatur von Wien. Noch größer sind natürlich die Unterschiede im Verhältnis zu einer Talstation, wo die täglichen Temperaturschwankungen bekanntlich sehr große Werte annehmen können. So beträgt z. B. im Verhältnis zu Hofgastein die periodische Tagesschwankung der Temperatur auf dem Sonnblick im Jänner nur 12%, im Juli 22%. Daß es bei diesen Unterschieden nicht so sehr auf die Seehöhe ankommt, sondern auf das Fehlen einer entsprechenden Heizfläche, zeigt z. B. der Vergleich mit der in 3506 m Höhe im oberen Industal gelegenen Station Leh, die im Winter eine mittlere tägliche Temperaturschwankung von 10° und im Sommer von 12·9° aufweist [30].

Die Eintrittszeiten der periodischen Temperaturminima fallen auf dem Sonnblick, abgesehen vom Winter, wo aber wegen des flachen Verlaufes der Temperaturkurven den Abweichungen keine Bedeutung zukommt, ungefähr mit Sonnenaufgang zusammen. Die Maxima treten im Dezember und Jänner etwa 1½, im Frühling 2½ bis 2¾, im Herbst sogar 3, aber im Juli nur 2½ Stunden nach der Kulminationszeit der Sonne ein. Der sommerliche Rückschlag ist wahrscheinlich darauf zurückzuführen, daß durch die am Nachmittag um diese Jahreszeit häufiger auftretende Bewölkung der Temperaturanstieg am Nachmittag etwas gedämpft wird. In Wien beträgt die Verspätung der periodischen Maxima gegenüber der Kulminationszeit der Sonne im Dezember und Jänner 2¼, im März und April 3 Stunden und im Juli 2¾ Stunden. In den übrigen Monaten ist es nicht viel anders wie auf dem Sonnblick.

Da die periodischen Tagesschwankungen der Temperatur aus den mittleren Tagesgängen entnommen werden, sind in ihnen die wirklichen täglichen Temperaturschwan-

Tabelle 29. Mittlere aperiodische und periodische tägliche Temperaturextreme und Eintrittszeiten der periodischen Extreme.

	Jänner	Febr.	März	April	Mai	Juni	Juli	Aug.	Sept.	Okt.	Nov.	Dez.	Jahr
Aperiodische Extreme (Abweichung vom Tagesmittel), °C:													
Maximum	2·13	2·20	2·26	2·20	1·86	2·11	2·19	2·05	1·78	2·08	1·92	1·92	2·06
Minimum	−1·89	−2·22	−1·98	−2·03	−2·08	−2·09	−2·03	−2·18	−1·93	−1·77	−1·85	−2·15	−2·02
Periodische Extreme (Abweichung vom Tagesmittel), °C:													
Maximum	0·56	0·77	1·10	1·30	1·27	1·22	1·24	1·24	1·01	0·78	0·57	0·45	0·96
Minimum	−0·31	−0·46	−0·79	−1·09	−1·24	−1·17	−1·12	−1·02	−0·77	−0·55	−0·31	−0·23[1]	−0·76
Eintrittszeiten der periodischen Extreme:													
Maximum	13·8[h]	14·2[h]	14·4[h]	14·6[h]	14·6[h]	14·5[h]	14·3[h]	14·8[h]	14·8[h]	14·8[h]	13·9[h]	13·5[h]	
Minimum	6·4[h]	7·0[h]	6·0[h]	5·6[h]	4·5[h]	4·2[h]	4·8[h]	5·1[h]	5·6[h]	6·2[h]	6·6[h]	24·0[h][1]	
Eintrittszeit des Minimums minus Zeit des Sonnenaufganges (Stunden):													
	−1·1	0·2	−0·2	0·4	−0·2	−0·2	0·1	0·3	−0·2	−0·2	−0·7	(−0·2)	
Eintrittszeit des Maximums minus Zeit der Kulmination der Sonne (Stunden):													
	1·6	2·0	2·3	2·6	2·7	2·5	2·2	2·7	2·9	3·0	2·1	1·6	
Kulmination der Sonne	12·2[h]	12·2[h]	12·1[h]	12·0[h]	11·9[h]	12·0[h]	12·1[h]	12·1[h]	11·9[h]	11·8[h]	11·8[h]	11·9[h]	
Sonnenaufgang . . .	7·5[h]	6·8[h]	6·2[h]	5·2[h]	4·7[h]	4·4[h]	4·7[h]	4·8[h]	5·8[h]	6·4[h]	7·3[h]	7·7[h]	

[1] Sekundäres Minimum von −0·19° um 7·5[h].

kungen zum großen Teil schon ausgeglichen. Es sollte darin eigentlich mehr oder minder nur die Strahlungswirkung zum Ausdruck kommen; dabei braucht es sich nicht nur um die Strahlungswirkung am Ort selbst handeln, sondern es kann dabei auch der Strahlungseinfluß von einem anderen Ort, von dem die dort erwärmte Luft herbeigeschafft wird, zur Geltung kommen. Die tatsächlichen täglichen Temperaturschwankungen, die nicht nur einem regelmäßigen Tagesgang an Strahlungstagen, sondern auch ganz unregelmäßigen Witterungsänderungen entstammen, kommen in den mittleren Differenzen zwischen täglichen Maxima und Minima, in den aperiodischen Schwankungen, zum Ausdruck. Die aperiodischen Maxima und Minima sind ebenfalls in Tab. 29 und die aperiodischen Schwankungen in Tab. 37 angegeben. Auf dem Sonnblick ändern sich die mittleren aperiodischen Temperaturschwankungen im Jahresgang nicht viel; nur im Herbst sind sie etwas kleiner. Anders ist es in der Niederung. In Wien z. B. steigen sie vom Dezember (4·20°) bis zum Juli (9·18°) auf mehr als das doppelte an. In der Niederung verursacht den sommerlichen Anstieg die starke Strahlungswirkung, die die unregelmäßigen Temperaturänderungen einerseits oft übertrifft, aber andererseits auch oft verstärkt (Kälteeinbruch nach einer Zeit sehr warmen Wetters). Im Hochgebirge fehlt einerseits die Heizfläche, die einen beträchtlichen Temperaturgang verursachen könnte, und andererseits ist gerade im Sommer die Bewölkung sehr stark, so daß auch noch dazu die Einstrahlung ziemlich abgeschirmt wird. Die unregelmäßigen Wetteränderungen sind im Sommer, wie wir von der interdiurnen Veränderlichkeit der Temperatur her wissen, auf dem Sonnblick nicht so groß wie im Winter und so kommt es, daß die durch die im Sommer ausgiebigere Strahlung bewirkte Vergrößerung der täglichen Temperaturschwankungen durch die geringere Häufigkeit starker, unregelmäßiger Witterungsänderungen so weit kompensiert wird, daß im Jahresgang die mittlere aperiodische Temperaturschwankung nahezu gleich bleibt. Aus dem Vorstehenden ergibt sich, daß auch die Unterschiede zwischen aperiodischen Tagesschwankungen der Temperatur in der Niederung und im Hochgebirge im Winter, wo die Strahlungswirkung gering ist, nicht groß sind und daß diese Unterschiede auch im Sommer beträchtlich hinter den Unterschieden der periodischen Schwankungen zurückbleiben. Auf dem Sonnblick beträgt die aperiodische Temperaturschwankung im Jänner 83% und im Juli 46% der aperiodischen Schwankungsgrößen von Wien.

Tabelle 30. Häufigkeitsverteilung der täglichen Temperaturschwankungen auf dem Sonnblick, %.

Temperatur-schwankung °C	Winter alle Tage	Winter heitere Tage	Frühling alle Tage	Frühling heitere Tage	Sommer alle Tage	Sommer heitere Tage	Herbst alle Tage	Herbst heitere Tage
0·0 bis 0·9	0·5	1	0·2	—	0·1	—	1·6	1
1·0 „ 1·9	10·0	8	6·8	2	7·2	5	11·0	6
2·0 „ 2·9	21·7	21	16·5	12	15·4	6	23·1	25
3·0 „ 3·9	19·3	26	21·4	23	17·8	16	23·0	25
4·0 „ 4·9	14·9	16	20·6	24	21·1	18	18·4	24
5·0 „ 5·9	10·8	10	13·6	16	17·1	18	9·4	9
6·0 „ 6·9	8·5	7	9·7	10	11·7	15	4·0	3
7·0 „ 7·9	5·0	6	4·9	5	4·3	6	3·7	2
8·0 „ 8·9	4·1	1	2·8	4	3·1	7	2·5	2
9·0 „ 9·9	2·2	2	1·6	2	1·1	3	1·3	2
10·0 „ 10·9	1·4	1	0·7	—	0·4	1	0·8	—
11·0 „ 11·9	0·6	—	0·5	1	0·6	4	0·8	1
12·0 „ 12·9	0·4	—	0·3	1	—	—	0·1	—
13·0 „ 13·9	0·3	—	0·1	—	0·1	1	0·3	—
14·0 „ 14·9	0·1	1	0·2	—	—	—	—	—
15·0 „ 15·9	0·2	—	—	—	—	—	—	—
16·0 „ 16·9	—	—	—	—	—	—	—	—
17·0 „ 17·9	—	—	0·1	—	—	—	—	—

Für die Beurteilung der Veränderlichkeit des Wetters ist das Verhältnis von aperiodischen zu den periodischen Schwankungsgrößen von Bedeutung. Es erreicht im Winter mehr als dreimal so große Werte wie im Sommer (Dezember 6'00, im Juni 1'76). Die Verhältniszahlen sind auf dem Sonnblick das ganze Jahr hindurch viel größer als in Wien; auch die Unterschiede zwischen Sommer und Winter sind auf dem Sonnblick viel größer. In Wien ist das Verhältnis der aperiodischen zu den periodischen Schwankungsgrößen im Dezember 2'08 und im Juni 1'20.

Aus welchen Einzelwerten die Mittelwerte der täglichen Temperaturschwankungen resultieren, ist aus Tab. 30 ersichtlich. Die Auszählungen wurden auf Grund einer 10jährigen Beobachtungszeit (1924—1933) gemacht. In den einzelnen Monaten haben sich keine bemerkenswerten Unterschiede ergeben. Ich habe daher die Häufigkeitsverteilungen nach Jahreszeiten zusammengefaßt. Nach Intervallen von je 1° sind die Häufigkeiten der täglichen Temperaturschwankungen in Prozenten ausgedrückt worden. Am häufigsten — etwas mehr als ein Fünftel aller Werte — sind am Sonnblick im Herbst und Winter Tagesschwankungen der Temperatur um 2 bis 3°, im Frühling um 3 bis 4°, im Sommer um 4 bis 5°. Größer als 4° — d. i. der langjährige Mittelwert der aperiodischen Schwankungen — sind im Winter 48, im Frühling 51, im Sommer 59 und im Herbst 41% aller Tagesschwankungen. Die größte Tagesschwankung der Temperatur, die auf dem Sonnblick vorgekommen ist, betrug über 17°. Die Häufigkeitsverteilungen der Tagesschwankungen sind auf dem Sonnblick besonders im Winterhalbjahr stark unsymmetrisch, in Abweichung von den Stationen der Niederung, wo, wie ich an anderer Stelle [31] gezeigt habe, dies nicht so ist. Die Asymmetrie erklärt sich dadurch, daß der normale tägliche Gang der Temperatur auf dem Sonnblick nur sehr kleine Schwankungen macht; daher stammt die große Häufigkeit der kleinen Tagesamplituden. Die großen Tagesschwankungen sind hauptsächlich nur durch Wetterstörungen, also durch unregelmäßige Schwankungen hervorgerufen, während in der Niederung auch die normalen Tagesschwankungen an schönen Tagen sehr große Werte annehmen können.

Die in Tab. 29 angegebenen Eintrittszeiten der täglichen periodischen Extreme wären nur bei ungestörtem täglichen Temperaturgang zu erwarten. Die zufolge allgemeiner Wetteränderungen zustande gekommenen Temperaturextreme fallen aber auf verschiedene Tageszeiten. Die Beachtung der Eintrittszeiten der täglichen Temperaturextreme gibt uns daher die Möglichkeit, zu beurteilen, welcher Einfluß auf die Temperaturgestaltung eines Ortes den periodischen Tagesschwankungen im Verhältnis zu den Wetterstörungen zukommt. In den Tropen, wo der Witterungsablauf bekanntlich sehr gleichmäßig erfolgt und nur selten von Störungen unterbrochen wird, treten die täglichen Maxima und Minima wirklich vorwiegend zu denselben Zeiten ein, wie die periodischen Temperaturextreme [32]. Anders ist es auf dem Sonnblick, wo die unregelmäßigen Witterungsstörungen im Vergleich zu den periodischen Änderungen große Bedeutung haben, wie die Häufigkeitsverteilungen der Eintrittszeiten der täglichen Temperaturextreme in Tab. 31 zeigen. Zur Bildung dieser Tabelle wurden aus stündlichen Temperaturauswertungen der 5jährigen Beobachtungszeit 1904—1908 für jeden Tag die Stunden festgestellt, zu denen der höchste, bzw. niedrigste Wert der Temperatur eingetragen war. Wenn diese höchsten, bzw. niedrigsten Werte mehrmals im Tage vorkamen, wurden sie so oft gezählt, so oft sie aufgeschrieben waren. Die Werte sind zur besseren Vergleichbarkeit in Promille umgerechnet.

Die Eintrittszeiten der täglichen Maxima verteilen sich auf die verschiedensten Tagesstunden; dabei fallen aber, abgesehen vom November, doch die größten Häufigkeitszahlen in jedem Monat auf die frühen Nachmittagsstunden, also auf die Zeiten, zu denen auch die periodischen Maxima eintreten. Auf dem Sonnblick ist die Verteilung auf verschiedene Tagesstunden viel größer als in der Niederung. So ist z. B. das größte Häufigkeitsmaximum auf

42

Tabelle 31. Häufigkeiten des Eintrittes der Temperaturextreme zu einer bestimmten Tagesstunde, $^0/_{00}$.

Stunde	Jänner	Februar	März	April	Mai	Juni	Juli	August	Sept.	Okt.	Nov.	Dez.
					Maxima:							
0	120	89	83	45	24	54	52	33	58	54	83	123
1	43	45	47	20	18	13	9	33	26	23	64	87
2	30	35	16	14	6	9	13	12	10	20	19	22
3	25	27	16	7	—	5	9	7	16	17	14	25
4	14	13	8	7	—	4	4	—	13	4	15	19
5	17	9	—	3	—	5	4	—	3	6	19	17
6	12	4	—	—	—	—	—	3	3	7	15	11
7	9	9	4	4	—	4	5	4	3	3	30	7
8	9	5	8	3	—	5	—	4	4	—	12	4
9	4	8	7	21	3	4	13	3	12	4	7	3
10	4	14	8	14	4	13	30	11	4	6	15	4
11	—	13	20	13	22	37	26	40	6	10	26	15
12	13	18	31	21	29	63	57	48	32	38	45	22
13	34	35	48	27	54	48	61	48	36	37	61	43
14	112	151	114	117	183	148	165	136	125	151	105	131
15	132	129	134	148	123	140	125	125	132	127	79	69
16	103	72	130	137	147	143	124	122	136	134	49	71
17	48	47	91	120	109	104	73	124	114	81	22	34
18	16	18	35	35	86	108	60	97	64	29	11	24
19	18	16	31	34	52	53	59	47	33	41	11	19
20	17	24	9	41	31	18	24	15	24	38	24	22
21	30	50	28	45	32	9	17	25	33	37	52	47
22	42	39	36	44	34	8	19	24	42	33	50	54
23	27	31	34	25	23	—	24	19	24	37	42	47
24	121	99	62	55	20	5	27	20	47	63	130	80
					Minima:							
0	137	158	124	79	102	78	79	101	99	94	133	106
1	59	64	58	53	84	44	68	67	55	49	84	55
2	78	37	35	49	109	57	72	42	48	41	57	33
3	39	38	35	68	101	74	75	63	51	38	57	37
4	46	26	51	79	106	136	100	109	66	30	49	25
5	63	38	57	80	85	111	108	113	99	41	38	26
6	51	34	74	95	64	64	61	78	125	79	34	41
7	63	61	117	98	79	85	86	80	90	121	46	51
8	54	56	58	64	34	59	36	36	41	81	50	69
9	40	29	23	26	7	32	15	8	15	19	14	80
10	8	16	12	3	3	18	11	8	3	4	8	8
11	8	11	11	7	4	3	3	—	8	12	12	3
12	6	11	—	—	—	4	—	—	4	23	15	7
13	—	8	—	—	—	—	4	12	4	11	6	8
14	17	14	4	4	3	—	3	11	3	4	20	11
15	8	8	4	8	—	—	—	9	—	14	12	8
16	6	8	4	—	—	—	8	7	—	11	19	11
17	9	4	4	—	—	—	7	4	—	11	16	13
18	8	4	8	—	—	—	—	4	—	19	14	8
19	8	4	12	4	4	3	3	8	—	—	16	12
20	15	10	8	12	—	9	—	16	8	—	30	21
21	28	52	34	39	14	18	32	14	41	38	27	52
22	39	83	30	29	12	29	27	20	53	45	42	48
23	33	83	65	44	40	47	39	42	48	56	42	55
24	177	143	172	159	149	129	163	148	139	159	159	212

Tabelle 32. Häufigkeitsverteilung der täglichen Temperaturmaxima (1901—1930), $^0/_{00}$.

° C		Jänner	Februar	März	April	Mai	Juni	Juli	August	Sept.	Okt.	Nov.	Dez.	Jahr
13·0 bis	13·9	—	—	—	—	—	—	1	—	—	—	—	—	0
12·0 „	12·9	—	—	—	—	—	—	1	—	—	—	—	—	0
11·0 „	11·9	—	—	—	—	—	—	8	5	—	—	—	—	1
10·0 „	10·9	—	—	—	—	—	1	19	7	—	—	—	—	2
9·0 „	9·9	—	—	—	—	—	5	23	22	4	—	—	—	5
8·0 „	8·9	—	—	—	—	—	8	38	39	8	—	—	—	8
7·0 „	7·9	—	—	—	—	—	22	52	57	22	1	—	—	13
6·0 „	6·9	—	—	—	—	10	51	68	92	32	1	—	—	21
5·0 „	5·9	—	—	—	—	14	45	93	91	44	8	1	—	25
4·0 „	4·9	—	—	—	—	18	59	98	105	52	15	1	—	29
3·0 „	3·9	—	—	1	—	30	85	94	111	84	31	—	—	36
2·0 „	2·9	—	—	2	4	48	98	99	96	76	25	5	—	38
1·0 „	1·9	—	—	3	7	54	108	80	81	97	60	11	—	42
0·0 „	0·9	1	—	4	23	111	129	97	92	129	65	10	2	55
— 1·0 bis	— 0·1	3	—	1	40	146	123	92	79	101	124	25	11	62
— 2·0 „	— 1·1	8	5	9	55	121	87	48	45	104	119	44	15	55
— 3·0 „	— 2·1	14	7	28	60	90	57	34	34	73	111	66	21	50
— 4·0 „	— 3·1	33	32	35	89	73	51	31	16	47	94	94	22	51
— 5·0 „	— 4·1	37	36	45	111	74	32	12	16	39	76	105	56	53
— 6·0 „	— 5·1	63	39	76	128	48	15	11	10	32	73	85	71	54
— 7·0 „	— 6·1	72	72	100	89	50	13	1	2	13	58	115	97	57
— 8·0 „	— 7·1	83	94	116	93	46	4	—	—	10	25	76	101	54
— 9·0 „	— 8·1	73	87	111	57	29	4	—	—	22	27	74	113	50
— 10·0 „	— 9·1	107	77	96	61	13	2	—	—	7	29	50	110	46
— 11·0 „	— 10·1	94	94	81	45	7	1	—	—	3	26	46	82	40
— 12·0 „	— 11·1	82	97	67	30	9	—	—	—	1	13	53	82	36
— 13·0 „	— 12·1	76	91	64	27	5	—	—	—	—	7	27	47	29
— 14·0 „	— 13·1	62	49	42	19	2	—	—	—	—	4	26	38	20
— 15·0 „	— 14·1	48	39	37	25	1	—	—	—	—	3	17	23	16
— 16·0 „	— 15·1	28	39	24	15	1	—	—	—	—	3	20	36	14
— 17·0 „	— 16·1	32	37	15	5	—	—	—	—	—	—	16	18	10
— 18·0 „	— 17·1	19	21	13	5	—	—	—	—	—	1	12	19	8
— 19·0 „	— 18·1	16	31	7	5	—	—	—	—	—	1	8	6	6
— 20·0 „	— 19·1	10	13	9	3	—	—	—	—	—	—	6	5	4
— 21·0 „	— 20·1	10	12	4	2	—	—	—	—	—	—	1	8	3
— 22·0 „	— 21·1	11	9	6	2	—	—	—	—	—	—	2	5	3
— 23·0 „	— 22·1	8	4	—	—	—	—	—	—	—	—	3	3	2
— 24·0 „	— 23·1	5	7	2	—	—	—	—	—	—	—	—	1	1
— 25·0 „	— 24·1	1	—	1	—	—	—	—	—	—	—	—	3	0
— 26·0 „	— 25·1	2	3	1	—	—	—	—	—	—	—	1	3	1
— 27·0 „	— 26·1	—	1	—	—	—	—	—	—	—	—	—	—	0
— 28·0 „	— 27·1	—	2	—	—	—	—	—	—	—	—	—	1	0
— 29·0 „	— 28·1	2	1	—	—	—	—	—	—	—	—	—	1	0
— 30·0 „	— 29·1	—	1	—	—	—	—	—	—	—	—	—	—	0

dem Sonnblick 18% (Mai), in Bucheben 51% (September) und in Kremsmünster 53% (Juli). Das Jahresmittel der monatlichen Häufigkeitsmaxima beträgt auf dem Sonnblick 14·5%, auf dem Obir 21·0%, in Bucheben 33·9% und in Kremsmünster 29·0% (vgl. 32). In diesen Zahlen kommt sehr schön zum Ausdruck, um wieviel der tägliche Temperaturgang auf dem Sonnblick unregelmäßiger ist als an Stationen der Niederung oder geringerer Höhen. Zum Unterschied von Stationen der Niederung kommt es auf dem Sonnblick auch verhältnismäßig oft vor, daß das Temperaturmaximum erst in den Abend- und Vormitternachtsstunden eintritt. Die Häufigkeit des Eintrittes der täglichen Temperaturmaxima zum Tagesbeginn oder zum Tagesschluß ist auf dem Sonnblick sehr groß. Im Jahresdurchschnitt ist dort die Eintrittszeit 0 Uhr für Maxima mehr als doppelt so häufig und die Eintrittszeit 24 Uhr mehr als dreimal so häufig wie in der Niederung des Alpenvorlandes.

Die Temperaturminima treten auf dem Sonnblick nur im Juni zur Zeit des periodischen Minimums, also um Sonnenaufgang, am häufigsten ein, in allen übrigen Monaten aber erst um Mitternacht. Sehr häufig kommen Minima zu allen Stunden von Tagesbeginn bis Sonnenaufgang vor. Anders ist es wieder in der Niederung. In Kremsmünster z. B. fallen die Häufig-

Tabelle 33. Häufigkeitsverteilung der täglichen Temperaturminima (1901—1930), °/₀₀.

°C	Jänner	Februar	März	April	Mai	Juni	Juli	August	Sept.	Okt.	Nov.	Dez.	Jahr
9·0 bis 9·9	—	—	—	—	—	—	1	—	—	—	—	—	0
8·0 „ 8·9	—	—	—	—	—	—	1	—	—	—	—	—	0
7·0 „ 7·9	—	—	—	—	—	—	1	—	—	—	—	—	0
6·0 „ 6·9	—	—	—	—	—	—	3	—	1	—	—	—	0
5·0 „ 5·9	—	—	—	—	—	1	14	15	3	—	—	—	3
4·0 „ 4·9	—	—	—	—	—	3	24	28	8	—	—	—	5
3·0 „ 3·9	—	—	—	—	—	4	38	60	24	1	—	—	11
2·0 „ 2·9	—	—	—	—	1	14	71	87	42	4	—	—	18
1·0 „ 1·9	—	—	—	—	5	47	99	93	53	11	1	—	26
0·0 „ 0·9	—	—	1	—	21	90	131	145	89	16	1	—	41
— 1·0 bis — 0·1	—	—	—	1	53	121	127	96	90	56	2	—	45
— 2·0 „ — 1·1	—	—	1	2	75	131	91	84	94	65	7	—	46
— 3·0 „ — 2·1	—	—	1	6	82	111	102	70	87	85	9	3	46
— 4·0 „ — 3·1	1	1	2	12	97	84	80	88	97	85	34	6	49
— 5·0 „ — 4·1	2	3	6	47	108	75	83	76	98	108	53	9	56
— 6·0 „ — 5·1	15	3	7	41	112	105	57	77	73	88	57	12	54
— 7·0 „ — 6·1	17	15	30	72	81	71	38	45	49	67	74	31	49
— 8·0 „ — 7·1	30	35	40	95	82	45	30	27	48	55	82	48	51
— 9·0 „ — 8·1	40	39	55	75	68	46	7	7	46	75	67	61	49
— 10·0 „ — 9·1	65	40	77	91	58	25	2	2	37	60	96	72	52
— 11·0 „ — 10·1	75	52	82	85	34	13	—	—	33	49	72	85	48
— 12·0 „ — 11·1	60	85	85	93	37	10	—	—	9	44	57	92	47
— 13·0 „ — 12·1	82	86	93	70	31	4	—	—	12	36	55	105	48
— 14·0 „ — 13·1	74	86	92	63	24	—	—	—	6	33	59	78	43
— 15·0 „ — 14·1	86	80	73	55	9	—	—	—	1	23	38	72	36
— 16·0 „ — 15·1	82	62	79	44	10	—	—	—	—	23	56	66	35
— 17·0 „ — 16·1	62	77	56	45	7	—	—	—	—	7	43	55	29
— 18·0 „ — 17·1	60	69	53	39	2	—	—	—	—	5	25	50	25
— 19·0 „ — 18·1	47	45	47	18	3	—	—	—	—	2	26	37	19
— 20·0 „ — 19·1	34	50	33	12	—	—	—	—	—	2	33	25	16
— 21·0 „ — 20·1	43	40	25	10	—	—	—	—	—	—	12	23	13
— 22·0 „ — 21·1	29	29	17	7	—	—	—	—	—	—	10	23	10
— 23·0 „ — 22·1	21	21	18	6	—	—	—	—	—	—	10	10	7
— 24·0 „ — 23·1	16	19	8	4	—	—	—	—	—	—	9	3	5
— 25·0 „ — 24·1	10	11	5	5	—	—	—	—	—	—	3	9	4
— 26·0 „ — 25·1	17	17	6	1	—	—	—	—	—	—	5	5	4
— 27·0 „ — 26·1	8	8	4	1	—	—	—	—	—	—	2	5	2
— 28·0 „ — 27·1	7	2	2	—	—	—	—	—	—	—	—	9	2
— 29·0 „ — 28·1	5	10	2	—	—	—	—	—	—	—	2	3	2
— 30·0 „ — 29·1	1	4	—	—	—	—	—	—	—	—	—	1	1
— 31·0 „ — 30·1	6	4	—	—	—	—	—	—	—	—	—	—	1
— 32·0 „ — 31·1	1	5	—	—	—	—	—	—	—	—	—	—	1
— 33·0 „ — 32·1	2	2	—	—	—	—	—	—	—	—	—	2	1
— 34·0 „ — 33·1	—	—	—	—	—	—	—	—	—	—	—	—	0
— 35·0 „ — 34·1	—	—	—	—	—	—	—	—	—	—	—	—	0
— 36·0 „ — 35·1	—	—	—	—	—	—	—	—	—	—	—	—	0
— 37·0 „ — 36·1	1	—	—	—	—	—	—	—	—	—	—	—	0
— 38·0 „ — 37·1	1	—	—	—	—	—	—	—	—	—	—	—	0

keitsmaxima der Eintrittszeiten der täglichen Temperaturminima nur vom November bis Februar auf 24 Uhr, in den übrigen Monaten aber auf die Zeit von Sonnenaufgang. Die Streuung der Temperaturminima über die verschiedenen Tagesstunden ist noch viel größer als die der Maxima. Das kommt auch in den Jahresmitteln der monatlichen Häufigkeitsmaxima zum Ausdruck; sie betragen auf dem Sonnblick 9.8%, auf dem Obir 12.0%, in Bucheben 22.4%, in Kremsmünster 24.3% und sind noch bedeutend kleiner als die entsprechenden für die mittlere größte Häufigkeit der Temperaturmaxima. Die Häufigkeiten des Eintrittes der täglichen Temperaturminima zum Tagesbeginn oder Tagesschluß sind auf dem Sonnblick noch viel größer, als es bei den Temperaturmaxima war. Im Jahresdurchschnitt ist dort die Eintrittszeit 0 Uhr für Temperaturminima mehr als doppelt so häufig und die Eintrittszeit 24 Uhr aber etwas seltener als in der Niederung des Alpenvorlandes.

Der namentlich bei Schlechtwetter oder Nebelwetter sehr flache Tagesgang der Temperaturkurve bewirkt, daß auf dem Sonnblick die Extremtemperaturen sehr häufig an mehreren Tagesstunden auftreten. Im Jahresmittel treten die Temperaturmaxima in 42.2% und die Temperaturminima in 43.1% aller Fälle öfter als einmal im Tag ein. In der Niederung ist dieses wiederholte Vorkommen seltener: in Kremsmünster bei den Maxima in 17.6% und bei den Minima in 27.2%.

In welcher Weise die in Tab. 29 als Abweichungen vom Mittelwert angegebenen mittleren aperiodischen Extremwerte zustande kommen, zeigen die aus 30jährigen Beobachtungen abgeleiteten Häufigkeitsverteilungen der Temperaturextreme in Tab. 32 und 33. Die Häufigkeiten wurden nach Intervallen von je 1° ausgezählt und zur besseren Vergleichbarkeit auf Promille umgerechnet. Wie früher bei den Häufigkeitsverteilungen der Tagesmittel der Temperatur, wurden auch wieder die statistischen Charakteristiken berechnet. Diese Zahlen sind in Tab. 34 zusammengestellt und zeigen, daß sich die Häufigkeitsverteilun-

Tabelle 34. Statistische Charakteristiken der Häufigkeitsverteilungen der täglichen Temperaturextreme (1901—1930).

	Jänner	Februar	März	April	Mai	Juni	Juli	August	Sept.	Okt.	Nov.	Dez.
Maxima:												
Höchstes Max., °C	1.3	−1.2	3.5	2.7	6.9	10.4	13.3	11.7	9.8	7.2	5.8	0.7
Oberes Quartil, °C	−7.3	−7.7	−6.6	−3.8	0.2	3.2	5.5	5.6	2.9	−0.6	−4.0	−6.6
Zentralwert, °C	−10.2	−10.6	−8.8	−6.0	−1.7	0.8	2.8	3.2	0.3	−2.6	−6.6	−9.0
Unteres Quartil, °C	−13.2	−13.5	−11.7	−9.0	−4.6	−1.3	0.1	0.4	−2.1	−5.4	−9.9	−11.8
Niedrigstes Max., °C	−28.9	−29.7	−25.4	−21.7	−15.2	−10.4	−7.0	−6.5	−11.1	−18.5	−25.2	−29.0
Variationsbreite, °C	30.2	28.5	28.9	24.4	22.1	20.8	20.3	18.2	20.9	25.7	31.0	29.7
Durchschnitt α, °C	−10.47	−10.94	−9.17	−6.50	−2.08	0.99	2.96	3.06	0.29	−2.93	−7.12	−9.39
Streuung σ, °C	4.56	4.59	4.11	4.16	3.72	3.42	3.67	3.49	3.80	3.93	4.55	4.32
Schiefe ϱ	−0.60	−0.69	−0.52	−0.65	−0.39	−0.08	−0.04	−0.15	−0.55	−0.53	−0.68	−0.81
Exzeß ε	0.55	0.62	0.80	0.45	0.20	−0.06	−0.47	−0.44	0.54	0.36	0.52	1.41
Asymmetrie 100 A	7.5	7.4	9.5	12.2	11.8	−5.6	−2.2	2.2	0.4	10.5	14.2	10.3
Minima:												
Höchstes Min., °C	−3.6	−3.6	0.6	−0.6	2.2	5.0	9.3	5.8	6.0	3.3	1.5	−2.2
Oberes Quartil, °C	−11.2	−11.8	−10.5	−7.8	−3.2	−0.9	0.9	1.3	−0.4	−3.2	−7.2	−10.2
Zentralwert, °C	−14.7	−14.8	−13.3	−10.8	−5.6	−2.9	−1.0	−0.9	−3.2	−5.9	−10.4	−12.9
Unteres Quartil, °C	−18.1	−18.5	−16.6	−14.1	−8.6	−5.8	−3.7	−3.9	−6.0	−9.7	−14.7	−16.3
Niedrigstes Min., °C	−37.2	−33.0	−28.7	−26.6	−19.0	−12.6	−9.2	−9.5	−14.2	−19.5	−28.5	−29.6
Variationsbreite, °C	33.6	29.4	29.3	26.0	21.2	17.6	18.5	15.3	20.2	22.8	30.0	27.4
Durchschnitt α, °C	−14.96	−15.35	−13.62	−11.10	−6.02	−3.23	−1.22	−1.14	−3.33	−6.51	−11.08	−13.41
Streuung σ, °C	5.12	5.14	4.47	4.43	3.89	3.22	3.19	3.32	3.94	4.37	5.18	4.79
Schiefe ϱ	−0.62	−0.65	−0.43	−0.51	−0.55	−0.38	−0.06	−0.18	−0.26	−0.44	−0.54	−0.71
Exzeß ε	0.58	0.37	0.11	−0.01	−0.08	−0.27	−0.40	−0.96	−0.46	−0.48	−0.11	−0.78
Asymmetrie 100 A	8.8	9.3	6.9	7.1	11.0	11.8	6.0	7.1	4.0	10.7	10.2	11.2

gen der Minima von denen der Maxima merklich unterscheiden. Auf dem Sonnblick ist die Streuung σ der Minima vom September bis Mai größer als die der Maxima, und nur von Juni bis August etwas geringer. Im Vergleich zu den Verhältnissen der Niederung des Alpenvorlandes ist, wie ich an anderer Stelle gezeigt habe [33], die Streuung der Maxima auf dem Sonnblick von März bis September etwas geringer, die Streuung der Minima ist aber das ganze Jahr hindurch wesentlich größer als in der Niederung, wie z. B. in Kremsmünster; dort ist die Streuung der Minima im Jänner 4·62° und im Juli 2·25°, die Streuung der Maxima im Jänner 4·25° und im Juli 3·80°. Diese Unterschiede können mit dem Fehlen der unmittelbaren Heiz- oder Strahlungsfläche auf dem Sonnblick erklärt werden und zum Teil auch darauf zurückgeführt werden, daß bei Luftkörperwechsel die Temperaturunterschiede in der Höhe noch extremer und weniger von dem zurückgelegten Weg beeinflußt sind als in der Niederung. Dies wirkt sich besonders in der Streuung der Minima im Sommerhalbjahr aus. Die Schiefe σ ist wieder ähnlich wie bei den Häufigkeitsverteilungen der Tagesmittel im Winterhalbjahr stark negativ und geht in den Sommermonaten gegen 0. Diese Unsymmetrie zeigt sich auch im Köppenschen Asymmetriemaß. Im Winterhalbjahr liegen mehr Werte über dem Mittelwert als darunter. Der Exzeß ε ist im allgemeinen im Winter positiv (Werte nahe dem Durchschnitt kommen öfter vor als dem Gaußschen Fehlerverteilungsgesetz entspricht) und im Sommer negativ (Werte nahe dem Durchschnitt sind zu selten).

Nach diesen Betrachtungen der allgemeinen, den täglichen Gang betreffenden Verhältnisse bleibt nun noch das Verhalten der Temperatur an heiteren und an trüben Tagen zu untersuchen.

Tabelle 35. Tagesgang der Temperatur an heiteren Tagen; Abweichungen vom Tagesmittel, ° *C.*

Stunde	Jänner	Februar	März	April	Mai	Juni	Juli	August	Sept.	Okt.	Nov.	Dez.	Jahr
0	− 0·6	− 1·1	− 2·2[x]	− 1·8	− 1·6	− 2·4	− 2·5[x]	− 1·5	− 1·7[x]	− 0·5	− 0·7	− 0·8[x]	− 1·45
1	− 0·6	− 1·1	− 1·6	− 1·8	− 1·9	− 2·7[x]	− 2·4	− 1·8	− 1·6	− 0·6	− 0·7	− 0·7	− 1·46
2	− 0·7[x]	− 1·2[x]	− 1·5	− 1·8	− 1·9	− 2·6	− 2·3	− 1·9	− 1·6	− 0·6[x]	− 0·7[x]	− 0·7	− 1·46
3	− 0·6	− 1·1	− 1·4	− 1·9	− 1·9	− 2·6	− 2·4	− 1·9	− 1·4	− 0·6[x]	− 0·7[x]	− 0·6	− 1·42
4	− 0·6	− 1·1	− 1·3	− 2·1[x]	− 1·9[x]	− 2·5	− 2·4	− 2·0[x]	− 1·4	− 0·6	− 0·6	− 0·7	− 1·43
5	− 0·6	− 1·1	− 1·2	− 2·0	− 1·7	− 1·9	− 2·0	− 1·9	− 1·3	− 0·6	− 0·6	− 0·7	− 1·30
6	− 0·5	− 1·0	− 1·2	− 1·5	− 1·1	− 1·3	− 1·3	− 1·7	− 1·0	− 0·6	− 0·5	− 0·6	− 1·03
7	− 0·4	− 0·8	− 0·8	− 0·9	− 0·5	− 0·8	− 0·9	− 1·3	− 0·6	− 0·4	− 0·4	− 0·5	− 0·69
8	− 0·5	0·1	− 0·1	− 0·4	− 0·2	− 0·4	− 0·4	− 1·0	− 0·1	0·1	− 0·3	− 0·4	− 0·30
9	− 0·3	0·2	0·4	0·1	− 0·1	− 0·1	− 0·1	− 0·6	0·3	0·3	− 0·0	− 0·1	0·00
10	− 0·0	0·4	0·6	0·2	0·2	0·1	0·2	− 0·3	0·5	0·3	0·2	0·2	0·22
11	0·1	0·6	0·7	0·3	0·1	0·3	0·4	− 0·0	0·6	0·4	0·4	0·4	0·36
12	0·3	0·7	0·8	0·5	0·3	0·6	0·7	0·3	0·6	0·4	0·5	0·6	0·53
13	0·6	0·9	1·0	0·8	0·6	0·9	1·1	0·6	0·8	0·5	0·6	0·9	0·77
14	0·8	1·1	1·2	1·2	1·1	1·3	1·4	1·0	0·9	0·6	0·7	1·0	1·03
15	0·7	1·0	1·3	1·5	1·3	1·6	1·7	1·3	1·3	0·8	0·8	1·0	1·19
16	0·8	1·2	1·5	1·8	1·6	1·8	1·9	1·7	1·5	1·0	0·8	0·9	1·26
17	0·7	1·0	1·3	1·8	1·8	1·9	2·0	1·9	1·6	0·9	0·6	0·5	1·33
18	0·5	0·5	1·0	1·6	1·9	2·0	2·1	2·1	1·4	0·4	0·4	0·4	1·19
19	0·4	0·4	0·6	1·2	1·5	1·8	1·9	1·7	0·8	− 0·0	0·2	0·2	0·89
20	0·4	0·3	0·4	0·9	0·9	1·4	1·4	1·3	0·4	− 0·1	0·1	0·1	0·63
21	0·3	0·2	0·3	0·7	0·6	1·1	0·7	1·1	0·2	− 0·1	− 0·0	0·0	0·43
22	0·1	0·1	0·2	0·6	0·4	0·9	0·6	1·0	0·0	− 0·2	− 0·1	− 0·1	0·29
23	0·1	0·0	0·1	0·5	0·4	0·9	0·4	1·0	− 0·1	− 0·2	− 0·1	− 0·2	0·22
24	− 0·0	− 0·0	0·0	0·5	0·3	0·8	0·4	0·9	− 0·1	− 0·3	− 0·1	− 0·2	0·18
Maximum . .	2·1	2·4	2·3	2·5	2·2	2·4	2·6	2·4	2·0	1·7	1·5	1·5	2·13
Minimum . .	− 2·3	− 2·1	− 2·4	− 2·7	− 2·4	− 3·0	− 2·8	− 2·4	− 2·0	− 1·7	− 1·5	− 2·0	− 2·27
Tagesmittel .	− 10·5	− 10·8	− 8·8	− 8·5	− 2·9	− 0·4	3·4	1·2	1·0	− 0·0	− 7·3	− 8·6	− 4·35
24h—0h . .	0·6	1·1	2·2	2·3	1·9	3·2	2·9	2·4	1·6	0·2	0·6	0·6	0·16

Tabelle 36. Tagesgang der Temperatur an ganz bewölkten Tagen; Abweichungen vom Tagesmittel, ° C.

Stunde	Jänner	Februar	März	April	Mai	Juni	Juli	August	Sept.	Okt.	Nov.	Dez.	Jahr
0	0·1	−0·1	−0·1	0·3	0·1	0·2	0·0	1·2	0·5	0·6	0·7	1·0	0·37
1	0·1	−0·1	−0·2	0·2	0·0	0·2	−0·1	0·9	0·4	0·5	0·6	0·9	0·28
2	0·3	−0·1	−0·3	−0·1	−0·1	0·0	−0·1	0·8	0·3	0·6	0·7	0·8	0·23
3	0·2	−0·2	−0·3	−0·2	−0·3	−0·1	−0·2	0·7	0·2	0·5	0·5	0·8	0·13
4	0·3	−0·2	−0·3	−0·3	−0·4	−0·2	−0·2	0·5	0·1	0·5	0·4	0·6	0·07
5	0·3	−0·3	−0·5	−0·4	−0·4	−0·3	−0·3	0·4	−0·1	0·5	0·2	0·6	−0·02
6	0·2	−0·3	−0·5	−0·3	−0·5	−0·3	−0·3	0·3	−0·1	0·4	0·1	0·5	−0·07
7	0·2	−0·3[×]	−0·3	−0·2	−0·4	−0·2	−0·2	0·2	−0·0	0·3	0·0	0·4	−0·04
8	0·1	−0·2	−0·1	0·0	−0·2	−0·0	−0·1	0·3	0·1	0·2	0·1	0·3	0·04
9	0·1	−0·0	0·2	0·2	0·0	0·3	0·2	0·3	0·2	0·3	0·3	0·2	0·19
10	0·4	0·2	0·4	0·4	0·3	0·7	0·4	0·4	0·4	0·4	0·4	0·3	0·39
11	0·5	0·4	0·7	0·6	0·6	0·8	0·7	0·4	0·5	0·4	0·4	0·3	0·53
12	0·6	0·5	0·8	0·9	0·8	0·9	0·9	0·4	0·5	0·4	0·4	0·4	0·63
13	0·6	0·6	0·9	1·0	0·8	1·0	1·0	0·4	0·3	0·3	0·3	0·3	0·63
14	0·4	0·7	0·8	1·0	0·9	0·9	0·9	0·2	0·4	0·1	0·2	−0·1	0·53
15	0·4	0·5	0·6	0·8	1·0	0·9	0·8	0·0	0·4	−0·1	0·1	−0·3	0·43
16	0·2	0·3	0·5	0·6	0·7	0·7	0·6	−0·2	0·2	−0·3	−0·2	−0·5	0·22
17	−0·2	0·1	0·2	0·4	0·5	0·5	0·3	−0·3	−0·0	−0·5	−0·4	−0·6	0·00
18	−0·4	−0·1	−0·0	0·0	0·3	0·1	0·1	−0·5	−0·2	−0·6	−0·6	−0·7	−0·22
19	−0·5	−0·2	−0·2	−0·3	−0·1	−0·3	−0·2	−0·7	−0·4	−0·7	−0·6	−0·8	−0·42
20	−0·6	−0·2	−0·3	−0·5	−0·4	−0·7	−0·5	−0·9	−0·5	−0·6	−0·6	−0·8	−0·50
21	−0·8	−0·2	−0·3	−0·7	−0·6	−0·9	−0·5	−1·0	−0·6	−0·6	−0·7	−0·9	−0·65
22	−0·8[×]	−0·2	−0·5	−0·9	−0·8	−1·2	−0·9	−1·2	−0·8	−0·8	−0·7	−0·9	−0·81
23	−0·8	−0·2	−0·5	−1·0	−0·9	−1·3	−1·0	−1·3[×]	−0·9	−0·9[×]	−0·8[×]	−1·0[×]	−0·84
24	−0·7	−0·1	−0·6[×]	−1·2[×]	−1·0[×]	−1·4[×]	−1·1[×]	−1·2	−0·9[×]	−0·8	−0·7	−1·0[×]	−0·84
Maximum . .	2·1	1·9	2·1	2·1	1·9	1·9	1·5	1·9	1·5	1·7	1·9	2·1	1·88
Minimum . .	−2·2	−1·9	−2·3	−1·8	−1·8	−2·1	−1·9	−2·1	−1·7	−1·8	−2·0	−1·9	1·96
Tagesmittel .	−13·3	−12·2	−11·1	−9·3	−6·1	−2·5	−0·8	−2·1	−3·2	−6·2	−8·5	−14·6	−7·50
24^h−0^h . .	−0·8	0·0	−0·7	−1·5	−1·1	−1·6	−1·1	−2·4	−1·4	−1·4	−1·4	−2·0	−1·21

In Form von Abweichungen vom Tagesmittel bringt die Tab. 35 die mittleren Tagesgänge an heiteren und die Tab. 36 die an trüben Tagen. Für die Ableitung der einzelnen Monatsmittel wurden je etwa 35 Tage verwendet. Als heitere Tage wurden nur solche in Betracht gezogen, an denen den ganzen Tag über die Sonnenscheinregistrierung keine Unterbrechung zeigte und um 7 und 21 Uhr die Bewölkung nicht mehr als höchstens 3 betrug. Als trübe Tage wurden nur solche verwendet, an denen den ganzen Tag über kein Sonnenschein registriert wurde und um 7 und 21 Uhr der Himmel ganz bewölkt war.

Im Tagesgang der Temperatur an heiteren Tagen fällt am meisten die starke Verspätung der periodischen Maxima auf. Sie fallen im Dezember auf 15 Uhr, von Jänner bis März, im Oktober und November auf 16 Uhr, im April und September auf 17 Uhr und von Mai bis August erst auf 18 Uhr. Das kann natürlich auf keinen Fall als Strahlungswirkung erklärt werden; es muß vielmehr noch eine andere Wärmequelle gesucht werden. Nach den Untersuchungen von Hann [34] haben wir diese Wärmequelle in der adiabatischen Erwärmung von absteigenden Luftströmungen in den Barometermaxima zu suchen. Hann konnte auch feststellen, daß beim Vorübergang eines Luftdruckmaximums die Temperatur im Mittel erst einen Tag nachher ihren höchsten Wert erreicht. Heiteres Wetter ist aber auf dem Sonnblick vorwiegend mit hohem Luftdruck verbunden. Trabert hat gelegentlich einer Analyse des Tagesganges der Temperatur an heiteren Tagen sogar die Geschwindigkeit des absteigenden Luftstromes berechnen können und dafür den Betrag von 11 m pro Stunde gefunden. Dieser beim adiabati-

schen Absinken erwärmte Luftstrom bewirkt auch, daß auf dem Sonnblick im Mittel die
heiteren Tage wärmer schließen als sie beginnen. Die Temperaturdifferenz zwischen 24 Uhr
und 0 Uhr ist im Winter wesentlich kleiner als in den übrigen Jahreszeiten und beträgt im
Jahresdurchschnitt 1'6°. Auf den allgemeinen Anstieg der Temperatur an heiteren Tagen ist
es auch zurückzuführen, daß die Minima nicht wie im mittleren Tagesgang aller Tage auf die
Zeit um Sonnenaufgang fallen, sondern sich unregelmäßig auf die ersten Tagesstunden
verteilen.

Bemerkenswert ist noch eine Eigentümlichkeit des Tagesganges der Temperatur an
heiteren Tagen, die besonders auffällt, wenn man graphische Darstellungen davon betrachtet.
Es zeigt sich nämlich, daß, beginnend ungefähr mit Sonnenaufgang, ein rascher Temperaturanstieg einsetzt, der aber in dieser Stärke nur bis 9 oder 10 Uhr anhält und dann wesentlich
abgebremst wird. Nach Angaben von Valentin wird die Jalousiehütte auf dem Sonnblick
in den Sommermonaten bis etwa 9 Uhr und nachmittags von 16 bis 19 Uhr von der Sonne
getroffen, und es ist daher damit zu rechnen, daß um diese Zeiten zu hohe Temperaturen auf-
gezeichnet werden. Nach Vergleichsmessungen, die Trabert [35] mit einem Aspirationsthermometer an heiteren Tagen durchgeführt hat, haben sich tatsächlich Überwärmungen der
Hütte am Vormittag und am Abend, aber um Mittag zu tiefe Temperaturen im Jalousiegehäuse
ergeben. Bei den Vergleichsmessungen mit dem Aspirationsthermometer hat sich allerdings
auch ein erheblicher Windeinfluß gezeigt, der Korrekturen nötig macht, die den festgestellten
Einfluß der Bestrahlung der Hütte zum Teil wieder aufheben. Eine systematische Untersuchung der Genauigkeit der Temperaturangaben in der Hütte unter besonderer Berücksichtigung der Windverhältnisse wäre noch sehr wünschenswert. Was die Störung des Tagesganges der Temperatur an heiteren Tagen anlangt, so ist es auch möglich, daß die Abbrem-
sung des Temperaturanstieges eine reelle Erscheinung darstellt, die sich vielleicht dadurch
erklären läßt, daß, wenn an den heiteren Tagen vom Tal herauf der Bergaufwind einsetzt,
die absteigende Luftströmung aufgehalten und dadurch die zusätzliche Wärmequelle beseitigt wird.

Der Tagesgang der Temperatur an trüben Tagen ist viel unregelmäßiger als der an
heiteren Tagen. Das hängt natürlich damit zusammen, daß dabei die verschiedenartigsten
Witterungsstörungen zusammenwirken können. Im allgemeinen zeigt sich, daß die trüben
Tage mit tieferen Temperaturen schließen, als sie begonnen haben. Der Temperaturunterschied zwischen 0 und 24 Uhr beträgt im Jahresmittel 1'3°. Daher kommt es auch, daß die
Tagesmaxima zum Teil sogar schon auf die ersten Tagesstunden fallen. Die Minima fallen
meist auf Tagesende. Alle diese Erscheinungen erklären sich wieder aus den Feststellungen
Hanns, daß die im Luftdruckminimum aufsteigende Luft auf dem Berggipfel Abkühlung
bringt, so daß im allgemeinen erst einen Tag nach dem Barometerminimum das Temperaturminimum folgt. Der aufsteigende Luftstrom bringt natürlich auch Bewölkung auf dem Gipfel
und es fallen daher die trüben Tage am häufigsten mit einer Tiefdruckwetterlage zusammen.

Von Interesse ist es noch, die mittleren Temperaturverhältnisse an heiteren
und trüben Tagen zu betrachten. Auf dem Sonnblick ist das Temperaturmittel der
heiteren Tage das ganze Jahr hindurch höher und das der trüben Tage niedriger als das
Mittel aller Tage (vgl. Tab. 35, 36). Dies hängt mit der Bindung dieser Witterungscharaktere
an Hochdruck-, bzw. Tiefdruckwetterlagen zusammen. In der Niederung ist es bekanntlich
anders; dort sind im Winter die heiteren Tage kälter und die trüben wärmer als das Mittel
aller Tage, und im Sommer ist es umgekehrt.

Während die periodischen Tagesschwankungen der Temperatur an heiteren
Tagen charakteristische Erscheinungen zum Ausdruck bringen, kommt denen der trüben
Tage wegen der Unregelmäßigkeit der Tagesgänge keine besondere Bedeutung zu. Sie sind
aber der Vollständigkeit halber trotzdem auch in der Zusammenstellung der Tab. 37 aufge-

Tabelle 37. Aperiodische und periodische Schwankungsgrößen der Temperatur im Mittel aller Tage, an heiteren und an trüben Tagen.

	Jänner	Februar	März	April	Mai	Juni	Juli	August	Sept.	Okt.	Nov.	Dez.	Jahr
Aperiodische Schwankungsgrößen, °C:													
alle Tage (a) .	4·02	4·42	4·24	4·23	3·94	4·20	4·22	4·23	3·71	3·85	3·67	4·07	4·08
heitere „ (h) .	4·4	4·5	4·7	5·2	4·6	5·4	5·4	4·8	4·0	3·4	3·0	3·5	4·41
trübe „ (t) .	4·3	3·8	4·4	3·9	3·7	4·0	3·4	4·0	3·2	3·5	3·9	4·0	3·84
Quotienten h/a . .	1·09	1·02	1·11	1·23	1·17	1·29	1·28	1·14	1·08	0·88	0·82	0·86	1·08
t/a . .	1·07	0·86	1·04	0·92	0·94	0·95	0·80	0·94	0·80	0·91	1·06	0·98	0·94
h/t . .	1·02	1·18	1·07	1·33	1·24	1·35	1·59	1·20	1·25	0·97	0·77	0·88	1·15
Periodische Schwankungsgrößen, °C:													
alle Tage . . .	0·87	1·23	1·89	2·39	2·51	2·39	2·36	2·26	1·78	1·33	0·88	0·68	1·72
heitere „ . . .	1·5	2·4	3·7	3·9	3·8	4·7	4·6	4·1	3·3	1·6	1·5	1·8	3·07
trübe „ . . .	1·4	1·0	1·5	2·2	2·0	2·4	2·1	2·5	1·4	1·5	1·5	2·0	1·79
Quotienten h/a . .	1·72	1·95	1·96	1·66	1·51	1·96	1·95	1·81	1·85	1·20	1·71	2·65	1·78
t/a . .	1·61	0·81	0·79	0·92	0·80	1·00	0·89	1·10	0·79	1·13	1·71	2·94	1·04
h/t . .	1·07	2·40	2·46	1·77	1·90	1·96	2·19	1·64	2·35	1·06	1·00	0·90	1·71
Verhältnis der aperiodischen zu den periodischen Schwankungsgrößen:													
alle Tage . . .	4·62	3·59	2·24	1·77	1·57	1·76	1·79	1·87	2·08	2·89	4·17	6·00	2·37
heitere „ . . .	2·92	1·88	1·27	1·33	1·21	1·15	1·17	1·17	1·21	2·22	2·00	1·95	1·44
trübe „ . . .	3·14	3·80	2·94	1·77	1·85	1·67	1·62	1·60	2·28	2·33	2·60	2·00	2·14

nommen, die außerdem noch eine Übersicht über die aperiodischen Temperaturschwankungen im Mittel aller Tage, an heiteren und an trüben Tagen und über ihre Verhältniszahlen wie auch über die Verhältnisse der aperiodischen zu den periodischen Schwankungsgrößen bringt.

Das Verhältnis der periodischen Schwankungen an heiteren Tagen zum Mittel der Schwankungen an allen Tagen ist auf dem Sonnblick nahezu ebenso groß wie in Wien. Wegen der bereits besprochenen abnormalen Temperaturverhältnisse an trüben Tagen ist ihre periodische Schwankung im Jahresmittel sogar noch größer als die aller Tage. Das Verhältnis der periodischen Schwankung an heiteren Tagen zu der an trüben Tagen ist daher auch wesentlich geringer (1·71) als z. B. in Wien (Jahresmittel 5·6). Die Unterschiede der mittleren aperiodischen Schwankungsgrößen im Mittel aller Tage, an heiteren und an trüben Tagen, sind auf dem Sonnblick nicht groß und natürlich wesentlich geringer als in der Niederung, wie z. B. in Wien, wo im Jahresmittel für die Verhältniszahlen der aperiodischen Schwankungen gilt: h/a = 1·42, t/a = 0·54, h/t = 2·63. Die Unterschiede erklären sich, wie schon mehrfach erwähnt, aus dem Fehlen der unmittelbaren Heizfläche und aus der daraus folgenden Zurückdrängung der direkten Strahlungswirkung auf dem Sonnblick. Das kommt auch in der Häufigkeitsverteilung der täglichen Temperaturschwankungen an heiteren Tagen zum Ausdruck, die in Tab. 30 neben der Häufigkeitsverteilung von allen Tagen angegeben ist. Während die prozentuelle Häufigkeit der Tagesschwankungen der Temperatur an heiteren Tagen, die größer sind als der Mittelwert der Tagesschwankungen aller Tage, in der Niederung nahezu 100% beträgt, sind diese Wahrscheinlichkeiten auf dem Sonnblick im Winter nur 41%, im Frühling 60%, im Sommer 70% und im Herbst 50%. Während also in der Niederung nahezu alle Tagesschwankungen an heiteren Tagen größer als der Mittelwert aller Tage sind, ist es auf dem Sonnblick nicht so; dort sind z. B. im Winter trotz der starken Einstrahlung nicht einmal die Hälfte aller Tagesschwankungen an heiteren Tagen größer als der Mittelwert aller Tage. Die größten Tagesschwankungen der Temperatur sind dort vorwiegend auf Wetterstörungen zurückzuführen.

WASSERDAMPFGEHALT DER LUFT.

Zur Bestimmung des Wasserdampfgehaltes der Luft stehen Messungen der relativen Feuchtigkeit zur Verfügung, aus denen mit Hilfe der Temperaturmessungen der Dampfdruck berechnet wird. Die Feuchtigkeitsmessungen wurden auf dem Sonnblick mit Haarhygrometer, bzw. Hygrographen vorgenommen. Daneben wurden auch Psychrometermessungen gemacht. Nach Hann [36] ist aber besonders bei tiefen Temperaturen den Hygrometerangaben mehr Vertrauen zu schenken. Bei den auf dem Gipfel herrschenden schwierigen Witterungsverhältnissen ist es oft nicht leicht, die Instrumente so in Ordnung zu halten, daß sie beständig richtige Werte angeben. Besonders gilt dies für den Hygrographen, wo es zeitweise direkt unmöglich ist, zu verhindern, daß er eingeschneit wird oder einfriert und dadurch außer Betrieb gesetzt wird. Bei der Sorgfalt, die die meisten der Sonnblickbeobachter den Instrumenten zuteil werden ließen, ist es doch gelungen, abgesehen von einer Unterbrechung von 1912 bis 1922 und von gewissen Unsicherheiten zu anderen Zeiten, recht gute Feuchtigkeitswerte zu gewinnen.

Die Feuchtigkeitsverhältnisse auf dem Sonnblick sind schon mehrfach behandelt worden. Auf Grund der Beobachtungen in den ersten Jahren des Bestandes des Observatoriums, die damals eigentlich die einzigen wirklich zuverlässigen Feuchtigkeitsbeobachtungen aus dieser Höhe waren, hat J. v. Hann [36] in einer ausführlichen und gründlichen Studie die besonderen Feuchtigkeitsverhältnisse des Sonnblickgipfels untersucht und auch Erklärungen für ihr Zustandekommen gegeben. Später hat dann A. Gilič [36] aus 12jährigen Registrierungen die mittleren Tagesgänge für Feuchtigkeit und Dampfdruck abgeleitet, und vor kurzem habe ich die Häufigkeitsverteilungen der Feuchtigkeits- und Dampfdruckwerte untersucht [37].

Bekanntlich verläuft der Jahresgang der relativen Feuchtigkeit auf unseren Hochgebirgsgipfeln invers zu dem der Niederung. Dies hängt damit zusammen, daß bei der stabilen Schichtung der Atmosphäre im Winter die feuchte Luft in Bodennähe bleibt, während durch die im Frühling einsetzende vertikale Konvektion einerseits die feuchte Luft von der Niederung wegtransportiert wird und andererseits nicht so viel Feuchtigkeit von der Bodenoberfläche abgegeben werden kann, als dem starken Anstieg der Temperatur zur Erhaltung eines höheren relativen Feuchtigkeitsgehaltes in Bodennähe entsprechen würde. Die aufsteigende Luft bringt aber Feuchtigkeit aus der Niederung mit, und da beim Aufsteigen auch noch adiabatische Abkühlung erfolgt, wird die relative Feuchtigkeit im Sommer auf den Bergen besonders hoch. Auf dem Sonnblick sind von November bis Jänner die Mittelwerte der relativen Feuchtigkeit um einige Prozente niedriger als in Wien, von April bis Juli sind sie aber um 22% höher; das Jahresmittel ist auf dem Sonnblick um 11% höher als in Wien (Tab. 38). Für die Richtigkeit der Feuchtigkeitsbeobachtung vom Sonnblick spricht auch ein Vergleich mit 30jährigen Mittelwerten der Feuchtigkeit auf der Zugspitze. Es zeigen sich im Jahresgang, wie auch in den Jahresmitteln, nur ganz geringfügige Abweichungen. Der Sonnblick hat ein um 1% höheres Jahresmittel der relativen Feuchtigkeit.

Tabelle 38. Mittelwerte der relativen Feuchtigkeit (1887—1919 und 1923—1936), %.

	Jänner	Februar	März	April	Mai	Juni	Juli	August	Sept.	Okt.	Nov.	Dez.	Jahr
7 Uhr	77·5	78·8	83·2	87·1	89·6	89·3	88·1	85·8	83·0	81·2	79·0	78·7	83·4
14 „	78·0	78·9	84·4	89·0	91·3	91·2	90·9	90·3	87·7	84·3	79·9	79·4	85·4
21 „	77·8	79·2	84·5	89·5	92·8	93·4	93·0	91·3	88·0	83·6	79·4	78·9	86·0
Monats- und Jahresmittel:													
mittleres	77·7	79·0	83·7	88·7	91·3	91·4	90·7	89·1	86·3	83·0	79·3	79·0	84·9
höchstes	92	99	96	98	97	96	97	97	96	98	97	92	93
tiefstes	59	53	62	79	80	81	78	79	72	66	60	61	79
Sonnblick—Wien .	− 1	+ 1	+ 11	+ 22	+ 22	+ 22	+ 22	+ 18	+ 10	+ 2	− 3	− 4	+ 11

Beim Vergleich mit den Mittelwerten der relativen Feuchtigkeit in gleicher Höhe in der freien Atmosphäre zeigt sich, daß die Luft auf den Bergen relativ viel feuchter ist. Aus den aerologischen Aufstiegen über München hat W. Peppler [69] für die Jahre 1908 bis 1934 die in Tab. 38a angegebenen Mittelwerte für die 3000 m-Stufe berechnet. In der gleichen Tabelle sind auch die mittleren Differenzen der aus den zum Morgentermin in München ausgeführten Flugzeugaufstiegen in den Jahren 1933 bis 1936 gewonnenen und der gleichzeitig auf dem Sonnblick beobachteten Feuchtigkeitswerte angeführt. Im Jahresmittel ergibt sich danach für den Sonnblick eine um 21% höhere relative Feuchtigkeit als in gleicher Höhe in der freien Atmosphäre über Süddeutschland. Dies ist darauf zurückzuführen, daß auf dem Berg durch den Boden und durch die Gletscher unmittelbar eine Feuchtigkeitsquelle zur Verfügung steht, daß die durch das Gebirgsmassiv veranlaßte Aufwärtsströmung mehr Feuchtig-

Tabelle 38a. Abweichungen der relativen Feuchtigkeit in 3000 m über München von der Feuchtigkeit auf dem Sonnblick um 7 Uhr.

Sonnblick — freie Atmosphäre über München (1933—1936, nach Flugzeugaufstiegen):

	Jänner	Februar	März	April	Mai	Juni	Juli	August	Sept.	Okt.	Nov.	Dez.	Jahr
Mittelwerte, %:	21	15	22	22	23	22	21	25	23	18	20	24	21
Häufigkeitsverteilung:													
76 bis 80%	—	—	—	—	1	1	1	—	—	—	—	—	3
71 „ 75	3	—	—	—	2	1	3	2	2	—	—	—	13
66 „ 70	1	1	—	2	2	1	—	3	2	—	2	2	16
61 „ 65	3	—	4	3	3	2	3	5	5	4	1	4	37
56 „ 60	9	1	8	4	4	5	7	6	7	4	6	8	69
51 „ 55	4	4	6	1	4	3	3	4	3	4	3	3	42
46 „ 50	6	8	6	9	4	7	3	6	3	6	8	10	76
41 „ 45	1	3	5	7	5	3	4	2	11	1	9	9	60
36 „ 40	3	6	5	10	9	3	6	11	4	9	5	4	75
31 „ 35	2	4	6	4	4	4	5	5	7	7	4	1	53
26 „ 30	3	9	12	6	6	13	10	12	5	11	6	3	96
21 „ 25	7	2	5	5	11	9	6	11	6	7	9	3	81
16 „ 20	11	6	9	4	7	17	18	8	10	5	3	8	106
11 „ 15	11	8	6	4	11	8	9	14	9	9	7	9	105
6 „ 10	4	13	13	14	11	7	10	10	10	9	2	7	110
1 „ 5	4	8	16	10	15	11	10	8	8	14	8	7	119
0	1	3	1	3	7	5	10	6	4	3	3	1	48
— 1 bis — 5	9	4	4	12	6	14	6	7	6	10	8	1	87
— 6 „ — 10	4	8	—	5	4	2	2	2	5	10	9	7	58
— 11 „ — 15	6	3	2	3	—	—	—	1	2	1	3	3	24
— 16 „ — 20	2	3	1	—	—	—	2	1	2	1	4	2	18
— 21 „ — 25	3	2	1	1	—	—	5	—	3	1	1	2	19
— 26 „ — 30	1	3	—	—	—	—	—	—	—	1	—	—	5
— 31 „ — 35	—	2	1	—	—	—	—	—	—	—	1	1	5
— 36 „ — 40	—	—	1	—	1	—	—	—	1	1	—	1	5
— 41 „ — 45	—	—	1	—	—	—	—	—	—	—	1	—	2
— 46 „ — 50	—	—	—	—	—	—	—	—	—	—	1	—	1
— 51 „ — 55	—	—	—	—	—	—	—	—	—	—	—	—	—
ǀ 56 „ — 60	1	—	—	—	—	—	—	—	—	—	—	—	1
ǀ 61 „ — 65	—	—	1	—	—	—	—	—	—	—	—	—	1
Anzahl der Aufstiege:	97	101	114	107	117	116	124	124	115	118	104	97	1334

Mittelwerte der relativen Feuchtigkeit in 3000 m über München nach W. Peppler, %:

a) nach Registrierballonaufstiegen 1908—1934, morgens:

Jänner	Februar	März	April	Mai	Juni	Juli	August	Sept.	Okt.	Nov.	Dez.	Jahr
65	73	69	68	75	69	75	69	70	62	53	68	68

b) nach Flugzeugaufstiegen Jänner 1934 bis März 1937, morgens:

Winter	Frühling	Sommer	Herbst	
62	63	67	60	63

keit aus der Niederung mitbringt und daß auf dem Berg auch die Temperatur niedriger ist als in gleicher Höhe in der freien Atmosphäre. Im einzelnen sind die Abweichungen der relativen Feuchtigkeit auf dem Berg von der in der freien Atmosphäre oft sehr verschieden, wie die ebenfalls in Tab. 38 a wiedergegebenen Häufigkeitsverteilungen zeigen. Darin sind natürlich neben den durch die oben angeführten Gründe verursachten Abweichungen auch solche, die wegen der Unterschiede im Wetter bei einer Distanz von 160 km zwischen Sonnblick und München oft auftreten, enthalten. Daher kommt auch die große Streuung in den Häufigkeitsverteilungen.

Die Monatsmittel der relativen Feuchtigkeit können in den einzelnen Jahren auf dem Sonnblick beträchtlich schwanken, wie die Gegenüberstellung der höchsten und niedrigsten Monatswerte aus der ganzen Beobachtungszeit zeigt. Die Veränderlichkeit ist dabei im Winter viel größer als im Sommer.

Von den drei Beobachtungsterminen ist die relative Feuchtigkeit im Mittel das ganze Jahr hindurch um 7 Uhr am niedrigsten; am höchsten ist sie von Oktober bis Jänner um

Tabelle 39. Tagesgang der relativen Feuchtigkeit; Abweichungen vom Tagesmittel, %
(nach 20jährigen Beobachtungen).

Stunde	Jänner	Februar	März	April	Mai	Juni	Juli	August	Sept.	Okt.	Nov.	Dez.	Jahr
1	− 0.1	− 0.5	− 0.2	0.1	0.4	0.3	0.7	0.8	− 1.0	− 0.4	− 0.3	− 1.1	− 0.1
2	0.0	− 0.5	− 0.3	− 0.2	0.1	− 0.1	0.1	0.1	− 1.3	− 0.8	− 0.5	− 0.8	− 0.3
3	0.1	− 0.5	− 0.4	− 0.4	− 0.2	− 0.6	− 0.7	− 1.0	− 2.5	− 1.2	− 0.5	− 0.8	− 0.7
4	0.0	− 0.6	− 0.7	− 0.4	− 0.7	− 0.9	− 1.1	− 1.7	− 2.5	− 1.0	− 0.5	− 0.8	− 0.9
5	− 0.1	− 0.6	− 0.6	− 0.6	− 0.7	− 1.0	− 1.7	− 2.2	− 2.7	− 1.0	− 0.7	− 0.4	− 1.0
6	0.1	− 0.5	− 0.5	− 0.8	− 1.0	− 1.5	− 2.5	− 2.8	− 2.7	− 0.8	− 0.5	− 0.4	− 1.1
7	− 0.1	− 0.2	− 0.3	− 1.3	− 1.5	− 1.9	− 3.0	− 3.5	− 3.8	− 0.9	− 0.3	0.0	− 1.4
8	0.1	0.0	− 0.4	− 1.2	− 1.7	− 2.4	− 2.9	− 4.4	− 3.3	− 1.4	− 0.1	0.1	− 1.5
9	0.2	0.0	− 0.8	− 1.7	− 1.3	− 2.2	− 2.6	− 3.7	− 3.6	− 1.3	− 0.7	0.3	− 1.5
10	0.5	0.2	− 0.8	− 1.3	− 1.0	− 1.6	− 2.0	− 2.9	− 3.0	− 0.7	− 0.5	0.6	− 1.0
11	0.5	0.3	− 0.4	− 1.0	− 0.6	− 0.9	− 1.1	− 1.5	− 1.6	− 0.3	0.0	0.7	− 0.5
12	0.5	0.5	0.1	− 0.7	− 0.4	− 0.4	− 0.6	− 0.6	− 0.7	0.5	0.3	1.2	− 0.0
13	0.3	0.7	0.7	− 0.1	− 0.2	− 0.2	− 0.1	0.1	0.5	1.1	0.5	0.7	0.3
14	0.2	0.7	0.9	0.3	− 0.1	− 0.1	0.1	0.9	1.5	1.7	0.5	0.8	0.6
15	0.1	0.7	1.0	0.6	0.2	0.2	0.3	1.3	2.2	2.0	0.7	0.5	0.8
16	− 0.2	0.4	1.1	0.7	0.3	0.5	0.7	1.6	2.9	2.1	0.6	0.5	0.9
17	− 0.6	0.3	1.0	0.8	0.5	0.9	1.3	2.1	3.2	2.0	0.4	0.5	1.0
18	− 0.4	0.3	0.8	0.9	0.6	1.7	1.8	2.8	3.7	1.6	0.4	0.5	1.2
19	− 0.2	0.1	0.4	1.2	1.1	2.0	2.7	3.0	3.9	1.5	0.5	0.1	1.4
20	0.0	0.0	0.4	1.4	1.1	2.4	3.1	2.8	3.5	1.0	0.1	− 0.1	1.3
21	0.2	0.3	0.1	1.3	1.3	2.3	2.8	2.6	2.9	0.6	0.0	− 0.2	1.2
22	− 0.1	0.3	− 0.1	1.3	1.2	1.9	2.3	2.4	2.1	− 0.1	0.0	− 0.4	0.9
23	− 0.4	− 0.1	− 0.2	1.0	1.3	1.2	1.8	1.8	1.2	− 0.4	− 0.2	− 0.5	0.5
24	− 0.3	− 0.3	− 0.2	0.9	0.9	0.8	1.5	1.4	0.3	− 0.2	− 0.3	− 0.6	0.3

Periodische Schwankung:

	Jänner	Februar	März	April	Mai	Juni	Juli	August	Sept.	Okt.	Nov.	Dez.	Jahr
	1.1	1.3	1.9	3.1	3.0	4.8	6.1	7.4	7.7	3.5	1.4	1.2	2.9

Mittleres aperiodisches Maximum:

	Jänner	Februar	März	April	Mai	Juni	Juli	August	Sept.	Okt.	Nov.	Dez.	Jahr
	9.3	8.1	5.9	5.6	4.3	6.2	6.8	8.0	9.8	9.2	9.2	7.4	7.5

Mittleres aperiodisches Minimum:

	Jänner	Februar	März	April	Mai	Juni	Juli	August	Sept.	Okt.	Nov.	Dez.	Jahr
	− 12.0	− 10.3	− 7.8	− 8.1	− 5.6	− 8.6	− 9.9	− 11.9	− 13.2	− 12.1	− 11.6	− 10.3	− 10.1

Mittlere aperiodische Schwankung:

	Jänner	Februar	März	April	Mai	Juni	Juli	August	Sept.	Okt.	Nov.	Dez.	Jahr
	21.9	18.4	13.7	13.7	9.9	14.8	16.7	19.9	23.0	21.3	20.8	17.7	17.6

Verhältnis der mittleren aperiodischen zur periodischen Schwankungsgröße:

	Jänner	Februar	März	April	Mai	Juni	Juli	August	Sept.	Okt.	Nov.	Dez.	Jahr
	19.9	14.1	6.5	4.4	3.3	3.1	2.7	2.7	3.0	6.1	14.8	14.8	6.1

14 Uhr, in den übrigen Monaten aber erst um 21 Uhr. Auch dieser Tagesgang erklärt sich ungezwungen aus der Steigerung der vertikalen Konvektion im Sommer.

Einen genaueren Einblick in den mittleren Tagesgang der relativen Feuchtigkeit gewährt die Tab. 39, die aus 20jährigen Beobachtungen (1900—1919) abgeleitet ist. Die Tagesgänge sind durch Abweichungen vom Tagesmittel angegeben. Während in der Niederung der Tagesgang der relativen Feuchtigkeit zu dem der Temperatur invers verläuft, so daß also dort das Feuchtigkeitsmaximum zur Zeit des Temperaturminimums und das Feuchtigkeitsminimum zur Zeit des Temperaturmaximums eintritt, ist es auf dem Sonnblick ganz anders. Der Feuchtigkeitsgang zeigt hier keine derartige Beziehung zum Temperaturgang. Die mittleren Feuchtigkeitsmaxima fallen im Sommerhalbjahr auf die Abendstunden, im Mai erst auf 21 Uhr, und im Winterhalbjahr auf die Frühnachmittagsstunden, im Jänner sogar auf den Vormittag. Die Minima treten vom Frühling bis Herbst zwischen 7 und 9 Uhr ein, im Februar schon um 5 Uhr und im Jänner erst am Nachmittag.

Schon Hann hat darauf hingewiesen, daß zur Erklärung des Tagesganges der relativen Feuchtigkeit vor allem dynamische Faktoren in Betracht kommen. Wenn sich auch im Verhältnis zu den von Hann aus einjährigen Beobachtungen abgeleiteten Tagesgängen in der langjährigen Reihe einige Verschiebungen ergaben, so bleiben doch im Grunde seine Folgerungen bestehen. So gilt auch jetzt noch, daß die größere Lufttrockenheit in den Nachtstunden im Winter auf die herabsinkende Bewegung der Luft zurückzuführen sein wird, die zu diesen Zeiten zufolge der Wirkung der Ausstrahlung noch mehr verstärkt wird als bei Tag. In den übrigen Jahreszeiten bringt die aus den Tälern tagsüber aufsteigende Luft Feuchtigkeit mit und bewirkt so die Verschiebung des Maximums auf die Abendstunden, während nachtsüber durch die absinkenden Bergwinde der Feuchtigkeitsüberschuß so weit beseitigt wird, daß am Morgen ein Minimum eintritt. Dieses ist um mehrere Stunden gegenüber dem Sonnenaufgang verspätet. Das hängt wahrscheinlich damit zusammen, daß bei mit Sonnenaufgang beginnendem Temperaturanstieg die Feuchtigkeit natürlich fallen muß, solange nicht durch Zufuhr aus den Tälern für Nachschub gesorgt wird. Das ist aber erst möglich, wenn sich die aus den umliegenden Tälern aufsteigende Strömung bis zum Sonnblickgipfel durchgesetzt hat; in genügendem Ausmaß geschieht dies aber erst im Laufe des Vormittags. So sehen wir, daß den Tagesgang der relativen Feuchtigkeit auf dem Sonnblick vor allem dynamische Vorgänge beherrschen und daß die Wirkung der Temperatur dabei ganz zurückgedrängt, bzw. beträchtlich überkompensiert wird.

Wenn man Registrierstreifen des Sonnblicks durchblättert, so sieht man, daß die Änderungen der Feuchtigkeit außerordentlich unregelmäßig erfolgen. Nach oft lang andauernder hoher Feuchtigkeit folgt wieder eine sprunghafte Abnahme auf sehr niedrige Werte. Hann hat in seiner bereits erwähnten Arbeit solche Beispiele gebracht und dabei auf das wechselvolle Spiel der dynamischen Faktoren hingewiesen, die z. B. bei einer plötzlichen Umkehr der Vertikalzirkulation beim Wirksamwerden einer Hochdrucklage diese sprunghaften Änderungen verursachen. Wenn man diese Unregelmäßigkeiten überschaut, muß man sich eigentlich wundern, daß bei Mittelung über längere Zeiten doch noch sinnvolle Tagesgänge herauskommen. Über die zufälligen Störungen überwiegen eben im großen und ganzen doch noch die im vorstehenden besprochenen mehr oder minder ausgebildeten regelmäßigen Vorgänge. Allerdings ist es auf die Zusammenfassung der regelmäßigen Änderungen mit der Unmenge von Störungen zurückzuführen, daß die periodischen Tagesschwankungen im Mittel schließlich nur sehr klein ausfallen.

Die periodischen Tagesschwankungen der relativen Feuchtigkeit sind im Winter beinahe verschwindend und nehmen im Sommer wohl größere Werte an, bleiben aber im Vergleich zu den Schwankungen an einer Talstation der Niederung auch noch sehr klein.

In Hofgastein beträgt z. B. die periodische Tagesschwankung der Feuchtigkeit im Jänner noch 21% und im Juli sogar 44% [17].

Wesentlich größer als die periodischen sind die aperiodischen Schwankungen der Feuchtigkeit auf dem Sonnblick. Sie zeigen auch einen ganz anderen Jahresgang. In der Hauptsache sind sie auf unregelmäßige Störungen wie auf das plötzliche Einsetzen absteigender Strömungen oder ihre Umkehrung zurückzuführen. Damit hängt es zusammen, daß gerade zur Zeit der am stärksten entwickelten aufsteigenden Strömungen in den Frühlingsmonaten, wo bei größtem vertikalen Temperaturgradienten die Atmosphäre relativ am wenigsten stabil geschichtet ist und daher aufsteigende Strömungen leichter sich durchsetzen, absteigende aber behindert werden, die aperiodischen Schwankungen im Mittel am kleinsten sind. Dagegen bringt das zwischen Extremen schwankende winterliche Hochgebirgswetter die größten aperiodischen Feuchtigkeitsänderungen. Die aperiodischen Feuchtigkeitsschwankungen sind im Jänner 19·9- und im Juli nur 2·7mal so groß wie die periodischen.

Die Veränderlichkeit der relativen Feuchtigkeit im Tagesverlauf kommt am deutlichsten in einer Häufigkeitsverteilung der Tagesschwankungen zum Ausdruck. Die aus 10jährigen Registrierungen gewonnenen Ergebnisse sind in Tab. 40 in Prozenten, nach Klassenintervallen von 5% Feuchtigkeit, zusammengestellt. Dabei wurde unter Tagesschwankung die Differenz zwischen höchstem und niedrigstem Wert der stündlichen Auswertungen der Registrierungen gezählt. Tage mit geringen Schwankungen der relativen Feuchtigkeit sind sehr häufig, besonders im Spätwinter und Frühling. Um weniger als 10% schwankte die Feuchtigkeit auf dem Sonnblick von Februar bis Mai an mehr als 60%, im Juni an mehr als 50%, von Juli bis September an etwa 40%, von Oktober bis Jänner an mehr als 40% aller Tage. Der auf dem Berggipfel leicht mögliche Wechsel in der Vertikalzirkulation zwischen auf- und absteigender Bewegung verursacht oft auch außerordentlich große plötzliche Schwankungen der Feuchtigkeit. Es kommen Tagesschwankungen um mehr als 90% vor. Große Tagesschwankungen sind besonders im Herbst und Winter häufig. Um mehr als 50% schwankt die Feuchtigkeit von September bis Jänner an mehr als 10, von Februar bis Juni aber nur an weniger als 5% aller Tage.

Tabelle 40. Häufigkeitsverteilung der Tagesschwankungen der relativen Feuchtigkeit, °/$_{00}$
(nach 10jährigen Registrierungen).

°/₀ Feuchtigkeit	Jänner	Februar	März	April	Mai	Juni	Juli	August	Sept.	Okt.	Nov.	Dez.
0 bis 4	274	485	420	340	356	355	269	233	291	301	303	372
5 „ 9	176	161	243	274	268	184	145	182	103	144	127	117
10 „ 14	82	68	63	82	125	120	112	120	61	67	75	68
15 „ 19	52	26	44	63	63	95	89	85	56	36	61	89
20 „ 24	51	27	70	52	49	38	95	60	84	58	64	57
25 „ 29	58	60	33	26	33	44	66	64	41	60	42	68
30 „ 34	54	34	22	44	23	45	79	37	42	61	96	40
35 „ 39	31	22	22	26	27	20	36	61	57	54	32	43
40 „ 44	51	34	13	37	20	24	23	37	41	47	36	24
45 „ 49	41	30	37	12	6	24	20	44	46	46	29	29
50 „ 54	34	4	20	22	17	17	13	33	23	40	25	29
55 „ 59	28	19	10	7	—	10	20	20	41	21	35	28
60 „ 64	30	4	3	8	3	10	17	11	38	18	29	11
65 „ 69	11	7	—	—	10	11	3	—	23	29	25	14
70 „ 74	13	11	—	3	—	3	3	3	19	11	3	7
75 „ 79	4	8	—	4	—	—	7	7	23	3	11	—
80 „ 84	7	—	—	—	—	—	3	—	7	—	—	4
85 „ 89	3	—	—	—	—	—	—	3	—	4	7	—
90 „ 94	—	—	—	—	—	—	—	—	4	—	—	—

Einen guten Einblick in die wirklichen Feuchtigkeitsverhältnisse bekommen wir aus Häufigkeitsdarstellungen der Beobachtungswerte, da hierin auch die Einzelwerte mehr zur Geltung kommen als in den Mittelwerten. Sie geben uns erst eine richtige Vorstellung, wie verschiedenartig die Feuchtigkeitswerte sein können. Um wirkliche Einzelwerte zu erfassen, habe ich die Häufigkeitsverteilungen nicht nach den Tagesmitteln, sondern nach den Terminwerten angelegt. Der Aufstellung liegt ein 25jähriger Beobachtungszeitraum zugrunde. Zum besseren Vergleich sind die Häufigkeiten wieder in Promille umgerechnet. Die Ergebnisse bringt die Tab. 41. Die Auszählung erfolgte nach Klassenintervallen von je 5%.

Die Unterschiede zwischen den drei Terminen sind im allgemeinen nicht sehr groß. Am häufigsten werden die höchsten Klassen am Abend besetzt; im Jahresgange verschiebt sich das Häufigkeitsmaximum von 85 bis 90% im Winter auf 95 bis 100% im Sommer. Im Winter

Tabelle 41. Häufigkeitsverteilung der relativen Feuchtigkeit um 7, 14 und 21 Uhr, $^0/_{00}$.

% der relativen Feuchtigkeit	Jänner	Februar	März	April	Mai	Juni	Juli	August	Sept.	Okt.	Nov.	Dez.
7 Uhr:												
96 bis 100	90	95	89	120	333	493	489	469	366	261	136	118
91 „ 95	128	150	274	370	321	213	178	163	224	239	262	223
86 „ 90	228	226	267	248	157	90	99	84	118	104	185	237
81 „ 85	159	135	124	106	62	46	43	41	64	62	118	115
76 „ 80	79	85	54	38	42	41	44	50	37	35	48	78
71 „ 75	35	52	28	17	20	14	43	39	28	32	43	38
66 „ 70	25	25	26	12	21	17	16	29	17	32	22	24
61 „ 65	26	19	13	22	10	23	22	22	17	16	24	34
56 „ 60	28	27	15	11	8	7	21	19	20	30	27	19
51 „ 55	25	23	14	20	4	13	8	13	16	47	27	9
46 „ 50	27	24	24	8	8	11	14	17	24	33	25	7
41 „ 45	32	34	13	13	5	8	4	13	13	25	13	20
36 „ 40	25	26	18	8	2	8	7	9	13	25	19	15
31 „ 35	27	17	9	—	2	3	7	11	6	16	16	20
26 „ 30	25	21	15	6	4	8	2	9	14	13	11	16
21 „ 25	27	18	7	—	—	4	3	9	8	8	13	7
16 „ 20	9	14	10	1	—	1	—	2	12	12	8	9
11 „ 15	5	6	—	—	—	—	—	1	2	5	4	6
6 „ 10	—	2	—	—	1	—	—	—	1	4	3	5
1 „ 5	—	1	—	—	—	—	—	—	—	1	—	—
14 Uhr:												
96 bis 100	107	103	135	218	397	477	496	527	423	302	148	131
91 „ 95	140	169	278	338	277	205	195	146	198	245	298	256
86 „ 90	219	206	230	203	157	102	114	73	118	103	180	218
81 „ 85	125	226	111	116	75	85	69	83	81	65	86	111
76 „ 80	85	86	57	34	38	50	51	48	50	51	55	63
71 „ 75	36	49	31	22	21	37	25	43	41	39	27	27
66 „ 70	27	27	21	20	14	11	22	36	25	23	29	27
61 „ 65	31	23	25	14	11	13	14	16	14	27	22	27
56 „ 60	31	28	9	12	5	9	10	13	24	27	36	15
51 „ 55	16	32	23	7	2	4	1	1	8	24	17	24
46 „ 50	36	22	14	9	2	4	2	9	7	24	22	21
41 „ 45	36	22	23	2	1	2	—	1	4	21	24	16
36 „ 40	26	25	16	2	—	—	—	4	3	16	13	11
31 „ 35	33	31	13	2	—	1	1	—	3	11	15	14
26 „ 30	22	23	8	1	—	—	—	—	1	9	11	17
21 „ 25	21	11	2	—	—	—	—	—	—	9	9	12
16 „ 20	1	14	3	—	—	—	—	—	—	3	5	7
11 „ 15	7	2	—	—	—	—	—	—	—	—	3	—
6 „ 10	—	1	1	—	—	—	—	—	—	1	—	4
1 „ 5	1	—	—	—	—	—	—	—	—	—	—	—

Tabelle 41 (Fortsetzung).

% der relativen Feuchtigkeit 21 Uhr:	Jänner	Februar	März	April	Mai	Juni	Juli	August	Sept.	Okt.	Nov.	Dez.
96 bis 100	90	93	113	152	451	585	614	610	494	309	145	120
91 „ 95	143	185	294	394	317	242	160	170	212	234	276	235
86 „ 90	230	214	245	260	135	80	91	65	92	118	175	212
81 „ 85	145	143	126	93	40	34	56	36	41	61	114	138
76 „ 80	83	91	55	43	27	19	26	36	40	30	47	80
71 „ 75	33	32	23	13	11	15	20	17	22	33	40	25
66 „ 70	24	26	11	17	7	6	14	14	21	27	22	24
61 „ 65	25	18	15	4	3	4	7	13	10	29	20	26
56 „ 60	35	25	19	7	3	6	4	9	18	19	27	33
51 „ 55	27	33	25	8	2	2	4	12	11	30	24	21
46 „ 50	23	15	24	2	—	4	—	5	13	27	19	15
41 „ 45	27	25	11	3	1	2	1	5	13	33	15	19
36 „ 40	23	33	12	1	2	—	2	3	8	13	18	6
31 „ 35	31	20	14	3	1	—	1	4	2	13	19	7
26 „ 30	22	10	8	—	—	1	—	1	—	13	15	16
21 „ 25	22	20	2	—	—	—	—	—	2	11	11	14
16 „ 20	8	14	3	—	—	—	—	—	1	6	9	5
11 „ 15	5	2	—	—	—	—	—	—	—	3	3	1
6 „ 10	4	1	—	—	—	—	—	—	—	1	1	3

ist der Scheitelwert der Häufigkeitsverteilung nicht sehr groß, da sich größere Häufigkeitszahlen auf mehrere Klassen verteilen, während im Sommer die weitaus größte Zahl der Feuchtigkeitswerte auf die höchste Klasse fällt. Im Winter treten verhältnismäßig häufig auch ganz niedrige Feuchtigkeitswerte auf. Es sind dies die Werte, die die Trockenheit in der absinkenden Strömung der winterlichen Antizyklone kennzeichnen. So geben die Häufigkeitsverteilungen die Möglichkeit, auch quantitativ die Wirkung der absteigenden Luftströmungen zu beurteilen. Im Sommer kommen ganz niedrige Feuchtigkeitswerte fast nie vor. Das Maximum der Häufigkeiten fällt in den Monaten Mai bis Oktober auf die höchste Klasse.

Der absolute Wasserdampfgehalt wird in Form des aus den Feuchtigkeitsbeobachtungen errechneten Dampfdruckes in mm Hg angegeben. Der mittlere Jahresgang wie auch die Mittelwerte für die drei Beobachtungstermine sind in Tab. 42 angegeben. Bekanntlich gibt es für die Beziehung zwischen dem mittleren Dampfdruck verschiedener Höhen im Gebirgsland eine Formel von Hann, der auch der Dampfdruck vom Sonnblick recht gut entspricht.

Dem Wasserdampfgehalt der Atmosphäre ist in der Temperatur eine Grenze gesetzt. In den Werten, die angeben, wie nahe der Dampfdruck diesen Grenzwerten kommt, haben wir eine Möglichkeit, die Größe des Wasserdampfgehaltes in ihrer Bedeutung relativ abzu-

Tabelle 42. Mittelwerte des Dampfdruckes, mm (1887—1919, 1923—1936).

	Jänner	Februar	März	April	Mai	Juni	Juli	August	Sept.	Okt.	Nov.	Dez.	Jahr
7 Uhr	1·28	1·21	1·43	1·96	2·87	3·63	4·28	4·11	3·44	2·55	1·93	1·48	2·51
14 „	1·36	1·34	1·69	2·34	3·37	4·19	4·92	4·86	4·04	2·95	2·07	1·57	2·89
21 „	1·29	1·26	1·53	2·09	3·10	3·92	4·64	4·57	3·77	2·71	1·95	1·47	2·69
Monats- und Jahresmittel:													
mittleres	1·31	1·27	1·55	2·13	3·11	3·91	4·61	4·51	3·75	2·74	1·98	1·51	2·70
höchstes	1·8	2·1	2·1	2·8	4·0	4·8	5·5	5·3	5·1	3·6	2·8	2·2	3·0
tiefstes	0·8	0·7	1·1	1·4	2·2	3·1	3·4	3·7	2·4	1·5	1·2	0·9	2·2
Taupunkt °C	−15·8	−16·2	−13·9	−10·1	−5·2	−2·1	+0·1	−0·1	−2·7	−6·8	−11·0	−14·2	
Sättigungsdruck mm	1·70	1·62	1·88	2·37	3·38	4·20	4·90	4·92	4·16	3·19	2·40	1·90	
Sättigungsdefizit mm	0·39	0·35	0·33	0·24	0·27	0·29	0·29	0·41	0·41	0·45	0·42	0·39	

schätzen. Als Maß kommt dafür der Taupunkt, der angibt, bei welcher Temperatur bei gegebenem Wasserdampfgehalt der Sättigungszustand erreicht ist, und das Sättigungsdefizit, das angibt, wieviel bei der gegebenen Temperatur auf volle Sättigung mit Wasserdampf noch fehlt, in Betracht. Wenn man den Taupunkt aus den mittleren Temperatur- und Dampfdruckwerten berechnet, so kommt man zu Werten, die im Jänner um $2.9°$, im April um $1.3°$, im Juli nur um $0.8°$ und im Oktober um $1.9°$ unter dem Mittelwert der Temperatur liegen. Das aus dem Dampfdruck- und den Temperaturmittelwerten berechnete Sättigungsdefizit ist auch in der Tab. 42 eingetragen. Es zeigt sich bezeichnenderweise, daß es am kleinsten im Frühling ist, also zur Zeit, wo die Luft am stärksten zum Auftrieb neigt.

Der Vergleich der Werte der drei Beobachtungstermine zeigt, daß der Dampfdruck zum 14-Uhr-Termin das ganze Jahr hindurch am größten ist. Einen genaueren Einblick in den mittleren Tagesgang gewährt die Tab. 43, die die Abweichungen von den Tagesmitteln der aus den mittleren Tagesgängen der relativen Feuchtigkeit und der Temperatur der Jahre 1900—1919 berechneten Dampfdruckwerte enthält. Die Maxima fallen auf die Stunden von 14 bis 16 Uhr und im Dezember schon auf 13 Uhr. Die Minima fallen von November bis Jänner auf Tagesende und in den übrigen Monaten auf die Zeit um Sonnenaufgang. Zum Unterschied von den Verhältnissen in der Niederung zeigt sich also das ganze Jahr hindurch nur ein einfacher Tagesgang. Die periodischen Amplituden sind im Winter sehr klein (im Jänner 0.09 mm), im Sommer aber verhältnismäßig groß (im August 0.90 mm).

Wie der Tagesgang der relativen Feuchtigkeit muß auch der Tagesgang des Dampfdruckes vor allem als Wirkung von auf- und absteigenden Bewegungen erklärt werden. Während aber im Gang der relativen Feuchtigkeit nicht nur die Zu-, bzw. Abfuhr von

Tabelle 43. Tagesgang des Dampfdruckes; Abweichungen vom Tagesmittel, Hundertstel mm (nach 20jährigen Beobachtungen).

Stunde	Jänner	Februar	März	April	Mai	Juni	Juli	August	Sept.	Okt.	Nov.	Dez.	Jahr
1	−2	−5	−7	−13	−21	−25	−23	−17	−16	−11	−4	−3	−12
2	−2	−5	−7	−15	−22	−27	−28	−26	−21	−12	−4	−2	−14
3	−2	−5	−9	−15	−25	−34	−35	−33	−26	−15	−4	−2	−17
4	−2	−6	−9	−16	−28	−36	−34	−37	−30	−15	−4	−4	−18
5	−2	−7	−11	−19	−28	−34	−39	−44	−32	−15	−5	−3	−20
6	−2	−7	−11	−19	−26	−33	−37	−43	−32	−15	−4	−3	−19
7	−2	−6	−11	−15	−21	−22	−33	−36	−28	−15	−4	−2	−16
8	−2	−5	−7	−11	−13	−19	−22	−30	−19	−9	−2	−2	−11
9	−2	1	−3	−5	−5	−8	−14	−17	−15	−5	−3	−1	−6
10	1	1	2	2	3	0	0	−6	−8	1	1	2	0
11	3	4	6	6	12	16	11	5	1	7	4	4	7
12	4	7	10	11	18	25	24	20	12	14	7	8	13
13	5	10	17	18	23	37	34	30	23	19	10	8	19
14	5	11	18	23	30	45	41	37	31	21	10	8	23
15	5	11	18	24	33	43	41	45	37	23	8	4	24
16	2	8	17	20	28	38	37	46	37	24	6	3	22
17	1	5	12	16	26	28	38	41	34	17	3	1	19
18	1	3	7	12	19	25	33	35	28	11	1	1	15
19	0	1	2	5	11	19	24	27	19	7	−1	−1	9
20	0	−1	−1	1	5	9	17	15	15	3	−3	−2	5
21	−1	−1	−3	1	0	2	6	9	6	−1	−3	−2	1
22	−2	−3	−4	−4	−4	−9	1	2	1	−7	−4	−4	−3
23	−2	−3	−6	−5	−8	−14	−9	−7	−7	−10	−5	−4	−7
24	−4	−4	−8	−4	−11	−20	−14	−13	−15	−10	−7	−5	−10
Periodische Tagesschwankung:	9	18	29	43	61	81	80	90	69	39	17	13	44

58 Wasserdampfgehalt der Luft.

wasserdampfreicherer oder -ärmerer Luft allein zum Ausdruck kommt, weil die Größe der relativen Feuchtigkeit auch durch den täglichen Temperaturgang beeinflußt wird, zeigt sich im Tagesgang des Dampfdruckes die alleinige Wirkung der Konvektion. Tagsüber bringt die aus den Tälern aufsteigende Luft, namentlich im Sommerhalbjahr, viel Feuchtigkeit mit, während nachts die absinkende Luft wieder durch aus größeren Höhen nachkommende trockenere Luft ersetzt wird.

In der Wiedergabe von Häufigkeitsverteilungen soll nun noch gezeigt werden, in welcher Weise die Mittelwerte aus der Gesamtheit der Einzelwerte des Dampfdruckes resultieren. Es soll bei dieser Gelegenheit übrigens auch auf einen äußeren Unterschied in den Häufigkeitsverteilungen der verschiedenen Elemente hingewiesen werden: Die Temperatur hat nach oben und unten eigentlich unbeschränkte Variationsmöglichkeit; ihre Häufigkeitsverteilungen sind an keine festen Schranken gebunden. Anders ist es bei der relativen Feuchtigkeit, die nur zwischen 0 und 100% sich ändern kann. Auch beim Dampfdruck gibt es zwei Schranken: die eine liegt im Nullwert, der aber praktisch nie erreicht wird, und die andere liegt im Sättigungsdruck, der eine von der Temperatur abhängige variable obere

Tabelle 44 a. Häufigkeitsverteilung des Dampfdruckes um 7 Uhr, °/₀₀.

mm	Jänner	Februar	März	April	Mai	Juni	Juli	August	Sept.	Okt.	Nov.	Dez.
0·1 bis 0·2	3	9	1	—	—	—	—	—	—	3	—	4
0·3 „ 0·4	44	50	14	4	—	—	—	—	1	1	13	26
0·5 „ 0·6	91	100	59	14	—	—	—	—	2	8	29	43
0·7 „ 0·8	127	151	109	27	4	—	—	—	3	14	60	67
0·9 „ 1·0	131	122	106	52	7	4	—	1	2	28	78	82
1·1 „ 1·2	128	141	86	53	12	2	—	6	11	21	72	117
1·3 „ 1·4	112	105	114	81	19	5	—	5	20	41	67	95
1·5 „ 1·6	101	94	122	88	21	14	3	10	29	43	84	111
1·7 „ 1·8	94	78	115	119	43	17	6	6	28	68	85	109
1·9 „ 2·0	71	44	107	87	32	9	7	6	36	81	82	92
2·1 „ 2·2	39	42	73	112	58	25	18	10	49	70	70	76
2·3 „ 2·4	31	29	40	99	67	41	17	24	33	60	57	72
2·5 „ 2·6	15	14	29	89	65	33	23	25	60	86	79	49
2·7 „ 2·8	7	11	15	63	62	70	19	35	51	68	77	33
2·9 „ 3·0	2	6	7	37	102	52	39	52	59	82	53	16
3·1 „ 3·2	3	4	3	35	78	59	51	46	53	71	24	5
3·3 „ 3·4	1	—	—	26	90	66	51	48	51	54	35	2
3·5 „ 3·6	—	—	—	9	86	71	52	66	64	62	11	1
3·7 „ 3·8	—	—	—	4	67	57	57	72	64	44	11	—
3·9 „ 4·0	—	—	—	1	73	59	58	62	66	36	3	—
4·1 „ 4·2	—	—	—	—	47	88	59	70	70	33	3	—
4·3 „ 4·4	—	—	—	—	35	86	90	73	74	20	5	—
4·5 „ 4·6	—	—	—	—	20	96	104	70	61	5	1	—
4·7 „ 4·8	—	—	—	—	5	42	74	65	30	—	1	—
4·9 „ 5·0	—	—	—	—	1	36	64	64	29	1	—	—
5·1 „ 5·2	—	—	—	—	5	25	56	49	25	—	—	—
5·3 „ 5·4	—	—	—	—	1	20	37	41	16	—	—	—
5·5 „ 5·6	—	—	—	—	—	15	33	28	8	—	—	—
5·7 „ 5·8	—	—	—	—	—	6	34	25	5	—	—	—
5·9 „ 6·0	—	—	—	—	—	—	23	14	—	—	—	—
6·1 „ 6·2	—	—	—	—	—	2	11	9	—	—	—	—
6·3 „ 6·4	—	—	—	—	—	—	1	7	—	—	—	—
6·5 „ 6·6	—	—	—	—	—	—	7	3	—	—	—	—
6·7 „ 6·8	—	—	—	—	—	—	2	5	—	—	—	—
6·9 „ 7·0	—	—	—	—	—	—	—	1	—	—	—	—
7·1 „ 7·2	—	—	—	—	—	—	4	—	—	—	—	—

Tabelle 44 b. Häufigkeitsverteilung des Dampfdruckes um 14 Uhr, $^o/_{oo}$.

mm		Jänner	Februar	März	April	Mai	Juni	Juli	August	Sept.	Okt.	Nov.	Dez.
0·1 bis 0·2		3	4	1	—	—	—	—	—	—	1	—	4
0·3 „ 0·4		37	37	7	—	—	—	—	—	—	3	7	15
0·5 „ 0·6		71	86	42	7	—	—	—	—	—	7	17	36
0·7 „ 0·8		101	133	59	17	1	—	—	—	—	6	64	62
0·9 „ 1·0		122	107	62	25	2	—	—	—	—	18	55	79
1·1 „ 1·2		122	99	79	43	5	1	—	1	3	12	64	98
1·3 „ 1·4		137	121	99	49	8	—	—	—	1	28	71	106
1·5 „ 1·6		85	107	86	42	11	2	—	4	2	43	74	87
1·7 „ 1·8		87	106	128	85	24	—	—	—	16	41	65	121
1·9 „ 2·0		86	61	95	78	20	3	1	—	29	44	87	107
2·1 „ 2·2		62	44	110	87	33	8	2	2	28	59	68	83
2·3 „ 2·4		39	31	98	104	34	12	2	5	22	72	74	64
2·5 „ 2·6		22	24	66	95	46	23	8	5	41	74	94	59
2·7 „ 2·8		13	19	22	98	49	11	13	18	43	60	60	33
2·9 „ 3·0		7	10	21	75	67	50	12	12	40	75	47	22
3·1 „ 3·2		5	4	11	57	67	50	27	24	41	53	48	14
3·3 „ 3·4		—	6	9	48	66	51	22	27	52	76	48	8
3·5 „ 3·6		1	1	5	37	87	50	30	49	39	71	32	2
3·7 „ 3·8		—	—	—	25	87	57	39	44	54	74	7	—
3·9 „ 4·0		—	—	—	13	79	44	44	62	64	51	10	—
4·1 „ 4·2		—	—	—	11	91	82	73	63	72	52	1	—
4·3 „ 4·4		—	—	—	3	85	104	66	67	93	52	1	—
4·5 „ 4·6		—	—	—	—	66	118	100	89	93	20	4	—
4·7 „ 4·8		—	—	—	1	28	73	58	59	33	6	—	—
4·9 „ 5·0		—	—	—	—	20	78	45	59	48	1	2	—
5·1 „ 5·2		—	—	—	—	13	52	84	61	57	1	—	—
5·3 „ 5·4		—	—	—	—	5	39	80	72	41	—	—	—
5·5 „ 5·6		—	—	—	—	2	35	40	55	28	—	—	—
5·7 „ 5·8		—	—	—	—	4	22	48	50	22	—	—	—
5·9 „ 6·0		—	—	—	—	—	9	68	41	12	—	—	—
6·1 „ 6·2		—	—	—	—	—	11	33	37	9	—	—	—
6·3 „ 6·4		—	—	—	—	—	6	39	21	7	—	—	—
6·5 „ 6·6		—	—	—	—	—	4	26	26	5	—	—	—
6·7 „ 6·8		—	—	—	—	—	5	13	20	—	—	—	—
6·9 „ 7·0		—	—	—	—	—	—	10	7	1	—	—	—
7·1 „ 7·2		—	—	—	—	—	—	7	7	1	—	—	—
7·3 „ 7·4		—	—	—	—	—	—	5	2	—	—	—	—
7·5 „ 7·6		—	—	—	—	—	—	—	7	—	—	—	—
7·7 „ 7·8		—	—	—	—	—	—	1	2	—	—	—	—
7·9 „ 8·0		—	—	—	—	—	—	1	1	—	—	—	—
8·1 „ 8·2		—	—	—	—	—	—	—	—	—	—	—	—
8·3 „ 8·4		—	—	—	—	—	—	—	—	—	—	—	—
8·5 „ 8·6		—	—	—	—	—	—	2	1	—	—	—	—
8·7 „ 8·8		—	—	—	—	—	—	—	—	—	—	—	—
8·9 „ 9·0		—	—	—	—	—	—	1	—	—	—	—	—

Schranke darstellt. An diesen Grenzen liegt es, daß, wie wir sehen werden, im Gegensatz zu den Häufigkeitsverteilungen der Temperaturwerte die des Dampfdruckes im Winter trotz der größeren Veränderlichkeit des Wetters die kleinste Variationsbreite, im Sommer aber die größte Variationsbreite aufweisen.

Die Häufigkeitsverteilungen der Dampfdruckwerte sind für die drei Beobachtungstermine getrennt in Tab. 44, ausgedrückt in Promille, angegeben. Sie wurden aus einem 25jährigen Beobachtungszeitraum abgeleitet. Die Häufigkeiten sind für Klassenintervalle von je 0·2 mm angegeben. Durch Kurven dargestellt, zeigen diese Häufigkeiten, ähnlich wie die der Temperatur, mehr oder minder deformierte Glockenformen. Sie lassen sich durch Angabe einfacher statistischer Charakteristika beschreiben, die in Tab. 45 zusammengestellt sind. In den Häufigkeitsverteilungen fällt vor allem auf, daß die Dampfdruckwerte im Sommer in einem viel breiteren Bereich schwanken als im Winter. Dies kommt in den Werten der Streuung und auch in der Differenz zwischen den oberen und unteren Quartilen, die als wahrscheinliche Grenzen den um den Zentralwert gelegenen Bereich abschließen, der 50% aller Werte enthält, zum Ausdruck. Die Streuungsgröße hat ihr Maximum im August, bzw. September und ist da nicht ganz doppelt so groß wie im Jänner, in dem sie zu allen drei Terminen am kleinsten ist. Die Differenz zwischen oberem und unterem Quartil umfaßt im Jänner 0·85 mm und im August 1·52 mm. Die kleine Streuung im Winter ist durch die engen Grenzen bedingt, die dem Wasserdampfgehalt der Luft, wie erwähnt, einerseits im Nullpunkt und andererseits in den Sättigungswerten, die bei tiefen Temperaturen sehr niedrig liegen, gesetzt sind. Der Umstand, daß im Winter die Wasserdampfwerte dem Nullwert häufig sehr nahe

Tabelle 44 c. Häufigkeitsverteilung des Dampfdruckes um 21 Uhr, °/₀₀.

mm	Jänner	Februar	März	April	Mai	Juni	Juli	August	Sept.	Okt.	Nov.	Dez.
0·1 bis 0·2	4	7	—	—	—	—	—	—	—	—	1	4
0·3 „ 0·4	47	45	5	1	—	—	—	—	—	—	7	18
0·5 „ 0·6	63	92	45	12	—	—	—	—	—	9	23	40
0·7 „ 0·8	130	133	66	13	1	—	—	—	—	10	61	73
0·9 „ 1·0	132	133	104	36	4	1	—	—	3	20	70	91
1·1 „ 1·2	137	108	98	59	7	—	—	—	—	27	82	97
1·3 „ 1·4	126	107	116	62	14	—	—	—	5	40	73	114
1·5 „ 1·6	104	117	99	81	18	2	—	—	17	37	91	115
1·7 „ 1·8	84	91	138	94	27	7	—	4	17	57	59	119
1·9 „ 2·0	51	57	115	111	24	7	—	—	37	56	77	80
2·1 „ 2·2	62	36	88	94	40	21	3	3	43	73	84	62
2·3 „ 2·4	26	30	65	109	53	26	9	8	41	65	72	69
2·5 „ 2·6	9	18	30	96	76	24	8	12	47	68	61	58
2·7 „ 2·8	8	15	21	65	56	43	19	23	43	69	79	29
2·9 „ 3·0	12	5	6	69	71	52	31	43	49	81	52	15
3·1 „ 3·2	4	5	3	38	80	56	36	37	47	67	45	6
3·3 „ 3·4	1	1	1	23	93	63	54	42	45	62	29	6
3·5 „ 3·6	—	—	—	24	89	50	44	58	62	63	13	3
3·7 „ 3·8	—	—	—	5	75	68	42	50	42	58	10	1
3·9 „ 4·0	—	—	—	7	77	66	36	51	69	63	5	—
4·1 „ 4·2	—	—	—	1	67	74	60	59	60	21	1	—
4·3 „ 4·4	—	—	—	—	47	112	86	75	84	36	4	—
4·5 „ 4·6	—	—	—	—	35	106	111	92	76	10	—	—
4·7 „ 4·8	—	—	—	—	20	54	79	46	59	5	1	—
4·9 „ 5·0	—	—	—	—	9	45	66	81	50	2	—	—
5·1 „ 5·2	—	—	—	—	6	34	75	61	37	—	—	—
5·3 „ 5·4	—	—	—	—	5	34	42	56	14	—	—	—
5·5 „ 5·6	—	—	—	—	5	22	51	45	27	1	—	—
5·7 „ 5·8	—	—	—	—	—	18	35	28	8	—	—	—
5·9 „ 6·0	—	—	—	—	1	6	32	27	12	—	—	—
6·1 „ 6·2	—	—	—	—	—	4	21	32	2	—	—	—
6·3 „ 6·4	—	—	—	—	—	3	23	23	2	—	—	—
6·5 „ 6·6	—	—	—	—	—	—	12	12	2	—	—	—
6·7 „ 6·8	—	—	—	—	—	1	12	12	—	—	—	—
6·9 „ 7·0	—	—	—	—	—	—	8	7	—	—	—	—
7·1 „ 7·2	—	—	—	—	—	—	2	7	—	—	—	—
7·3 „ 7·4	—	—	—	—	—	—	2	3	—	—	—	—
7·5 „ 7·6	—	—	—	—	—	—	1	3	—	—	—	—
7·7 „ 7·8	—	—	—	—	—	1	—	—	—	—	—	—

Tabelle 45. Statistische Charakteristiken der Häufigkeitsverteilung des Dampfdruckes auf dem Sonnblick.

	Jänner	Februar	März	April	Mai	Juni	Juli	August	Sept.	Okt.	Nov.	Dez.
Durchschnitt α (mm):												
7 Uhr	1·28	1·24	1·46	1·99	2·93	3·69	4·23	4·08	3·39	2·58	1·92	1·59
14 „	1·38	1·36	1·74	2·37	3·50	4·26	4·90	4·80	3·98	2·90	2·08	1·67
21 „	1·30	1·28	1·57	2·13	3·26	4·00	4·58	4·54	3·67	2·73	1·96	1·60
Streuung (mm):												
7 Uhr	0·57	0·58	0·58	0·69	0·86	0·98	1·00	1·07	1·09	0·92	0·85	0·65
14 „	0·61	0·63	0·66	0·79	0·90	0·92	1·05	1·11	1·11	0·97	0·86	0·67
21 „	0·58	0·60	0·57	0·71	0·89	0·94	1·01	1·09	1·07	0·95	0·83	0·66
Quartile und Extreme (mm):												
7 Uhr:												
Größter Wert . .	3·3	3·2	3·1	4·0	5·3	6·2	7·1	7·0	5·7	5·0	4·7	3·6
Oberes Quartil . .	1·63	1·55	1·84	2·43	3·61	4·38	4·89	4·79	4·19	3·22	2·52	2·01
Zentralwert . . .	1·16	1·10	1·42	1·92	3·03	3·74	4·29	4·08	3·43	2·55	1·84	1·51
Unteres Quartil . .	0·78	0·72	0·93	1·44	2·36	2·92	3·46	3·29	2·51	1·84	1·19	1·05
Kleinster Wert . .	0·2	0·0	0·2	0·4	0·7	1·0	1·5	1·0	0·4	0·2	0·3	0·1
14 Uhr:												
Größter Wert . .	3·5	3·5	3·6	4·3	5·7	6·8	9·0	8·5	7·1	5·1	5·0	3·6
Oberes Quartil . .	1·76	1·70	2·17	2·85	4·15	4·82	5·63	5·50	4·67	3·62	2·66	2·10
Zentralwert . . .	1·27	1·25	1·68	2·33	3·56	4·31	4·81	4·69	4·07	2·89	1·99	1·62
Unteres Quartil . .	0·86	0·79	1·20	1·76	2·85	3·54	4·15	3·99	3·12	2·16	1·30	1·11
Kleinster Wert . .	0·2	0·0	0·2	0·5	0·8	1·2	2·0	1·2	1·1	0·2	0·4	0·1
21 Uhr:												
Größter Wert . .	3·3	3·3	3·3	4·1	5·9	7·7	7·6	7·5	6·6	5·5	4·8	3·7
Oberes Quartil . .	1·62	1·62	1·93	2·57	3·86	4·54	5·18	5·22	4·51	3·42	2·56	2·00
Zentralwert . . .	1·18	1·17	1·53	2·07	3·27	4·04	4·53	4·47	3·81	2·70	1·90	1·50
Unteres Quartil . .	0·81	0·76	1·06	1·57	2·57	3·24	3·82	3·67	2·79	1·98	1·21	1·07
Kleinster Wert . .	0·2	0·2	0·3	0·4	0·7	1·0	2·1	1·8	0·9	0·5	0·2	0·2
100 A (A = Asymmetrie nach Köppen):												
7 Uhr	−11·2	−17·4	−4·4	−3·8	11·0	3·6	6·2	−0·2	3·4	−2·0	−5·4	−7·0
14 „	−11·0	−11·6	−5·6	−3·4	6·6	6·2	−4·0	−5·6	6·0	0·0	−6·6	−5·2
21 „	−14·2	−11·8	−3·0	−4·4	1·4	3·8	−4·4	−5·2	6·2	−1·4	−4·4	−9·2

kommen, bewirkt die starke Unsymmetrie der Häufigkeiten in dieser Jahreszeit. Dies zeigt sich auch in dem Asymmetriemaß nach Köppen. Im Jänner liegen um über 11% mehr Werte unter dem Mittelwert als darüber. Auch die Lage des Zentralwertes in bezug auf den Mittel- oder Durchschnittswert zeigt diese Asymmetrie. Im Winter liegt er um mehr als 0·1 mm unter dem Mittelwert, rückt im Frühling dem Mittelwert immer näher und steigt im Mai und Juni über den Mittelwert. Im Juli und August tritt ein Rückschlag im Jahresgang der Differenz zwischen Mittelwert und Zentralwert ein; von einer positiven Abweichung im September sinkt der Zentralwert bis zum Winter wieder immer weiter unter den Mittelwert. Im Sommer kommt der Dampfdruck dem Nullwert nicht mehr nahe; dagegen macht sich die im Sättigungspunkt gegebene obere Grenze etwas geltend, was darin zum Ausdruck kommt, daß die Häufigkeitskurve in einigen Monaten nach der Seite der größeren Dampfdruckwerte hin asymmetrisch wird. Die Abweichungen nach oben hin können zufolge dieser Grenze nicht mehr beliebig groß werden; es gibt daher dann geringere, aber häufigere Abweichungen vom Mittelwert nach dieser Richtung hin.

BEWÖLKUNG UND SONNENSCHEIN.

Die Schätzung der Bewölkung hat auf einem Hochgebirgsgipfel oft große Schwierigkeiten. Bei der Weite des überblickbaren Himmelsgewölbes können verschiedene Auffassungen zur Geltung kommen, was sich bei häufigem Beobachterwechsel in einer Inhomogenität der Beobachtungsreihe äußern kann. Während der eine Beobachter die horizontnahen und weit entfernten Himmelspartien in richtigem Größenverhältnis zum zenitnahen Himmelsteil schätzt, werden andere dazu neigen, entweder die horizontnahen oder die zenitnahen Teile zu überschätzen. Verschieden ist auch die Auffassung, ob der Bewölkung der entfernten horizontnahen Himmelsteile überhaupt dasselbe Gewicht beigelegt werden soll wie der Bewölkung unmittelbar über der Station. Schließlich wirkt sich auf einem Berggipfel von der Höhe des Sonnblicks, der häufig im Niveau der Wolken oder nicht viel darunter ist, die perspektivische Verzerrung als Fehlerquelle besonders aus. Eine der Station nahe niedrige Wolke kann die Sicht über weite Himmelsflächen verhindern und so größere Bewölkung vortäuschen, als tatsächlich herrscht. Alle diese Fehlermöglichkeiten sind bei Beurteilung der Bewölkungsschätzungen auf dem Berggipfel zu berücksichtigen.

Eine Übersicht über die mittleren Bewölkungsverhältnisse bringt die Tab. 46. Das Jahresmittel der Bewölkung ist mit 6·7 recht hoch. Im Jahresgang hat die geringste Bewölkung mit 5·8 der Jänner und die höchste mit 7·7 der Juni. Von April bis August ist die mittlere Bewölkung über dem Jahresdurchschnitt und in den übrigen Monaten darunter. Im Hochgebirge verläuft der Jahresgang entgegengesetzt zu dem der Niederung des Alpenvorlandes. In Wien z. B. ist die Bewölkung vom November bis März höher als der Jahresdurchschnitt (5·8) und in den übrigen Monaten ist es umgekehrt. Im Tagesgang ist die Bewölkung vom Dezember bis Februar am Morgen, im Juli am Abend und in den übrigen Monaten

Tabelle 46. Bewölkungsverhältnisse (1887—1936).

	Jänner	Februar	März	April	Mai	Juni	Juli	August	Sept.	Okt.	Nov.	Dez.	Jahr
Mittelwerte in Zehntel der Himmelsfläche:													
7 Uhr . . .	6·0	6·3	6·7	7·1	6·8	6·9	6·6	6·0	5·8	6·0	6·1	6·3	6·4
14 „ . . .	6·0	6·1	6·9	8·0	8·1	8·1	8·0	7·6	7·1	6·6	6·3	6·2	7·1
21 „ . . .	5·4	5·5	6·4	7·4	7·9	8·2	8·0	7·1	6·6	5·9	5·8	5·6	6·7
Monats- und Jahresmittel:													
mittleres . .	5·8	6·0	6·7	7·5	7·6	7·7	7·5	6·9	6·5	6·2	6·1	6·1	6·7
höchstes . . .	8·4	8·4	8·9	9·1	8·9	9·1	8·9	9·7	8·8	9·1	9·0	8·3	8·2
tiefstes . . .	2·8	3·2	4·2	5·3	5·6	6·1	5·3	4·8	3·4	3·1	3·3	3·7	5·2
Zahl der heiteren Tage:													
mittlere . . .	7·1	5·7	5·0	2·2	1·5	1·1	1·6	3·0	4·4	5·5	5·6	5·7	48·4
größte . . .	19	16	14	8	7	4	7	8	17	14	16	13	97
kleinste . . .	0	0	0	0	0	0	0	0	0	0	0	0	12
Zahl der trüben Tage:													
mittlere . . .	11·1	10·5	14·0	15·5	16·0	16·3	15·9	13·2	12·3	11·9	11·4	10·9	159·0
größte . . .	21	21	24	24	26	23	26	31	22	26	23	20	242
kleinste . . .	4	4	5	7	8	8	7	3	5	2	3	2	106
Zahl der Tage mit Nebel:													
mittlere . . .	18·6	18·0	22·5	24·0	25·1	24·1	24·2	22·5	20·5	20·6	18·5	19·8	258·4
größte . . .	28	28	31	30	30	29	31	31	28	31	29	30	306
kleinste . . .	0	8	12	16	12	15	5	14	11	9	5	9	198
Durchschnittliche Anzahl von Nebelvorkommen:													
um 7 Uhr .	12·4	11·2	13·9	15·8	15·4	15·0	14·4	12·6	12·0	13·3	12·0	13·4	161·4
„ 14 „ .	12·2	10·9	16·4	18·5	17·4	16·3	14·4	14·3	14·6	14·9	13·1	13·2	176·2
„ 21 „ .	11·8	10·7	16·6	17·9	20·1	18·8	17·9	16·1	15·6	14·8	12·6	12·8	185·7

am frühen Nachmittag am stärksten; am geringsten ist sie von Oktober bis März am Abend und in den übrigen Monaten am Morgen.

Jahresgang wie auch Tagesgang der Bewölkung des Hochgebirgsgipfels sind bekanntlich dynamisch bedingt. Wir haben die ausschlaggebenden Zirkulationssysteme bereits bei der Erklärung des Jahres- und Tagesganges der Feuchtigkeit kennengelernt: überwiegend absteigende Bewegung im Winter und bei Nacht und aufsteigende im Sommer und bei Tag, vor allem am Nachmittag.

Im selben Monat können die Bewölkungsmittel in den einzelnen Jahren sehr verschieden sein, wie die Gegenüberstellung der höchsten und niedrigsten Monatsmittel zeigt. Die Extremwerte werden zum Teil allerdings auch durch die systematischen Schätzungsfehler der verschiedenen Beobachter etwas beeinflußt sein.

Um einen genaueren Einblick in die Bewölkungsänderungen im Laufe des Jahres zu gewinnen, wurden aus der 30jährigen Beobachtungszeit für jeden Tag Mittelwerte der 7-Uhr-Bewölkung berechnet; sie sind in Tab. 47 wiedergegeben. In übergreifenden 5tägigen Mittelwerten bringt den Jahresverlauf die Abb. 7 zur Darstellung. Die 7-Uhr-Termin-Bewölkung wurde aus dem Grund gewählt, weil anzunehmen ist, daß darin am besten die durch die allgemeine Wetterlage und insbesondere durch die Luftdruckverteilung verursachte Bewölkungsgröße zum Ausdruck kommt und daß um diese Zeit die durch die Entwicklung der Tag- und Nacht-Vertikalzirkulation hervorgerufenen Störun-

Tabelle 47. 30jähriges Mittel der Bewölkung um 7 Uhr (Zehntel der Himmelsfläche).

Tag	Jänner	Februar	März	April	Mai	Juni	Juli	August	Sept.	Okt.	Nov.	Dez.
1	7.2	6.4	7.5	7.0	6.0	6.5	6.7	5.8	6.3	5.6	5.0	5.8
2	6.0	7.3	7.0	7.2	6.9	5.4	6.5	5.4	5.8	4.9	5.7	7.2
3	6.8	8.0	7.3	6.7	6.4	5.1	6.3	6.8	5.4	6.2	6.2	6.1
4	6.9	5.5	7.5	5.9	6.8	6.8	5.2	6.1	5.0	6.2	5.5	7.4
5	6.9	6.5	6.8	8.2	8.0	6.8	6.2	5.6	6.2	6.8	6.6	6.0
6	6.3	5.2	5.5	8.0	6.3	7.7	6.9	6.4	6.3	6.3	6.5	6.1
7	7.3	6.7	6.8	7.4	7.3	7.1	7.8	6.7	4.9	6.7	5.7	7.7
8	5.6	6.2	6.9	7.8	7.0	5.9	6.7	5.1	4.2	6.1	6.6	5.6
9	6.3	5.3	7.1	6.9	7.1	6.4	7.4	5.2	4.4	6.4	6.9	7.3
10	6.9	5.7	7.2	7.2	7.2	6.6	7.0	5.1	5.7	7.0	8.6	6.9
11	5.0	5.4	5.7	7.1	7.5	8.3	7.8	5.9	7.2	4.7	6.0	6.8
12	6.5	7.0	6.5	6.2	6.6	7.1	6.9	6.9	7.4	4.2	7.0	5.5
13	6.6	6.8	6.9	7.3	6.8	7.7	6.2	6.3	6.1	5.7	6.6	6.4
14	5.8	6.2	6.3	6.7	6.1	8.4	6.9	6.1	5.7	4.7	6.3	5.1
15	5.3	7.1	7.0	8.2	5.8	7.0	6.4	5.3	7.6	5.6	6.3	6.6
16	6.3	7.1	6.9	6.1	7.1	6.4	6.2	7.3	5.7	4.6	5.8	6.5
17	5.9	6.5	4.8	6.6	6.3	7.3	6.4	6.8	5.6	4.4	6.0	6.1
18	6.7	6.0	3.9	7.2	7.0	5.8	6.2	4.5	4.9	4.8	7.2	6.3
19	5.5	7.0	6.4	7.0	6.1	7.3	6.3	5.1	5.3	5.6	6.5	7.1
20	6.4	6.0	5.9	6.3	6.5	6.8	6.4	5.4	5.1	5.1	6.6	5.2
21	5.6	5.5	6.7	6.7	5.1	7.6	6.7	6.4	6.5	6.2	6.0	5.2
22	4.5	7.0	5.7	8.1	4.8	7.3	5.9	5.6	5.7	6.4	6.9	6.3
23	4.2	5.0	6.7	7.4	6.4	7.6	5.5	6.2	6.0	7.0	6.2	6.8
24	4.7	6.1	7.4	7.3	7.4	6.7	6.8	5.5	6.0	6.5	5.6	5.6
25	4.5	5.6	7.0	8.2	7.5	7.7	7.1	6.0	6.0	6.0	5.7	7.4
26	5.5	5.4	6.7	7.2	6.3	7.6	6.6	6.6	5.2	6.0	7.3	6.3
27	5.9	5.7	6.9	7.2	7.4	6.6	6.1	6.2	6.6	6.8	5.5	6.9
28	5.8	6.9	7.8	7.2	7.4	6.3	5.6	5.7	6.3	6.2	6.0	6.6
29	6.0	—	7.4	7.2	5.9	4.7	6.6	4.8	5.2	6.5	4.8	7.4
30	6.1	—	7.7	7.1	5.4	6.2	6.9	5.0	6.3	6.1	5.4	8.4
31	6.3	—	7.2	—	5.6	—	6.0	5.9	—	6.0	—	7.4

gen am wenigsten in Erscheinung treten. Die Abb. 7 zeigt den mittleren Jahresgang wieder in Abstraktion von der Zufälligkeit der Monatseinteilung. Es fallen Zeiten mit besonders niedriger oder besonders hoher Bewölkung auf, die nicht einfach als Zufallserscheinungen

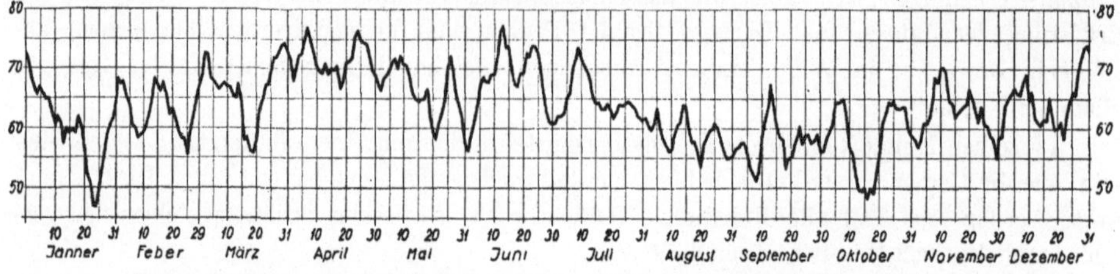

Abb. 7. Jahresgang der Bewölkung um 7 Uhr. Mittelwerte aus den Jahren 1901—1930.

abgetan werden können und die insbesondere im Zusammenhang mit dem Verlauf anderer meteorologischer Elemente das Zusammenwirken der verschiedenen Witterungsfaktoren zum Ausdruck bringen und so Einblick in die Entwicklung des Witterungsablaufes geben. Der

Tabelle 48. Häufigkeiten der Bewölkungsgrade, °/oo (1887—1936).

Bew.	Jänner	Februar	März	April	Mai	Juni	Juli	August	Sept.	Okt.	Nov.	Dez.
7 Uhr:												
0	122	104	90	49	45	43	68	100	114	123	90	92
1	130	114	100	95	109	98	119	147	142	127	137	136
2	71	71	72	61	81	68	69	87	76	74	74	62
3	53	54	34	45	53	49	60	52	50	42	53	53
4	39	32	41	34	38	43	45	39	44	35	42	40
5	27	24	28	28	27	47	25	20	36	26	25	22
6	25	32	28	31	35	34	32	29	34	38	34	30
7	23	26	28	22	31	21	20	20	25	24	27	19
8	46	37	59	52	43	48	49	48	44	41	38	61
9	28	26	29	24	26	27	35	27	21	35	47	45
10	436	480	491	559	512	522	478	431	414	435	433	440
14 Uhr:												
0	128	118	86	17	8	5	14	15	44	83	105	97
1	127	117	96	57	36	30	30	55	77	98	116	131
2	68	72	52	47	38	32	31	46	63	65	57	60
3	45	38	41	48	47	41	45	46	47	48	46	43
4	28	43	36	30	28	47	41	40	45	44	42	43
5	31	30	32	26	42	33	40	46	36	31	35	29
6	36	32	30	28	41	57	50	46	51	44	34	29
7	26	26	22	28	35	35	50	52	33	29	25	30
8	37	37	41	46	61	71	92	79	54	41	48	58
9	46	40	29	35	53	58	85	65	55	32	38	56
10	428	447	535	638	611	591	522	510	495	485	454	424
21 Uhr:												
0	219	211	161	72	27	17	30	83	143	171	180	178
1	108	104	91	66	49	42	55	88	81	110	106	118
2	72	63	52	53	62	50	45	51	60	70	62	70
3	39	43	31	48	42	41	36	43	41	48	53	42
4	30	22	31	33	38	13	28	35	37	26	34	37
5	34	33	28	24	29	21	27	27	16	24	26	29
6	25	18	19	15	18	27	25	23	20	17	27	24
7	18	18	17	14	18	20	18	18	16	12	17	16
8	35	34	22	21	30	56	45	38	32	23	33	29
9	20	26	21	19	23	33	37	29	29	18	22	26
10	400	428	527	635	664	680	654	565	525	481	440	431

niedrigste Bewölkungswert fällt auf den 23. bis 24. Jänner. Es ist dies, wie wir noch im Zusammenhang mit anderen Erscheinungen sehen werden, der Höhepunkt des Winters und der winterlichen Antizyklone. Unmittelbar darauf nimmt die Bewölkung rasch zu; es folgen aber noch einige Rückschläge, so Ende der ersten und Mitte der letzten Februardekade, und besonders Ende der zweiten Märzdekade. Dann kommt eine Zeit hoher Bewölkung, die bis Mitte Mai anhält. Unmittelbar vor dem Einsetzen des sommerlichen Witterungsrückschlages ist die Bewölkung besonders gering, um dann aber rasch bis zum Jahresmaximum am 13. Juni anzusteigen. Ab Mitte Juni nimmt die Bewölkung dann wieder stark ab. Nach kurzen Störun-

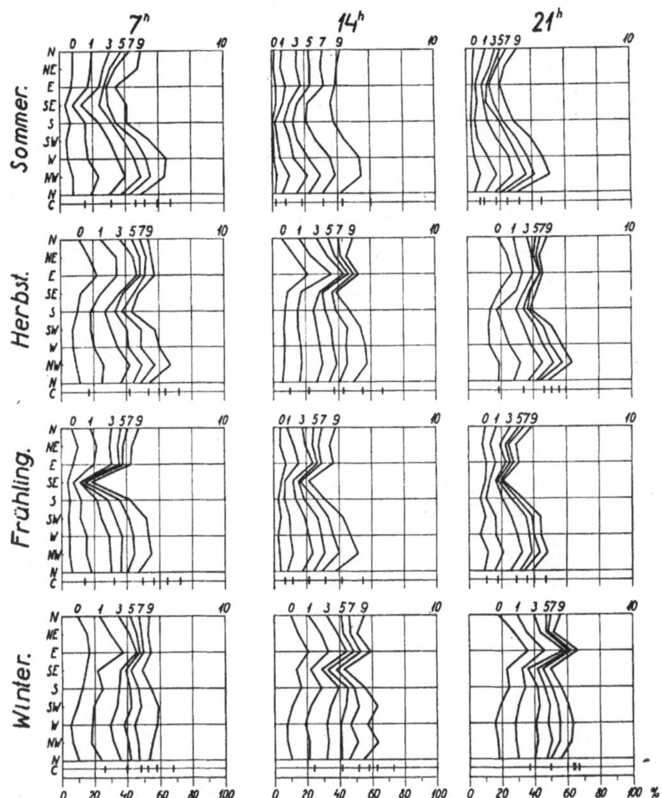

Abb. 8. Prozentuelle Häufigkeiten der Bewölkungsstufen $\leq$ 0, 1, 3, 5, 7, 9 bei verschiedenen Windrichtungen zu den drei Beobachtungsterminen nach 50jährigen Beobachtungen.

gen mit starker Bewölkung um Mitte September und gegen Ende der ersten Oktoberdekade sinkt Mitte Oktober die Bewölkung für etwa eine Woche beinahe bis zum Werte des Jahresminimums. Besonders hoch ist die Bewölkung wieder in den letzten Tagen des Dezember.

Mittelwerte der Bewölkung sollten eigentlich nur als abstrakte Vergleichsgrößen verwendet werden; man darf mit der Zahlenangabe des Mittelwertes aber durchaus nicht eine Vorstellung von den wirklichen Bewölkungsverhältnissen verbinden; denn, wie die Tab. 48 zeigt, sind gerade die Bewölkungsgrößen, die dem Mittelwert entsprechen, fast das ganze Jahr hindurch zu allen drei Beobachtungsterminen die seltensten. Nur im Sommerhalbjahr ist um Mittag die Bewölkungsgröße 0 noch seltener. Weitaus am häufigsten — nämlich an mehr als 40% aller Tage — wird zu allen drei Beobachtungsterminen und in allen Monaten

Tabelle 49. Prozentuelle Häufigkeitsverteilungen der Bewölkungsgrade bei den verschiedenen Windrichtungen um 7, 14 und 21 Uhr in den einzelnen Jahreszeiten.

Tageszeit	7 Uhr							14 Uhr							21 Uhr						
Bewölkung	0	1	2–3	4–5	6–7	8–9	10	0	1	2–3	4–5	6–7	8–9	10	0	1	2–3	4–5	6–7	8–9	10
Winter:																					
N	10	13	12	7	5	7	46	10	11	11	9	5	9	45	17	12	10	8	3	6	44
NE	15	14	12	4	3	5	47	15	13	10	4	4	4	50	27	9	8	3	1	3	49
E	17	20	9	2	2	4	46	21	12	11	5	4	6	41	35	11	12	2	1	5	34
SE	14	7	14	4	3	7	51	13	9	7	4	4	5	58	22	10	4	6	3	5	50
S	12	12	10	7	6	8	45	16	12	11	5	4	7	45	24	10	8	5	4	5	44
SW	9	10	14	9	6	11	41	10	12	12	9	8	12	37	18	11	13	7	5	6	40
W	5	13	11	8	8	13	42	7	12	13	9	6	10	43	15	12	13	8	7	8	37
NW	7	11	13	9	6	9	45	8	13	12	8	10	12	37	17	12	12	9	5	7	38
Kalmen	26	13	9	5	5	10	32	24	17	10	6	6	10	27	37	13	10	3	1	3	33
Frühling:																					
N	6	12	12	6	4	7	53	4	5	9	7	5	8	62	10	7	9	6	3	5	60
NE	10	11	8	5	3	6	57	4	8	7	4	4	7	66	8	5	6	4	2	4	71
E	7	13	11	4	2	5	58	7	8	9	3	2	8	63	10	6	6	3	2	3	70
SE	4	4	4	—	3	4	81	4	2	5	4	1	5	79	9	3	4	2	2	1	79
S	5	7	10	7	7	6	58	3	4	7	5	6	6	69	7	4	10	5	4	3	67
SW	4	8	13	9	8	10	48	4	5	10	8	6	9	58	10	6	10	9	4	5	56
W	5	10	14	8	7	9	47	3	7	11	8	7	11	53	7	9	13	8	3	4	56
NW	5	10	15	7	8	10	45	4	8	12	7	9	11	49	11	9	12	6	5	5	52
Kalmen	14	18	18	7	8	8	27	7	5	10	10	10	13	45	10	7	12	6	5	7	53
Sommer:																					
N	8	12	11	7	5	7	50	2	5	9	7	8	11	58	5	7	6	3	3	7	69
NE	8	11	8	4	3	4	62	1	4	10	8	7	10	60	4	4	6	2	2	5	77
E	7	10	7	3	2	6	65	2	6	9	6	8	7	62	4	2	4	3	1	7	79
SE	3	5	5	11	5	11	60	2	4	6	4	6	14	64	3	3	5	1	5	7	76
S	7	9	8	8	2	7	59	—	2	5	6	8	17	62	2	4	7	7	2	7	71
SW	4	11	15	9	7	9	45	1	2	8	4	11	18	56	3	4	12	7	5	9	60
W	5	13	17	10	7	12	36	1	4	8	9	13	18	47	4	8	13	6	6	9	54
NW	8	16	16	9	6	9	36	3	7	11	8	9	16	46	8	10	10	8	5	9	50
Kalmen	15	16	15	6	7	8	33	2	6	10	13	12	17	40	7	3	7	7	7	14	55
Herbst:																					
N	12	13	12	7	5	5	46	6	11	10	8	6	9	50	18	10	9	5	3	4	51
NE	18	16	10	4	4	4	44	13	10	10	5	4	4	54	24	6	9	1	2	2	56
E	22	12	12	2	3	6	43	21	14	8	3	3	4	47	26	7	7	4	—	2	54
SE	12	12	12	2	7	3	52	8	8	11	2	6	4	61	19	10	6	3	1	3	58
S	10	8	9	6	4	7	56	7	8	10	7	7	8	53	13	5	11	5	3	1	62
SW	8	11	12	10	8	9	42	6	9	11	9	10	9	46	12	9	13	7	5	5	49
W	8	13	14	7	7	11	40	7	10	12	8	8	11	44	13	12	13	8	4	7	43
NW	10	16	16	8	8	9	33	7	10	13	9	6	12	43	18	14	14	7	5	6	36
Kalmen	17	25	12	6	4	8	28	10	12	15	6	12	12	33	19	15	13	4	5	4	40

ganz bedeckter Himmel beobachtet. Mehr als 50% aller Tage haben ganz bewölkten Himmel um 7 Uhr von April bis Juni, um 14 Uhr von März bis August und um 21 Uhr von März bis September. Um 14 Uhr sind im April und Mai und um 21 Uhr von April bis Juli mehr als 60% aller Tage ganz bewölkt. Allerdings handelt es sich dabei meist nicht um Bewölkung über der Station, sondern es steckt der Berggipfel in der Wolke drinnen. Ein sekundäres Häufigkeitsmaximum zeigt sich um 7 Uhr in allen Monaten bei der Bewölkungsstufe 1, um 14 Uhr nur im Winterhalbjahr ebenfalls bei dieser Bewölkungsstufe, um 21 Uhr aber vom September bis April bei Bewölkungsstufe 0 und in den Sommermonaten nur ganz schwach bei den Bewölkungsstufen 1 und 2 [38].

Da es sich bei der Bewölkung um eine dynamisch verursachte Erscheinung handelt, ist anzunehmen, daß sie vielleicht eine Abhängigkeit von der herrschenden Windrichtung zeigt. Wenn man die Häufigkeiten der verschiedenen Bewölkungsgrade nach den Windrichtungen, bei denen sie auftreten, bestimmt, so ist zu beachten, daß, wie wir später sehen werden, auch die Häufigkeiten der einzelnen Windrichtungen sehr stark voneinander verschieden sind. Der Einfluß der Windrichtung wird daher am besten zum Ausdruck gebracht, wenn die Häufigkeit der Bewölkungsstufen für jede Windrichtung in Prozenten der Zahl der jeweiligen Windrichtung ausgedrückt wird. Dies ist für die acht Hauptwindrichtungen und für sieben Gruppen von Bewölkungsgrößen für 7, 14 und 21 Uhr in Tab. 49, nach Jahreszeiten zusammengefaßt, geschehen. Die Abb. 8 bringt eine anschauliche Darstellung.

Im Winter sind hinsichtlich der Bewölkungsgröße bei den verschiedenen Windrichtungen nicht viel Unterschiede. Den Unterschieden zwischen Südost- und Ostwinden kommt keine große Bedeutung zu, da diese Windrichtungen sehr selten sind. In den übrigen Jahreszeiten kommt vollständig bewölkter Himmel am seltensten bei Nordwestwinden vor; am häufigsten ist der Himmel bei Südostwinden und im Herbst am Morgen und Abend bei Südwinden ganz bedeckt. Ganz bedeckter Himmel ist am seltensten bei Windstille. Im Winter und Herbst ist wolkenloser Himmel am häufigsten bei Ostwinden. Geringe Bewölkung ist in allen Jahreszeiten am häufigsten bei Nordwestwinden. Dies mag vielleicht damit zusammenhängen, daß dem Sonnblick im Nordwesten der etwas höhere Hocharn vorgelagert ist, so daß bei Winden aus dieser Richtung das Sonnblickmassiv nicht unmittelbar als Stau in Betracht kommt. Die große Häufigkeit bedeckten Himmels bei Südwinden im Herbst kann vielleicht damit erklärt werden, daß diese Jahreszeit die Regenzeit des mediterranen Klimas ist, das häufig auch über die Südalpen übergreift.

Nach der Stärke der Bewölkung wird das Wetter eines Tages als heiter charakterisiert, wenn das Tagesmittel der Bewölkung kleiner als zwei ist, und als trüb, wenn es größer als acht ist. Die mittleren Zahlen der heiteren und trüben Tage enthält auch die Tab. 46. Im Durchschnitt gibt es etwas über sieben heitere Tage im Jänner und nur wenig über einen

Tabelle 50. Häufigkeitsverteilung der Zahl der heiteren Tage in den einzelnen Monaten 1887—1936.

Tage	Jänner	Februar	März	April	Mai	Juni	Juli	August	Sept.	Okt.	Nov.	Dez.
0	3	1	3	13	18	23	18	6	2	4	4	7
1	3	5	3	8	10	11	11	13	4	5	3	4
2	1	7	8	8	13	9	9	6	13	4	4	6
3	4	8	7	11	2	4	3	8	4	3	8	4
4	4	5	7	5	4	3	6	3	5	8	5	1
5	4	6	3	—	2	—	1	4	11	3	6	2
6	2	—	4	2	—	—	2	3	3	3	3	4
7	7	3	3	1	1	—	—	3	—	4	6	2
8	4	3	4	2	—	—	—	4	1	4	3	6
9	6	2	4	—	—	—	—	—	3	5	1	2
10	1	1	3	—	—	—	—	—	1	4	—	4
11	4	2	—	—	—	—	—	—	1	—	—	3
12	2	2	—	—	—	—	—	—	—	—	1	2
13	2	1	—	—	—	—	—	—	1	1	—	3
14	—	2	1	—	—	—	—	—	—	2	2	—
15	1	—	—	—	—	—	—	—	—	—	3	—
16	—	2	—	—	—	—	—	—	—	—	1	—
17	1	—	—	—	—	—	—	—	1	—	—	—
18	—	—	—	—	—	—	—	—	—	—	—	—
19	1	—	—	—	—	—	—	—	—	—	—	—

Tabelle 51. Häufigkeitsverteilung der Zahl der trüben Tage in den einzelnen Monaten 1887—1936.

Tage	Jänner	Februar	März	April	Mai	Juni	Juli	August	Sept.	Okt.	Nov.	Dez.
2	—	—	—	—	—	—	—	—	—	I	—	I
3	—	—	—	—	—	—	—	I	—	—	I	—
4	I	I	—	—	—	—	—	—	—	3	4	2
5	6	4	I	—	—	—	—	I	3	I	I	4
6	4	4	I	—	—	—	—	2	—	2	I	3
7	4	7	2	I	—	—	I	I	2	3	4	2
8	4	4	—	I	3	3	—	3	6	2	3	3
9	I	4	2	2	—	—	2	I	2	2	3	2
10	5	4	2	5	2	I	3	3	4	6	3	4
11	2	2	5	2	4	I	7	4	4	5	4	5
12	3	2	I	2	I	2	—	8	3	3	8	6
13	5	4	8	4	4	5	2	5	6	6	3	4
14	3	3	5	I	4	2	4	5	6	2	2	3
15	I	4	7	6	3	6	3	2	5	3	2	5
16	2	4	6	2	3	5	2	6	2	3	4	2
17	3	2	2	4	8	3	7	2	—	I	3	I
18	I	—	3	3	7	6	4	3	4	2	2	I
19	3	—	—·	5	4	8	5	I	2	I	I	I
20	I	—	3	6	—	I	3	—	—	—	—	I
21	I	I	—	2	I	4	3	I	—	3	—	—
22	—	—	—	2	2	—	2	—	I	—	—	—
23	—	—	—	I	2	3	I	—	—	—	I	—
24	—	—	2	I	I	—	—	—	—	—	—	—
25	—	—	—	—	—	—	—	—	—	—	—	—
26	—	—	—	—	I	—	I	—	—	I	—	—
27	—	—	—	—	—	—	—	—	—	—	—	—
28	—	—	—	—	—	—	—	—	—	—	—	—
29	—	—	—	—	—	—	—	—	—	—	—	—
30	—	—	—	—	—	—	—	—	—	—	—	—
31	—	—	—	—	—	—	—	I	—	—	—	—

heiteren Tag im Juni. Der Juni hat auch die meisten trüben Tage; die wenigsten trüben Tage hat — bei Berücksichtigung der verschiedenen Monatslängen — der Dezember; im Jahr gibt es durchschnittlich 48 heitere und 159 trübe Tage. Die Zahl der heiteren Tage ist auf dem Sonnblick fast gleichgroß wie in Wien; der Jahresgang ist dort aber ganz anders (Maximum im September, Minimum im Dezember). In den einzelnen Monaten ist die Zahl der heiteren oder trüben Tage oft sehr verschieden. Dies zeigen die in Tab. 46 angegebenen Maxima und Minima und die aus der 50jährigen Beobachtungszeit abgeleiteten Häufigkeitsverteilungen in Tab. 50 und 51. Die Zahl der heiteren Tage ist im Winter in viel weiteren Grenzen veränderlich als im Sommer. Es war noch kein Juni, in dem es auf dem Sonnblick mehr als vier heitere Tage gegeben hat; dagegen hatten beinahe die Hälfte aller Juni überhaupt keinen heiteren Tag. Es ist schon in jedem Monat des Jahres vorgekommen, daß kein heiterer Tag verzeichnet worden ist. Die Streuung der Häufigkeiten der trüben Tage ist in den einzelnen Monaten nicht sehr verschieden, sie ist aber sehr groß. In jedem Monat des Jahres ist es schon vorgekommen, daß mehr als 20 trübe Tage waren. Im August 1896 waren alle Tage trüb. Im Mai und Juni gab es noch in keinem Jahr weniger als acht trübe Tage.

Einen genaueren Einblick in den Ablauf des Wetters im Jahresgang gewinnen wir wieder, wenn wir aus der 50jährigen Beobachtungszeit auszählen, wie oft jeder Tag heiteres oder trübes Wetter hatte [39]. Diese Werte sind in den Tab. 52 und 53 wiedergegeben. Rechnet man diese Zahlen in Prozent um, so bekommt man für jeden Tag die prozentuelle Wahrscheinlichkeit oder Bereitschaft zu trübem oder heiterem Wetter. Für Pentaden ist diese Bereitschaft zu heiterem, zu trübem und zu wolkigem Wetter — worunter Tage mit Bewölkungsmittel zwischen 2 und 8 verstanden werden — in Tab. 54 angegeben. Durch übergreifende fünftägige Mittel ausgeglichen, stellt die Abb. 9 die prozentuellen Häufig-

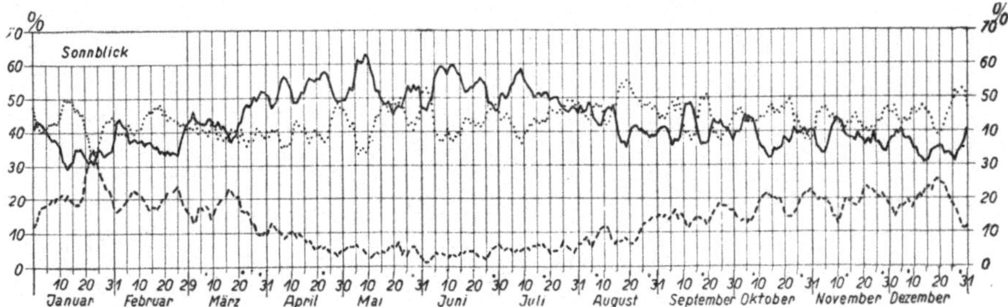

Abb. 9. Prozentuelle Wahrscheinlichkeit heiteren (— — —), trüben (————) und wolkigen (·············) Wetters nach 50jährigen Beobachtungen.

keiten trüben, heiteren und wolkigen Wetters dar und gibt so einen anschaulichen Einblick in die durchschnittliche Witterungsentwicklung im Laufe eines Jahres.

Die Zahl der heiteren Tage ist auf dem Sonnblick vom 19. April bis 21. August sehr gering. Das Minimum fällt mit 2% auf den 1. Juni; am 10. August erhebt sich die Wahr-

Tabelle 52. Häufigkeiten heiteren Wetters, 1887—1936 (Bewölkungs-Tagesmittel < 2).

Tag	Jänner	Februar	März	April	Mai	Juni	Juli	August	Sept.	Okt.	Nov.	Dez.
1	8	9	4	7	5	0	2	10	7	9	10	7
2	8	6	8	4	1	0	4	3	7	8	11	8
3	9	7	8	7	5	2	2	1	8	4	8	6
4	10	12	6	10	2	1	2	5	6	7	8	7
5	9	11	8	2	1	2	3	3	10	5	13	12
6	9	11	14	4	5	2	2	4	3	10	9	12
7	9	8	8	3	3	3	2	1	8	5	11	7
8	10	10	6	5	3	1	2	6	12	7	6	8
9	13	16	9	6	1	1	3	8	9	6	6	10
10	7	12	6	4	0	2	2	8	2	8	4	10
11	13	9	6	7	2	1	3	5	8	15	9	7
12	9	7	11	4	1	1	3	3	5	13	6	12
13	12	9	12	3	2	3	3	6	6	9	12	10
14	8	12	12	3	3	1	1	3	7	8	13	15
15	12	8	9	6	2	1	5	1	7	9	10	7
16	9	6	8	6	1	2	3	3	9	13	7	12
17	7	9	12	1	3	3	4	6	7	11	7	14
18	10	9	17	2	1	2	2	5	6	9	8	11
19	8	11	10	4	3	3	3	4	5	7	12	11
20	15	11	6	2	6	1	2	3	7	10	12	15
21	13	11	7	3	2	2	2	1	5	7	11	14
22	23	9	12	3	2	3	0	3	10	5	14	11
23	18	14	6	3	1	1	4	5	10	7	10	10
24	16	11	9	2	2	0	3	6	9	7	10	10
25	16	11	7	3	1	1	3	6	9	10	12	8
26	9	13	4	1	5	1	4	6	9	11	9	10
27	13	11	5	1	2	2	5	8	8	7	11	8
28	13	7	6	3	2	5	0	6	9	14	9	6
29	12	—	2	1	5	4	1	6	9	10	13	6
30	11	—	6	1	1	2	2	8	6	12	8	3
31	8	—	4	—	0	—	1	8	—	11	—	5

Tabelle 53. Häufigkeiten trüben Wetters, 1887—1936 (Bewölkungs-Tagesmittel >8).

Tag	Jänner	Februar	März	April	Mai	Juni	Juli	August	Sept.	Okt.	Nov.	Dez.
1	20	21	20	23	24	30	24	17	22	16	19	23
2	21	23	24	24	22	17	26	22	20	18	19	19
3	25	27	23	25	24	21	27	30	21	26	19	21
4	21	18	22	20	32	25	24	22	17	19	13	18
5	19	17	20	28	31	28	23	24	23	21	17	19
6	17	19	18	25	21	33	27	24	21	24	16	21
7	19	22	23	31	33	33	33	20	14	22	19	22
8	21	16	23	34	36	25	29	20	14	20	23	15
9	18	20	21	23	30	29	30	19	22	23	21	17
10	20	18	25	26	31	28	25	21	21	20	24	20
11	14	17	18	21	27	31	30	24	25	17	20	19
12	16	22	18	26	31	29	25	28	27	13	22	16
13	11	17	22	25	27	31	26	24	25	15	21	16
14	16	16	25	23	25	30	27	21	22	22	20	10
15	16	20	19	29	20	26	22	18	22	16	15	19
16	18	18	21	26	27	27	25	28	21	14	18	16
17	18	20	14	26	25	28	27	16	19	14	21	17
18	20	14	19	32	23	25	28	14	14	21	21	17
19	15	17	19	27	24	23	24	15	14	21	18	17
20	17	15	23	27	23	27	25	19	23	17	21	20
21	14	20	23	25	22	30	25	24	21	15	14	17
22	15	17	22	28	20	27	21	23	20	22	20	18
23	16	17	20	31	28	29	29	21	24	18	17	17
24	18	14	29	32	26	24	25	17	21	19	22	11
25	14	17	26	28	21	30	25	19	20	21	17	21
26	20	19	21	24	27	27	20	21	20	23	23	17
27	20	16	24	21	27	25	19	23	23	17	12	16
28	14	26	26	24	33	15	26	18	19	18	18	13
29	14	—	26	27	21	24	24	17	20	20	18	18
30	16	—	29	26	27	27	27	16	20	24	14	23
31	21	—	25	—	22	—	23	23	—	19	—	20

Tabelle 54. Prozentuelle Wahrscheinlichkeit heiteren, wolkigen oder trüben Wetters nach 50jährigen Beobachtungen.

Pentade	Jänner	Februar	März	April	Mai	Juni	Juli	August	Sept.	Okt.	Nov.	Dez.
Heiteres Wetter (Tagesmittel der Bewölkung <2):												
1. bis 5.	18	18	14	12	6	2	5	9	15	13	20	16
6. „ 10.	19	23	17	9	5	4	4	11	14	14	14	19
11. „ 15.	22	18	20	9	4	3	6	7	13	22	20	20
16. „ 20.	20	18	21	6	6	4	6	8	14	20	18	25
21. „ 25.	34	22	16	6	3	3	5	8	17	14	23	21
26. „ Ende	22	21	9	3	5	6	4	14	16	22	20	13
Wolkiges Wetter (Tagesmittel der Bewölkung 2 bis 8):												
1. bis 5.	40	40	43	40	41	50	45	44	44	47	45	44
6. „ 10.	43	39	39	36	35	37	38	47	50	42	44	43
11. „ 15.	49	45	39	41	44	38	42	46	37	45	41	48
16. „ 20.	45	48	40	39	46	44	43	53	49	45	42	40
21. „ 25.	35	44	36	37	50	41	45	49	39	48	41	45
26. „ Ende	43	39	41	48	43	47	49	46	41	38	46	52
Trübes Wetter (Tagesmittel der Bewölkung >8):												
1. bis 5.	42	42	44	48	53	48	50	46	41	40	35	40
6. „ 10.	38	38	44	56	60	59	58	42	37	44	41	38
11. „ 15.	29	37	41	50	52	59	52	46	48	33	39	32
16. „ 20.	35	34	38	55	49	52	52	37	36	35	40	35
21. „ 25.	31	34	48	58	47	56	50	42	42	38	36	34
26. „ Ende	35	41	50	49	52	47	46	39	41	40	34	36

Tabelle 55. Häufigkeiten der Perioden heiteren, wolkigen und trüben Wetters mit einer Andauer von n Tagen (1887—1936).

n Tage	Jänner	Februar	März	April	Mai	Juni	Juli	August	Sept.	Okt.	Nov.	Dez.
Heitere Perioden:												
1	90	66	57	59	38	34	46	61	66	61	83	76
2	27	32	26	12	11	8	10	22	31	35	34	31
3	19	13	12	4	2	—	2	10	11	16	17	18
4	8	6	6	3	2	—	—	1	5	9	4	11
5	6	4	7	1	—	—	1	2	4	4	3	5
6	1	3	3	—	—	—	—	1	1	2	2	—
7	4	1	3	—	—	—	—	—	1	2	1	—
≧ 8	5	3	1	—	—	—	—	—	1	1	3	3
Wolkige Perioden:												
1	167	172	183	159	151	127	152	166	138	163	158	175
2	95	64	84	78	74	70	78	80	78	75	94	76
3	42	36	35	30	31	39	36	46	42	36	45	31
4	11	16	23	16	22	12	24	21	18	27	15	21
5	9	5	7	8	13	12	13	12	12	14	7	13
6	6	5	1	5	6	6	8	8	8	7	4	8
7	2	2	2	2	3	10	5	5	2	3	5	6
≧ 8	3	5	3	4	4	3	6	4	5	1	2	5
Trübe Perioden:												
1	127	116	105	94	100	78	99	133	97	112	116	123
2	62	65	74	52	65	61	72	64	54	53	59	51
3	34	33	40	47	38	47	30	39	30	30	38	38
4	22	16	17	23	33	20	27	17	17	18	13	17
5	7	8	14	20	14	19	20	14	13	8	7	8
6	2	6	10	5	17	10	7	7	8	7	6	5
7	2	3	6	5	8	6	6	2	6	7	3	3
≧ 8	4	2	9	18	11	15	18	5	10	8	8	4

scheinlichkeit heiterer Tage zu einem kleinen Maximum von 12%. Mit 21. August beginnt eine entscheidende Wendung zur Besserung, die bis 23. März anhält. In auffallenden Wellen, die allmählich an Periodenlänge und Scheitelhöhe zunehmen, steigt die Häufigkeit heiterer Tage bis zum Winterhöhepunkt am 23. Jänner (34%) an und nimmt in ähnlichen Wellen hernach wieder ab. Es hat den Anschein, als ob in den Tagen der Scheitelhöhen der Wellen Kollektivdaten für Hochdrucklagen[1] und in der eben erwähnten Entwicklung der Wellen den Winter hindurch die fortschreitende Stabilisierung der Atmosphäre zum Ausdruck käme. Zugleich mit der am 17. März beginnenden starken Abnahme der Häufigkeit heiteren Wetters beginnt die Häufigkeit trüben Wetters rasch zuzunehmen. Die Wahrscheinlichkeit trüben Wetters ist am größten in der Zeit der stärksten vertikalen Konvektion von April bis Juli; in dieser Zeit ist heiteres Wetter ganz selten, und die Schwankungen der Häufigkeiten trüben Wetters gehen daher entgegengesetzt zu denen des wolkigen Wetters. Besonders große Wahrscheinlichkeit trüben Wetters besteht vom 5. bis 10. und vom 16. bis 25. April, vom 5. bis 12. und vom 25. bis 30. Mai, vom 5. bis 25. Juni und vom 5. bis 11. Juli. Die größte Häufigkeit trüben Wetters fällt mit 63% auf den 9. Mai. Der Beginn des Witterungsrück-

---

[1] Nachtrag bei der Korrektur: Einer im Dezemberheft 1937 der Zeitschrift für angewandte Meteorologie erschienenen Arbeit von A. Peppler über Hoch- und Tiefdruckbereitschaft im Oktober—Dezember in Südwestdeutschland [70] ist zu entnehmen, daß die Häufigkeit von Hochdruckwetterlagen tatsächlich sehr schön der oben geäußerten Ansicht entspricht. Die in Pepplers Arbeit wiedergegebene, nach übergreifenden Pentadenmittelwerten ausgeglichene Kurve der Hochdruckbereitschaft geht im allgemeinen und besonders im Dezember der in Abb. 9 wiedergegebenen Kurve der heiteren Tage recht gut parallel. Die Fortsetzung von Pepplers Arbeit in die Hochwintermonate hinein wäre außerordentlich interessant.

Tabelle 56. Wahrscheinlichkeit, daß eine Periode heiteren, wolkigen oder trüben Wetters länger als n Tage andauert, °/₀₀.

	heiter							wolkig							trüb					
n Tage	1	2	3	4	5	6	7	1	2	3	4	5	6	7	1	2	3	4	5	6	7
Jänner	438	268	150	100	63	56	31	502	218	93	60	33	15	9	512	273	142	58	31	23	15
Februar	485	234	133	86	55	31	23	436	226	141	56	39	23	16	535	273	140	76	44	20	8
März	503	278	174	121	61	35	9	459	211	107	38	18	15	9	618	349	203	149	91	54	33
April	253	101	50	13	—	—	—	474	216	116	63	36	20	13	644	447	268	182	106	87	68
Mai	283	75	38	—	—	—	—	502	260	158	85	43	23	13	650	423	290	174	126	66	38
Juni	191	—	—	—	—	—	—	545	294	154	111	68	47	11	695	457	273	195	121	82	59
Juli	221	51	17	17	—	—	—	528	286	174	99	59	34	19	646	388	280	183	111	86	65
August	371	155	41	31	11	—	—	515	281	146	85	50	26	12	527	299	160	100	50	25	18
September	451	192	101	58	25	17	8	544	287	148	89	50	23	16	588	357	230	157	111	68	43
Oktober	531	262	139	69	39	23	8	500	270	160	77	34	12	3	539	321	199	123	90	62	33
November	436	204	88	61	41	27	20	521	236	100	55	33	21	6	536	300	148	96	68	44	32
Dezember	472	257	132	56	21	21	21	476	245	158	95	57	33	15	508	302	149	80	48	28	16

schlages im Juni zeigt sich auch in der großen Häufigkeit trüben Wetters. Nach dem 14. August nimmt die Bereitschaft zu trübem Wetter wieder rasch ab. Im Winterhalbjahr stehen die Schwankungen der Häufigkeitskurve der trüben Tage mehr im Gegensatz zu den Schwankungen der Häufigkeitskurve heiterer Tage. Vom 20. März bis 25. Juli ist die Wahrscheinlichkeit trüber Tage, abgesehen von kleineren Unterbrechungen, fast immer größer als die Wahrscheinlichkeit wolkigen Wetters, während es in der übrigen Zeit meist umgekehrt ist. Am 22. und 23. Jänner ist die Häufigkeit trüben Wetters sogar kleiner als die heiteren Wetters.

Klimatisch und praktisch von Bedeutung ist auch die Feststellung, in welcher Art Tage mit trübem, heiterem oder wolkigem Wetter aufeinanderfolgen. Es ist nicht gleichgültig, ob die verschiedenen Witterungsformen länger andauern oder rasch abwechseln. Darüber gibt uns die Tab. 55 Aufklärung. Sie enthält die Häufigkeiten der Perioden heiteren, wolkigen oder trüben Wetters mit einer Andauer von 1, 2, 3, 4, 5, 6, 7 oder mehr Tagen auf Grund der 50jährigen Beobachtungen. Im Durchschnitt gibt es im Jahr 76 wolkige, 63 trübe und 26 heitere Perioden. Da die Häufigkeiten wolkiger oder trüber Perioden viel größer sind als die von heiteren Perioden, ist aus Tab. 55 über die relative Andauer unmittelbar nichts zu ersehen. Hiezu ist es notwendig, die Werte auf gleiche Summen umzurechnen. Ausgedrückt in Promille gibt die Wahrscheinlichkeit einer Andauer der verschiedenen Witterungsperioden von länger als 1, 2, 3, 4, 5, 6 oder 7 Tagen die Tab. 56 wieder. Mehr als die Hälfte aller trüben Perioden dauern in jedem Monat länger als einen Tag; bei den wolkigen Perioden ist dies nicht mehr immer der Fall, und bei den heiteren Perioden kommt es nur mehr im März und Oktober vor. Von April bis Juli dauern mehr als

Tabelle 57. Mittlere und längste Dauer von heiteren, wolkigen und trüben Perioden in Tagen.

	Jänner	Februar	März	April	Mai	Juni	Juli	August	Sept.	Okt.	Nov.	Dez.	Jahr
Heitere Perioden:													
mittlere Dauer	2·16	2·13	2·18	1·42	1·40	1·19	1·30	1·60	1·86	2·09	1·94	2·00	1·91
längste „	13	15	8	5	4	2	5	6	9	11	7	6	15
Wolkige Perioden:													
mittlere Dauer	1·94	1·92	1·86	1·95	2·12	2·23	2·24	2·13	2·16	2·06	2·03	2·10	2·06
längste „	12	11	10	10	15	8	16	11	9	8	10	11	16
Trübe Perioden:													
mittlere Dauer	2·06	2·18	2·62	2·92	2·88	3·01	2·86	2·29	2·61	2·40	2·27	2·11	2·54
längste „	12	9	15	13	24	14	19	37	12	15	12	12	37

Tabelle 58. Mittlere Zahl der Tage mit schönem Wetter (Bewölkung ≤ 4) um 7, 14 und 21 Uhr.

	Jänner	Februar	März	April	Mai	Juni	Juli	August	Sept.	Okt.	Nov.	Dez.	Jahr
7 Uhr .	12·8	10·5	10·5	8·5	10·1	9·0	11·2	13·3	12·8	12·4	11·9	11·9	134·9
14 „ .	12·3	10·8	9·7	6·0	4·9	4·7	5·0	6·3	8·3	10·5	11·0	11·6	101·1
21 „ .	14·5	12·4	11·4	8·2	6·8	4·9	6·0	9·3	10·9	13·2	13·1	13·8	124·5

ein Viertel aller trüben Perioden noch länger als drei Tage. Von April bis Juli ist eine längere Andauer heiterer Perioden nur sehr selten. Im Juni folgen nie mehr als zwei heitere Tage aufeinander. In diesem Monat ist die Wahrscheinlichkeit einer Andauer einer trüben Periode über mehr als vier Tage ebenso groß wie die einer zweitägigen heiteren Periode. Die Wahrscheinlichkeiten von wolkigen Perioden bestimmter Andauer sind in den einzelnen Monaten nicht viel verschieden. Im Jahresdurchschnitt haben die trüben Perioden die längste Andauer (2·54 Tage), die wolkigen Perioden sind etwas kürzer (Jahresmittel 2·06 Tage), und am kürzesten sind die heiteren Perioden (1·91 Tage) (Tab. 57). Beurteilt nach den Monatsmitteln ihrer Andauer haben die größte Jahresschwankung die heiteren Perioden (Maximum 2·18 Tage im März und Minimum 1·19 Tage im Juni), etwas geringere Jahresschwankung haben die trüben Perioden (Maximum 3·01 Tage im Juni, Minimum 2·06 Tage im Jänner), und die geringste Jahresschwankung haben die wolkigen Perioden (Maximum 2·24 Tage im Juli, Minimum 1·86 Tage im März). Die längste heitere Periode dauerte 15 Tage (Februar 1914), die längste wolkige 16 Tage (Juli 1897) und die längste trübe 37 Tage (August 1896).

Es erhebt sich die Frage, ob die Einteilung nach heiteren und trüben Tagen auch in praktischer Hinsicht zweckmäßig ist. Zweifellos haben die als heitere Tage hier gezählten wirklich schönes Wetter; aber der Begriff schönes Wetter im landläufigen Sinne geht sicherlich viel weiter. Während die Definition eines heiteren Tages mit einem Bewölkungsmittel kleiner als 2 in dem Sinne zweckmäßig ist, daß man darunter einen Tag versteht, an dem eine durch Wolken nahezu unverminderte Sonnenstrahlung in physikalisch-meteorologischen Berechnungen angenommen werden kann, ist diese Definition zur Bezeichnung von Tagen mit schönem Wetter, die heute von Fremdenverkehrsinteressenten verlangt werden, sicherlich zu eng. Vom Standpunkt des Wanderers im Hochgebirge wird das Wetter auch noch als schön bezeichnet werden können, wenn die Bewölkung 3 oder 4 beträgt. Ich habe daher in Tab. 58 auch noch zusammengestellt, wie oft im Durchschnitt zu den drei Beobachtungsterminen mit schönem Wetter in dem eben angegebenen Sinn zu rechnen ist. Das ist, wie die Tabelle zeigt, besonders am Morgen verhältnismäßig recht häufig der Fall. Am Morgen ist, abgesehen vom April bis Juni, in allen Monaten an mehr als einem Drittel aller Tage schönes Wetter, sogar am häufigsten im August. Im Sommer geht die Häufigkeit schönen Wetters am Nachmittag auf etwa durchschnittlich fünf im Monat zurück; abends wird es wieder besser.

Die trüben Tage scheinen definitionsgemäß dem zu entsprechen, was man sich darunter vorstellt. Das wäre aber nur, wenn man auch die Dichte der Bewölkung mitberücksichtigt und von einer Bewölkung mit der Dichte 0 absieht. Dies geschieht aber faktisch bei der Be-

Tabelle 59. Mittlere Sonnenscheindauer an trüben Tagen in Stunden.

Jänner	Februar	März	April	Mai	Juni	Juli	August	Sept.	Okt.	Nov.	Dez.
Im Mittel aller trüben Tage:											
0·5	0·8	1·2	1·0	0·9	1·5	1·9	1·4	1·1	0·7	0·5	0·4
Im Mittel der trüben Tage mit Sonnenschein:											
1·6	2·1	2·9	2·5	2·2	2·8	2·8	2·5	2·5	2·4	2·3	1·4

Tabelle 60. Prozentuelle Wahrscheinlichkeit, daß an einem trüben Tag die Sonne länger als n Stunden scheint.

Stunden	Jänner	Februar	März	April	Mai	Juni	Juli	August	Sept.	Okt.	Nov.	Dez.
0·0	33	38	40	39	40	55	66	56	43	30	22	19
1·0	19	22	29	29	24	42	48	42	32	20	14	9
2·0	11	16	22	19	14	30	36	30	24	14	10	4
3·0	7	10	18	12	10	21	25	19	11	13	7	2
4·0	2	7	12	6	7	11	16	10	5	6	5	1
5·0	1	2	8	4	3	8	9	7	4	3	2	1

rechnung des Tagesmittels der Bewölkung und damit auch bei der Bestimmung der trüben Tage nicht. So kommt es, daß z. B. Tage mit leichter Cirrusbewölkung, an denen in Wirklichkeit vielleicht ununterbrochen die Sonne geschienen hat, als trüb gezählt werden können. Über die Art der als trüb gezählten Tage können wir eine Vorstellung bekommen, wenn wir die Sonnenscheinregistrierungen berücksichtigen. Die mittlere Sonnenscheindauer an trüben Tagen ist im Winter nur sehr gering, erreicht aber im Juli beinahe 2 Stunden (Tab. 59). Wenn man die sonnenlosen Tage ausschließt, dann bekommt man für die restlichen trüben Tage, abgesehen vom Winter, eine durchschnittliche Sonnenscheindauer von ungefähr 2½ Stunden. Wie lange an einzelnen trüben Tagen die Sonne scheinen kann, zeigt

Tabelle 61. Häufigkeitsverteilung der Zahl der Nebeltage in den einzelnen Monaten 1887—1936.

Tage	Jänner	Februar	März	April	Mai	Juni	Juli	August	Sept.	Okt.	Nov.	Dez.
0	1	—	—	—	—	—	—	—	—	—	—	—
1	—	—	—	—	—	—	—	—	—	—	—	—
2	—	—	—	—	—	—	—	—	—	—	—	—
3	—	—	—	—	—	—	—	—	—	—	—	—
4	—	—	—	—	—	—	—	—	—	—	—	—
5	—	—	—	—	—	—	1	—	—	—	1	—
6	—	—	—	—	—	—	—	—	—	—	—	—
7	—	—	—	—	—	—	—	—	—	—	—	—
8	—	2	—	—	—	—	—	—	—	—	1	—
9	1	3	—	—	—	—	—	—	—	1	2	1
10	2	4	—	—	—	—	—	—	—	—	—	1
11	2	—	—	—	—	—	—	—	1	1	3	—
12	3	1	1	—	1	·	—	—	2	—	4	1
13	4	1	—	—	—	—	—	—	1	2	1	2
14	2	3	1	—	—	—	—	2	1	2	—	4
15	—	2	—	—	—	3	—	—	1	2	3	2
16	2	3	—	1	—	—	2	2	3	3	—	4
17	4	—	3	4	—	1	—	—	2	4	2	2
18	3	5	3	2	1	2	—	4	4	2	5	2
19	3	3	3	—	—	—	3	7	4	1	4	2
20	2	5	3	3	4	1	7	2	3	5	4	4
21	4	3	1	1	2	5	2	2	5	6	5	5
22	1	2	7	3	2	3	1	4	5	2	3	6
23	3	4	9	4	3	2	1	7	4	3	2	2
24	2	6	3	6	4	4	7	3	8	4	3	1
25	4	1	5	6	6	6	3	3	—	3	3	5
26	4	—	5	7	6	7	3	5	3	4	—	2
27	—	1	3	4	9	9	5	5	1	2	2	2
28	3	1	1	3	5	4	8	1	2	1	1	—
29	—	—	1	5	6	3	4	2	—	—	1	1
30	—	—	—	1	1	—	2	—	—	1	—	1
31	—	—	1	—	—	—	1	1	—	1	—	—

Tabelle 62. Nebelwindrosen, °/₀₀ (1887—1936).

Richtung	Jänner 7ʰ	14ʰ	21ʰ	Mittel	Februar 7ʰ	14ʰ	21ʰ	Mittel	März 7ʰ	14ʰ	21ʰ	Mittel	April 7ʰ	14ʰ	21ʰ	Mittel
32 N . .	158	124	141	142	156	123	108	129	144	99	117	119	129	94	127	116
02 NNE .	96	102	91	96	90	103	105	99	75	88	103	89	93	86	92	90
04 NE . .	119	110	129	119	102	108	150	120	109	77	87	90	116	87	112	105
06 ENE .	54	41	46	47	52	45	55	51	42	37	38	39	46	47	49	47
08 E . . .	27	30	21	26	19	19	21	20	27	26	23	26	27	14	23	21
10 ESE .	10	30	18	19	17	15	14	15	17	21	12	17	17	11	13	13
12 SE . .	21	22	33	26	28	34	33	32	31	31	18	26	25	24	14	21
14 SSE .	15	18	28	20	22	26	13	20	34	28	43	34	22	36	15	25
16 S . .	24	38	34	31	32	45	59	40	49	66	53	57	27	46	49	42
18 SSW .	27	36	27	32	32	45	19	38	36	59	54	51	45	79	39	55
20 SW . .	91	88	128	101	93	91	99	93	100	133	112	116	88	122	103	105
22 WSW .	84	92	60	80	92	91	75	88	115	141	123	126	120	134	138	131
24 W . .	45	63	60	61	62	80	56	64	67	68	73	70	54	92	67	73
26 WNW .	38	41	20	27	28	37	31	32	37	18	24	26	46	38	46	41
28 NW .	110	94	79	95	79	65	75	75	49	39	50	46	68	43	44	52
30 NNW .	68	56	65	62	70	53	67	62	58	53	54	55	61	35	46	47
Kalmen .	13	15	20	16	24	20	20	22	10	16	16	13	16	12	23	16

Richtung	Mai 7ʰ	14ʰ	21ʰ	Mittel	Juni 7ʰ	14ʰ	21ʰ	Mittel	Juli 7ʰ	14ʰ	21ʰ	Mittel	August 7ʰ	14ʰ	21ʰ	Mittel
32 N . .	114	81	111	102	151	111	162	142	138	108	142	130	154	95	128	124
02 NNE .	119	86	89	97	105	80	102	96	141	106	110	119	108	82	79	89
04 NE . .	103	80	113	99	142	117	109	122	135	105	128	123	117	84	108	102
06 ENE .	52	49	54	52	66	53	66	61	57	54	57	56	37	29	56	42
08 E . . .	32	28	21	26	23	23	14	20	26	21	28	25	20	13	19	18
10 ESE .	18	7	8	11	5	6	6	5	6	4	3	4	3	10	6	6
12 SE . .	19	24	22	21	5	15	7	9	10	17	13	13	11	26	11	16
14 SSE .	22	29	16	22	13	20	12	16	14	21	10	16	6	30	9	15
16 S . .	32	65	49	49	24	49	33	35	32	61	31	39	35	52	34	40
18 SSW .	43	51	32	42	34	52	31	39	35	59	29	40	46	58	42	48
20 SW . .	115	127	122	122	76	94	101	92	81	83	86	84	101	121	119	115
22 WSW .	119	163	130	138	96	108	85	94	88	106	92	96	113	122	116	117
24 W . .	62	88	73	73	60	73	65	67	50	68	58	59	66	99	84	83
26 WNW .	30	27	22	27	44	48	38	44	30	39	24	30	22	32	35	31
28 NW .	50	20	41	37	66	60	50	58	70	47	69	62	68	48	66	60
30 NNW .	36	35	53	42	60	57	80	65	65	54	90	71	76	62	62	66
Kalmen .	34	40	44	40	30	34	39	35	22	47	30	33	17	37	26	28

Richtung	September 7ʰ	14ʰ	21ʰ	Mittel	Oktober 7ʰ	14ʰ	21ʰ	Mittel	November 7ʰ	14ʰ	21ʰ	Mittel	Dezember 7ʰ	14ʰ	21ʰ	Mittel
32 N . .	153	107	112	122	99	83	107	96	126	83	120	109	129	116	147	130
02 NNE .	81	72	92	82	74	57	70	67	74	82	92	83	91	100	92	95
04 NE . .	115	68	87	89	89	68	69	74	69	65	65	66	103	82	86	90
06 ENE .	50	40	46	45	56	24	39	39	15	26	27	23	26	38	37	34
08 E . . .	22	16	22	20	24	14	20	20	14	15	14	14	24	21	22	22
10 ESE .	3	6	3	3	12	7	11	10	8	5	12	8	10	9	3	8
12 SE . .	13	19	18	18	18	34	18	23	22	13	18	18	18	23	17	19
14 SSE .	20	24	12	18	14	23	23	20	15	22	13	17	25	22	22	23
16 S . .	59	68	48	58	54	45	52	51	33	49	38	45	39	49	50	47
18 SSW .	44	59	37	46	44	56	46	49	56	60	44	48	35	41	39	37
20 SW . .	100	136	134	125	153	181	151	162	158	154	162	158	140	131	103	125
22 WSW .	114	128	110	118	114	152	154	140	115	148	136	133	88	103	102	99
24 W . .	67	90	91	84	97	102	94	98	105	122	104	111	77	99	75	83
26 WNW .	36	41	37	37	52	49	44	47	60	64	54	59	44	34	44	40
28 NW .	57	59	70	62	35	39	41	39	61	42	35	47	83	78	81	82
30 NNW .	46	48	62	54	51	43	41	45	49	33	42	41	54	39	70	55
Kalmen .	20	19	19	19	14	23	20	20	20	17	24	20	14	15	10	11

Tabelle 63. Relative Nebelwindrosen (Nebel-Windhäufigkeit), % (1887—1936).

Richtung	Jänner 7ʰ	14ʰ	21ʰ	Mittel	Februar 7ʰ	14ʰ	21ʰ	Mittel	März 7ʰ	14ʰ	21ʰ	Mittel	April 7ʰ	14ʰ	21ʰ	Mittel
32 N . . .	45	40	40	42	45	44	37	42	53	61	51	54	58	65	82	62
02 NNE . .	44	49	46	46	48	47	53	49	44	64	65	58	57	77	83	71
04 NE . . .	46	52	51	50	42	46	53	47	50	54	57	53	62	71	73	68
06 ENE . .	50	45	43	46	41	37	38	39	47	72	70	61	56	66	74	65
08 E . . .	61	57	35	50	22	31	27	26	52	49	51	51	60	46	73	60
10 ESE . .	35	58	37	45	53	32	39	48	67	65	42	57	67	79	73	72
12 SE . . .	43	48	54	49	43	59	62	54	81	74	58	71	91	76	81	82
14 SSE. . .	38	32	42	38	50	38	47	43	70	67	80	72	82	77	81	79
16 S. . . .	36	38	39	38	44	47	39	43	58	67	59	62	45	69	69	62
18 SSW . .	30	34	30	32	35	45	41	40	42	50	62	51	50	75	52	61
20 SW . . .	33	34	47	38	42	35	37	38	42	54	51	49	52	59	62	58
22 WSW . .	33	34	25	31	41	38	35	38	49	53	54	52	51	61	63	57
24 W . . .	34	40	38	38	38	41	36	39	41	43	57	46	39	57	53	51
26 WNW . .	51	28	22	32	40	33	31	34	45	36	33	35	43	70	46	50
28 NW. . .	45	42	37	42	40	35	38	38	35	43	48	42	48	52	53	50
30 NNW . .	39	42	37	39	38	40	42	40	45	51	45	47	65	61	51	58
Kalmen . .	17	15	29	20	33	39	31	31	15	30	32	26	29	48	56	43

Richtung	Mai 7ʰ	14ʰ	21ʰ	Mittel	Juni 7ʰ	14ʰ	21ʰ	Mittel	Juli 7ʰ	14ʰ	21ʰ	Mittel	August 7ʰ	14ʰ	21ʰ	Mittel
32 N . . .	55	57	65	60	54	62	72	63	55	57	68	61	46	54	61	53
02 NNE . .	60	67	81	68	57	63	76	65	63	63	69	65	55	62	68	61
04 NE . . .	61	61	78	67	67	64	80	70	67	66	71	68	61	64	71	65
06 ENE . .	66	72	72	70	67	61	79	69	67	70	72	70	51	38	76	56
08 E . . .	48	69	78	62	72	72	69	71	73	54	70	66	48	38	59	49
10 ESE . .	58	67	50	57	75	83	67	74	50	43	75	53	50	50	67	54
12 SE . . .	75	84	88	83	57	60	75	63	44	55	79	58	70	58	60	60
14 SSE . .	77	57	70	65	67	65	75	68	58	48	75	56	40	62	58	57
16 S. . . .	53	62	72	64	57	65	74	66	71	56	64	62	46	50	62	52
18 SSW . .	47	52	54	51	52	51	62	54	54	55	61	56	46	44	56	48
20 SW . . .	51	54	64	57	47	46	61	52	39	39	53	43	42	47	54	48
22 WSW . .	48	56	65	57	46	53	59	52	37	42	56	45	38	46	56	46
24 W . . .	48	57	61	56	42	45	56	48	29	32	43	34	33	39	43	39
26 WNW . .	38	45	37	40	41	47	53	47	31	36	32	33	19	43	33	31
28 NW. . .	44	32	52	44	52	56	42	49	38	37	54	43	33	41	36	36
30 NNW . .	33	49	58	47	41	65	61	55	43	56	58	52	39	54	45	45
Kalmen . .	30	47	60	45	30	33	56	39	28	34	47	36	20	29	48	31

Richtung	September 7ʰ	14ʰ	21ʰ	Mittel	Oktober 7ʰ	14ʰ	21ʰ	Mittel	November 7ʰ	14ʰ	21ʰ	Mittel	Dezember 7ʰ	14ʰ	21ʰ	Mittel
32 N . . .	47	55	55	52	38	56	49	47	51	40	50	47	47	46	52	48
02 NNE . .	49	68	68	61	49	58	61	55	45	55	53	51	54	64	58	59
04 NE . . .	50	60	66	58	42	53	44	46	38	45	42	42	50	50	49	50
06 ENE . .	49	69	68	61	49	60	60	55	27	44	46	39	41	50	49	47
08 E . . .	46	55	65	55	42	48	63	49	26	30	32	29	43	44	35	40
10 ESE . .	33	50	67	47	73	50	53	58	42	27	35	35	64	46	22	45
12 SE . . .	47	64	70	61	63	76	52	65	45	41	45	44	57	68	55	60
14 SSE. . .	60	50	69	57	41	53	65	54	50	54	35	46	65	60	45	56
16 S. . . .	77	55	66	63	74	57	65	65	38	49	63	50	50	46	53	50
18 SSW . .	40	43	54	45	46	54	56	52	46	48	32	43	43	39	34	38
20 SW . . .	39	46	60	48	49	50	51	50	41	44	49	45	44	40	38	41
22 WSW . .	40	47	44	44	36	46	46	43	37	43	43	41	35	36	36	36
24 W . . .	36	42	50	43	42	39	41	40	40	47	42	43	39	46	36	40
26 WNW . .	28	44	33	35	34	43	38	38	40	48	39	42	39	36	33	36
28 NW. . .	26	53	37	37	25	34	32	30	34	38	30	34	40	38	34	37
30 NNW . .	35	52	49	45	36	41	34	37	34	34	36	35	43	30	45	40
Kalmen . .	29	16	44	25	21	33	44	32	26	37	35	32	24	28	16	22

die Häufigkeitsverteilung der Tab. 60. Im November und Dezember scheint an ungefähr vier Fünfteln der trüben Tage, im Oktober, Jänner und Februar an zwei Dritteln, im Juli aber nur an einem Drittel aller trüben Tage die Sonne überhaupt nicht. An 9% aller trüben Tage scheint die Sonne im Juli noch länger als 5 Stunden. Es sind also auch die trüben Tage nicht immer das, was ihre Bezeichnung besagt.

Im Zusammenhang mit der Bewölkung ist hier auch das Vorkommen von Nebel zu besprechen. Auf einem Berggipfel von der Höhe des Sonnblicks haben wir es dabei meist mit dynamischem Nebel zu tun, der sich auf dem der Strömung entgegenstehenden Hindernis des Bergmassivs im aufsteigenden Luftstrom bildet. Dann ist nur der Gipfel von Nebel umhüllt. Oft kommt es aber auch vor, daß der Sonnblickgipfel in eine weite Stratusdecke hineinragt und die Station so von Nebel umhüllt ist. Die durchschnittliche Häufigkeit der Tage mit Nebel ist in Tab. 46 angegeben. Es gibt auf dem Sonnblick beinahe fünfmal soviel Nebeltage wie in Wien. Am häufigsten kommen Nebel im Sommerhalbjahr vor und am seltensten im Winter. In jedem Monat des Jahres ist es schon vorgekommen, daß beinahe an allen Tagen Nebel beobachtet wurde. Wie stark in den verschiedenen Jahren die Zahl der Nebeltage in den einzelnen Monaten variiert, zeigt die Häufigkeitsverteilung der Tab. 61. Vom März bis September ist noch in jedem Jahr an mehr als zehn Tagen der einzelnen Monate Nebel beobachtet worden.

Zur Beurteilung des Tagesganges des Nebelvorkommens geben die täglichen Beobachtungen um 7, 14 und 21 Uhr Anhaltspunkte. Die durchschnittliche Häufigkeit zu

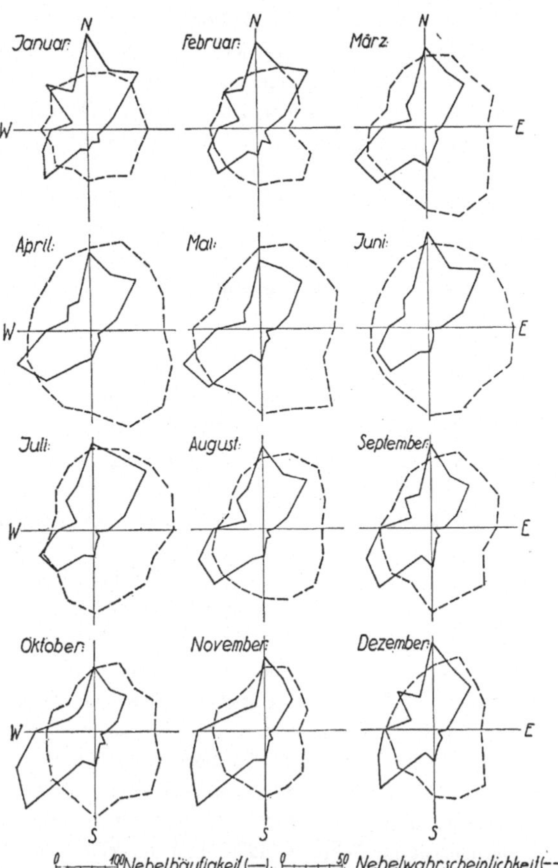

Abb. 10. Nebelwindrosen und relative Nebelwindrosen nach 50jährigen Beobachtungen.

diesen drei Tageszeiten ist wieder in Tab. 46 angegeben. Im Winter ist zu den drei Tageszeiten nicht viel Unterschied; am häufigsten kommt in dieser Jahreszeit Nebel am frühen Morgen vor. Im Sommer sind Nebel am Morgen beträchtlich seltener als zu den anderen Tageszeiten; am häufigsten sind sie am späten Abend.

Da der Nebel auf dem Berggipfel hauptsächlich dynamisch zustande kommt, ist es von Interesse zu untersuchen, welche Winde ihn vorwiegend verursachen. Ausgedrückt in Promille bringt für jede der 16 Windrichtungen die Tab. 62 die Häufigkeiten des Nebelvorkommens um 7, 14 und 21 Uhr und zusammengefaßt zum Tagesmittel. Man sieht dort, daß am häufigsten Nebel bei Winden aus Nord bis Nordost und dann auch bei Winden aus Südwest oder Westsüdwest vorkommen. Das Häufigkeitsmaximum der Nebel aus Nord bis Nordost überwiegt in den Monaten Dezember bis Februar und im Juni und Juli; in den übrigen Monaten sind aber die Nebel, die aus Südwest oder Westsüdwest kommen, am häufigsten, besonders im Oktober und November. Zwischen den drei Beobachtungsterminen zeigen sich keine bedeutenden Unterschiede.

Die Häufigkeitsverteilung der Nebelvorkommen auf die Windrose sagt aber noch nichts Bestimmtes über die spezifische Wirkung der einzelnen Windrichtungen aus, wenn nicht zugleich die Häufigkeit der Windrichtungen berücksichtigt wird. Es kann ja sein, daß Nebel aus bestimmten Richtungen nur deshalb häufiger vorkommen, weil eben diese Windrichtungen viel häufiger sind. Dies wird nun berücksichtigt, wenn man die Verhältniszahlen der Nebelhäufigkeiten zu den Windrichtungshäufigkeiten berechnet. Die so in Prozenten der Windhäufigkeiten ausgedrückten Nebelhäufigkeiten sind wieder für die drei Beobachtungstermine und für den Tagesdurchschnitt in Tab. 63 angegeben. Neben den aus den Häufigkeitszahlen der Nebelvorkommen gebildeten Windrosen zeigt auch die relativen Nebelwindrosen die Abb. 10. In dieser Darstellung kommt zum Ausdruck, daß im allgemeinen bei Winden besonders aus dem Nordwest- und auch aus dem Südwestquadranten Nebel relativ seltener vorkommen als bei Winden aus dem Nordost- und besonders aus dem Südostquadranten. Bei Windstille sind Nebelvorkommen verhältnismäßig selten.

*　　*　　*

Eine Ergänzung zu den Bewölkungsbeobachtungen gibt die Registrierung der Sonnenscheindauer. Seit Gründung des Observatoriums wird auf dem Sonnblick ein Campbell-Stokes-Autograph der Firma J. Hicks, London, verwendet. Der Apparat steht auf einer vor dem Südfenster des Beobachtungsturmes angebrachten kleinen Konsole.

Die Sonnenscheinaufzeichnungen vom Sonnblick wurden bereits mehrfach bearbeitet [40], vor kurzem erst wieder in größerer Ausführlichkeit von A. Roschkott [41]. Aus dieser Arbeit, der eine 46jährige Reihe zugrunde liegt, will ich auch hier Verschiedenes übernehmen. Die Mittelwerte habe ich für die ganze 50jährige Reihe neu berechnet. Sie sind in Tab. 64 zusammengestellt. Die meisten Sonnenscheinstunden hat der August, die wenigsten der Dezember. In den einzelnen Monaten können die Summen der Sonnenscheindauer sehr stark schwanken, dies zeigen die Extremwerte (Tab. 64) und die Häufigkeitsverteilungen (Tab. 65). Die bisher meisten Sonnenscheinstunden hatte der Juli 1928 (252 Stunden) und die wenigsten der August 1896 (18 Stunden). Eine zahlenmäßige Beschreibung der Variabilität der Sonnenscheindauer in den verschiedenen Monaten gibt ihre durchschnittliche Veränderlichkeit; sie ist, ausgedrückt in Stunden und in Prozenten der mittleren Monatssummen, auch in Tab. 64 angegeben. Am größten ist die Veränderlichkeit im Februar (32%) und am kleinsten im Juli (19%). Obwohl im Hochsommer der Tagbogen der Sonne beinahe doppelt so lang ist wie im Winter, ist die Variationsbreite der monatlichen Sonnenscheinstunden doch das ganze Jahr hindurch nahezu gleich (im Durchschnitt 160 Stunden).

Die Sonnenscheinverhältnisse eines Ortes lassen sich erst richtig abschätzen, wenn man berücksichtigt, daß die Sonnenscheindauer, abgesehen von der Witterung, vor allem auch von astronomischen und orographischen Verhältnissen abhängig ist. Wegen der verschiedenen Tagbogenlänge ist im Winter die astronomisch mögliche Sonnenscheindauer — d. i. die Zahl der Sonnenscheinstunden bei völlig freiem Horizont — viel kleiner als im Sommer; für den Sonnblick ist sie in Tab. 64 angegeben. Die mögliche Sonnenscheindauer hängt aber auch davon ab, ob der Horizont frei ist oder nicht, ob also orographische Hindernisse den Sonnenaufgang verzögern oder den Sonnenuntergang verfrühen. Die dadurch bestimmte orographische oder effektiv mögliche Sonnenscheindauer läßt sich durch Ausmessung des Horizonts

Tabelle 64. Übersicht über die Sonnenscheinverhältnisse (1887—1936).

	Jänner	Februar	März	April	Mai	Juni	Juli	August	Sept.	Okt.	Nov.	Dez.	Jahr
Mittlere Monatssummen der Sonnenscheindauer in Stunden:	110·9	123·3	133·0	114·0	128·5	128·6	154·0	167·9	144·5	136·5	111·9	98·8	1551·9
Maximum der Monats- und Jahressummen in Stunden:	194	208	229	222	224	213	252	242	241	218	200	164	1874
Minimum der Monats- und Jahressummen in Stunden:	30	48	55	39	64	49	85	18	83	50	40	34	1231
Astronomisch mögliche Sonnenscheindauer in Stunden:	279	289	371	410	469	475	479	440	376	336	281	266	4471
Effektiv mögliche Sonnenscheindauer in Stunden:	281	296	368	396	430	405	428	439	377	347	290	268	4325
Mittlere Dauer in % der astronomisch möglichen:	39·8	42·6	35·9	27·8	27·3	27·2	32·2	38·2	38·4	40·7	39·8	37·2	34·7
Mittlere Dauer in % der effektiv möglichen:	39·4	41·7	36·2	28·8	29·9	31·8	36·0	38·3	38·4	39·4	38·6	36·9	35·8
Mittlere Sonnenscheindauer in Stunden pro Tag:	3·6	4·1	4·3	3·8	4·1	4·3	5·0	5·4	4·8	4·4	3·7	3·2	4·2
Durchschnittliche Veränderlichkeit der Monats- und Jahressummen der Sonnenscheindauer in Stunden:	30·3	39·9	29·6	32·3	31·0	30·6	30·0	35·5	32·8	36·7	31·8	31·1	126·8
Durchschnittliche Veränderlichkeit in % der mittleren Monats-, bzw. Jahressummen:	26·4	32·3	22·3	28·3	24·1	23·8	19·4	21·2	22·7	26·8	28·4	31·5	12·2

Tabelle 65. Häufigkeitsverteilung der Monats-Stundensummen der Sonnenscheindauer 1887—1936.

Stunden	Jänner	Februar	März	April	Mai	Juni	Juli	August	Sept.	Okt.	Nov.	Dez.
11 bis 20	—	—	—	—	—	—	—	1	—	—	—	—
21 „ 30	1	—	—	—	—	—	—	—	—	—	—	—
31 „ 40	1	—	—	2	—	—	—	—	—	—	1	1
41 „ 50	—	1	—	1	—	1	—	—	—	—	1	1
51 „ 60	2	2	1	1	—	—	—	—	—	—	1	5
61 „ 70	5	3	2	—	2	—	—	—	—	4	7	6
71 „ 80	2	3	1	3	6	2	—	—	—	2	2	8
81 „ 90	4	5	1	6	3	2	2	2	5	3	4	3
91 „ 100	4	9	2	9	2	9	1	—	2	1	2	5
101 „ 110	5	1	6	7	4	4	4	3	2	2	8	2
111 „ 120	5	2	9	—	4	7	4	1	6	5	3	3
121 „ 130	3	2	7	6	8	6	4	—	5	6	7	4
131 „ 140	5	2	3	4	2	3	5	4	9	4	2	3
141 „ 150	4	5	5	1	5	2	3	4	2	2	2	3
151 „ 160	4	1	1	3	3	1	5	7	3	6	3	3
161 „ 170	3	2	2	3	3	5	9	4	4	4	4	3
171 „ 180	—	6	4	2	4	1	3	4	2	2	1	—
181 „ 190	—	3	3	—	1	4	3	7	2	1	—	—
191 „ 200	1	—	—	—	2	1	1	—	1	—	2	—
201 „ 210	—	3	2	—	—	1	3	1	2	3	—	—
211 „ 220	—	—	—	1	—	1	1	4	3	4	—	—
221 „ 230	—	—	1	1	1	—	—	4	1	—	—	—
231 „ 240	—	—	—	—	—	—	—	2	—	—	—	—
241 „ 250	—	—	—	—	—	—	—	2	1	—	—	—
251 „ 260	—	—	—	—	—	—	2	—	—	—	—	—

Tabelle 66. Mittlere Zahl der Tage mit Sonnenschein von bestimmter Dauer.

Andauer in Stunden	Jänner	Februar	März	April	Mai	Juni	Juli	August	Sept.	Okt.	Nov.	Dez.
0·0	10·5	8·1	9·9	10·1	8·8	7·7	5·8	6·4	7·4	9·7	10·2	11·6
0·1 bis 1·0	2·5	2·2	2·1	3·1	3·5	3·1	3·5	2·7	2·3	2·2	2·7	2·3
1·1 „ 2·0	1·5	1·3	1·8	1·8	2·4	2·2	2·1	2·0	1·9	1·3	1·2	1·6
2·1 „ 3·0	1·6	1·2	1·6	1·5	1·9	2·1	2·0	1·9	1·9	1·4	1·3	1·7
3·1 „ 4·0	1·6	1·4	1·3	1·7	1·5	1·8	2·2	1·7	1·6	1·7	1·5	1·6
4·1 „ 5·0	1·3	1·4	1·5	1·7	1·9	1·7	1·7	1·5	1·4	1·1	1·2	2·0
5·1 „ 6·0	1·7	1·4	1·5	1·5	1·4	1·4	1·6	1·9	1·6	1·7	1·2	1·5
6·1 „ 7·0	2·2	1·4	1·2	1·1	1·4	1·7	1·6	1·3	1·2	1·1	1·9	1·6
7·1 „ 8·0	2·1	1·6	1·8	1·1	1·2	1·4	1·8	1·6	1·4	1·7	2·0	2·8
8·1 „ 9·0	4·5	2·1	1·7	1·4	1·2	1·0	1·7	1·5	1·6	1·8	4·0	4·3
9·1 „ 10·0	1·5	3·7	2·1	1·2	1·1	1·1	1·3	1·4	2·1	3·4	2·8	—
10·1 „ 11·0	—	2·2	2·5	1·2	1·1	1·1	1·4	1·4	2·5	3·4	—	—
11·1 „ 12·0	—	0·0	1·9	1·3	1·2	1·1	1·2	1·5	2·1	0·5	—	—
12·1 „ 13·0	—	—	0·1	1·0	1·5	1·6	1·6	2·0	1·0	—	—	—
13·1 „ 14·0	—	—	—	0·3	0·9	1·0	1·5	2·1	0·0	—	—	—
14·1 „ 15·0	—	—	—	—	0·0	—	—	0·1	—	—	—	—

oder durch Bestimmung der Tagbogenlänge der Sonne mit einem entsprechenden Instrument (z. B. mit dem Tagbogenmesser nach W. Schmidt) ermitteln. Sie kann aber auch aus langjährigen Registrierungen durch Bestimmung der Sonnenauf- und -untergänge an wolkenfreien Morgen oder Abenden berechnet werden [42]. Die auf diese letzterwähnte Art ermittelte effektiv mögliche Sonnenscheindauer ist auch in Tab. 64 eingetragen [43]; sie unterscheidet sich auf einem so freien Berggipfel, wie es der Sonnblick ist, natürlich nicht viel von der astronomisch möglichen. Die angegebenen Werte der effektiv möglichen Sonnenscheindauer beziehen sich auf die Aufstellung des Autographen, mit dem die lange Beobachtungsreihe gewonnen worden ist. Es ist aber schon seit längerem der Verdacht aufgetaucht, daß der Sonnenscheinautograph im Sommer am frühen Morgen oder am späten Abend durch den Beobachtungsturm etwas abgeschirmt wird. Es wurde daher zur Kontrolle im Sommer 1932 ein zweiter Sonnenscheinautograph ebenfalls vor dem Südfenster des Turmes, aber auf einer weiter hinausragenden Konsole angebracht. Die aus den Parallelregistrierungen von 1932 bis 1935 abgeleitete mögliche Sonnenscheindauer ergibt für die Neuaufstellung eine Verbesserung um 4% der astronomisch möglichen Sonnenscheindauer im Mai, um 11% im Juni und um 8% im Juli [43]. Diese Werte geben zugleich auch an, wieviel Sonnenschein durch den Turmschatten bei der Registrierung an der alten Aufstellung verlorengegangen ist.

Die lange Reihe der Sonnenscheinbeobachtungen und auch die in Tab. 64 angegebenen Monatssummen der effektiv möglichen Sonnenscheindauer beziehen sich aber auf die alte Aufstellung. Vergleiche der Sonnenscheinverhältnisse verschiedener Orte sind zur Beurteilung der Witterungsverhältnisse nur sinnvoll, wenn man als Vergleichsmaß die Prozentzahlen der effektiv möglichen Sonnenscheindauer nimmt, weil dadurch die Verschiedenartigkeit der Horizontabschirmung ausgeschaltet wird. Dasselbe gilt auch bei Beurteilung des Jahresganges der Sonnenscheinverhältnisse an ein und derselben Station. So zeigt sich, daß auf dem Sonnblick hinsichtlich der Sonnenscheindauer der Februar am meisten begünstigt ist. Der ungünstigste Monat ist der April, der die kleinste Prozentzahl aufweist. Hier zeigt sich auch, daß die Beurteilung der Sonnenscheinverhältnisse nach dem prozentuellen Anteil an der astronomisch möglichen Sonnenscheindauer zu falschen Resultaten führen kann; denn danach wäre nicht der April, sondern der Juni der schlechteste Monat, wie man früher auch tatsächlich angenommen hat.

Bei Beurteilung der tatsächlichen monatlichen Sonnenscheinstundensummen wirkt die ungleiche Monatslänge störend; um dies zu vermeiden, ist es notwendig, die mittlere Sonnenscheindauer in Stunden pro Tag anzugeben. Die Werte sind ebenfalls in Tab. 64 zu finden.

Tabelle 67. Wahrscheinlichkeit einer täglichen Sonnenscheindauer $\geq n$ Stunden, °/₀₀ (1887—1936).

n	Jänner	Februar	März	April	Mai	Juni	Juli	August	Sept.	Okt.	Nov.	Dez.
0·1	661	710	679	665	717	744	814	795	754	689	660	626
1·1	580	630	611	563	604	640	700	709	678	619	569	551
2·1	532	584	553	503	528	565	631	646	616	576	528	499
3·1	479	540	502	452	466	496	565	585	552	530	486	445
4·1	426	492	460	396	418	435	493	529	500	474	437	392
5·1	383	442	412	341	356	380	439	480	454	440	397	328
6·1	330	394	365	291	310	333	387	420	399	384	356	280
7·1	260	343	326	254	264	277	337	377	359	349	294	230
8·1	194	285	270	217	224	230	280	327	314	294	227	140
9·1	49	212	214	171	186	195	226	278	259	235	92	—
10·1	—	81	145	130	150	160	185	231	190	125	—	—
11·1	—	1	66	89	114	122	139	185	105	17	—	—
12·1	—	—	4	44	77	85	99	137	35	—	—	—
13·1	—	—	—	12	29	33	48	68	1	—	—	—
14·1	—	—	—	1	1	—	—	3	—	—	—	—
Mittlere Dauer in Stunden	3·6	4·1	4·3	3·8	4·1	4·3	5·0	5·4	4·8	4·4	3·7	3·2
Längste Dauer in Stunden	9·6	11·3	12·2	14·1	14·2	13·8	13·8	14·1	13·3	11·7	10·0	9·0

Aus welchen Einzelwerten diese Mittelwerte resultieren, zeigen die Häufigkeitsverteilungen in Tab. 66. Sie geben an, an wieviel Tagen des Monats durchschnittlich die Sonne entweder überhaupt nicht oder 0·1 bis 1 Stunde, 1·1 bis 2 Stunden, 2·1 bis 3 Stunden usw. scheint. Es ist bezeichnend, daß, abgesehen von den sonnenlosen Tagen, das Häufig-

Tabelle 68. Häufigkeitsverteilung der Zahl der sonnenlosen Tage in den einzelnen Monaten 1887—1936.

Tag	Jänner[1]	Februar	März	April	Mai[1]	Juni[1]	Juli	August[1]	Sept.[1]	Okt.	Nov.	Dez.
1	—	—	—	1	—	—	1	1	3	—	1	—
2	—	1	—	—	1	1	4	3	1	1	1	—
3	—	5	1	1	3	4	8	9	1	1	1	—
4	6	7	1	2	2	3	5	5	4	6	3	2
5	1	4	4	3	5	8	4	6	6	1	—	3
6	3	2	1	3	4	4	6	6	4	1	8	1
7	4	5	2	4	—	4	6	4	5	6	1	3
8	6	5	10	6	6	11	6	3	6	5	3	4
9	4	2	5	3	8	2	4	1	9	3	5	3
10	4	5	10	7	8	3	3	6	2	10	6	7
11	3	4	2	1	3	2	—	2	2	4	4	2
12	1	4	3	4	1	5	1	—	3	3	1	4
13	4	1	2	8	3	—	1	1	1	—	2	3
14	1	1	2	—	2	1	—	—	—	1	7	4
15	2	1	4	3	—	—	1	—	2	1	1	4
16	5	—	1	1	2	—	—	1	—	2	3	3
17	—	2	1	1	1	1	—	—	—	1	—	3
18	3	1	—	1	—	—	—	—	—	1	1	3
19	1	—	—	1	—	—	—	—	—	1	1	—
20	1	—	1	—	—	—	—	—	—	—	—	—
21	—	—	—	—	—	—	—	—	—	—	—	1
22	—	—	—	—	—	—	—	—	—	1	—	—
23	—	—	—	—	—	—	—	—	—	—	1	—
24	—	—	—	—	—	—	—	1	—	—	—	—
25	—	—	—	—	—	—	—	—	—	1	—	—

[1] Nur für 49 Jahre.

Tabelle 69. Wahrscheinlichkeit einer Andauer sonnenloser Perioden über mehr als n Tage, $^0/_{00}$.

n	Jänner	Februar	März	April	Mai	Juni	Juli	August	Sept.	Okt.	Nov.	Dez.
1	460	467	435	472	446	362	356	381	536	468	518	551
2	245	203	223	232	214	143	190	111	254	266	279	261
3	101	85	115	134	96	67	81	42	138	146	130	134
4	70	52	62	28	44	18	34	26	61	86	85	83
5	31	19	38	16	22	9	6	16	33	47	53	40
6	16	9	31	8	4	4	6	16	17	30	24	22
7	4	9	19	4	4	4	6	11	11	13	12	7
8	4	5	15	4	4	4	6	11	6	4	4	4
9	4	—	4	4	—	—	—	5	6	—	—	4
Längste Dauer in Tagen	10	9	10	11	9	9	9	14	11	9	9	13
Mittlere Dauer in Tagen	1·9	1·8	1·9	1·9	1·8	1·6	1·7	1·6	2·1	2·1	2·1	2·1

keitsmaximum von September bis März auf die Tage mit nahezu ununterbrochener Sonnenscheindauer, von April bis August aber auf die Tage mit 0·1 bis 1 Stunde Sonnenscheindauer fällt. Im Sommerhalbjahr kommen Tage mit ununterbrochener Sonnenscheindauer selten vor. An ungefähr der Hälfte aller Tage oder noch öfter scheint die Sonne länger als 2 Stunden im Jänner, April, Mai, November und Dezember, länger als 3 Stunden im Februar, März, Juni, Juli und Oktober und länger als 4 Stunden im August und September. An etwa einem Drittel aller Tage oder noch öfter scheint die Sonne länger als 5 Stunden im April, Mai und

Tabelle 70. 50jährige Tagesmittel der Sonnenscheindauer in Stunden.

Tag	Jänner	Februar	März	April	Mai	Juni	Juli	August	Sept.	Okt.	Nov.	Dez.
1	3·11	3·95	3·95	3·74	4·22	4·35	4·86	6·62	5·25	4·55	3·83	3·46
2	3·08	3·03	3·37	4·32	4·61	5·00	4·97	5·55	5·18	4·37	4·08	3·30
3	3·12	3·00	4·13	4·37	4·20	4·81	3·90	3·92	4·89	3·59	3·78	3·78
4	2·75	3·53	3·79	4·42	3·37	4·34	4·32	5·32	5·26	4·24	4·53	2·66
5	2·70	4·36	4·35	3·11	3·61	5·08	4·71	4·78	4·92	4·24	4·16	3·18
6	3·51	3·68	4·88	3·30	3·99	3·81	4·70	5·36	4·85	3·40	3·92	3·14
7	2·70	4·32	4·18	3·02	2·84	3·52	4·35	5·25	6·54	4·12	3·69	2·85
8	3·41	4·38	4·05	2·77	2·96	5·01	4·46	5·92	**6·77**	3·47	3·11	3·65
9	2·96	4·68	4·89	3·82	3·33	3·87	4·65	6·45	5·76	3·98	3·36	3·12
10	2·54	4·33	3·48	4·49	3·66	4·11	5·49	5·46	4·29	3·85	2·58	2·78
11	3·80	4·65	4·53	4·31	3·28	3·26	3·81	5·49	4·54	5·14	3·26	3·19
12	3·71	3·77	4·70	4·35	3·90	4·17	5·51	4·64	3·95	5·60	3·31	3·54
13	3·79	4·15	4·48	3·80	4·33	3·74	4·32	4·91	4·60	4·92	3·45	3·68
14	3·00	4·22	4·28	3·91	4·56	3·95	5·03	5·75	4·27	5·03	3·95	3·75
15	3·88	4·39	4·90	3·80	4·92	4·07	5·36	5·45	4·40	4·63	3·71	3·28
16	3·06	4·88	4·45	4·09	3·36	4·52	5·35	4·59	5·39	5·07	3·67	3·09
17	3·57	5·16	5·07	3·42	3·98	4·79	4·75	5·39	5·66	5·70	3·95	3·19
18	2·63	5·28	6·08	3·46	4·01	4·75	4·56	6·40	5·14	4·48	3·15	3·19
19	3·59	4·52	5·11	3·50	4·92	4·54	5·30	6·53	4·68	4·31	4·29	3·38
20	4·04	5·46	4·82	3·78	5·19	4·70	5·61	5·50	4·55	5·33	3·96	3·67
21	4·41	4·69	3·66	3·99	4·89	3·02	5·70	4·67	4·31	4·15	4·01	3·89
22	5·07	4·67	4·84	4·30	5·35	4·74	5·65	4·59	4·59	4·44	4·34	3·50
23	4·54	5·70	4·02	3·60	3·83	3·69	4·56	4·56	4·11	4·21	4·27	2·63
24	4·00	4·79	4·46	3·44	3·89	4·73	5·00	5·14	4·58	4·54	3·88	3·80
25	4·41	5·25	3·82	3·53	4·30	3·83	5·42	5·76	4·48	4·21	3·75	3·29
26	3·82	5·09	3·69	3·79	3·91	3·71	5·31	5·19	4·88	4·56	3·44	3·01
27	3·39	5·06	3·86	3·56	3·41	4·31	5·50	5·37	4·61	4·37	4·26	2·95
28	4·39	3·93	4·21	3·80	3·38	5·40	4·99	5·30	4·71	4·22	3·71	2·82
29	3·99	—	4·17	3·93	3·99	5·67	4·81	6·32	4·56	4·02	4·21	2·32
30	4·29	—	3·36	3·72	4·47	4·45	4·88	5·27	3·88	3·72	3·37	2·03
31	4·03	—	3·64	—	5·30	—	5·19	5·52	—	4·01	—	2·84

Dezember, länger als 6 Stunden im Jänner, Juni und November, länger als 7 Stunden im Februar, März, Juli, September und Oktober und länger als 8 Stunden im August (Tab. 67). An mehr als fünf Tagen scheint die Sonne im Dezember länger als 7 Stunden, im Jänner und November länger als 8 Stunden, von Februar bis Juni und im Oktober länger als 9 Stunden, im Juli und September länger als 10 Stunden und im August länger als 11 Stunden.

Die Zahl der sonnenlosen Tage erreicht mit 11·6 ein Maximum im Dezember und mit 10·1 ein sekundäres Maximum im April. Die wenigsten sonnenlosen Tage hat der Juli. Die Zahl der sonnenlosen Tage pro Monat ist in den einzelnen Jahren sehr verschieden (Tab. 68). Die meisten sonnenlosen Tage hatte der Oktober 1896. Nur ein Tag ohne Sonnenschein kam vor im April 1893, Juli 1904, August 1893, September 1900, 1917 und 1929 und im November 1897. Eine Aufeinanderfolge von mehreren sonnenlosen Tagen ist verhältnismäßig selten (Tab. 69). Nur im September, November und Dezember dauern mehr als die Hälfte aller sonnenlosen Perioden länger als einen Tag. Von September bis Dezember dauern mehr als ein Viertel aller sonnenlosen Perioden länger als zwei Tage. Die mittlere Andauer sonnenloser Perioden ist nur vom September bis Dezember etwas größer als zwei Tage, in den übrigen Monaten aber weniger als zwei Tage. In jedem Monat kam aber schon eine Folge von mindestens neun sonnenlosen Tagen vor.

Die lange Beobachtungsreihe gibt uns die Möglichkeit, den Jahresgang der Sonnenscheindauer durch Berechnung der 50jährigen mittleren täglichen Sonnenschein-

Tabelle 71. Tageshöchstwerte der Sonnenscheindauer in den Jahren 1887—1936 in Stunden.

Tag	Jänner	Februar	März	April	Mai	Juni	Juli	August	Sept.	Okt.	Nov.	Dez.
1	8·6	9·5	11·0	12·1	13·8	13·0	13·4	13·9	13·3	11·4	10·0	9·0
2	8·9	9·6	11·1	12·3	12·2	13·4	13·2	13·9	12·6	11·6	9·9	9·0
3	8·8	9·7	10·7	12·4	13·8	13·4	13·2	13·3	12·5	11·4	9·8	8·9
4	8·9	10·0	10·9	12·6	14·2	13·2	13·0	13·5	12·8	11·4	9·8	8·9
5	8·8	10·0	10·7	11·9	13·0	13·4	13·3	13·9	12·6	11·3	9·9	8·8
6	8·6	10·2	10·7	12·3	14·0	13·3	13·2	14·0	13·1	11·7	9·9	8·7
7	8·6	9·6	10·8	12·2	13·8	13·4	13·3	14·0	12·7	11·0	9·7	8·8
8	8·6	9·8	11·0	12·2	13·6	13·5	13·5	14·1	12·4	10·8	9·6	8·6
9	9·3	10·0	11·0	12·5	12·5	12·8	13·4	14·0	12·4	10·9	9·7	8·7
10	8·6	10·7	10·6	12·6	12·7	13·2	13·6	14·1	12·1	10·8	9·6	8·8
11	8·7	10·0	11·4	13·0	13·4	12·2	12·8	14·1	12·5	11·1	9·6	8·7
12	8·9	10·1	11·2	13·1	13·5	13·3	13·5	13·7	12·8	10·9	9·4	8·6
13	8·8	10·1	11·3	13·1	13·1	13·3	13·6	14·0	12·3	11·0	9·7	8·7
14	8·7	10·1	11·5	13·2	13·4	13·8	13·4	13·7	11·8	10·8	9·5	8·7
15	8·9	10·3	11·6	13·4	13·5	13 3	13·7	13·8	12·1	10·9	9·8	8·6
16	9·0	10·5	11·4	13·6	13·3	13·3	13·5	14·1	12·1	11·1	9·5	8·6
17	9·1	10·5	11·7	13·2	13·4	13·3	13·5	13·9	12·2	10·7	9·5	8·6
18	9·5	10·6	11·7	12·8	12·9	13·3	13·6	13·4	11·9	10·8	9·2	8·8
19	9·2	10·9	11·4	12·9	13·6	13·2	13·2	13·7	12·2	11·5	9·4	8·7
20	9·5	11·1	11·8	13·5	13·5	13·2	13·5	13·5	11·9	11·3	9·4	8·7
21	9·2	10·8	11·8	13·0	13·3	13·2	13·6	13·8	11·9	10·6	9·4	8·7
22	9·6	10·7	11·9	13·4	13·7	13·2	13·2	13·1	11·9	10·5	9·3	8·5
23	9·2	10·7	12·0	12·5	13·6	13·4	13·6	13·4	11·9	10·7	9·1	8·5
24	9·3	10·9	11·9	13·0	13·3	12·2	13·7	13·2	12·3	10·5	9·1	8·5
25	9·3	11·0	12·0	13·2	13·4	13·6	13·6	13·7	11·7	10·5	9·0	8·7
26	9·2	10·9	11·9	13·0	12·9	13·4	13·4	13·5	11·7	10·5	9·1	8·7
27	9·3	11·3	12·2	13·7	13·2	13·1	13·6	13·6	11·4	10·5	9·0	8·5
28	9·3	11·0	12·2	13·7	13·0	13·3	13·7	13·3	11·2	10·3	9·1	8·7
29	9·6	—	11·5	13·2	13·4	13·4	11·9	13·2	11·4	10·2	8·9	8·5
30	9·4	—	12·2	14·1	13·6	13·3	13·8	13·5	11·4	10·2	8·8	8·5
31	9·6	—	12·1	—	13·5	—	13·5	13·7	—	10·2	—	8·3

stunden genauer, als er durch die Monatsmittelwerte zum Ausdruck kommt, darzustellen.
Diese Normalwerte der Sonnenscheindauer gibt für jeden Tag des Jahres die Tab. 70. Danach hat der 8. September mit 6'8 Stunden die längste und der 30. Dezember mit 2 Stunden
die kürzeste Sonnenscheindauer. Die charakteristischen Verhältnisse werden aber erst wieder
deutlich, wenn man die mittlere Sonnenscheindauer in Beziehung zur effektiv möglichen
setzt. Es wurde für jeden Tag die bisher längste Sonnenscheindauer aus den 50jährigen
Registrierungen entnommen (Tab. 71). Die graphische Darstellung dieser Werte gibt natürlich noch keine ausgeglichene Kurve. Wenn man aber über die Höchstwerte eine solche zieht,
so kann aus dieser mit ziemlicher Genauigkeit die unter Berücksichtigung der Horizontabschirmung effektiv mögliche Sonnenscheindauer für jeden Tag entnommen werden. Die
Mittelwerte wurden nun in Prozenten dieser so gewonnenen Höchstwerte ausgedrückt und
nach fünftägig übergreifenden Mitteln in Abb. 11 als Jahresgang der relativen Sonnenscheindauer dargestellt. In der ersten Jännerwoche hat die relative Sonnenscheindauer

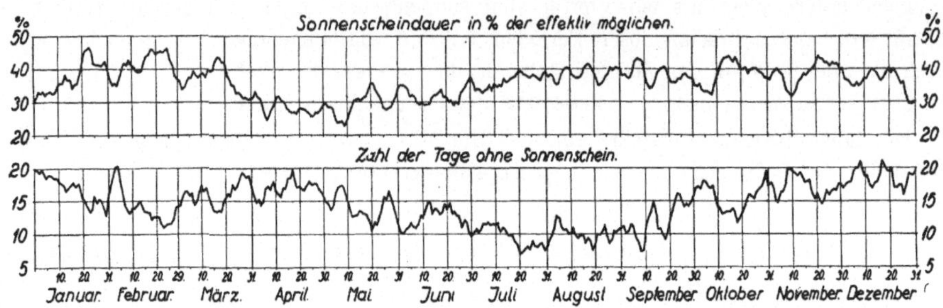

Abb. 11. Jahresgang der relativen Sonnenscheindauer und der Häufigkeiten von Tagen ohne Sonnenschein in
übergreifenden 5tägigen Mittelwerten nach 50jährigen Beobachtungen.

verhältnismäßig niedrige Werte, erreicht aber zu Beginn der dritten Dekade, also im bereits
mehrfach festgestellten Winterhöhepunkt am 23. Jänner, den Jahreshöchstwert (47%). Ähnlich hohe Werte werden auch in der zweiten Februarhälfte erreicht. Nach einem Höhepunkt
am 17. März nimmt die relative Sonnenscheindauer rasch ab, erreicht am 9. Mai den niedrigsten Wert (23%) des Jahres und steigt dann den Sommer über bis zum Herbstbeginn mit
geringeren Schwankungen wieder an. Im Herbst und Winter zeigen sich wieder größere
Schwankungen in längeren Wellen. So fallen besondere Höhepunkte der relativen Sonnenscheindauer Mitte Oktober und zu Beginn der dritten Novemberdekade und Tiefpunkte am
8. Oktober, 10. November und 29. Dezember auf. Diese Wellenstruktur des Jahresganges ist
auch bereits bei der Betrachtung des Jahresverlaufes von heiterem Wetter aufgefallen, ebenso
wie der ungegliederte Verlauf im Sommer. Hier ist auch wieder darauf hinzuweisen, daß
zufolge der größeren Stabilisierung der Atmosphäre im Winterhalbjahr auf dem Hochgebirgsgipfel die mehr oder minder regelmäßigen Änderungen der Großwetterlage im rhythmischen
Verlauf der Bewölkung oder Sonnenscheindauer deutlicher zum Ausdruck kommen können
als im Sommer, wo die durch die Unregelmäßigkeiten der um diese Jahreszeit stark entwickelten Vertikalkonvektion verursachten mehr oder minder großen Zufälligkeiten in der
zeitlichen Verteilung der Bewölkung und die Häufigkeit starker Bewölkung ausgleichend
wirken.

Das Gegenstück zum Verlauf der Sonnenscheindauer bildet der Jahresgang der
Häufigkeit sonnenloser Tage, der ebenfalls in übergreifenden fünftägigen Mittelwerten
in Abb. 11 dargestellt ist. Für die einzelnen Tage gibt die in der 50jährigen Beobachtungszeit vorgekommenen Häufigkeiten sonnenlosen Wetters die Tab. 72. Im Sommer ist wegen der
langen Tagesdauer einerseits und wegen der größeren Instabilität der Atmosphäre anderer-

seits die Wahrscheinlichkeit, daß die Sonne im Laufe des Tages auch bei Schlechtwetter wenigstens für kurze Zeit herauskommt, erhöht, während geschlossene Wolkendecken in der winterlichen stabileren Atmosphäre weniger Veränderlichkeit zeigen und daher geringere Möglichkeit zum Durchbruch von Sonnenschein geben. Dies ist die Zeit der extremen Witterungsverhältnisse, die sich auch darin schon zeigte, daß im Winter in der Häufigkeitsverteilung der täglichen Sonnenscheinstunden neben dem Häufigkeitsmaximum der sonnenlosen

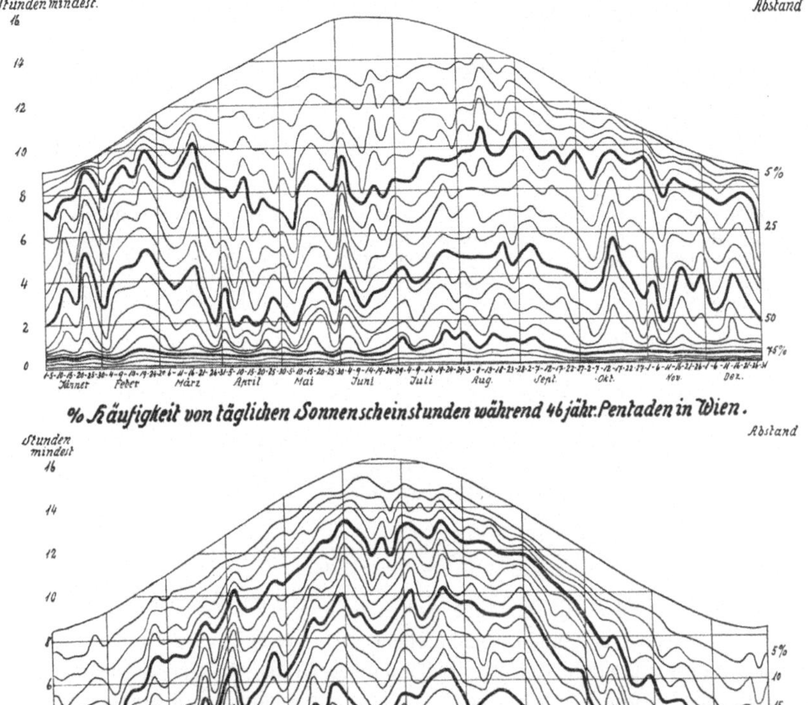

Abb. 12. Prozentuelle Häufigkeitsverteilungen der täglichen Sonnenscheindauer auf dem Sonnblick und in Wien, 1887—1932 (nach A. Roschkott).

Tage ein Maximum bei Tagen mit nahezu ununterbrochener Sonnenscheindauer auftrat. In den kleineren Schwankungen verläuft die Jahreskurve der sonnenlosen Tage im allgemeinen gegensinnig zu der der relativen Sonnenscheindauer.

Einen sehr schönen Einblick in den Jahresverlauf der Sonnenscheinverhältnisse hat A. Roschkott durch Darstellung der Häufigkeitsverteilungen der täglichen Sonnenscheindauer für die einzelnen Pentaden gegeben, die in Abb. 12 hier übernommen wird. Als Ordinateneinheiten sind Mindestsonnenscheinstunden eines Tages gewählt. Die einzelnen Kurven beziehen sich auf Häufigkeitsintervalle von 5 zu 5%. Es hatten z. B.

Tabelle 72. Häufigkeiten sonnenloser Tage in den Jahren 1887—1936.

Tag	Jänner	Februar	März	April	Mai	Juni	Juli	August	Sept.	Okt.	Nov.	Dez.
1	18	15	11	19	13	13	8	5	8	16	20	24
2	21	25	17	15	13	9	10	10	8	19	12	15
3	16	23	16	12	14	10	10	15	14	17	19	13
4	22	22	21	13	17	12	13	13	10	18	14	20
5	22	16	17	17	11	10	10	11	12	14	10	17
6	15	16	11	15	18	14	11	14	14	22	19	24
7	18	13	14	18	21	13	14	9	5	18	20	23
8	18	15	17	21	18	7	10	8	6	14	19	16
9	21	12	13	15	18	11	14	11	7	16	20	20
10	20	12	20	15	11	13	8	11	5	17	21	22
11	15	14	18	21	14	20	12	11	15	13	19	18
12	16	17	18	11	14	12	13	10	22	10	19	18
13	16	15	13	18	11	13	11	12	12	12	17	15
14	20	14	15	13	13	16	8	5	12	13	18	14
15	16	15	14	21	12	12	11	9	14	18	23	19
16	17	10	13	21	14	12	10	14	7	14	16	23
17	18	13	13	19	17	17	10	9	9	10	15	19
18	18	14	12	18	10	11	10	6	12	14	17	21
19	17	14	16	20	12	13	8	9	7	10	19	23
20	18	10	13	15	11	13	6	7	11	11	14	16
21	13	12	20	13	10	19	8	7	14	17	12	19
22	12	13	16	19	9	13	3	14	18	14	19	18
23	15	14	16	17	17	15	12	13	17	18	13	23
24	13	8	14	19	10	5	10	9	14	15	15	9
25	14	8	21	19	17	15	8	9	18	16	17	16
26	16	14	17	16	16	16	5	12	13	15	19	21
27	21	14	18	16	18	12	10	6	14	13	15	18
28	10	14	22	18	15	7	8	7	11	23	16	16
29	15	—	19	19	16	11	9	12	17	17	17	17
30	13	—	19	15	12	13	10	15	16	18	16	24
31	11	—	15	—	7	—	6	11	—	20	—	20

in der ersten Pentade vom 1. bis 5. Jänner auf dem Sonnblick 55% aller ausgewerteten Tage (1887—1932) wenigstens 1 Stunde Sonnenschein, 50% wenigstens 2 Stunden, 30% 6 und mehr Stunden. In der Pentade vom 21. bis 25. Jänner, in die, wie bereits mehrfach erwähnt, der Winterhöhepunkt fällt, hatten schon 46% aller Tage mindestens 6 Stunden Sonnenschein und 63% mindestens 2 Stunden. Roschkott weist auf die Singularitäten in der 5., 7., 11., 16. und 21. Pentade hin. Vor Beginn des sommerlichen Witterungsrückschlages zeigt sich anfangs Juni eine kurze, aber ausgeprägte Schönwetterperiode. Besonders auffallend ist die Schönwetterperiode in der Pentade vom 13. bis 17. Oktober (Altweibersommer) und der den Winter einleitende Wettersturz in der Pentade vom 7. bis 11. November.

Der tägliche Gang der Sonnenscheindauer wurde auch schon mehrfach behandelt. Roschkott hat den aus 46jährigen Beobachtungen abgeleiteten mit dem von Obermaier aus einer 13jährigen Reihe abgeleiteten Tagesgang verglichen und keine wesentlichen Unterschiede feststellen können. Die Tagesgänge der 46jährigen Reihe sind in der zitierten Arbeit von Roschkott angegeben. Ich habe aus den 20 Jahren 1914—1919 und 1923—1936 die Tagesgänge neu berechnet und gebe hier diese Werte wieder (Tab. 73), da ich sie später zum Vergleich mit Häufigkeitsauszählungen derselben Periode noch brauche. Die Jahre 1920—1922 wurden wegenUnvollständigkeit und Unverläßlichkeit der Beobachtungen ausgeschlossen. Die Werte sind in Tab. 73 in Stunden pro Monat und in Prozenten der möglichen Stunden angegeben. Die Darstellung in Prozenten ist wegen der ungleichen Monatslänge für Vergleichszwecke besser.

Tabelle 73. *Dauer des Sonnenscheins in Stunden nach 20jährigen Registrierungen.*

Monat	4–5	5–6	6–7	7–8	8–9	9–10	10–11	11–12	12–13	13–14	14–15	15–16	16–17	17–18	18–19	19–20	Vorm. — Nachm. Stunden	%
Jänner . .	—	—	—	3·1	9·5	12·3	14·3	15·0	14·6	13·8	13·1	11·5	4·1	—	—	—	— 2·9	— 2·6
Februar .	—	—	0·5	7·6	11·0	13·2	14·7	15·4	15·1	14·5	14·1	12·7	9·4	0·8	—	—	— 4·2	— 3·3
März . .	—	0·0	4·6	10·0	12·5	14·4	15·6	15·4	14·9	13·9	13·2	12·1	10·7	5·6	0·1	--	2·0	1·4
April . .	0·0	2·3	6·2	8·7	10·3	11·4	11·4	11·0	10·0	9·2	8·5	7·8	7·7	5·8	1·9	—	10·4	8·3
Mai . . .	0·0	5·2	10·1	12·8	13·5	13·6	12·3	11·3	11·1	11·1	10·7	9·6	8·3	6·7	3·0	—	18·3	13·1
Juni . .	—	5·8	10·9	12·6	12·9	12·8	11·7	10·8	10·4	11·7	10·9	9·8	9·1	7·4	3·1	—	15·1	10·8
Juli . . .	0·0	8·5	13·3	14·5	14·1	13·7	13·1	12·8	12·0	12·2	11·1	10·4	9·5	7·8	4·0	0·0	23·0	14·6
August . .	0·0	9·7	13·9	15·9	16·7	16·6	16·0	15·6	14·5	13·5	12·6	11·7	11·0	9·2	5·9	0·1	25·9	14·2
September .	--	1·2	8·3	13·5	15·3	16·0	15·3	14·9	13·9	12·9	11·9	11·3	10·3	7·2	0·8	—	16·2	10·6
Oktober .	--	—	2·9	10·8	13·3	14·5	15·2	14·9	14·5	14·1	13·4	12·5	10·3	2·7	—	—	4·1	2·9
November .	—	—	—	4·1	9·5	11·7	12·8	13·2	13·1	12·7	11·7	10·2	4·5	0·0	—	—	— 0·9	— 0·9
Dezember .	—	—	—	1·3	7·9	10·6	12·4	13·5	13·9	13·1	12·1	10·1	1·7	—	—	—	— 5·2	— 5·4

Dauer des Sonnenscheins in Prozenten nach 20jährigen Beobachtungen.

Monat	4–5	5–6	6–7	7–8	8–9	9–10	10–11	11–12	12–13	13–14	14–15	15–16	16–17	17–18	18–19	19–20
Jänner	—	—	—	9·9	30·5	39·6	46·1	**48·5**	47·0	44·6	42·3	37·1	13·3	—	—	—
Februar . . .	—	—	1·8	27·0	39·0	46·6	52·0	**54·6**	53·6	51·3	49·9	45·1	33·4	3·0	—	—
März	—	—	14·8	32·2	40·3	46·6	**50·3**	49·7	48·0	45·0	42·5	39·1	34·6	18·1	0·3	—
April	—	7·5	20·8	29·1	34·2	37·9	**38·0**	36·6	33·4	30·5	28·4	26·1	25·7	19·2	6·2	—
Mai	—	16·9	32·5	41·2	43·4	**43·9**	39·8	36·4	35·9	35·8	34·4	30·9	26·7	21·6	9·6	—
Juni	—	19·2	36·4	42·2	**42·9**	42·5	39·2	36·1	34·6	37·3	36·5	32·5	30·2	24·8	10·4	—
Juli	—	27·4	42·9	**47·0**	45·6	44·1	42·1	41·2	38·7	39·6	35·7	33·7	30·6	25·3	12·8	—
August	0·3	31·4	44·9	51·5	**53·8**	53·6	51·7	50·4	46·7	43·7	40·8	37·7	35·5	29·8	19·2	0·3
September . . .	—	4·0	27·6	44·9	50·9	**53·4**	51·1	47·6	46·5	42·9	39·6	37·6	34·2	24·1	2·7	—
Oktober . . .	—	—	9·4	34·8	42·9	46·9	**49·1**	48·0	46·7	45·5	43·3	40·5	33·3	8·8	—	—
November . . .	—	—	—	13·6	31·8	38·9	42·5	**44·1**	43·7	42·2	39·1	34·0	14·9	—	—	—
Dezember . . .	—	—	—	4·1	25·6	34·3	40·1	43·4	**44·7**	42·3	39·0	32·4	5·6	—	—	—

Im Tagesgang fällt die größte Sonnenscheinwahrscheinlichkeit im Winter auf die Mittagsstunde, sie rückt aber gegen den Sommer zu immer mehr auf die Vormittagsstunden vor und findet sich im Juli schon um 7 bis 8 Uhr. Das Tagesmaximum der Sonnenscheinwahrscheinlichkeit ist am größten im Februar und am kleinsten im April; sehr hohe Werte nimmt es auch wieder im August und September an. In den beiden letzterwähnten Monaten wie auch im Februar und März beträgt sie mehr als 50%. Die Sonnenscheindauer ist vom März bis September am Vormittag größer als am Nachmittag, in den Wintermonaten ist es aber umgekehrt. Der Überschuß an Sonnenscheindauer von Vormittag gegen Nachmittag steigt im Juli und August bis über 14% der mittleren Monatssummen.

Eine anschauliche Darstellung der Tagesgänge gibt die Abb. 13, die der Arbeit von Roschkott entnommen ist. In dieser Abbildung ist nicht nur der mittlere Tagesgang, sondern auch der Tagesgang für den bisher günstigsten und den bisher schlechtesten Monat und für Jänner und Juli auch noch der häufigst vorkommende Tagesgang dargestellt. Roschkott weist darauf hin, daß in einer Schönwetterperiode die Unterschiede zwischen Vormittag und Nachmittag zwar recht beträchtlich sind, praktisch aber nicht von zu großer Bedeutung werden, weil auch die Mittags- und Nachmittagsstunden reichlich Sonnenschein haben; in einer Schlechtwetterperiode sind die Unterschiede aber wieder so gering, daß ihnen auch keine große Bedeutung zukommt.

Der mittlere Tagesgang der Sonnenscheindauer gibt noch kein vollständiges Bild von den tatsächlichen Verhältnissen. Es kommt dabei nicht zum Ausdruck, wie häufig in den einzelnen Stunden Sonne scheint. Diese Ergänzung bringt die Tab. 74. Sie gibt im ersten Teil, ausgedrückt in Prozent der Monatstage, wie oft in den einzelnen Stunden mindestens 0·1 Stunde, im zweiten Teil, wie oft mindestens ½ Stunde, und im dritten Teil, wie oft die volle Stunde hindurch die Sonne geschienen hat. Der Auszählung wurden wieder dieselben 20jährigen Beobachtungen zugrunde gelegt, die bei der Bestimmung des mittleren Tagesganges verwendet worden sind.

Besonderes Interesse beansprucht ein Vergleich zwischen den Tagesgängen der prozentuellen Häufigkeiten und den in Prozenten ausgedrückten mittleren Tagesgängen. Auch im Tagesgang der prozentuellen Häufigkeiten von Sonnenschein zeigt sich im Sommer eine Asymmetrie durch Verschiebung des Maximums auf die Vormittagsstunden; sie ist aber wesentlich geringer als die der mittleren Tagesgänge. Die prozentuellen Häufigkeitszahlen von Sonnenschein übertreffen die Prozentzahlen der mittleren Sonnenscheindauer besonders im Sommerhalbjahr nachmittags viel mehr als am Vormittag, so z. B. im Juli zwischen 8 und 9 Uhr um 14%, zwischen 15 und 16 Uhr aber um mehr als 22%. Die Tagesgänge der prozentuellen Häufigkeiten der Stunden mit Sonnenscheindauer von mindestens einer halben Stunde sind

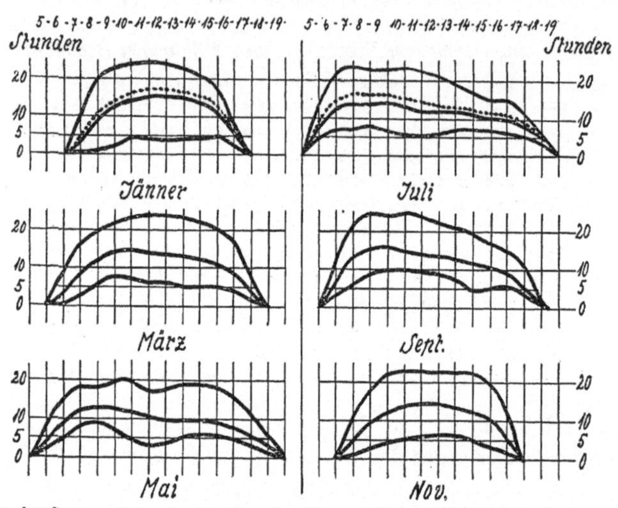

Abb. 13. Tagesgang des Sonnenscheins in den Monaten Jänner, März, Mai, Juli, September und November (nach A. Roschkott). Oberste Kurve: täglicher Gang für den bisher günstigsten Monat. Unterste Kurve: täglicher Gang für den bisher schlechtesten Monat. Mittlere Kurve: mittlerer täglicher Gang. Gestrichelte Kurve: häufigst vorkommender täglicher Gang.

beinahe genau gleich den Tagesgängen der prozentuellen mittleren Sonnenscheindauer. Dies ist ein bemerkenswertes Ergebnis, und es wäre interessant festzustellen, ob es auch an anderen Stationen, besonders an solchen der Niederung, gefunden wird. Die Tagesgänge der prozentuellen Häufigkeiten der Stunden mit ununterbrochenem Sonnenschein zeigen ähnliche Abweichungen von den mittleren Tagesgängen, aber in entgegengesetztem Sinne, wie wir sie bei den Tagesgängen der Häufigkeiten der Stunden mit Sonnenschein überhaupt gefunden haben. Die Prozentzahlen der Häufigkeiten der Stunden mit ununterbrochenem Sonnenschein sind am Nachmittag besonders im Sommerhalbjahr um viel größere Beträge als am Vormittag niedriger als die der mittleren Sonnenscheindauer; die Unterschiede betragen z. B. im Juli zwischen 8 und 9 Uhr 11%, zwischen 15 und 16 Uhr aber mehr als 15%. Im Sommerhalbjahr sind am Nachmittag Stunden mit wenig Sonnenschein häufiger und Stunden mit ununterbrochenem Sonnenschein seltener als am Vormittag. In den Wintermonaten ist die Verteilung zum Mittag nahezu symmetrisch. Die Unterschiede zwischen den Häufigkeiten der Stunden mit Sonnenschein überhaupt und den Häufigkeiten der Stunden mit ununterbrochenem Sonnenschein sind im Sommer bedeutend größer als im Winter, so z. B. zwischen 12 und 13 Uhr im Jänner 17·8% und im Juli 34·1%.

Tabelle 74. Prozentuelle Häufigkeit von Sonnenschein zu den einzelnen Tagesstunden.

a) Stunden mit Sonnenscheindauer ≥ 0.1 Stunde:

Monat	4–5	5–6	6–7	7–8	8–9	9–10	10–11	11–12	12–13	13–14	14–15	15–16	16–17	17–18	18–19	19–20
Jänner	—	—	—	27·6	39·2	48·0	54·3	56·9	**57·4**	54·4	51·0	46·7	34·8	—	—	—
Februar	—	—	29·4	37·9	45·2	53·3	59·7	**63·7**	61·6	61·6	57·4	52·1	45·0	12·9	—	—
März	—	0·7	28·4	38·9	47·3	54·5	59·9	**60·7**	58·7	57·3	54·7	51·3	42·9	33·1	3·4	—
April	—	16·8	27·4	35·2	44·0	49·2	**50·0**	49·0	47·3	44·0	41·9	40·2	36·0	29·8	16·3	—
Mai	0·5	26·6	40·4	48·4	53·9	**54·3**	54·1	52·5	52·7	52·4	52·0	46·8	41·5	34·9	20·0	—
Juni	—	34·7	46·7	53·5	56·2	**58·5**	56·8	54·2	52·2	55·5	56·0	50·8	46·5	37·5	24·8	—
Juli	—	44·8	55·0	57·3	59·4	58·7	**60·7**	59·0	57·8	57·9	57·5	56·2	49·1	40·7	29·1	—
August	2·9	46·5	56·3	62·0	64·2	**66·5**	65·6	65·8	63·0	61·2	60·7	53·9	52·3	45·2	35·7	17·7
September	—	14·8	40·9	55·9	60·7	**63·6**	63·1	62·3	61·8	58·0	54·6	52·7	48·3	38·7	12·3	—
Oktober	—	—	25·2	43·1	49·9	55·9	57·0	**57·5**	56·0	53·1	52·2	49·2	43·3	27·3	—	—
November	—	—	—	29·5	39·2	45·1	49·4	**52·0**	51·5	49·4	46·7	41·7	32·5	—	—	—
Dezember	—	—	—	20·5	33·9	41·4	48·4	**52·9**	52·9	52·2	48·5	41·8	24·2	—	—	—

b) Stunden mit Sonnenscheindauer ≥ 0.5 Stunden:

Monat	4–5	5–6	6–7	7–8	8–9	9–10	10–11	11–12	12–13	13–14	14–15	15–16	16–17	17–18	18–19	19–20
Jänner	—	—	—	9·2	31·0	39·9	47·5	**48·1**	47·4	45·4	43·4	38·6	14·2	—	—	—
Februar	—	—	0·4	30·8	39·8	47·7	52·3	54·5	**54·7**	51·4	50·5	45·7	37·4	0·4	—	—
März	—	0·3	16·6	33·1	40·5	46·8	**52·3**	50·5	49·4	45·5	42·9	39·4	35·8	20·7	—	—
April	—	8·2	21·7	30·5	34·5	**38·6**	38·2	38·2	34·4	31·8	29·2	26·4	24·9	20·2	6·0	—
Mai	—	20·0	33·9	42·8	43·9	**45·0**	41·5	36·2	37·0	36·5	36·0	32·0	27·3	21·8	10·6	—
Juni	—	26·7	37·0	43·5	**43·8**	43·7	39·4	36·8	36·5	39·2	37·0	34·5	31·0	25·4	12·3	—
Juli	—	25·0	44·2	**48·4**	47·1	45·2	42·8	41·6	39·7	38·9	36·3	32·6	31·3	25·7	14·5	—
August	—	35·4	45·4	52·9	**55·0**	54·4	53·1	52·1	48·6	45·6	41·8	38·2	35·7	30·6	21·2	—
September	—	0·7	29·0	46·8	52·3	**53·9**	52·4	51·4	46·7	44·1	40·6	37·9	35·1	25·5	0·7	—
Oktober	—	—	9·0	37·0	44·3	48·0	**49·7**	48·1	47·3	46·3	44·1	41·8	34·6	7·4	—	—
November	—	—	—	14·3	32·7	40·4	44·2	**44·9**	44·7	43·9	40·2	35·2	17·0	—	—	—
Dezember	—	—	—	0·5	27·4	34·7	41·3	44·4	**46·0**	43·9	40·3	34·0	—	—	—	—

c) Stunden mit ununterbrochenem Sonnenschein:

Monat	4–5	5–6	6–7	7–8	8–9	9–10	10–11	11–12	12–13	13–14	14–15	15–16	16–17	17–18	18–19	19–20
Jänner	—	—	—	—	23·9	32·5	37·6	**40·5**	39·6	37·3	35·2	29·6	—	—	—	—
Februar	—	—	—	11·9	33·8	39·0	44·8	**47·0**	46·1	44·5	41·4	38·1	15·4	—	—	—
März	—	—	2·4	25·7	33·7	40·2	**40·8**	40·7	38·4	33·9	34·4	31·2	26·9	3·7	—	—
April	—	0·5	14·0	23·2	26·7	**29·7**	28·0	24·7	22·2	19·2	17·5	15·8	15·3	10·0	0·5	—
Mai	—	1·6	24·9	34·1	**35·2**	33·9	27·3	24·1	20·5	20·4	19·7	17·1	15·3	11·1	0·9	—
Juni	—	0·2	28·0	30·7	**32·3**	29·0	27·2	22·8	21·8	21·4	20·8	18·0	18·0	14·5	0·2	—
Juli	—	1·1	32·4	**35·0**	34·5	31·3	28·7	26·8	23·7	20·8	19·7	18·4	15·6	14·5	—	—
August	—	9·2	35·8	42·6	**44·1**	41·9	38·2	36·8	32·0	28·6	24·6	23·2	23·4	18·4	4·0	—
September	—	—	14·8	33·4	41·6	**43·3**	40·6	38·1	34·1	30·7	27·5	25·2	22·5	11·0	—	—
Oktober	—	—	0·2	23·9	35·2	39·9	**40·7**	40·7	38·4	37·3	35·0	31·8	22·5	0·2	—	—
November	—	—	—	0·2	23·7	31·5	35·2	36·9	**36·5**	34·7	30·0	25·6	0·5	—	—	—
Dezember	—	—	—	—	17·1	27·8	31·8	34·5	**34·8**	32·9	29·7	22·3	—	—	—	—

Bewölkungsgröße und Sonnenscheindauer ergänzen einander. In Prozenten ausgedrückt, sollte ihre Summe 100 ergeben. Für den Sonnblick findet man für das 50jährige Mittel den Wert 103. Genau denselben Wert hat A. Wagner [44] aus einer 40jährigen Beobachtungsreihe auch für Wien gefunden. Wagner hat auch darauf hingewiesen, daß die Prozentsummen von Sonnenscheindauer und Bewölkung dazu benutzt werden können, etwaige Inhomogenitäten in der Beobachtungsreihe der Bewölkung aufzudecken. Da auf dem Sonnblick die Reihe der Sonnenscheinbeobachtungen in dem Sinne, daß immer dasselbe Instrument in gleicher Aufstellung verwendet worden ist, als homogen angesehen werden kann, so ist zu vermuten, daß durch die Reihe der Prozentsummen von Sonnenschein und Bewölkung eine Kontrolle für die Bewölkungsbeobachtung gegeben ist. Tab. 75 enthält für jedes Jahr der ganzen Beobachtungszeit diese Prozentsummen (vgl. auch Abb. 15). Übermäßig hohe Werte finden sich in den Jahren 1905—1906, 1914—1918, 1926—1928 und ab 1933; für diese Jahre besteht demnach der Verdacht, daß die Bewölkung etwas zu hoch geschätzt worden ist.

Tabelle 75. Jahreswerte der Summe von Bewölkungsgröße (Prozente) und Sonnenscheindauer
(Prozente der effektiv möglichen Dauer).

	0	1	2	3	4	5	6	7	8	9
1888 bis 1889 . . .	—	—	—	—	—	—	—	—	103	100
1890 „ 1899 . . .	102	99	101	102	104	113	111	105	103	103
1900 „ 1909 . . .	96	94	96	91	96	98	100	101	103	101
1910 „ 1919 . . .	100	103	102	106	107	110	106	109	109	101
1920 „ 1929 . . .	97	95	98	106	103	105	112	106	107	105
1930 „ 1936 . . .	103	105	105	108	108	109	107	—	—	—

Mittlerer Jahresgang der Summe der Prozentzahlen von Bewölkung und Sonnenschein.

Jänner	Februar	März	April	Mai	Juni	Juli	August	Sept.	Okt.	Nov.	Dez.
97	102	103	104	106	109	111	107	103	101	100	98

Jahreswerte der Sonnenscheindauer in Prozenten der effektiv möglichen Dauer.

	0	1	2	3	4	5	6	7	8	9
1888 bis 1889 . . .	—	—	—	—	—	—	—	—	37	30
1890 „ 1899 . . .	37	36	39	39	40	34	29	35	37	39
1900 „ 1909 . . .	33	33	34	31	34	34	34	32	38	31
1910 „ 1919 . . .	28	38	31	38	38	35	32	41	35	32
1920 „ 1929 . . .	39	43	35	36	37	36	37	38	39	41
1930 „ 1936 . . .	39	38	42	36	39	39	34	—	—	—

Bemerkenswert ist aber dabei, daß auch in einer Folge von Jahren, in denen immer derselbe Beobachter die Schätzungen machte, verhältnismäßig große Schwankungen in den Prozentzahlen vorkommen, wie z. B. in der Periode 1923—1933, in der ein sehr gewissenhafter Beobachter tätig war. Als Zeiten mit zu geringen Prozentzahlen, die also für eine Unterschätzung der Bewölkungsgrößen sprechen würden, finden sich die Jahre 1900—1905 und 1920—1922.

Der säkulare Verlauf der Bewölkungsgröße, dargestellt durch übergreifende fünfjährige Mittel, zeigt wirklich auch Minima in den beiden letzterwähnten Perioden und Maxima in den Lustren 1895/99 und 1915/19. Die winterliche und die sommerliche Bewölkung unterscheiden sich in ihrem säkularen Verlauf untereinander und auch von dem Verlauf der Jahresmittel der Bewölkung nicht. Zur Beurteilung der Realität dieses Verlaufes habe ich

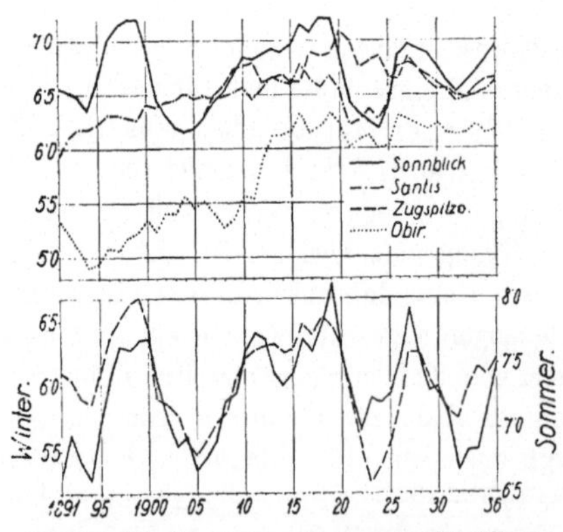

Abb. 14. Säkulare Schwankungen der Bewölkung.

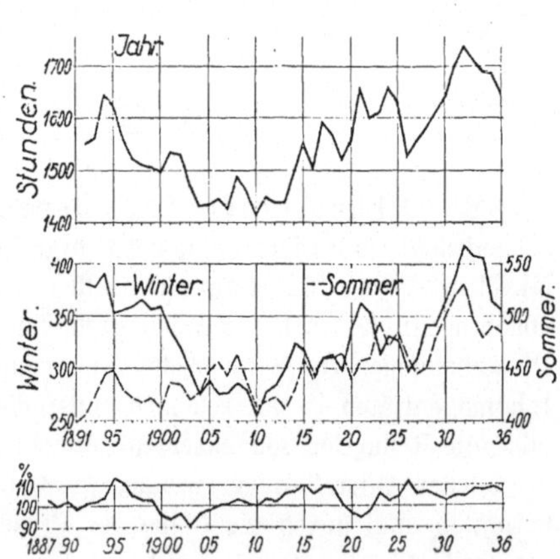

Abb. 15. Säkulare Schwankungen der Sonnenscheindauer. (Oben: Jahressummen; Mitte: Winter und Sommer.) Unterste Kurve: Summe von Sonnenscheindauer und Bewölkung in %.

noch die Bewölkungsbeobachtungen von der Zugspitze, dem Säntis und dem Obir herangezogen (Abb. 14). Auf der Zugspitze zeigt sich das Maximum im Lustrum 1915/19 auch bestätigt, das Minimum 1920/24 ist dort aber nur schwach angedeutet und das eigentliche Minimum der letzten Zeit findet sich erst 1928/32, wo auch auf dem Sonnblick ein Bewölkungsminimum zu sehen ist.

Auf dem Säntis gehen die Schwankungen der Bewölkung seit 1906/10 mit denen vom Sonnblick parallel, haben aber geringere Amplituden. Das Sonnblickmaximum um 1895 wie auch das Minimum um 1900 finden sich auf dem Säntis wie auch auf dem Obir nicht. Diese Extreme scheinen daher nicht reell zu sein. Die Bewölkungsschätzungen vom Obir weisen einen Sprung um 1908 auf, der sicherlich auch nicht reell sein wird. In der Folgezeit ist der Verlauf der Bewölkungsänderungen denen der anderen Berge ähnlich; die Schwankungen sind aber noch mehr gemäßigt als auf dem Säntis.

Im säkularen Gang der Jahressumme der Sonnenscheindauer (Abb. 15) zeigt sich auf dem Sonnblick ein Maximum im Lustrum 1890/94; hernach nahm die Sonnenscheindauer ab bis zum Minimum 1906/10, und seither stieg sie mit kleineren Unterbrechungen wieder stark an bis zum absoluten Maximum 1928/32 (Zunahme um 23% des Minimums!). Wenn man aber die sommerlichen Sonnenscheinstunden von den winterlichen trennt, zeigen sich merkwürdige Unterschiede: ab 1900/04 laufen beide Kurven ziemlich im gleichen Sinne; vor 1900 war die Sonnenscheindauer im Winter relativ zum Sommer bedeutend höher als nach 1900. Vielleicht ist dies ein Ausfluß der schon mehrfach festgestellten Klimaverwerfung um die Jahrhundertwende. Als Stütze für die Realität der Zunahme der Sonnenscheindauer seit der Jahrhundertwende sei auch darauf hingewiesen, daß Ekhart auch in Innsbruck von 1900 bis 1933 eine Zunahme um 13% feststellen konnte.

DIE NIEDERSCHLAGSVERHÄLTNISSE.

Ein besonders schwieriges Problem stellt die Messung der Niederschläge auf einem Berggipfel dar. Es ist beinahe unmöglich, auf einem Gipfel, wie es der Sonnblick ist, einen Aufstellungsort für das Ombrometer zu finden, der den durch die orographischen Bedingungen komplizierten Strömungsverhältnissen in der Weise entsprechen würde, daß die für das Gebiet charakteristischen Niederschläge auf eine horizontale Fläche einwandfrei erfaßt werden können.

Auf dem Sonnblick werden die Niederschlagsmengen seit 1891 mit einem Ombrometer gemessen, das knapp oberhalb der Nordwand des Berges steht und das, soweit bekannt ist, seine Aufstellung in der ganzen Beobachtungszeit beibehalten hat. Bei Berücksichtigung aller Unsicherheiten der Niederschlagsmessung mit diesem Ombrometer, auf die wir noch zurückkommen, haben seine Ergebnisse doch einen gewissen Wert zur Beurteilung der säkularen Änderungen und der jahreszeitlichen Verteilung der Niederschlagsmengen. Eine Übersicht über die wichtigsten Ergebnisse bringt die Tab. 76. Aus den 10jährigen Mittelwerten fällt zunächst auf, daß sie seit Beginn der Beobachtungen beträchtlich abgenommen haben. Erst in den letzten Jahren zeigt sich wieder eine Zunahme. Dabei ist die Abnahme der Niederschläge im Sommer nur gering, im Winter aber viel größer. Diese säkulare Schwankung der Niederschlagsmengen ist um so auffallender, als sie sich in der Niederung der Umgebung nicht in ähnlicher Weise zeigt. Für die Abnahme der Niederschlagsmengen auf dem Sonnblick scheinen zunächst auch Berichte über Ausaperungen im Gipfelbereich [45] wie auch ähnliche

Tabelle 76. Niederschlagsverhältnisse.

	Jänner	Februar	März	April	Mai	Juni	Juli	August	Sept.	Okt.	Nov.	Dez.	Jahr
Niederschlagsmengen, mm:													
1891 bis 1900	142	140	190	189	197	147	175	128	115	135	95	135	1788
1901 „ 1910	116	152	174	167	156	132	126	142	109	139	119	142	1674
1911 „ 1920	106	101	146	149	139	138	148	118	121	112	126	135	1539
1921 „ 1930	112	83	101	155	138	134	107	128	107	99	101	103	1368
1931 „ 1936	115	134	106	182	186	126	124	108	99	158	129	129	1596
1901 „ 1930	111	112	140	157	144	135	127	129	112	117	115	127	1526
1890 „ 1936	116	121	147	167	161	136	137	126	111	126	113	122	1583
höchste	222	243	349	302	341	256	342	233	213	369	279	318	2253
niedrigste	29	38	29	47	42	41	52	58	33	14	15	31	1046
höchste/mittlere	1·91	2·01	2·37	1·81	2·12	1·88	2·49	1·85	1·92	2·93	2·47	2·60	1·42
niedrigste/mittlere . . .	0·25	0·31	0·20	0·28	0·26	0·30	0·38	0·46	0·30	0·11	0·13	0·25	0·66
Zahl der Niederschlagstage:													
mittlere	19·9	19·3	22·6	24·2	23·6	23·7	22·6	21·1	17·7	18·5	18·0	19·6	250·8
größte	30	26	29	29	27	28	27	26	23	26	26	27	281
kleinste	6	7	4	12	13	14	11	13	6	4	5	8	155
Niederschlagswahrscheinlichkeit der Monate %:													
	64	68	73	81	76	79	73	68	59	60	60	63	69
Niederschlagsdichte:	5·8	6·3	6·5	6·9	6·8	5·7	6·1	6·0	6·3	6·8	6·3	6·2	6·3
Monatsmengen des Niederschlags in %₀₀ der Jahresmenge:													
	73	76	93	106	102	86	86	80	70	80	71	77	1000
Monatliche Niederschlagsmengen in %₀₀ bei gleichmäßiger Verteilung:													
	85	77	85	82	85	82	85	85	82	85	82	85	1000
Relativer Exzeß, %₀₀:	− 12	− 1	8	24	17	4	1	− 5	− 12	− 5	− 11	− 8	—
Pluviometrischer Quotient:	0·86	0·99	1·09	1·29	1·20	1·05	1·01	0·94	0·85	0·94	0·87	0·91	1·00

Beobachtungen Paschingers [46] aus dem oberen Pasterzengebiet zu sprechen. Andererseits können, wenn auch die Aufstellung des Ombrometers nicht geändert worden ist, doch auch Änderungen der Umgebung die Niederschlagsmessung beeinflussen. So können Zubauten zum Schutzhaus, auch wenn sie die Freiheit der Ombrometerstation scheinbar nicht beeinträchtigen, Änderungen des ganzen Stromlinienverlaufes bewirken, was sich in Änderungen der Niederschlagsmengen möglicherweise auswirken könnte. Vor kurzem hat A. Wagner [47] darauf hingewiesen, daß auch das Abbröckeln von Felsmassen oder Verschiebungen der Gletscherflächen solche Änderungen verursachen können. Dem steht allerdings wieder gegenüber, daß E. Reichel [48], der meine Bearbeitung der Niederschlagsmessungen auf dem Sonnblick zum Anlaß einer Untersuchung der Homogenität der Sonnblickreihe genommen hat, feststellen konnte, daß eine solche Homogenität seit 1896 angenommen werden kann. Für diese Untersuchungen standen aus der Umgebung des Sonnblicks allerdings brauchbare Stationen nur aus wesentlich niedrigeren Lagen zur Verfügung. Die Höhenstationen, die zum Vergleich herangezogen werden konnten, sind schon recht weit entfernt. Der Vergleich mit anderen Hochstationen ist aber, worauf hier hingewiesen werden muß, auch eine sehr unsichere Angelegenheit. Ich habe die einzelnen Jahressummen der Periode 1901 bis 1930 von Sonnblick und Zugspitze verglichen. Bei einer mittleren Niederschlagsmenge von 1526 mm auf dem Sonnblick und 1360 mm auf der Zugspitze hatte der Sonnblick in den Jahren 1910, 1920, 1921, 1927, 1929 und 1930 noch weniger Niederschlag als die Zugspitze. Die Extremwerte der Quotienten Sonnblick : Zugspitze waren 1·55 im Jahre 1905 und 0·61 im Jahre 1930. Schon in diesen Vergleichszahlen kommt die große Unsicherheit der Niederschlagsmessungen auf hohen Berggipfeln zum Ausdruck.

Noch deutlicher konnte ich aber die Unsicherheit und die lokale Bedingtheit der Niederschlagsmessung auf dem Sonnblickgipfel aus dreijährigen Vergleichsmessungen mit zwei Ombrometern zeigen [45]. Ombrometer 1, das ist das, mit dem die langjährige Reihe gewonnen wurde, steht nordwestlich vom Observatorium knapp an der Nordwand des Sonnblicks und zugleich auch am Ende des ebenfalls sehr steilen Westhanges. Es werden also die Winde aus W und N bis ENE, die zum Aufsteigen über die Steilhänge gezwungen sind, als Aufwinde den Niederschlag zum großen Teil über das Meßgerät hinwegtragen, und dies ist auch die Hauptursache, warum auf dem Sonnblick verhältnismäßig so geringe Niederschlagsmengen gemessen werden. Dazu kommt noch, daß häufig Schnee — auf dem Sonnblick fallen nur wenige Prozent der Gesamtniederschlagsmenge als Regen —, der schon einmal im Ombrometer drinnen war, wieder herausgeweht werden kann. Zur Kontrolle der Niederschlagsmessungen wurde noch ein zweites Ombrometer etwa 15 m südlich vom Schutzhaus auf einem weniger steil abfallenden Hang aufgestellt. Eine Ordnung der Niederschlagsmengen nach den verschiedenen Windrichtungen, aus denen sie kamen, zeigte nun das interessante Ergebnis, daß bei Winden aus nördlichen Richtungen (W—ENE) im südlichen Ombrometer an 436 Tagen insgesamt 1·52mal mehr Niederschlag gemessen worden ist als mit dem nördlichen Ombrometer. Bei Winden aus südlichen Richtungen (E—WSW) war es umgekehrt; da wurde an 166 Tagen der gleichen Periode im nördlichen Ombrometer 1·30mal soviel Niederschlag wie im südlichen gemessen. Es zeigt sich also in jedem Falle die Leeseite begünstigt und die Luvseite benachteiligt. In einzelnen Fällen waren die Unterschiede oft sehr groß. Von den 602 Niederschlagstagen der Vergleichszeit wurde im südlichen Ombrometer an 202 Tagen mehr als zweimal soviel, an 100 Tagen mehr als dreimal soviel, an 40 Tagen mehr als fünfmal soviel und an 13 Tagen mehr als zehnmal soviel Niederschlag gemessen wie mit dem nördlichen.

Eine wesentliche Erweiterung unserer Kenntnisse von den Niederschlagsverhältnissen auf dem Sonnblick erfuhren wir aus den Messungsergebnissen eines Niederschlagssammlers (Totalisators), der seit 1929 etwas südlich vom zweiten Ombrometer aufgestellt

Tabelle 77. Jahressummen der Niederschläge am Sonnblick nach Totalisatormessungen, mm.

	Maschine	Rojacherhütte	Sonnblick-gipfel	Brett	Mittlerer Bruch des Kleinen Fleißkeeses	Unterer Bruch Fleißkeeses
	2120 m	2570 m	3080 m	2860 m	2810 m	2560 m
1927 . . .	—	1953	--	1836	—	—
1928 . . .	2144	2345	—	2132	—	—
1929 . . .	1380	1523	—	1520	1523	1192
1930 . . .	1688	1815	2373	1800	1900	1590
1931 . . .	2274	2235	2368	2021	2080	1819
1932 . . .	1530	1649	2026	1664	(1431)	1363
1933 . . .	2019	(2090)	(2850)	(2040)	2000	(1780)
1934 . . .	1846	2000	2519	1881	(1930)	1810
1935 . . .	1458	1675	2170	1540	1797	1617
1936 . . .	1847	(1910)	2449	(1700)	(1740)	1562

und in Betrieb ist. Die Ablesungen erfolgen dort nur monatlich einmal. In der oben erwähnten Vergleichsperiode mit den beiden Ombrometern ergab dieser Niederschlagssammler noch um 27% mehr Niederschlag als der südliche Regenmesser. Dies ist wohl hauptsächlich darauf zurückzuführen, daß der Niederschlagssammler im Gegensatz zu den Ombrometern mit Windschutz versehen ist und daß andererseits der in das Auffanggefäß gefallene Schnee in der Chlorkalziumfüllung sogleich gelöst wird und nicht mehr herausgeweht werden kann. Die einzelnen Jahressummen der Niederschläge bringt zugleich mit den Ergebnissen von weiteren fünf in verschiedenen Höhen des Sonnblickmassivs aufgestellten Niederschlagssammlern die Tab. 77. Die auf die 10jährige Reihe 1927 bis 1936 umgerechneten Mittelwerte wie auch die jahreszeitliche Verteilung sind in Tab. 78 zu finden. Von den sechs in diesen Tabellen angeführten Totalisatoren stehen der bei der Maschine und bei der Rojacherhütte im Nordanstieg vom Raurisertal her, der auf dem mittleren und auf dem unteren Bruch des Kleinen Fleißgletschers im Westanstieg von Heiligenblut her und der auf dem Brett im Südanstieg durch das Große Zirknitztal. Genaueres über die Aufstellung wie auch über die Konstruktion und Bedienung der Instrumente ist in meiner früheren Arbeit im Jahresbericht des Sonnblick-Vereins für 1932 zu finden [45]. Als wesentliches Ergebnis dieser Totalisatoren sei hier nur erwähnt, daß damit einwandfrei festgestellt worden ist, daß es auch in den Ostalpen keine Zone maximaler Niederschläge gibt, sondern daß die Jahresmengen des Niederschlages bis über Gipfelhöhe zunehmen. Aus den Totalisatormessungen ergibt sich bei Reduktion mit Hilfe der langjährigen Niederschlagsreihe als mittlere Niederschlagsmenge für den Sonnblickgipfel in der Periode 1901 bis 1930 eine Jahressumme von 2500 mm und für die Periode 1891 bis 1936 eine Jahressumme von 2580 mm. Das sind also wesentlich höhere Werte, als bisher auf Grund der Ombrometermessungen angenommen worden ist.

Was die jahreszeitliche Verteilung der Niederschläge auf dem Sonnblick anlangt, so sieht man aus Tab. 76, daß der Jahresgang im Verhältnis zu dem der Niederung sehr ausgeglichen ist. Vom März bis Juli fällt ein wenig mehr und in den übrigen Monaten

Tabelle 78. Mittlere Jahressummen der Niederschläge und ihre jahreszeitliche Verteilung nach Totalisatormessungen in den Jahren 1927—1936.

Station	Seehöhe m	Jahresmittel mm	Prozentanteil von			
			Winter	Frühling	Sommer	Herbst
Maschine	2120	1805	16	25	31	28
Rojacherhütte	2570	1918	20	25	31	24
Sonnblickgipfel	3080	2366	23	26	26	25
Brett	2860	1803	19	24	31	24
Mittleres Fleißkees . .	2810	1849	17	26	30	27
Unteres Fleißkees . .	2560	1608	17	25	33	25

etwas weniger Niederschlag, als einer gleichmäßigen Verteilung auf alle Monate entsprechen würde. Die größte positive Abweichung hat der April (2'4%) und die größten negativen Abweichungen weisen September und Jänner (je 1'2%) auf. Nach Jahreszeiten zusammengefaßt, zeigt sich eine ähnliche Verteilung auch nach den Ergebnissen der Totalisatoren (Tab. 78).

Trotz der Unsicherheit der Niederschlagsmessungen mit dem Ombrometer ist es doch von Interesse, wieviel Niederschlag an den einzelnen Tagen auf dem Sonnblick gemessen wird; wenn auch die absoluten Beträge unsicher sind, so zeigt die jahreszeitliche Verteilung im Vergleiche zur Niederung der Umgebung bemerkenswerte Erscheinungen. Die Tab. 79 bringt nach 25jährigen Beobachtungen, ausgedrückt in Promille, die Wahrscheinlichkeiten, daß an einzelnen Niederschlagstagen bestimmte Schwellenwerte überschritten werden. Es ist daraus ersichtlich, daß im Jahresdurchschnitt nicht einmal an der Hälfte der Niederschlagstage ein Betrag von 5 mm pro Tag überschritten wird. An etwa einem Zehntel aller Niederschlagstage wurde mehr als 15 mm gemessen. Ich habe an anderer Stelle eine ähnliche Häufigkeitsverteilung für Badgastein angegeben. Dort zeigt sich, daß Niederschlagsmengen, die größer als 15 mm pro Tag sind, in Badgastein im Sommer und Herbst viel häufiger vorkommen als auf dem Sonnblick. Tägliche Niederschlagsmengen von mehr als 5 oder mehr als 10 mm sind auf dem Sonnblick vom Dezember bis Mai häufiger und von Juni bis September seltener als in Badgastein. Dies stimmt auch mit Wagners [49] Ansicht über die Ursache der Verschiebung der Maximalzone der Niederschläge über die nach theoretischen Überlegungen berechnete Höhenlage hinaus gut überein. Nach Wagner soll diese Verschiebung darauf zurückzuführen sein, daß im Luv der Gebirge die Kondensationsprodukte im aufsteigenden Luftstrom emporgetragen werden. Das muß natürlich zu Zeiten, wo der Niederschlag hauptsächlich in Schneeform fällt, also im Winter und Frühling, leichter möglich sein, als wenn er in schweren Regentropfen niedergeht. Er konnte zur Stützung dieser Ansicht auf Grund meiner Zusammenstellung der Ergebnisse der Totalisatormessungen aus den Jahren 1927/1932 sogar zeigen, daß es im Sommer wirklich eine Zone maximaler Niederschläge in 2600 bis 2800 m Höhe gibt und daß in den übrigen Monaten aber wie in den Jahressummen die Niederschläge bis über Gipfelhöhe hinaus zunehmen.

In Tab. 76 ist auch für die einzelnen Monate die durchschnittliche Zahl der Niederschlagstage angegeben. Die Zahl von 251 Niederschlagstagen pro Jahr ist sehr groß. Im Jahresgang ist die Niederschlagswahrscheinlichkeit im April am größten (81%) und im September am kleinsten (59%). In den einzelnen Jahren schwankt die Zahl der Niederschlagstage

Tabelle 79. Prozentuelle Wahrscheinlichkeit, daß an einem Niederschlagstag auf dem Sonnblick eine Menge von $\geq n$ mm gemessen wird (nach 25jährigen Beobachtungen).

n	Jänner	Februar	März	April	Mai	Juni	Juli	August	Sept.	Okt.	Nov.	Dez.
0'1 mm	100'0	100'0	100'0	100'0	100'0	100'0	100'0	100'0	100'0	100'0	100'0	100'0
0'5 „	92'8	93'1	87'7	94'3	93'2	92'6	91'0	90'5	91'7	95'1	91'9	93'0
1'0 „	84'5	85'9	85'4	87'9	86'5	84'5	84'0	83'1	83'5	84'8	83'6	83'1
2'0 „	67'5	71'3	71'4	74'9	72'4	67'1	73'7	68'5	70'6	69'6	72'2	71'3
3'0 „	57'8	61'0	62'0	67'5	59'8	56'6	63'2	60'5	60'0	58'6	62'9	58'5
4'0 „	50'7	50'2	52'1	59'1	51'9	47'8	53'5	51'9	53'6	51'1	52'8	51'3
5'0 „	41'0	43'6	44'6	51'5	44'2	40'2	47'0	46'5	45'9	46'1	46'1	45'2
10'0 „	19'8	22'8	22'0	25'0	25'1	21'2	21'8	23'2	21'8	26'0	26'1	22'9
15'0 „	8'0	11'3	7'7	13'7	13'8	8'8	8'7	11'2	11'7	14'7	11'7	8'4
20'0 „	3'0	5'7	3'0	6'4	6'8	3'4	2'5	4'7	6'1	8'3	5'4	4'4
25'0 „	0'4	2'9	1'5	3'1	3'2	2'0	1'4	1'8	2'1	4'0	2'6	2'5
30'0 „	0'2	1'5	0'8	1'3	1'3	1'3	0'6	1'0	0'5	2'4	1'4	0'8
40'0 „	—	1'1	0'4	0'2	0'4	0'6	—	0'2	—	1'2	0'5	0'6
50'0 „	—	0'2	0'2	0'2	0'2	—	—	—	—	0'2	—	0'2

Tabelle 80. Häufigkeitsverteilung der Zahl der Niederschlagstage in den einzelnen Monaten 1891—1936.

Tage	Jänner	Februar	März	April	Mai	Juni	Juli	August	Sept.	Okt.	Nov.	Dez.
4	—	—	1	—	—	—	—	—	—	1	—	—
5	—	—	—	—	—	—	—	—	—	—	1	—
6	2	—	—	—	—	—	—	—	1	1	—	—
7	1	1	—	—	—	—	—	—	—	1	1	—
8	—	1	—	—	—	—	—	—	—	1	1	1
9	2	2	—	—	—	—	—	—	1	3	2	2
10	1	1	—	—	—	—	—	—	4	1	—	—
11	1	1	—	—	—	—	1	—	3	1	4	2
12	2	3	—	1	—	—	—	—	2	1	2	4
13	1	1	1	3	1	—	1	2	1	1	1	—
14	1	3	—	—	2	1	2	5	—	1	4	4
15	3	4	4	—	—	1	—	3	4	6	3	2
16	2	4	2	1	3	1	6	4	7	3	5	4
17	4	1	4	3	2	2	2	5	5	4	4	1
18	4	4	4	4	2	4	2	2	5	4	2	3
19	6	2	3	2	1	3	7	2	3	2	3	4
20	1	3	3	2	1	4	3	7	1	4	2	1
21	2	3	4	5	9	9	—	3	3	3	3	5
22	3	5	5	5	8	6	3	7	4	4	3	3
23	1	1	2	1	6	6	8	1	2	2	1	1
24	2	1	3	5	4	—	2	2	—	1	1	2
25	5	2	1	3	1	4	3	—	—	—	—	4
26	—	3	3	4	5	3	3	3	—	1	3	2
27	—	—	5	1	1	1	3	—	—	—	—	1
28	1	—	—	4	—	1	—	—	—	—	—	—
29	—	—	1	2	—	—	—	—	—	—	—	—
30	1	—	—	—	—	—	—	—	—	—	—	—

der Monate sehr stark, wie die Häufigkeitsverteilung der Tab. 80 und die Angaben der Extremwerte in Tab. 76 zeigen. Abgesehen von einem März gab es noch in keinem der Frühlings- und Sommermonate weniger als 11 Niederschlagstage. Dagegen ist die Maximalzahl der Niederschlagstage in jedem Monat sehr hoch.

Einen genaueren Einblick in den Jahresgang der Niederschlagswahrscheinlichkeit bekommt man, wenn man aus der ganzen 46jährigen Beobachtungsreihe auszählt, wie oft es an jedem Datum vorgekommen ist, daß Niederschlag gefallen war. Diese Häufigkeiten in

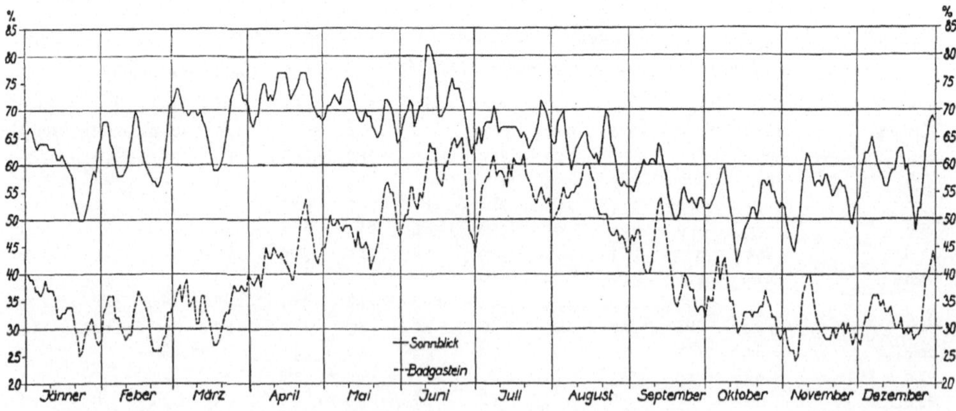

Abb. 16. Jahresgang der Niederschlagsbereitschaft auf dem Sonnblick und in Badgastein nach übergreifenden fünftägigen Mittelwerten (1891—1930).

Tabelle 81. Prozentuelle Niederschlagswahrscheinlichkeit (1891—1936).

Tag	Jänner	Februar	März	April	Mai	Juni	Juli	August	Sept.	Okt.	Nov.	Dez.
1	67	70	76	65	65	72	63	61	57	48	54	61
2	65	72	76	63	63	72	70	61	57	54	52	61
3	59	76	76	70	76	76	61	76	52	63	50	57
4	67	59	76	72	78	65	70	65	59	52	43	67
5	63	52	70	80	65	64	72	78	63	46	$37^{\times}$	72
6	61	54	67	67	72	78	72	63	59	57	43	59
7	65	63	67	83	74	67	74	63	59	61	52	61
8	65	63	76	78	74	59	65	48	61	63	65	61
9	61	52	67	72	74	80	70	52	48	65	65	54
10	63	52	72	61	76	76	67	63	59	52	67	57
11	54	57	63	70	78	74	61	76	63	39	63	57
12	59	72	59	74	74	**85**	63	72	61	43	61	57
13	63	70	65	**85**	67	**85**	70	57	63	46	57	54
14	63	67	67	80	61	74	72	59	63	48	52	57
15	54	67	61	65	67	78	72	63	57	$37^{\times}$	54	63
16	59	72	59	72	70	63	63	72	48	50	61	63
17	65	63	52	74	72	61	61	54	57	54	63	59
18	67	59	59	74	70	63	67	43	48	57	52	65
19	57	54	50	74	76	74	72	54	52	46	52	57
20	50	59	63	74	61	83	65	70	52	41	52	63
21	57	63	61	78	61	74	63	65	54	54	50	43
22	39	57	57	76	65	72	70	65	57	54	52	57
23	46	57	67	**85**	67	72	65	72	67	43	54	50
24	46	59	70	74	65	67	57	72	59	63	63	63
25	48	54	74	33	65	80	65	65	43	59	61	41
26	61	65	72	67	74	74	65	70	50	59	48	59
27	52	67	61	70	78	61	67	59	59	59	52	59
28	61	67	61	70	63	63	74	59	54	54	48	65
29	59	—	80	67	67	59	80	54	50	57	65	74
30	61	—	70	65	65	70	61	59	43	65	54	63
31	59	—	72	—	61	—	63	54	—	50	—	67

Prozent umgerechnet, geben die Niederschlagswahrscheinlichkeit oder Niederschlagsbereitschaft für jeden Tag. Sie sind in Tab. 81 zusammengestellt. Nach fünftägigen übergreifenden Mittelwerten ist der Jahresgang der Niederschlagsbereitschaft in Abb. 16, die aus einer früheren Arbeit von mir [50] übernommen wurde und zugleich auch einen Vergleich mit der benachbarten Talstation Badgastein bringt, dargestellt. Nach der Tab. 81 fallen Maxima der Niederschlagsbereitschaft (85%) auf den 13. und 23. April und auf den 12. und 13. Juni, Minima der Niederschlagsbereitschaft (37%) aber auf den 15. Oktober und 5. November. Die Niederschlagsbereitschaft ist auf dem Sonnblick am größten im Frühling zur Zeit der stärksten vertikalen Konvektion und am kleinsten im Herbst. In Badgastein ist im Winter die Niederschlagsbereitschaft nur ein wenig größer als die Hälfte der Niederschlagsbereitschaft auf dem Sonnblick, während im Sommer die Unterschiede nur gering sind.

In der graphischen Darstellung der Niederschlagsbereitschaft zeigen sich beträchtliche und bemerkenswerte Schwankungen, die wir zum Teil auch schon in ähnlichen Darstellungen anderer Elemente gefunden haben. So sei auf das relative Minimum zu Beginn der dritten Jännerdekade hingewiesen, das mit einem Maximum der Temperatur und der heiteren Tage zusammenfällt. Die einzelnen Schwankungen hier eingehender zu erörtern, würde zu weit führen. Es sei nur auch wieder davor gewarnt, die Niederschlagswahrscheinlichkeit einzelner Tage zu Prognosen für einen bestimmten Einzelfall, z. B. für die günstigste Aussicht für eine Bergtour, zu verwenden. Nutzbar verwerten lassen sich mit Berechtigung solche Wahrscheinlichkeiten nur, wenn sie zur Beurteilung einer größeren Zahl von Fällen, also z. B. für den-

Tabelle 82. Mittlere Anzahl von Niederschlags- und Trockenperioden bestimmter Andauer pro Jahr.

Andauer in Tagen	Niederschlagsperioden					Trockenperioden				
	Winter	Frühling	Sommer	Herbst	Jahr	Winter	Frühling	Sommer	Herbst	Jahr
1	3·1	1·9	3·0	3·4	11·4	5·1	5·0	6·6	4·7	21·4
2	2·4	1·6	3·1	2·4	9·5	2·4	2·6	3·7	2·8	11·5
3	1·7	1·4	2·1	2·0	7·2	1·8	1·6	1·7	1·4	6·5
4	1·5	1·6	1·4	1·2	5·7	0·8	0·7	1·3	1·0	3·8
5	1·1	0·9	1·1	0·9	4·0	0·6	0·7	0·4	0·9	2·6
6	0·8	0·6	0·7	0·8	2·9	0·4	0·3	0·2	0·5	1·4
7	0·4	0·5	0·8	0·6	2·3	0·3	0·2	0·2	0·5	1·2
8	0·5	0·6	0·6	0·5	2·2	0·2	0·0	0·0	0·3	0·5
9	—	0·4	0·3	0·3	1·0	0·2	0·1	0·1	0·2	0·6
10	0·2	0·2	0·2	0·1	0·7	0·1	0·1	0·0	0·3	0·5
11 bis 12	0·2	0·4	0·4	0·3	1·3	0·1	0·0	0·1	0·1	0·3
13 „ 15	0·3	0·5	0·4	0·2	1·4	0·2	0·1	—	0·2	0·5
16 „ 20	0·2	0·3	0·2	0·1	0·8	0·1	0·0	—	0·0	0·0
21 „ 25	0·1	—	0·1	0·0	0·2	—	0·0	—	0·0	0·1
>25	0·1	0·2	—	—	0·3	—	—	—	—	—
Mittlere Andauer in Tagen . .	4·2	5·4	4·3	3·8	4·4	2·9	2·5	2·2	3·2	2·7
Längste Andauer in Tagen . .	40	47	24	24	47	18	22	12	25	25

Tabelle 83. Prozentuelle Wahrscheinlichkeiten der Andauer von Niederschlags- und Trockenperioden über mehr als n Tage.

n	Jänner	Februar	März	April	Mai	Juni	Juli	August	Sept.	Okt.	Nov.	Dez.
Niederschlagsperioden:												
1	77	77	79	83	85	81	81	76	71	72	77	73
2	53	60	66	75	64	57	63	54	53	50	60	55
3	40	47	57	60	51	44	51	36	40	35	43	41
4	29	31	44	42	38	36	39	27	29	28	32	31
5	21	20	33	36	31	29	31	18	22	23	23	24
6	16	15	28	32	25	25	27	13	17	17	16	17
7	10	13	23	26	22	19	18	9	11	11	12	15
8	10	12	16	24	15	16	12	5	6	9	7	10
9	8	9	13	20	10	14	9	5	6	5	7	8
10	7	8	12	18	8	12	7	4	3	3	7	6
11	6	7	9	17	7	9	5	4	2	3	5	5
12	5	6	8	15	6	8	3	3	1	2	4	5
13	4	6	5	13	3	5	2	2	1	1	3	4
14	3	5	5	12	2	5	1	1	1	—	2	3
21	—	2	1	5	—	2	—	—	—	—	1	1
Trockenperioden:												
1	64	58	57	50	56	46	58	56	66	61	63	53
2	45	34	38	27	32	26	29	29	43	41	42	37
3	31	20	18	21	18	12	18	18	31	31	31	21
4	21	15	14	13	11	5	7	8	21	25	24	16
5	14	12	10	6	6	1	5	5	17	16	16	12
6	11	9	7	3	3	1	3	4	12	11	15	9
7	8	7	5	2	1	1	1	2	7	8	10	6
8	5	5	4	1	1	1	1	2	5	6	8	5
9	4	5	3	1	—	—	1	1	3	4	5	3
10	3	4	2	1	—	—	1	1	2	2	3	2
11	2	4	1	—	—	—	—	0	1	2	2	2
12	2	4	1	—	—	—	—	—	1	2	2	2
13	2	3	1	—	—	—	—	—	—	2	1	2
14	1	1	1	—	—	—	—	—	—	1	1	2

selben Tag in einer längeren Aufeinanderfolge von Jahren verwendet werden. Im Einzelfalle geben sie uns nur die Chancen, die wir in dem Glücksspiel haben, das die Spekulation auf bestimmte Witterungsverhältnisse eines Tages für längere Zeit voraus immer bleibt.

Besondere Bedeutung kommt auch der unmittelbaren Aufeinanderfolge von Niederschlags-, bzw. Trockentagen zu. Man charakterisiert sie durch die Angabe von Niederschlags- oder Trockenperioden. Diese wurden aus den Beobachtungen der 40jährigen Reihe 1891 bis 1930 ausgezählt. Nach Jahreszeiten zusammengefaßt, bringt die Tab. 82 die jährlichen Häufigkeiten von Niederschlags- und Trockenperioden bestimmter Dauer. Vereinzelte Niederschlagstage gibt es auf dem Sonnblick außerordentlich selten. Im Frühling nicht einmal zwei und im Jahr nur elf. Die Niederschlagstage sind so häufig, daß meist gleich mehrere unmittelbar aufeinanderfolgen müssen. Die längste Niederschlagsperiode dauerte 47 Tage und war im Frühling 1917, wo vom 12. März bis 28. April täglich Niederschlag fiel. Während die Niederschlagstage mehr zur Bildung von längeren Perioden neigen, kommen niederschlagsfreie Tage nur in kurzen Perioden vor. Vereinzelte niederschlagsfreie Tage sind ungefähr doppelt so häufig wie vereinzelte Niederschlagstage. Längere Trockenperioden kommen am häufigsten im Herbst vor. Die längste niederschlagsfreie Periode war vom 12. November bis 6. Dezember 1921 und erreichte mithin eine Andauer von 25 Tagen. Für die einzelnen Monate gibt die prozentuelle Wahrscheinlichkeit, daß eine Niederschlags- oder

Tabelle 84. Wahrscheinlichkeit, daß an Niederschlagstagen die Sonne länger als n Stunden scheint, $^0/_{00}$.

n	Jänner	Februar	März	April	Mai	Juni	Juli	August	Sept.	Okt.	Nov.	Dez.
0·0	500	571	564	573	623	693	745	712	561	494	431	433
1·0	388	452	469	436	490	570	608	580	455	396	316	349
2·0	311	378	394	362	400	480	517	489	375	330	272	290
3·0	254	324	336	296	339	393	425	405	279	276	225	240
4·0	200	260	284	231	280	317	348	342	215	204	164	182
5·0	158	202	221	184	227	258	276	285	168	164	129	125
6·0	119	168	177	138	182	205	211	214	121	113	90	78
7·0	72	125	136	111	130	144	164	175	88	95	59	48
8·0	37	83	86	79	94	106	118	127	59	68	37	21
9·0	—	49	49	51	68	76	78	79	33	41	8	—
10·0	—	11	27	34	43	50	50	55	20	12	—	—
11·0	—	—	6	24	24	36	21	27	10	—	—	—
12·0	—	—	—	7	11	17	10	12	2	—	—	—
13·0	—	—	—	—	5	11	5	7	—	—	—	—

Prozentuelle Wahrscheinlichkeit, daß an einem Niederschlagstag die Sonne nicht scheint:

50·0	42·9	43·6	42·7	37·7	30·7	25·5	28·8	43·9	50·6	56·9	56·7

Mittlere Andauer des Sonnenscheins an Niederschlagstagen in Stunden:

1·8	2·4	2·5	2·3	2·6	3·0	3·2	3·2	2·1	2·0	1·5	1·6

Mittlere Andauer des Sonnenscheins an Tagen ohne Niederschlag in Stunden:

6·1	8·2	8·5	8·0	8·4	8·4	8·6	9·4	8·4	7·6	6·1	5·1

Mittlere Sonnenscheindauer an Tagen mit Niederschlag und Sonnenschein in Stunden:

3·6	4·1	4·2	4·0	4·2	4·4	4·4	4·5	3·8	4·0	3·5	3·6

Mittlere Sonnenscheindauer pro Tag im Monatsdurchschnitt in Stunden:

3·6	4·4	4·3	3·7	4·5	4·5	5·0	5·5	4·8	4·6	3·4	3·0

Prozentuelles Verhältnis der mittleren Sonnenscheindauer an Niederschlagstagen zur mittleren Sonnenscheindauer an Tagen ohne Niederschlag:

30	29	29	29	31	36	37	34	25	26	25	31

Prozentuelles Verhältnis der mittleren Sonnenscheindauer an Niederschlagstagen zur mittleren Sonnenscheindauer pro Tag im Monatsdurchschnitt:

50	55	58	62	58	67	64	58	44	43	44	53

Trockenperiode länger als eine bestimmte Anzahl von Tagen dauert, die Tab. 83. Daraus ist z. B. ersichtlich, daß im April noch ein Viertel aller Niederschlagsperioden länger als eine Woche dauert, während in diesem Monat der gleiche Prozentsatz für die Andauer der Trockenperioden von nur mehr als zwei Tagen gilt. Bei der Auszählung wurden die über einen Monat hinausreichenden Perioden immer dem Monat zugeteilt, dem ihr größerer Teil angehörte.

Wenn man die Zahl der Niederschlagstage vom Sonnblick erfährt und dabei mit einem solchen Tag die Vorstellung von einem unfreundlichen sonnenlosen Wetter verbindet, so würde das ein erschreckend betrübliches Bild ergeben. Wie es aber in Wirklichkeit hinsichtlich des Wetters um die Niederschlagstage bestellt ist, wird ersichtlich, wenn man die Sonnenscheinverhältnisse an solchen Tagen untersucht [51]. Wieviel Sonnenschein es an Niederschlagstagen geben kann, zeigt die Tab. 84, die, ausgedrückt in Promille, die Wahrscheinlichkeiten, daß die Sonnenscheindauer an Niederschlagstagen bestimmte Schwellenwerte überschreitet, bringt. Man ersieht daraus, daß im Juli nur ein Viertel aller Niederschlagstage ohne Sonnenschein bleibt; im Winter ist die Zahl der sonnenlosen Niederschlagstage wesentlich größer; vom Oktober bis Jänner sind es mehr als die Hälfte der Niederschlagstage. Die mittlere Sonnenscheindauer an Niederschlagstagen beträgt im Herbst etwa ein Viertel und im Jahresdurchschnitt ungefähr ein Drittel der mittleren Sonnenscheindauer an Tagen ohne Niederschlag. Sie ist im Juni zwei Drittel und im Jahresdurchschnitt mehr als die Hälfte der mittleren Sonnenscheindauer im Durchschnitt aller Tage. An mehr als einem Viertel aller Niederschlagstage schien die Sonne im November und Dezember länger als zwei Stunden, im Jänner, April, September und Oktober länger als drei Stunden, im Februar, März und Mai länger als vier Stunden und vom Juni bis August länger als fünf Stunden. In mehr als einem Zehntel aller Niederschlagstage schien die Sonne im November und Dezember länger als fünf Stunden, im Jänner, September und Oktober länger als sechs Stunden, von Februar bis Mai länger als sieben Stunden und vom Juni bis August länger als acht Stunden. Wenn auch die Zahl der wirklich unfreundlichen und sonnenlosen Niederschlagstage im Hochgebirge im allgemeinen größer ist als in der Niederung, so gibt es doch auch verhältnismäßig viele Niederschlagstage, an denen das Wetter nicht durchwegs schlecht ist und an denen noch genügend schöne Wanderzeit übrigbleibt.

Von Interesse ist noch die Herkunft der Niederschläge auf dem Sonnblick. Aus den Terminbeobachtungen der ganzen 50jährigen Reihe wurde ausgezählt, wie häufig bei den verschiedenen Windrichtungen Niederschlag gefallen ist. Umgerechnet auf Promille, bringt diese Häufigkeiten für die einzelnen Termine und in der Zusammenfassung der drei Termine die Tab. 85. Es ist daraus zu sehen, daß es ein Häufigkeitsmaximum bei N—NE-Winden gibt, das besonders im Winter und im Sommer sehr überragend ist. Ein sekundäres Häufigkeitsmaximum fällt noch auf die SW- und WSW-Winde; dieses tritt besonders in den Übergangsjahreszeiten Frühling und Herbst in Erscheinung.

Aus dem Quadranten NNW bis NE kommen im Winter 44, im Frühling 40, im Sommer 49 und im Herbst 37% aller Niederschläge; aus dem Quadranten SSW bis W kommen im Winter 25, im Frühling 29, im Sommer 23 und im Herbst 33%. Im Juli und August kommen mehr als die Hälfte aller Niederschläge aus dem Quadranten NNW bis NE, im Oktober und November aber nur ungefähr ein Drittel. Im Juli kommen aus dem Quadranten SSW bis W nur etwa ein Fünftel aller Niederschläge; im Oktober und November kommen aber aus diesem Quadranten sogar mehr als aus dem Quadranten NNW bis NE.

Diese in Promille dargestellten Niederschlagswindrosen sagen noch nichts aus über die spezifische niederschlagbringende Wirkung bestimmter Windrichtungen, wenn nicht die Häufigkeiten der Windrichtungen selbst mitberücksichtigt werden. Dies kommt zum Ausdruck, wenn man relative Niederschlagswindrosen bildet, die in Prozenten das Ver-

Tabelle 85. Niederschlagswindrosen, %o.

	Jänner				Februar				März				April			
Richtung	7^h	14^h	21^h	Mittel	7^h	14^h	21^h	Mittel	7^h	14^h	21^h	Mittel	7^h	14^h	21^h	Mittel
32 N . . .	144	116	147	135	167	150	126	148	156	112	135	132	129	112	137	126
02 NNE . .	103	116	108	110	112	125	121	119	84	94	118	107	112	105	105	107
04 NE . .	117	110	129	117	113	98	138	117	84	86	96	90	129	96	119	114
06 ENE . .	53	43	40	45	43	44	52	47	36	35	39	35	59	60	56	59
08 E . . .	35	33	22	30	27	16	27	22	29	35	25	29	40	17	27	27
10 ESE . .	16	34	24	25	14	15	14	13	24	24	15	21	27	16	18	20
12 SE . .	27	20	32	26	26	39	30	33	31	27	24	26	26	23	8	18
14 SSE . .	8	15	26	17	28	28	17	24	38	35	46	40	17	35	8	24
16 S . . .	19	34	30	27	32	39	58	43	53	81	43	59	22	51	45	41
18 SSW . .	19	24	27	24	14	29	44	29	24	54	56	46	39	72	31	47
20 SW . .	68	75	75	73	78	65	72	71	86	90	77	83	52	84	65	67
22 WSW .	79	77	57	69	55	90	54	68	87	112	109	103	96	106	106	104
24 W . . .	43	84	61	66	45	83	44	59	68	62	55	61	50	93	74	73
26 WNW .	41	32	24	31	50	31	25	34	57	27	28	35	53	31	63	49
28 NW . .	120	105	91	106	81	74	75	77	58	51	51	53	61	46	49	51
30 NNW .	103	72	76	87	95	56	74	74	79	64	67	69	73	40	54	55
Kalmen . .	5	10	21	12	20	18	29	22	6	11	16	11	15	13	25	18

	Mai				Juni				Juli				August			
Richtung	7^h	14^h	21^h	Mittel	7^h	14^h	21^h	Mittel	7^h	14^h	21^h	Mittel	7^h	14^h	21^h	Mittel
32 N . . .	126	90	154	124	159	115	62	110	191	111	181	163	194	120	173	163
02 NNE . .	153	106	95	116	109	101	156	122	158	142	172	159	118	125	121	122
04 NE . .	112	82	108	100	140	109	124	123	121	98	109	109	131	125	131	128
06 ENE . .	67	51	64	61	86	74	82	81	54	61	65	60	34	41	59	46
08 E . . .	28	37	32	32	23	23	18	21	25	25	33	29	21	8	20	16
10 ESE . .	25	4	4	10	6	9	2	6	16	5	—	6	9	9	6	9
12 SE . .	17	30	28	25	7	12	—	7	5	17	7	10	4	13	7	7
14 SSE . .	11	28	15	19	10	17	18	15	3	13	7	8	8	28	9	15
16 S . . .	19	70	57	50	27	40	30	32	21	34	10	20	30	50	27	34
18 SSW . .	30	31	28	29	26	49	26	34	30	55	23	35	37	37	20	31
20 SW . .	91	94	59	81	69	82	71	74	54	81	66	67	60	79	68	69
22 WSW .	81	160	100	115	53	85	65	69	62	69	73	68	93	96	72	85
24 W . . .	57	85	54	65	58	37	52	48	50	48	25	40	42	87	82	72
26 WNW .	18	31	30	31	39	58	63	53	37	17	31	27	30	9	23	21
28 NW . .	67	28	52	44	76	66	70	71	63	76	71	71	88	75	66	74
30 NNW .	65	38	64	55	106	92	111	103	90	82	90	88	89	74	91	87
Kalmen . .	33	35	56	43	6	31	50	31	20	66	37	40	12	24	25	21

	September				Oktober				November				Dezember			
Richtung	7^h	14^h	21^h	Mittel	7^h	14^h	21^h	Mittel	7^h	14^h	21^h	Mittel	7^h	14^h	21^h	Mittel
32 N . . .	152	106	130	129	108	113	137	120	142	77	127	115	129	111	150	131
02 NNE . .	110	97	127	112	79	85	97	87	74	96	105	92	97	132	112	114
04 NE . .	114	93	96	100	93	80	86	86	80	66	71	72	98	99	92	96
06 ENE . .	50	50	70	57	76	35	42	50	30	33	28	31	36	44	42	41
08 E . . .	38	30	27	32	24	20	24	23	16	22	20	19	22	15	18	18
10 ESE . .	12	10	6	8	11	7	9	10	12	9	11	10	11	13	2	9
12 SE . .	11	13	24	17	15	33	24	23	22	13	17	18	13	25	20	19
14 SSE . .	27	23	13	20	17	35	24	26	28	22	11	19	29	26	23	26
16 S . . .	27	57	38	42	33	37	59	43	33	55	61	51	38	43	46	42
18 SSW . .	49	56	14	38	59	53	33	48	53	61	28	47	35	32	34	34
20 SW . .	99	100	70	86	114	135	88	111	89	107	96	97	99	96	78	90
22 WSW .	83	76	79	80	102	102	124	112	116	115	122	119	85	96	76	86
24 W . . .	46	89	60	65	90	100	83	91	71	99	112	95	80	82	70	78
26 WNW .	49	51	40	47	55	63	53	56	74	104	61	80	38	37	47	41
28 NW . .	72	56	95	76	37	25	52	38	68	60	38	54	107	87	88	92
30 NNW .	50	77	95	76	71	60	51	61	70	45	56	56	72	47	83	68
Kalmen . .	11	16	16	15	16	17	14	15	22	16	36	25	11	15	19	15

Tabelle 86. Relative Niederschlagswindrosen (Niederschlagshäufigkeit/Windhäufigkeit), %.

Richtung	Jänner 7ʰ	14ʰ	21ʰ	Mittel	Februar 7ʰ	14ʰ	21ʰ	Mittel	März 7ʰ	14ʰ	21ʰ	Mittel	April 7ʰ	14ʰ	21ʰ	Mittel
32 N. . . .	25	25	26	25	30	38	29	32	34	41	40	38	36	47	44	42
02 NNE . .	29	38	36	34	37	40	42	40	29	49	52	43	43	57	60	52
04 NE . . .	27	35	32	31	29	29	33	31	23	35	43	33	43	48	50	47
06 ENE . .	29	32	24	28	23	25	24	24	24	41	48	36	45	51	54	50
08 E. . . .	46	44	22	36	16	19	24	20	33	40	38	37	57	35	52	49
10 ESE. . .	35	45	33	39	29	40	22	30	56	40	38	43	62	64	67	64
12 SE . . .	33	28	32	31	24	47	38	36	50	38	50	45	62	45	31	47
14 SSE. . .	13	18	26	20	42	30	40	36	46	52	59	53	36	45	63	46
16 S. . . .	17	23	22	21	27	28	38	31	37	48	34	40	23	48	41	38
18 SSW . .	13	16	19	16	10	21	33	21	17	27	42	29	26	40	27	32
20 SW . . .	15	20	18	17	22	18	18	19	22	21	24	22	20	25	25	23
22 WSW . .	18	19	14	17	15	27	17	20	22	25	32	27	25	28	31	28
24 W . . .	19	29	27	26	18	30	19	23	25	23	29	25	22	34	36	31
26 WNW . .	33	24	16	24	43	20	18	25	41	21	28	30	32	35	40	36
28 NW . . .	29	31	28	30	24	28	26	26	25	32	33	30	27	33	37	31
30 NNW . .	35	37	31	34	33	30	32	32	36	38	38	37	47	45	39	44
Kalmen . .	4	8	19	10	18	17	31	22	7	12	22	14	17	29	39	28

Richtung	Mai 7ʰ	14ʰ	21ʰ	Mittel	Juni 7ʰ	14ʰ	21ʰ	Mittel	Juli 7ʰ	14ʰ	21ʰ	Mittel	August 7ʰ	14ʰ	21ʰ	Mittel
32 N. . . .	29	33	45	36	46	27	10	19	26	19	30	25	22	23	32	25
02 NNE . .	37	42	43	40	24	34	42	33	23	28	36	29	23	32	39	31
04 NE . . .	32	32	37	34	27	26	33	28	20	20	20	20	25	32	33	30
06 ENE . .	40	38	43	41	36	36	35	36	21	25	28	25	17	18	31	22
08 E. . . .	20	46	59	38	28	32	32	30	23	21	28	24	20	8	22	17
10 ESE. . .	38	22	13	27	50	50	11	32	50	14	—	26	50	14	33	25
12 SE . . .	30	52	56	47	29	20	—	17	6	18	14	13	10	9	13	10
14 SSE. . .	18	30	35	28	20	23	38	26	5	10	17	10	20	21	25	21
16 S. . . .	16	34	41	32	27	23	24	24	16	10	7	11	15	16	18	16
18 SSW . .	15	16	24	18	16	21	19	19	15	17	16	16	14	9	10	11
20 SW . . .	19	21	16	19	17	17	15	16	9	13	14	12	9	11	12	11
22 WSW . .	16	28	25	23	10	19	16	15	9	9	15	11	12	12	13	12
24 W . . .	21	28	23	24	16	10	16	14	10	7	7	8	8	12	16	12
26 WNW . .	20	24	25	23	15	24	31	23	13	5	14	10	10	4	8	8
28 NW . . .	21	24	32	26	24	26	21	24	11	20	19	16	16	22	13	16
30 NNW . .	29	28	35	31	28	45	31	33	20	26	20	21	17	22	25	21
Kalmen . .	14	19	40	23	3	13	26	14	9	15	18	14	5	7	18	9

Richtung	September 7ʰ	14ʰ	21ʰ	Mittel	Oktober 7ʰ	14ʰ	21ʰ	Mittel	November 7ʰ	14ʰ	21ʰ	Mittel	Dezember 7ʰ	14ʰ	21ʰ	Mittel
32 N. . . .	20	23	30	24	24	41	36	33	31	21	33	29	26	27	37	30
02 NNE . .	29	38	44	37	30	47	48	41	24	36	38	33	31	52	50	44
04 NE . . .	22	34	34	29	25	34	31	41	24	26	29	26	26	37	36	33
06 ENE . .	21	36	49	35	38	47	38	40	29	31	30	30	31	36	39	35
08 E. . . .	36	41	39	38	24	35	42	32	16	24	29	23	22	19	20	20
10 ESE. . .	50	38	67	47	36	30	27	31	33	27	20	26	36	39	11	30
12 SE . . .	18	18	45	27	32	39	40	38	24	23	26	24	24	46	45	38
14 SSE. . .	35	21	46	28	27	44	38	38	50	31	17	31	38	44	32	38
16 S. . . .	15	19	24	19	27	25	42	31	21	31	44	32	27	25	35	29
18 SSW . .	20	17	9	16	35	28	23	29	23	27	20	24	24	19	20	21
20 SW . . .	17	14	15	15	21	20	17	19	13	17	18	16	17	18	20	18
22 WSW . .	13	12	15	13	18	17	21	19	21	19	24	21	18	21	19	19
24 W . . .	11	17	15	15	22	20	21	21	15	21	28	21	22	23	23	23
26 WNW . .	16	22	18	19	21	30	25	25	26	42	28	32	19	24	25	23
28 NW . . .	15	21	24	20	15	12	23	17	21	31	20	24	28	26	25	26
30 NNW . .	16	34	35	29	29	30	24	28	26	25	29	27	31	22	38	31
Kalmen . .	7	6	18	8	14	13	18	15	15	20	33	23	11	19	21	17

Tabelle 87. Anteil der verschiedenen Niederschlagsformen am Gesamtniederschlag, °/₀₀.

	●		●▲△		●✳		✳		●✳+✳	
	Menge	Tage	Menge	Tage	Menge	Tage	Menge	Tage	Menge	Tage
Mai	1	6	5	7	1	2	993	985	994	987
Juni	40	70	72	73	55	46	833	811	888	857
Juli	142	161	124	121	144	128	590	607	734	718
August	149	195	118	100	169	105	564	600	733	705
September . . .	59	77	39	40	78	67	824	816	902	883
Jahr	33	44	30	29	38	28	899	898	937	926

hältnis von Niederschlagshäufigkeit zur Häufigkeit der entsprechenden Windrichtung darstellen. Diese relativen Niederschlagswindrosen bringt die Tab. 86. Als wesentlich zeigt sich darin, daß die Winde aus dem SW-Quadranten verhältnismäßig am wenigsten niederschlagfördernd sind.

Eine Frage, die noch einer besonderen Erörterung bedarf, ist die nach der Form der Niederschläge. In Höhen über 3000 m fällt in unseren Gebirgen der Niederschlag weitaus überwiegend in Schneeform. Daneben kommt auch ein Gemisch von Schnee und Regen, dann auch reiner Regen und schließlich ein Gemisch von Regen und Graupel, bzw. Hagel, oder von Schnee und Graupel vor. Es ist sehr schwer, die wirklichen Hagelfälle, die im Gebirge nur mehr sehr selten vorkommen, von den Graupelfällen zu trennen, da die Beobachter häufig zwischen beiden keinen Unterschied machten. Auf dem Sonnblick fällt von Oktober bis April fast durchwegs nur Schneeniederschlag oder höchstens noch Graupel mit Schnee. Für die übrige Zeit, in der auch in merkbarer Menge Regenniederschläge vorkommen, sind, ausgedrückt in Promille, die Anteile von Regen, von Regen gemischt mit Graupel oder Hagel, von Regen gemischt mit Schnee und von reinem Schnee an dem Gesamtniederschlag in Tab. 87 zusammengestellt [52]. In dieser Tabelle ist der Anteil der verschiedenen Niederschlagsformen nicht nur mengenmäßig, sondern auch der Zahl der Tage nach, an denen sie gefallen sind, angegeben. Aus der Tabelle ist ersichtlich, daß 90% der Jahresniederschlagsmengen als Schnee, 4% als Gemisch von Schnee und Regen und nur etwas mehr als 3% als Regen fallen.

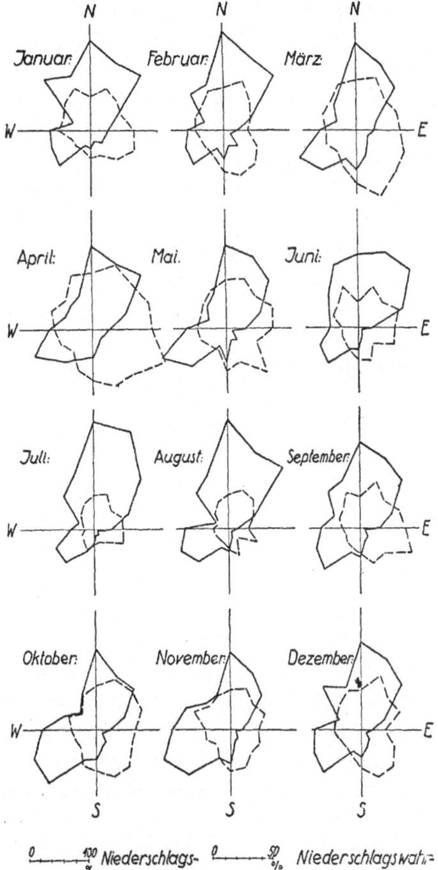

Abb. 17. Niederschlagswindrosen und relative Niederschlagswindrosen (1891—1936).

Verhältnismäßig am größten ist der Anteil des Regens an der Monatsniederschlagsmenge mit 15% im August; im Juli ist er auch noch über 14%. Im August fallen noch 56% der Monatsniederschlagsmenge, also mehr als die Hälfte als Schnee. Im Juni ist der Schneeanteil noch etwas größer als im September.

Tabelle 88. Mittlere Tagesmenge (Dichte) der verschiedenen Niederschlagsformen in mm.

	●	●▲△	●✳	✳	●✳+✳	Gesamtniederschlag
Mai	1·9	4·5	4·0	7·4	7·4	7·3
Juni	3·6	6·1	7·3	6·4	6·5	6·3
Juli	6·1	7·1	9·0	6·7	7·1	6·9
August	5·3	8·1	11·1	6·5	7·1	6·9
September . . .	5·4	6·5	8·1	7·0	7·1	7·0
Jahr	5·3	7·1	9·2	7·0	7·1	6·9

Aus Tab. 87 ist auch noch ersichtlich, daß auf dem Sonnblick die Regentage einen im Vergleich zur Regenmenge etwas höheren und die Tage mit Regen und Schnee einen etwas geringeren Prozentanteil ausmachen. Es ist demnach die mittlere Tagesmenge, also die Dichte des Regenfalles geringer als die des Gemisches von Regen und Schnee (Tab. 88). Im Jahresmittel findet man für die Dichte der Schneefälle den Wert von 6·9 mm; um diesen Wert schwanken die mittleren Tagesmengen der Schneefälle in den einzelnen Monaten nicht viel. Die Dichte der Schneefälle ist in den Monaten März bis Mai und im Oktober nur ein wenig höher, in den übrigen Monaten aber ein wenig niedriger als der Jahresmittelwert. Die Dichte der Niederschläge, die aus einem Gemisch von Schnee und Regen bestehen, ist am größten im August und überschreitet da einen Wert von 11 mm. Die Dichte der Regenfälle ist im Jahresdurchschnitt 5·3 und erreicht im Juli einen Höchstwert von 6·1 mm. Bei Beurteilung der aus den Ombrometermessungen abgeleiteten Niederschlagsdichten ist aber noch als ganz wesentlich zu berücksichtigen, daß, wie bereits erwähnt, die so gewonnenen Niederschlagswerte bedeutend zu niedrig sind. Daraus folgt aber, daß auch die Niederschlagsdichten zu niedrig sein müssen. Nach den aus den Totalisatormessungen gewonnenen Niederschlagsmengen müßte man vielleicht eine durchschnittliche Tagesniederschlagsmenge von etwa 11 mm annehmen. Durch die falschen Ombrometerwerte wird vermutlich verhältnismäßig am wenigsten die Regendichte und am meisten die Dichte des Schneefalles berührt werden.

*   *
*

Im Rahmen dieses Abschnittes soll nun auch noch die Gewittertätigkeit auf dem Sonnblick behandelt werden. Eine Übersicht der mittleren Zahl der Tage mit Gewittern und der bisher beobachteten Höchstzahlen und Mindestzahlen von Gewittertagen in jedem Monat gibt die Tab. 89. Darnach wurden auf dem Sonnblick von Dezember bis März keine Gewitter beobachtet. Die meisten Gewitter kommen im Juli vor. Im Juli 1928 gab es auf dem Sonnblick sogar an 13 Tagen Gewitter. Eine durchschnittliche Jahressumme von 18 Gewittertagen muß als recht niedrig bezeichnet werden. Sie ist aber charakteristisch für die inneren Alpengebiete. Zum Vergleich sei erwähnt [53], daß z. B. die Zugspitze pro Jahr durchschnittlich 30, der Säntis 21 und der Obir 35 Gewittertage aufweisen. Während auf dem Sonnblick 82% der Gewittertage auf die Sommermonate entfallen, ist dies auf der Zugspitze nur für 71% der Fall. Im inneren Alpengebiet setzt die Gewittertätigkeit erst später intensiv ein als im Randgebiet.

Tabelle 89. Zahl der Tage mit Gewitter.

	Jänner	Februar	März	April	Mai	Juni	Juli	August	Sept.	Okt.	Nov.	Dez.	Jahr
Mittel	0	0	0	0·1	1·5	3·6	6·2	5·2	1·5	0·2	0·1	0	18·4
Maximum	—	—	—	1	5	11	13	10	6	2	2	—	33
Minimum	—	—	—	—	—	—	1	—	—	—	—	—	6

Wenn den Beobachtungen der Hagelfälle Vertrauen geschenkt werden darf, so gibt es auf dem Sonnblick durchschnittlich 5·3 Hageltage pro Jahr. Davon entfallen 0·1 auf den Mai, 1·2 auf den Juni, 2·0 auf den Juli, 1·7 auf den August und 0·3 Tage auf den September.

DIE WINDVERHÄLTNISSE.

Schon immer seit Einführung des telegraphischen Wetterdienstes wurde den Windbeobachtungen von hohen Bergen besonderer Wert beigelegt, und es sind die Fälle gar nicht selten, wo diese Windmeldungen entscheidenden Einfluß auf die Wetterprognose genommen haben. Obwohl heute dank zahlreicher Pilotstationen, Flugzeugaufstiege und Radiosonden schon von verhältnismäßig vielen Orten Windbeobachtungen aus der freien Atmosphäre fast täglich zur Verfügung stehen, so haben die Bergobservatorien als ständige Kontrollstationen der Wettervorgänge in höheren Luftschichten noch nichts von ihrer Bedeutung eingebüßt. Während eine mehrmalige Sondierung der Atmosphäre ansonsten eine kostspielige Angelegenheit ist und auch nicht immer durchgeführt werden kann, können wir von den Bergobservatorien beliebig oft und ohne viel Kostenaufwand Auskunft erhalten. Und gerade was die Luftströmungen anlangt, sind die Verhältnisse der höheren Schichten für die Prognose oft viel wichtiger als das, was man aus den Bodenbeobachtungen erfahren kann. Es ist dabei allerdings eine gewisse Vorsicht notwendig, wenn es sich um Berge, die einem Gebirgszug eingebaut sind, handelt, da man da nicht so ohne weiteres die am Berg beobachtete Windrichtung und Stärke auf die freie Atmosphäre übertragen darf, wenn man nicht die durch die Umgebung bedingten Veränderungen der Luftströmungen kennt. Diese Änderungen lassen sich aber heute durch Vergleiche von Bergbeobachtungen mit Pilotierungen aus der freien Atmosphäre schon hinreichend genau feststellen.

Ich will daher zunächst das mitteilen, was die Beobachtungen am Sonnblick über die Windverhältnisse am Berge ergeben, und dann anschließen, was wir bereits über Abweichungen dieser von den Strömungen der benachbarten freien Atmosphäre wissen.

Auf dem Sonnblick wird seit Bestehen des Observatoriums nicht nur dreimal täglich Windrichtung und Windstärke geschätzt, sondern auch registriert. Die Windschätzung ist natürlich auf einem Berggipfel in einer Höhenlage über der Eis- und Schneeregion sehr schwierig, da alle Anhaltspunkte, auf die die Erläuterungen der Windstärkeskala Bezug nehmen, fehlen. Die Beobachter haben daher häufig auch die Registrierung zu Hilfe genommen. Auf dem das Haus weit überragenden Turm des Observatoriums ist eine Windfahne und ein Schalenkreuz aufmontiert. Die Registrierung erfolgt im Innern des Turmes nach dem System Kew durch Aufzeichnung mit je einer Spirale für die Windrichtung und für die Windstärke. Manchmal kommt es auch vor, daß durch Anlagerung von beträchtlichen Mengen von Rauhreif Windfahne und Schalenkreuz in ihrer Bewegung behindert werden und Registrierungen unbrauchbar werden. Dies geschieht aber verhältnismäßig selten, da die Beobachter, sobald sich merklicher Rauhreifansatz zeigt, diesen sogleich wieder abschlagen. Die Ergebnisse der beiden ersten Jahre der Windregistrierungen auf dem Sonnblick wurden bereits von J. Pernter [54] ausführlich bearbeitet. Auch Hann [54] und andere haben Ergebnisse von Windregistrierungen auf dem Sonnblick in verschiedenen Arbeiten verwendet. Ich komme gelegentlich darauf zurück.

Windrichtung.

Vorerst sollen die Beobachtungen der Windrichtung behandelt werden. Nach den drei Terminen 7, 14 und 21 Uhr und für das aus diesen drei Werten gebildete Tagesmittel gibt die Tab. 90, ausgedrückt in Promille, die Häufigkeiten der 16 Windrichtungen an. Es ist daraus zu entnehmen, daß auf dem Sonnblick die Winde am häufigsten aus den Richtungen NNW, N, NNE und NE einerseits und SW, WSW und W andererseits kommen. Die Scheitelwerte der Häufigkeitsverteilungen liegen dabei in der N-Richtung, bzw. in der WSW-

Tabelle 90. Häufigkeiten der Windrichtungen, °/₀₀.

Richtung	Jänner 7ʰ	14ʰ	21ʰ	Mittel	Februar 7ʰ	14ʰ	21ʰ	Mittel	März 7ʰ	14ʰ	21ʰ	Mittel	April 7ʰ	14ʰ	21ʰ	Mittel
32 N . .	141	126	139	135	142	114	120	125	128	87	123	113	120	86	124	110
02 NNE .	86	83	77	82	77	88	79	82	80	74	85	79	86	67	70	74
04 NE . .	104	85	100	96	99	96	115	103	102	75	83	87	101	27	96	90
06 ENE .	43	37	42	41	52	51	60	54	43	28	29	33	43	43	41	42
08 E . .	18	21	25	21	37	23	30	30	23	28	25	26	24	17	22	21
10 ESE .	11	20	18	17	12	11	14	13	13	18	15	15	14	9	10	11
12 SE . .	20	20	25	22	27	23	22	24	17	23	17	19	14	19	11	15
14 SSE .	15	21	25	21	18	28	12	19	23	21	29	24	15	28	12	18
16 S . .	28	40	35	34	30	40	42	38	40	54	48	47	32	39	45	39
18 SSW .	36	42	35	38	38	39	37	37	41	63	48	51	49	64	47	53
20 SW . .	112	104	107	107	92	106	108	103	111	132	118	120	90	123	104	106
22 WSW .	103	109	94	102	94	97	88	93	110	143	123	125	127	139	138	135
24 W . .	54	79	61	65	66	79	65	70	76	86	70	77	73	97	83	84
26 WNW .	29	36	38	34	29	46	39	38	39	37	38	38	56	32	63	50
28 NW . .	97	90	82	90	84	78	78	80	66	49	57	57	77	51	52	60
30 NNW .	71	53	68	64	74	51	65	63	61	54	66	62	50	32	56	46
Kalmen .	32	34	29	31	29	30	26	28	27	28	26	27	29	82	26	46

Richtung	Mai 7ʰ	14ʰ	21ʰ	Mittel	Juni 7ʰ	14ʰ	21ʰ	Mittel	Juli 7ʰ	14ʰ	21ʰ	Mittel	August 7ʰ	14ʰ	21ʰ	Mittel
32 N . .	105	80	111	99	144	99	146	130	119	91	124	111	139	84	112	112
02 NNE .	99	74	72	82	95	70	86	84	108	81	95	95	82	61	62	68
04 NE . .	86	74	95	85	109	100	89	99	96	76	106	93	81	63	81	75
06 ENE .	40	40	48	43	50	49	55	51	40	37	48	42	31	36	40	36
08 E . .	33	22	18	24	17	16	12	15	18	19	23	20	17	16	17	17
10 ESE .	16	6	10	11	3	4	7	5	5	5	3	4	2	10	4	5
12 SE . .	13	17	16	15	5	14	5	8	10	15	9	11	7	22	10	13
14 SSE .	15	29	15	19	10	18	11	13	13	21	8	14	7	22	9	13
16 S . .	29	58	45	44	21	41	29	30	20	51	28	33	31	49	30	37
18 SSW .	48	55	39	47	35	55	33	41	32	53	29	38	42	64	40	48
20 SW . .	114	133	124	124	83	144	106	102	98	102	97	99	100	123	118	114
22 WSW .	127	164	132	141	109	109	92	103	114	122	95	111	123	125	112	120
24 W . .	65	88	78	77	73	90	75	79	83	101	83	89	85	120	105	103
26 WNW .	38	34	38	37	56	56	48	53	47	51	46	48	49	36	56	47
28 NW . .	59	36	52	49	64	59	77	67	88	61	76	75	88	55	100	81
30 NNW .	54	40	60	51	79	49	83	70	71	49	91	70	81	54	75	70
Kalmen .	59	50	47	52	47	57	46	50	38	65	39	47	35	60	29	41

Richtung	September 7ʰ	14ʰ	21ʰ	Mittel	Oktober 7ʰ	14ʰ	21ʰ	Mittel	November 7ʰ	14ʰ	21ʰ	Mittel	Dezember 7ʰ	14ʰ	21ʰ	Mittel
32 N . .	136	95	107	113	108	71	103	94	98	91	105	98	120	108	118	115
02 NNE .	69	51	72	64	63	46	55	55	65	66	75	69	73	68	65	69
04 NE . .	95	55	70	73	89	61	74	75	73	63	67	68	91	70	73	78
06 ENE .	42	28	36	35	47	19	30	32	22	26	25	24	28	33	32	31
08 E . .	20	15	18	18	24	15	15	18	21	23	20	21	24	21	26	24
10 ESE .	4	5	1	3	7	6	10	8	8	7	4	10	7	8	6	7
12 SE . .	12	15	14	14	12	21	16	16	19	15	18	17	14	15	13	14
14 SSE .	14	22	9	15	14	21	16	17	12	18	16	15	17	17	20	18
16 S . .	32	61	39	44	30	38	39	36	34	44	38	38	34	45	39	39
18 SSW .	45	67	37	50	40	49	39	43	49	55	38	47	35	45	48	43
20 SW . .	106	144	119	124	130	175	141	147	154	153	145	151	140	144	112	132
22 WSW .	120	134	132	127	133	158	159	150	123	152	139	138	111	124	116	117
24 W . .	77	105	98	94	97	127	108	111	103	115	108	109	86	94	88	89
26 WNW .	54	46	58	53	61	54	56	57	62	60	60	61	49	40	55	48
28 NW . .	89	53	98	80	59	56	60	58	68	48	51	56	92	91	101	95
30 NNW .	56	45	68	56	60	49	58	56	59	44	51	51	55	56	64	58
Kalmen .	29	59	24	37	26	34	21	27	30	20	30	27	24	21	24	23

oder SW-Richtung. In den Monaten Dezember bis März und im Juli und August sind die Winde aus dem N-Abschnitt häufiger als die aus dem SW-Abschnitt. Von April bis Juni und von September bis November ist es umgekehrt. Auffallend ist die geringe Häufigkeit der NW-Winde. Sie ist wohl darin begründet, daß im NW dem Sonnblick der um 150 m höhere Hocharn vorgelagert ist, der den Wind abhält, bzw. eine Änderung seiner Richtung verursacht. Ganz bemerkenswert ist die große Seltenheit der Winde aus dem SE-Quadranten. In dieser Richtung liegt wohl in einiger Entfernung das Schareck dem Sonnblick vorgelagert; da dieses ihn aber nur um 20 m überragt, ist wohl anzunehmen, daß die Seltenheit der SE-Winde nicht durch dieses verursacht ist, sondern daß sie hauptsächlich darin begründet ist, daß eine solchen Winden entsprechende Druckverteilung nur sehr selten vorkommt.

Im großen und ganzen wird man wohl sagen können, daß die Winde aus dem SW-Quadranten der Vorderseite von Zyklonen zuzuordnen sind, während die aus dem N-Abschnitt in der Hauptsache Rückseitenwinde darstellen. Die Winde aus NE, bzw. ENE gehören wohl vielfach auch kontinentalen Antizyklonen an, wie die W-Winde zum Großteil auch der Allgemeinströmung unserer Breiten entsprechen. Es wirkt aber in dem Gegenspiel zwischen den Winden aus dem N-Abschnitt und denen aus dem SW-Abschnitt auch noch etwas mit, was mit einem täglichen Gang der Windrichtung zu tun hat, wie ebenfalls aus Tab. 90 zu sehen ist. Bildet man nämlich die Summen der Häufigkeiten von NNW- bis NE-Winden und die von SW- bis W-Winden für die drei Tagestermine, so sieht man deutlich, was ja meist auch in den einzelnen Richtungen schon bemerkbar ist, daß die Winde aus dem N-Abschnitt zum Mittagstermin seltener sind als am Morgen und am Abend, während es bei den Winden aus dem SW-Abschnitt umgekehrt ist; diese sind zum Mittagstermin häufiger als zu den beiden anderen Terminen; die Unterschiede sind im Sommerhalbjahr größer als im Winterhalbjahr.

Während die Terminbeobachtungen nur Stichproben aus dem Ablauf der Luftströmungen geben, wird mit den Registrierungen ihr kontinuierlicher Verlauf erfaßt. Während bei Augenbeobachtungen die Nebenwindrichtungen häufig unterschätzt werden, werden durch den Registrierapparat genauere Angaben gewonnen. Die Registrierstreifen werden stündlich aus-

Tabelle 91. Häufigkeiten der Windrichtungen nach stündlichen Auswertungen der Registrierungen, $^0/_{00}$ (1927—1936).

	Jänner	Februar	März	April	Mai	Juni	Juli	August	Sept.	Okt.	Nov.	Dez.
N	111	129	101	116	104	118	108	124	123	107	87	112
NNE	109	106	127	80	80	81	112	99	82	82	72	82
NE	90	107	92	61	90	91	101	93	75	61	64	102
ENE	50	69	46	35	62	52	46	60	34	28	26	39
E	18	29	25	8	15	19	11	18	15	16	12	15
ESE	7	17	7	4	5	5	4	2	4	4	6	10
SE	11	13	14	5	11	4	4	4	7	4	9	12
SSE	20	24	25	13	15	6	19	18	14	7	22	19
S	22	30	22	14	17	20	44	34	26	18	21	25
SSW	33	30	35	24	31	32	42	43	38	29	29	26
SW	62	51	68	53	88	69	63	73	76	62	88	57
WSW	166	91	163	214	217	167	129	125	154	174	253	153
W	116	83	124	173	120	135	126	127	140	194	153	123
WNW	55	48	48	79	42	69	81	71	81	91	57	74
NW	37	69	34	62	42	53	50	45	52	43	41	49
NNW	91	99	61	54	57	63	56	55	74	78	56	88
Kalmen	2	5	8	5	5	16	4	9	5	2	4	14
NNW bis NE	401	441	381	311	331	353	377	371	354	328	279	384
SW bis W	344	225	355	440	425	371	318	325	370	430	494	333

gewertet. In Tab. 91 sind nun auf Grund dieser stündlichen Auswertungen der zehnjährigen Beobachtungszeit 1927/36 die mittleren Häufigkeiten der verschiedenen Windrichtungen für jeden Monat wiedergegeben. Zum besseren Vergleich und um die durch zeitweise Unterbrechung der Registrierung entstandenen kleinen Lücken in gerechter Weise auszugleichen, sind die Häufigkeiten in Promille ausgedrückt. Ein anschauliches Bild der Verteilung der Windrichtungen auf dem Sonnblick gewinnen wir aus Abb. 18.

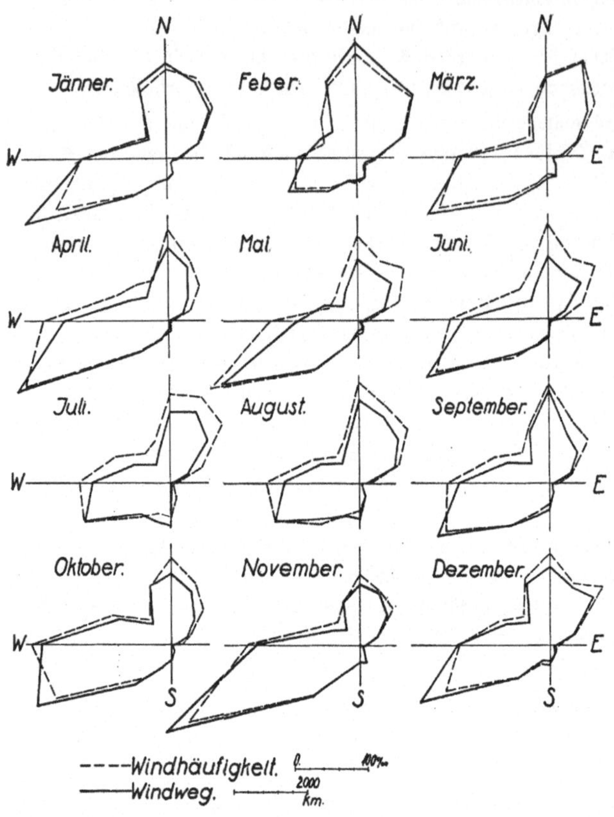

Abb. 18. Windrosen nach stündlichen Auswertungen der Registrierungen von 1927—1936.

Im Jänner überwiegen weitaus die Winde aus WSW an Häufigkeit; daneben kommen auch W- und SW-Winde verhältnismäßig oft vor. Der zweite Teil der Windrose, der die nördlichen, bzw. nordöstlichen Winde umfaßt, ist breiter als der WSW-Teil. Er erstreckt sich über die Richtungen NNW bis ENE. Im Februar ist der WSW-Flügel der Windrose sehr stark zurückgegangen, während der N-Flügel mächtig und breit geworden ist. Aber schon im März engt sich der letztere wieder stark ein — überwiegend sind jetzt NNE-Winde — und die Häufigkeit der WSW-Winde steigt wieder rasch an und erreicht besonders hohe Werte im April und Mai. In den letzterwähnten Monaten sind die nördlichen Winde wieder viel seltener geworden. Im Juni beginnt der WSW-Flügel wieder zurückzugehen, und dementsprechend wächst der N-Flügel wieder stark an. Diese Entwicklung dauert bis zum August. Im September zeigt sich wieder eine Zunahme der WSW-Winde, im Oktober erreichen die W-Winde und im November die WSW-Winde ihre maximalen Häufigkeiten. Im gleichen Tempo, in dem sich der WSW-Flügel der Windrose in diesen Monaten vergrößert, nimmt der N-Flügel ab. Im Dezember vollzieht sich rasch der Übergang zur Jänner-Windrose; starke Abnahme der WSW-Winde und ebenso starke Zunahme der Häufigkeit der N-Winde.

Der Ausgleich der beiden Flügel der Windrosen und ihre Änderungen von Monat zu Monat kommen sehr anschaulich zur Darstellung, wenn man aus den Häufigkeiten der einzelnen Windrichtungen Resultierende berechnet und diese als Vektoren von einem Koordinatenursprung aus zeichnet. Aus den Auswertungen der zehnjährigen Registrierungen von 1927/36 ergab sich so die in Abb. 19 dargestellte jährliche Winddrehung. Die Winkel, die der resultierende Vektor mit der N-Richtung einschließt, bringt für die einzelnen Monate die Tab. 92. Die Winkel sind dabei von N gegen E als positiv gezählt. Die gesamte Streuungsweite der Vektoren beträgt 62° 17'. Die Größe dieses Winkels ist aber nur darauf zurückzuführen, daß die Resultierende des Februar so weit nach N und die des November so weit nach W ausschlägt. Abgesehen von diesen beiden Monaten vollziehen sich die Schwankungen der resultierenden Windrichtungen der übrigen Monate nur in dem Bereich von 294° 56' bis 313° 56', also nur in einem Winkel von 19°. Der aus den Monatsvektoren resultierende Jahresvektor der Windrichtungen weist in die Richtung 305° 47'. So lebhaft der Luftaustausch aus N und aus WSW ist, so resultiert daraus doch eine schließliche Luftversetzung aus NW.

Die Windrosen geben uns ein sehr schönes Bild von den Änderungen im Jahresverlauf der allgemeinen Zirkulation im Bereich der Hochgipfel unserer Alpen. Zur Beurteilung der tatsächlichen Bedeutung der Sonnblick-Windrichtung sind nun, wie bereits erwähnt, ihre lokalen Beeinflussungen und ihre Abweichungen gegenüber den Strömungen der freien Atmosphäre zu berücksichtigen. Während früher eine derartige Untersuchung nur mit Hilfe der Pilotaufstiege in dem 308 km vom Sonnblick entfernten Wien oder in dem 112 km entfernten Udine gemacht werden konnte, stehen jetzt auch Pilotaufstiege unter anderem aus dem nur 27 km entfernten Lienz zur Verfügung. A. Roschkott [55] hat vor kurzem die Windrichtung in 3100 m absoluter Höhe über Lienz mit den gleichzeitigen Aufzeichnungen des Sonnblick-Anemometers verglichen und kam zu dem Ergebnis, daß die Ablenkung des Windes der freien Atmosphäre durchaus nicht einheitlich ist, sondern daß die Winde der freien Atmosphäre in oft sehr verschiedener Art auf dem Sonnblick registriert werden. Allerdings ist bei dieser Untersuchung auch zu berücksichtigen, daß auch die Winde über Lienz durch das umliegende Gebirge beeinflußt sein können und daher wahrscheinlich auch nicht immer die Verhältnisse der freien Atmosphäre repräsentieren.

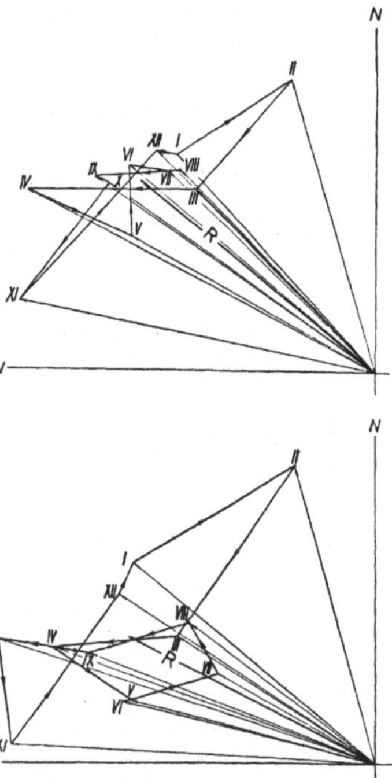

Abb. 19. Jährliche Winddrehung, dargestellt durch monatliche Resultierende nach stündlichen Auswertungen der Registrierungen von 1927—1936. Oben: nach Häufigkeiten der einzelnen Windrichtungen. Unten: nach stündlichen Windwegen.

Tabelle 92. Resultierende Windrichtungen und Windwege nach stündlichen Auswertungen der Registrierungen (nach Jahresmitteln aus 1927—1936).

Jänner	Februar	März	April	Mai	Juni	Juli	August	Sept.	Okt.	Nov.	Dez.	Jahr
Resultierende Richtung, auf Grund der Häufigkeiten der Windrichtungen berechnet:												
313° 56'	342° 12'	312° 00'	294° 56'	296° 30'	306° 50'	310° 41'	312° 32'	301° 49'	302° 16'	279° 55'	311° 46'	305° 47'
Resultierende Richtung, auf Grund der registrierten Windwege berechnet:												
306° 52'	342° 42'	299° 59'	288° 03'	283° 55'	283° 07'	296° 56'	304° 30'	289° 36'	286° 00'	272° 42'	300° 51'	294° 59'
Resultierende N-Komponente, km:												
4443	6517	2816	2578	1443	1431	1973	3119	2491	2809	418	3748	33786
Resultierende W-Komponente, km:												
5923	2029	4881	7908	5907	6146	3883	4540	6992	9186	8859	6274	72528
Resultierende Windversetzung, km:												
7404	6823	5635	8317	6083	6311	4355	5509	7422	9578	8868	7307	80013

Nach den Untersuchungen von Schumacher [56], der die Windrichtungen des Sonnblicks mit dem gleichzeitigen Wind in derselben Höhe über Wien, München und Friedrichshafen bei einheitlicher Strömung verglichen hat, ergibt sich, daß auf dem Sonnblick die N-, NE- und SW-Winde viel häufiger, die W-, NW- und E-Winde aber viel seltener als in der freien Atmosphäre vorkommen. Die NW-, NNW- und N-Winde der freien Atmosphäre werden nach rechts abgelenkt, so daß sie auf dem Sonnblick als Winde, die mehr aus N oder NNE kommen, beobachtet werden. Die NNE-Winde erfahren keine Ablenkung, die NE-, ENE- und E-Winde werden nach links abgelenkt, und so kommt die große Häufigkeit der NNE- und NE-Winde auf dem Sonnblick zustande. WNW- und SSW-Winde erscheinen nahezu nicht abgelenkt. Dagegen drehen W-Winde stärker und WSW-Winde nur schwach nach links, SW-Winde aber schwach nach rechts. Daraus erklärt sich die überragende Häufigkeit der WSW-Winde.

Zahlenmäßig kommt die Art und das Ausmaß der Abweichungen der auf dem Sonnblick registrierten Windrichtungen von den gleichzeitig in der freien Atmosphäre vorhandenen, in den in Tab. 93 zusammengestellten Größen der Winkel, die die resultierende Windrichtung mit der jeweiligen Windrichtung in der freien Atmosphäre einschließt, zum Ausdruck. Die Zahlen sind aus den Abbildungen in den erwähnten Arbeiten von Roschkott und Schumacher entnommen. Als positive Abweichung wird dabei eine Ablenkung des Windes auf dem Sonnblick nach rechts und als negativ eine Ablenkung nach links gezählt. Im großen und ganzen geben beide Zahlenreihen dasselbe Bild. Die Abweichungen bei ESE- und SE-Winden sind wegen der geringen Zahl der vorhandenen Fälle unwesentlich.

Um einen genaueren Einblick in den Wechsel der vorherrschenden Windrichtungen im Jahresablauf zu erhalten, als es die monatlichen Windrosen ermöglichen, habe ich wieder aus der 30jährigen Periode 1901—1930 für jeden Tag die Häufigkeiten der verschiedenen Windrichtungen ausgezählt. Um einen besseren Vergleich mit dem Ablauf anderer Elemente zu ermöglichen, wurde hiezu der 7-Uhr-Termin gewählt. Zusammengefaßt nach den vier Quadranten N—ENE, E—SSE, S—WSW und W—NNW bringt die Tab. 94 die Häufigkeitswerte. Wie wir aus der Darstellung der Windrosen wissen, fallen die meisten und die charakteristischesten Winde auf den NE- und SW-Quadranten. Der NW-Quadrant ist durch den Hocharn gestört, und aus dem SE-Quadranten kommen nur sehr wenig Winde. Im wesentlichen besteht ein Austausch zwischen Windrichtungen aus NE und solchen aus SW, wie die Abb. 20 zeigt, in der nach übergreifenden fünftägigen Mittelwerten die Häufigkeiten der entsprechenden Windrichtungen dargestellt sind. Fast durchwegs ist die eine Kurve das Spiegelbild der anderen, und beide bringen so die Zugehörigkeit der Windrichtungen dieser beiden Quadranten zu konträren Wetterlagen zum Ausdruck. Der Wechsel der Windrichtungen tritt sehr markant in Erscheinung. Die Wellen sind im Winter und im Sommer schöner und regelmäßiger als in den Übergangsjahreszeiten, in denen die Folgen der verschiedenen Wettertypen unregelmäßiger vor sich zu gehen scheinen.

Tabelle 93. Durchschnittliche Abweichung der Winde am Sonnblick von denen der freien Atmosphäre in gleicher Höhe.

Windrichtung der freien Atmosphäre:

N	NNE	NE	ENE	E	ESE	SE	SSE	S	SSW	SW	WSW	W	WNW	NW	NNW
Abweichung nach Roschkott (Lienz):															
+10°	−19°	−10°	−38°	−42°	−39°	−28°	0°	0°	+9°	0°	+7°	−12°	0°	+11°	+26°
Abweichung nach Schumacher (Wien, München, Friedrichshafen):															
+9°	0	−23°	−30°	−36°	+35°	+17°	—	+10°	−7°	+4°	−5°	−22°	−7°	+22°	+17°

Ich will kurz die bedeutendsten Singularitäten der Windkurven mit denen von anderen im Vorhergehenden besprochenen Elementen zusammenhalten. Sehr auffallend ist die große Häufigkeit der NE-Winde am 21. Jänner. Sie fällt beinahe ganz mit dem Maximum der heiteren Tage zusammen (siehe Abb. 9). In der Temperaturkurve zeigt sich zunächst ein Rückgang, dem aber sofort ein größerer Anstieg folgt, der offenbar mit dem Höhepunkt der winterlichen Hochdrucklage zusammenfällt. Mit fortschreitender Ausbildung dieser Antizyklone nehmen die NE-Winde ab und die SW-Winde zu. Dem Häufigkeitsmaximum der SW-Winde zu Beginn des Februar entspricht ein relatives Minimum heiterer Tage und auch ein relatives Temperaturminimum. Es ist vielleicht auffallend, daß das Temperaturminimum gerade mit südlichen Winden zusammenfallen soll; das erklärt sich aber dadurch, daß nun der Schrumpfungsprozeß der vorhergehenden Antizyklone, der bekanntlich eine Erwärmung der höheren Luftschichten bewirkt, vorübergehend zu Ende ist. Es fällt auf diese Zeit auch eine verhältnismäßig starke Zunahme der Windstärke (siehe Abb. 22), was ebenfalls für die eben erwähnte Ansicht spricht. Mit dem Häufigkeitsmaximum der NE-Winde

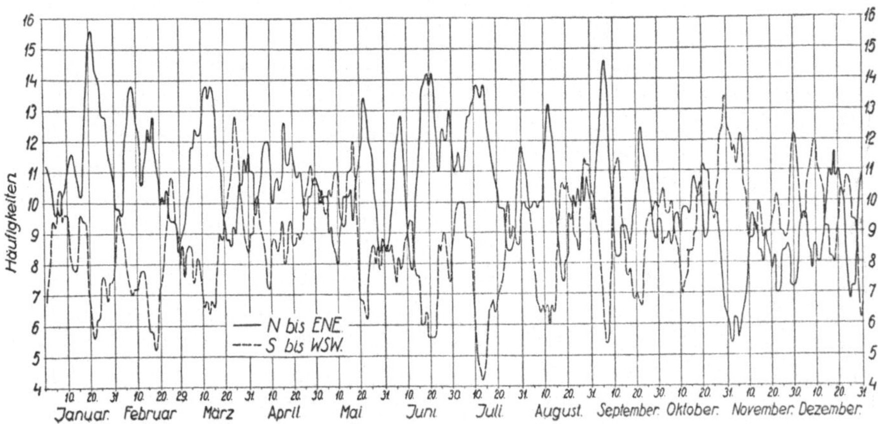

Abb. 20. Jahresgang der Häufigkeiten der N—ENE- und der S—WSW-Winde um 7 Uhr (1901—1930).

gegen Ende der ersten Februardekade fällt auch wieder ein Häufigkeitsmaximum heiterer Tage bei relativ hohem Luftdruck zusammen. Die südlichen Winde gegen Ende Februar bringen bei relativ hohem Luftdruck heiteres Wetter und Temperaturerhöhung. Zum Unterschied vom Hochwinter beginnt jetzt die Zeit, wo die nördlichen Winde schon mehr Abkühlung bringen. Dies ist z. B. schon in dem Häufigkeitsmaximum gegen Mitte März der Fall. Die über Mitteleuropa lagernde Luft wird jetzt durch die um diese Zeit beträchtliche Einstrahlung schon so stark erwärmt, daß die aus N herbeiströmende Luft auch bei heiterem Wetter relativ abkühlend wirkt. Die starke Zufuhr südlicher Luft in der Mitte der dritten Märzdekade, die eine beträchtliche Erwärmung bringt, fällt zeitlich auch mit dem Ende der Periode heiteren Winterwetters auf dem Sonnblick zusammen. Besonders interessant sind dann wieder die deutlich ausgeprägten Schwankungen der Windrichtungshäufigkeiten, die mit einem plötzlichen Abfall der südlichen Winde gegen Ende der zweiten Maidekade beginnen. Der zu Beginn der dritten Maidekade folgende Anstieg der nördlichen Winde hemmt schon beträchtlich den vorhergehenden starken Temperaturanstieg. Der eigentliche Temperaturrückschlag erreicht mit dem Maximum nördlicher Winde am 7. Juni seinen tiefsten Punkt. Südwestliche und westliche Winde bringen mit Beginn der zweiten Junidekade wieder eine Temperaturerhöhung, worauf in der zweiten Junihälfte mit einem starken Anstieg der Häufigkeit nördlicher Winde wieder ein Temperaturrückschlag erfolgt. Relative Temperaturminima

Die Windverhältnisse.

Tabelle 94. *Häufigkeiten bestimmter Windrichtungen an jedem Tag der 30 Jahre 1901—1930 um 7 Uhr.*

	Tag	Jänner	Februar	März	April	Mai	Juni	Juli	August	Sept.	Okt.	Nov.	Dez.
N bis ENE:	1	11	9	10	8	10	12	14	11	11	9	6	4
	2	12	8	6	14	12	9	12	9	10	12	7	9
	3	10	10	9	9	11	8	10	10	8	9	4	11
	4	11	10	11	9	9	7	9	10	13	7	6	13
	5	9	11	14	8	8	13	13	10	16	7	8	10
	6	8	13	12	10	11	16	11	10	16	9	6	5
	7	10	16	13	16	12	15	12	10	16	13	4	9
	8	11	13	9	12	5	10	13	10	12	7	6	8
	9	10	15	14	13	10	10	15	9	10	9	8	10
	10	12	12	13	9	5	8	13	11	3	10	10	7
	11	9	11	12	10	10	9	13	10	10	9	10	9
	12	13	12	15	11	10	9	13	18	8	10	10	7
	13	13	11	14	7	10	5	15	14	10	11	10	7
	14	11	7	15	16	12	8	14	13	10	9	7	12
	15	11	15	11	10	9	14	12	8	8	10	9	9
	16	7	13	14	8	10	16	15	7	10	8	6	13
	17	11	16	14	13	10	14	11	9	8	14	10	11
	18	11	9	10	16	11	11	10	7	9	13	8	10
	19	15	11	8	10	7	14	11	8	8	8	12	11
	20	19	9	10	9	14	15	10	6	11	8	7	13
	21	15	10	8	11	13	17	12	10	13	10	5	9
	22	16	11	11	12	12	12	9	10	11	10	7	12
	23	13	10	7	13	16	13	7	14	12	8	10	8
	24	12	10	8	9	12	10	11	7	15	9	6	9
	25	15	11	9	10	12	9	10	10	9	13	7	5
	26	14	6	11	8	9	11	7	8	10	9	10	4
	27	11	10	10	9	10	17	7	13	9	9	9	8
	28	12	10	11	12	10	15	7	12	9	8	10	10
	29	12	—	12	12	9	8	12	11	11	7	7	9
	30	10	—	9	10	5	11	12	6	6	7	6	12
	31	12	—	15	10	8	—	15	12	—	4	—	11
E bis SSE:	1	1	5	2	3	1	3	1	1	0	1	0	1
	2	1	1	7	4	2	2	0	0	1	1	2	2
	3	2	2	2	4	1	2	1	1	0	3	0	3
	4	4	3	3	2	0	0	0	1	1	3	0	2
	5	2	4	1	2	2	1	1	0	0	2	0	3
	6	1	1	1	4	1	2	0	1	3	3	1	5
	7	3	1	3	1	1	1	0	1	1	0	0	4
	8	2	2	4	2	3	0	0	0	3	0	1	1
	9	1	3	4	4	0	1	1	2	0	1	1	1
	10	1	3	2	1	2	0	0	0	1	5	4	3
	11	0	1	3	3	1	1	3	1	2	0	1	1
	12	1	3	1	1	3	2	5	0	4	4	3	1
	13	2	1	2	0	2	0	4	1	2	3	2	3
	14	1	1	0	1	5	2	0	1	0	2	2	2
	15	2	1	3	6	2	2	4	1	2	1	3	2
	16	3	4	1	4	1	2	0	0	2	3	4	1
	17	0	4	2	0	1	2	0	1	3	2	3	2
	18	1	3	2	2	2	0	2	1	1	1	2	4
	19	1	2	2	4	1	1	2	0	0	0	1	3
	20	2	3	1	2	0	0	1	1	0	2	1	1
	21	0	3	4	2	5	1	2	1	2	3	5	1
	22	3	4	1	3	2	1	0	1	0	2	3	1
	23	4	3	4	4	2	1	0	0	1	2	3	3
	24	1	5	3	2	0	0	1	0	1	1	2	1
	25	3	2	1	1	1	0	1	1	5	1	3	2
	26	1	4	0	1	4	0	2	2	0	1	1	1
	27	4	3	2	4	2	0	2	1	1	3	2	1
	28	3	1	1	0	2	0	3	1	3	1	1	2
	29	2	—	2	1	3	0	0	1	1	2	3	1
	30	3	—	2	3	2	3	2	1	3	0	1	3
	31	1	—	0	—	4	—	1	1	—	2	—	2

Tabelle 94 (Fortsetzung).

	Tage	Jänner	Februar	März	April	Mai	Juni	Juli	August	Sept.	Okt.	Nov.	Dez.
S bis WSW:	1	6	9	8	10	10	10	10	11	10	11	13	11
	2	8	11	9	8	10	8	11	12	11	10	9	11
	3	7	10	14	10	10	7	10	10	11	8	11	7
	4	10	9	4	9	9	10	11	8	9	12	13	8
	5	12	7	7	13	13	8	8	8	4	9	13	10
	6	10	7	9	11	7	7	10	9	4	9	10	12
	7	7	8	9	4	9	5	11	5	4	10	12	10
	8	11	7	8	8	14	11	8	4	6	10	13	14
	9	12	7	5	7	8	8	7	7	9	8	7	10
	10	7	6	10	7	15	9	8	7	12	7	10	12
	11	11	8	7	10	9	11	5	10	13	7	5	14
	12	7	8	5	7	9	6	2	4	13	6	9	9
	13	7	9	6	13	8	13	3	5	9	7	13	10
	14	8	8	6	7	6	8	5	4	10	10	10	9
	15	6	6	8	5	14	3	6	10	7	8	8	10
	16	11	5	9	11	12	8	6	9	7	11	10	8
	17	12	2	4	11	15	6	5	11	7	6	7	9
	18	11	8	10	6	8	5	10	10	7	10	9	5
	19	7	6	10	8	11	8	6	10	11	10	11	9
	20	6	5	12	10	9	5	7	13	4	14	8	9
	21	6	10	8	12	3	4	4	8	5	11	10	13
	22	4	7	7	7	3	6	7	12	8	11	9	11
	23	7	10	12	6	8	5	12	8	6	9	11	10
	24	5	9	13	10	9	8	7	9	10	10	13	8
	25	9	10	14	9	8	11	10	8	10	9	6	12
	26	6	14	13	13	11	13	10	7	10	10	6	13
	27	9	11	12	10	6	5	11	10	11	9	9	10
	28	9	9	9	10	9	8	6	15	7	13	10	4
	29	4	—	7	12	6	7	9	12	10	13	14	8
	30	6	—	9	11	11	7	9	13	11	16	15	6
	31	9	—	8	—	7	—	8	6	—	12	—	7
W bis NNW:	1	12	7	8	9	7	3	3	7	8	9	9	12
	2	9	9	8	4	4	9	7	8	7	7	11	7
	3	11	8	4	6	7	7	6	8	8	7	12	8
	4	5	8	11	9	12	11	7	10	7	7	10	7
	5	7	8	8	6	6	8	8	10	7	12	5	5
	6	10	7	6	5	8	4	8	9	7	8	12	8
	7	7	4	3	8	5	5	7	9	9	8	13	5
	8	4	8	9	8	8	6	6	15	9	11	10	7
	9	6	4	6	6	10	6	7	12	11	11	13	7
	10	7	9	4	13	8	10	9	8	13	8	6	7
	11	7	8	7	7	8	7	7	7	3	12	13	6
	12	8	7	5	9	7	9	9	8	5	7	8	13
	13	6	8	8	9	7	10	7	10	7	8	5	5
	14	10	12	7	6	6	10	10	10	10	7	7	7
	15	11	7	8	9	5	9	5	10	11	9	8	9
	16	9	6	5	6	5	4	7	12	8	7	9	8
	17	6	6	9	4	4	4	12	8	11	8	8	7
	18	5	9	7	3	8	10	6	9	12	10	8	11
	19	6	9	10	6	6	4	10	11	6	10	4	5
	20	1	9	5	7	5	8	9	9	12	6	14	6
	21	8	7	8	5	6	7	11	11	9	5	10	6
	22	6	8	10	8	11	9	13	5	10	6	10	5
	23	5	7	6	6	2	8	9	7	9	10	4	9
	24	10	6	6	8	7	11	9	14	3	8	8	11
	25	3	6	5	8	7	10	6	9	4	5	12	9
	26	9	4	5	8	4	5	11	12	7	8	12	11
	27	6	5	5	6	8	8	6	5	7	7	9	10
	28	5	10	6	6	6	6	11	1	8	7	8	13
	29	11	—	8	5	7	13	7	5	7	7	6	12
	30	10	—	9	4	8	.8	5	8	8	5	6	9
	31	7	—	5	—	7	—	6	10	—	11	—	10

finden sich zugleich mit Häufigkeitsmaxima von nördlichen Winden, ferner noch um den 10. Juli, gegen Mitte August, in der ersten und in der dritten Septemberdekade, in der dritten Oktoberdekade, etwas nach Mitte November, in der ersten Dezemberdekade und um Mitte Dezember. Zugleich mit den Häufigkeitsmaxima südlicher Winde treten relative Temperaturmaxima ein: in der ersten Julidekade, zu Beginn des August und um den 22. August,

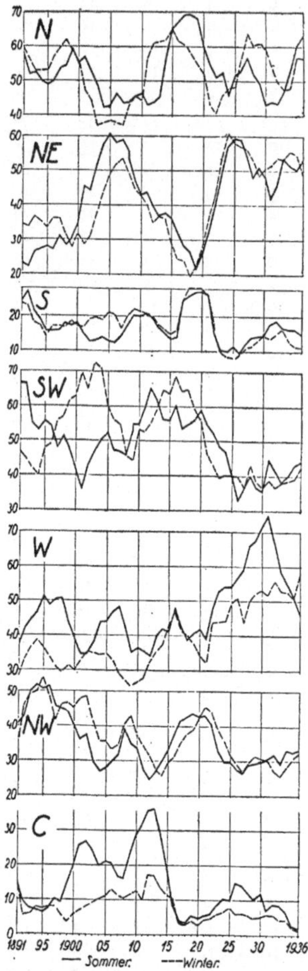

Abb. 21. Säkulare Änderungen der Häufigkeiten der Windrichtungen (7 + 14 + 21 Uhr) nach übergreifenden fünfjährigen Mittelwerten. Die Werte sind immer bei dem Jahr eingetragen, das das Ende des betreffenden Lustrums bezeichnet.

um den 10. September und um den 20. Oktober, eine beträchtliche Temperaturerhöhung Ende Oktober und anfangs November, an der Monatswende von November zu Dezember, Ende der ersten Dezemberdekade, vor Weihnachten und in der ersten Jännerdekade. So sehen wir innige Beziehungen zwischen den Singularitäten des Temperaturverlaufes und denen der Windrichtungen. Besonders zeigen sich diese bei den häufigen südlichen Winden im Herbst. Nördliche Winde gehen häufig dem Eintritt relativer Druckmaxima unmittelbar voraus, wie später beim Jahresgang des Luftdruckes zu sehen sein wird.

Die lange Reihe der Sonnblickbeobachtungen bietet auch die Möglichkeit, säkulare Änderungen zu verfolgen. Während bei den Windstärken wegen Unsicherheit der Schätzungen durch verschiedene Beobachter die Zuverlässigkeit der möglicherweise feststellbaren Schwankungen nicht gesichert erscheint, wird dieses Bedenken bei den Windrichtungen, die an einer Windfahne bestimmt werden, eher wegfallen. Getrennt nach Sommer und Winter ist für die Hauptwindrichtungen N, NE, S, SW, W und NW in übergreifenden fünfjährigen Mittelwerten der Gang der Häufigkeiten in Zusammenfassung der drei Terminbeobachtungen in Abb. 21 dargestellt. Wie ersichtlich ist, finden sich tatsächlich ganz beträchtliche Schwankungen der Windrichtungen. Die Änderungen gehen nicht im Sinne einer allmählichen Drehung der Windrose nach einer Richtung vor sich, sondern es folgt auf eine einige Zeit lang anhaltende Drehung einzelner Komponenten nach einer Richtung wieder eine Rückdrehung. Am deutlichsten ist dies bei den N- und NE-Winden zu sehen. Seit Beginn der Sonnblickbeobachtungen erfolgten bis etwa 1920 in zwei langen Wellen Drehungen der Windrose von N gegen NE und wieder zurück. Den Häufigkeitsminima der N-Winde um 1901/05 und 1920/24 entsprechen Häufigkeitsmaxima der NE-Winde. In den letzten 15 Jahren war diese Gegenläufigkeit nicht mehr so gut ausgeprägt und zum Teil überhaupt nicht vorhanden. In dieser Zeit hält sich die Häufigkeit der NE-Winde in großer Höhe. Beim Vergleich zwischen Sommer und Winter ist merkwürdig, daß die Schwankungen, obwohl sie im großen und ganzen ähnlich verlaufen, zeitweise mit einer gewissen Phasenverschiebung erfolgen, die aber nicht immer konstant bleibt. So sind z. B. die Wellen der N-Wind-Schwankungen im Winter gegenüber dem Sommer Ende des zweiten Jahrzehnts unseres Jahrhunderts verfrüht, nachher aber verspätet. Bei den NE-Winden erfolgte die Häufigkeitszunahme bis 1903/08 im Winter im Verhältnis zum Sommer verspätet. Nachher erfolgten die Schwankungen aber eher etwas verfrüht. Auffallend sind die säkularen Änderungen der SW-Winde. Sie erfolgten wohl auch bis Ende 1920 in zwei langen und deutlichen Wellen, aber sie blieben durchaus nicht im Gleichlauf mit den Schwankungen der N-Winde, und überdies zeigt sich im vorigen Jahrhundert merkwürdigerweise ein nahezu spiegelbildlicher Verlauf von Sommer und Winter. Häufigkeitsmaxima der SW-Winde finden sich im Sommer 1887/91 und 1908/12, im Winter aber 1899/1903 und 1912/16. Die Häufigkeitsminima fallen im Sommer auf 1897/1901 und 1921/25 und im Winter auf 1890/94, 1905/09 und 1923/27. In den letzten 15 Jahren war die Häufigkeit der SW-Winde im Winter und im Sommer recht gering. Die Häufigkeiten der W-Winde zeigen keine Schwankungen in verhältnismäßig regelmäßigen Wellen, wie sie bei den N-, NE- und SW-Winden vorgekommen sind. Seit 1905/09 zeigt sich eine beträchtliche Zunahme von 25 auf 58 W-Winde im Winter und im Sommer eine Zunahme von 35 bis zum Maximum von 75 im Lustrum 1927/31, seither bis zum letzten Lustrum aber wieder eine starke Abnahme auf 46. Die NW-Winde zeigen eine allmähliche Abnahme ihrer Häufigkeiten, die in kleineren Schwankungen vor sich geht.

Im säkularen Verlauf der Windrichtungen finden sich also sehr bedeutende Schwankungen, die aber nicht alle Richtungen in gleicher Weise betreffen, so daß es sich durchaus nicht um Drehungen der gesamten Windrose handelt. Es sind vielmehr recht komplizierte Vorgänge, die die einzelnen Richtungen in ungleicher Weise beeinflussen und die schwer zu erklären sind [57].

Auf Grund der Windregistrierungen ist auch die Möglichkeit gegeben, den täglichen Gang der Windrichtungen zu untersuchen. Diese Frage wurde schon mehrfach behandelt, so z. B. von Pernter, Hann, Kleinschmidt [54] und anderen, auch mit Hilfe des Sonnblick-Beobachtungsmaterials. Hier will ich auf Grund der Registrierungen von mehreren Jahren die wesentlichen Tatsachen zusammenstellen.

Nach Auszählung der Häufigkeiten der verschiedenen Windrichtungen zu jeder Tagesstunde aus achtjährigen Registrierungen wurden die in Tab. 95 wiedergegebenen täglichen Gänge berechnet. Sie sind zur besseren Vergleichbarkeit in Promille angegeben. Die letzte Spalte enthält die durchschnittliche Häufigkeit der verschiedenen Windrichtungen in Stunden pro Jahr. Aus dieser Tabelle ist ersichtlich, daß tagsüber südliche Winde und nachts nördliche Winde überwiegen. Einen anschaulichen Einblick in die tägliche Winddrehung bekommt man durch Berechnung der resultierenden Richtungen nach Eliminierung der vor-

Tabelle 95. Tagesgang der Häufigkeiten der Windrichtungen, °/₀₀.

	1^h	2^h	3^h	4^h	5^h	6^h	7^h	8^h	9^h	10^h	11^h	12^h
N	43	43	44	44	44	43	46	45	42	40	37	37
NE	38	38	39	40	40	43	44	46	49	43	44	39
E	41	35	43	52	47	43	41	45	37	43	40	42
SE	39	41	43	44	38	47	44	39	52	61	41	49
S	36	36	34	35	32	30	36	41	41	51	60	60
SW	42	40	41	33	40	36	38	40	42	43	45	47
W	44	43	41	47	42	42	39	45	31	38	38	40
NW . . .	44	47	51	46	50	48	47	43	40	37	37	35

	13^h	14^h	15^h	16^h	17^h	18^h	19^h	20^h	21^h	22^h	23^h	24^h	Häufigkeiten der Windrichtungen pro Jahr Stunden
N	37	35	35	39	40	39	50	42	48	42	42	43	1890
NE	39	39	38	44	43	45	44	43	45	40	41	39	1298
E	41	40	35	45	45	41	41	38	49	43	40	43	327
SE	46	42	36	36	34	37	41	38	36	32	44	40	143
S	58	59	51	47	38	38	37	39	31	36	36	38	482
SW	47	46	44	42	43	39	42	42	41	44	41	42	2026
W	43	44	48	42	41	49	40	41	40	41	43	38	1666
NW . . .	34	33	39	38	40	38	43	42	43	41	44	40	928

Tabelle 96. Tägliche Winddrehung.

	3^h	6^h	9^h	12^h	15^h	18^h	21^h	24^h
Richtung der aus den Häufigkeiten der Windrichtungen berechneten Zusatzvektoren zum mittleren resultierenden Tagesvektor (Winkel von N gegen E gezählt):	$332^0\,36'$	$12^0\,32'$	$80^0\,47'$	$176^0\,08'$	$205^0\,43'$	$9^0\,43'$	$22^0\,03'$	$302^0\,40'$

Aus dem Windweg berechnete Zusatzvektoren zum mittleren resultierenden Tagesvektor:

	3^h	6^h	9^h	12^h	15^h	18^h	21^h	24^h
Richtung	$353^0\,53'$	$357^0\,28'$	$58^0\,51'$	$170^0\,33'$	$193^0\,20'$	$359^0\,00'$	$352^0\,20'$	$269^0\,09'$
N-Komponente, km	494	767	274	−1081	−785	345	327	−3
W-Komponente, km	53	34	−451	−180	186	6	44	201
Resultierender Vektor, km .	497	769	526	1102	806	345	330	202

herrschenden Windrichtung durch Verwendung der Abweichungen vom Tagesmittel der Stundenhäufigkeiten. Es ergeben sich die in Tab. 96 angeführten Komponenten, bzw. Richtungen der resultierenden Vektoren. Daraus ist ersichtlich, was ja schon mehrfach festgestellt worden ist, daß sich die Windrichtung mit der Sonne tagsüber dreht. Es ist eigentlich erstaunlich, daß trotz der verhältnismäßig großen Windstärken schon in der Häufigkeit der Windrichtungen diese Drehung zum Ausdruck kommt. Sie wird bekanntlich darauf zurückgeführt, daß die starke Erwärmung des Landes und der Luft in der Richtung der Sonne in der Höhe einen Abfluß der Luft nach der entgegengesetzten Richtung bewirken muß [58]. Daß die tägliche Drehung der Windrichtung nicht ganz regelmäßig erfolgt, ist zum Teil wohl auch durch die Ablenkung einzelner Windrichtungen auf dem Sonnblick, die aus der Darstellung der Windrosen bekannt ist, verursacht.

Windstärke.

Die Bestimmung der Windstärke erfolgt auf dem Sonnblick durch Schätzung und durch Registrierung. Von den Registrierungen liegen nicht alle Jahre ausgewertet vor. Die Schätzungen wurden vom Beginn der Sonnblickbeobachtungen bis Ende 1913 nach der zehnteiligen und seither nach der zwölfteiligen Beaufort-Skala vorgenommen. Wegen der großen Schwierigkeit und Unsicherheit der Windschätzung auf einem unbewaldeten und

Tabelle 97. Windstärken.

	Jänner	Februar	März	April	Mai	Juni	Juli	August	Sept.	Okt.	Nov.	Dez.	Jahr
Mittlere Windstärken nach Beaufort-Schätzungen:													
7 Uhr	3·8	3·7	3·6	3·3	3·0	3·0	3·0	3·2	3·2	3·5	3·7	3·8	3·4
14 „	3·8	3·8	3·8	3·4	3·1	2·8	2·8	2·8	3·0	3·5	3·7	3·8	3·4
21 „	4·0	4·1	3·9	3·5	3·2	3·2	3·2	3·4	3·4	3·6	3·8	3·9	3·6
Tagesmittel	3·9	3·9	3·8	3·4	3·1	3·0	3·0	3·1	3·2	3·5	3·7	3·8	3·4
Mittlere Windgeschwindigkeit aus Beaufort-Graden umgerechnet auf m/sec.:													
7 Uhr	6·46	6·17	5·72	5·26	4·58	4·82	4·83	5·14	5·47	5·87	6·35	6·47	5·59
14 „	6·53	6·30	6·12	5·46	4·69	4·18	4·25	4·31	5·06	5·61	6·18	6·32	5·42
21 „	6·70	7·01	6·51	5·81	4·96	5·09	5·35	5·55	5·85	6·41	6·75	6·70	6·05
Tagesmittel	6·56	6·49	6·12	5·51	4·74	4·70	4·81	5·00	5·46	5·96	6·43	6·50	5·69
Mittlere Windgeschwindigkeit nach Registrierungen, m/sec.:													
7 Uhr	7·84	7·75	6·90	6·09	5·63	5·86	6·28	6·58	6·52	6·97	6·88	7·32	6·72
14 „	8·00	7·97	7·69	6·79	6·08	5·35	5·43	5·72	5·67	7·17	7·54	7·40	6·73
21 „	7·96	8·32	7·60	6·90	6·26	6·15	6·28	6·82	6·66	7·19	7·21	7·62	7·08
Tagesmittel	8·05	8·13	7·50	6·69	6·10	5·97	6·07	6·52	6·44	7·21	7·30	7·61	6·97
Mittleres Stundenmaximum .	13·4	14·0	12·9	11·6	10·5	10·5	10·9	11·5	11·2	12·4	12·7	13·2	12·1
Absolut. mittl. Stundenmax.	25·0	23·9	24·6	21·9	20·4	19·4	19·4	19·9	22·1	23·1	23·9	25·9	22·5
Registrierung/Schätzung . .	1·23	1·25	1·22	1·21	1·29	1·27	1·26	1·30	1·18	1·21	1·14	1·17	1·22
Zahl der Tage mit Sturm .	11·8	11·1	10·6	7·1	5·4	5·0	4·9	6·0	6·7	8·7	10·3	11·4	99·0
„ „ „ „ Kalmen .	3·2	2·7	3·2	3·1	5·4	5·2	4·5	4·2	3·7	3·1	2·7	2·4	43·4

vegetationslosen Berggipfel nahmen die Beobachter häufig auch die Aufzeichnungen des Registrierapparates zur Kontrolle ihrer Schätzungen zu Hilfe.

Eine Übersicht über die mittleren Windstärken auf Grund der Schätzung zu den drei Terminen gibt die Tab. 97. Obwohl die Beaufort-Skala nicht linear ist, wurde doch, um einfache Ausdrücke für die Beurteilung der mittleren Windstärken zu erhalten, aus den einzelnen Monatswerten gemittelt. Diese Mittelwerte haben daher mehr die Bedeutung eines Übersichtsbehelfes als die einer absoluten Stärkeangabe.

Im Jahresgang findet sich auf dem Sonnblick das Windstärkemaximum im Winter und das Minimum im Sommer. Die Winterwerte sind um etwa 30% größer als die Sommerwerte. Im Tagesgang sind die Unterschiede, die sich aus den drei Terminen ergeben, nicht sehr beträchtlich. Der Höhentyp des Tagesganges der Windstärke, der mittags ein Minimum haben soll, ist im Winter und Frühling nicht vorhanden, wohl aber im Sommer und ganz schwach auch noch im Herbst.

Wenn man die mittleren Beaufort-Werte in m/sec. nach den 1926 vom Internationalen meteorologischen Komitee in Wien festgelegten Äquivalenten umrechnet, so bekommt man

Tabelle 98. Häufigkeitsverteilung der Windstärkestufen, $^o/_{oo}$ (1914—1936).

7 Uhr:	0	1	2	3	4	5	6	7	8	9	10	11	12
Jänner . . .	14	47	173	223	155	165	106	64	34	10	6	3	—
Februar . .	18	55	137	250	164	162	112	71	25	6	—	—	—
März . . .	20	52	206	267	156	130	82	53	21	9	3	—	1
April . . .	9	53	223	282	181	144	69	26	9	4	—	—	—
Mai	27	109	211	280	160	138	40	24	7	4	—	—	—
Juni . . .	30	90	216	268	170	141	62	19	4	—	—	—	—
Juli	22	84	194	312	148	155	55	22	7	1	—	—	—
August . .	27	62	182	312	175	145	66	22	8	—	1	—	—
September .	16	82	189	247	181	133	90	35	16	10	1	—	—
Oktober . .	18	54	182	239	184	155	98	49	18	3	—	—	—
November .	24	50	157	242	132	169	129	60	27	10	—	—	—
Dezember . .	8	46	159	244	171	155	119	57	27	10	4	—	—
14 Uhr:													
Jänner . . .	18	48	168	207	142	164	138	62	30	17	4	1	1
Februar . .	14	57	146	225	159	180	129	53	22	13	2	—	—
März . . .	14	61	129	238	171	183	118	46	26	10	4	—	—
April . . .	22	41	200	253	182	181	68	41	6	6	—	—	—
Mai	36	105	195	283	148	155	51	16	9	1	—	—	1
Juni . . .	35	111	271	275	134	108	48	14	3	—	1	—	—
Juli	35	139	231	240	159	122	51	14	7	1	—	—	1
August . .	47	107	274	264	127	103	52	20	4	1	1	—	—
September .	28	106	230	225	153	132	69	40	9	7	1	—	—
Oktober . .	24	62	196	239	152	169	86	51	14	7	—	—	—
November .	12	66	150	257	145	167	116	59	21	4	3	—	—
Dezember . .	20	46	134	238	160	186	115	69	27	3	1	1	—
21 Uhr:													
Jänner . . .	11	51	117	218	154	185	147	51	34	23	7	1	1
Februar . .	18	36	146	198	156	173	145	68	42	11	5	2	—
März . . .	9	47	159	232	146	189	118	62	27	10	1	—	—
April . . .	22	59	143	270	173	190	92	35	12	4	—	—	—
Mai	21	95	188	260	178	161	70	20	4	3	—	—	—
Juni . . .	23	68	205	288	174	131	74	32	4	1	—	—	—
Juli	15	64	198	279	156	156	99	22	6	4	1	—	—
August . .	15	49	193	315	172	125	80	35	11	4	1	—	—
September .	12	47	191	261	166	151	105	47	13	7	—	—	—
Oktober . .	16	51	160	250	174	184	85	45	23	11	1	—	—
November .	23	41	140	204	148	193	130	60	42	15	1	3	—
Dezember . .	19	43	124	234	175	153	143	72	24	6	4	3	—

die im zweiten Abschnitt der Tab. 97 angeführten Werte. Da die Umrechnungsfaktoren nicht proportional den Beaufort-Graden sind, sondern rascher zunehmen, als einer linearen Beziehung entsprechen würde, so müssen naturgemäß die m/sec.-Werte zu klein ausfallen. Trotz Berücksichtigung dieses Umstandes zeigt sich aber, worauf später noch zurückgekommen werden soll, daß die Windschätzungen merklich kleinere Werte ergeben haben, als mit Hilfe der Registrierungen erhalten wurden.

Wie die in Tab. 97 wiedergegebenen Mittelwerte zustande kommen, zeigt die Häufigkeitstabelle 98. Sie ist auf Grund der Windbeobachtungen zu den drei Terminen seit Einführung der zwölfteiligen Skala aufgestellt worden. Um einen leichteren Vergleich der einzelnen Monate zu ermöglichen, habe ich die Häufigkeiten in Promille umgerechnet. Die Scheitelwerte der Häufigkeitsverteilungen fallen fast durchwegs auf Beaufort-Grad 3; das heißt, daß diese Windstärke am häufigsten vorkommt. In der Zusammenfassung der drei Termine waren von Oktober bis März mehr als 50%, von Mai bis August aber weniger als 40% aller

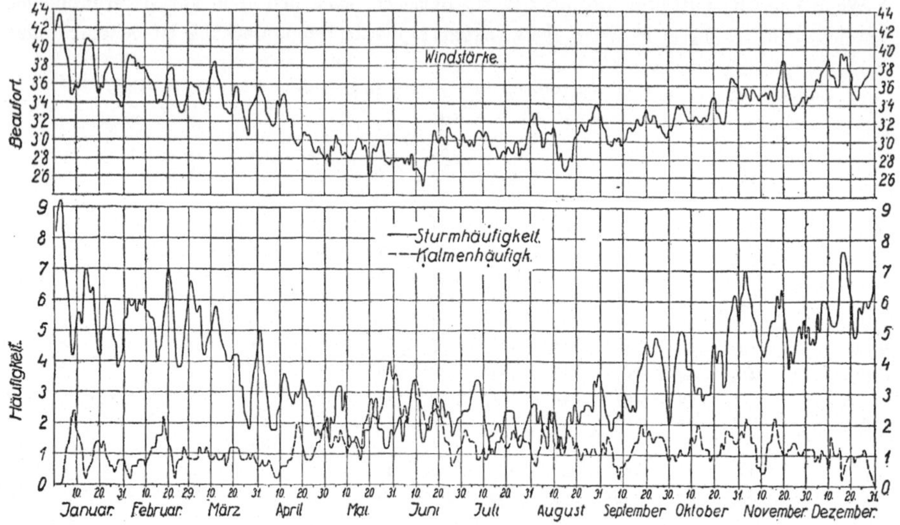

Abb. 22. Jahresgang der Windstärke, der Sturmhäufigkeit und Kalmenhäufigkeit um 7 Uhr (1901—1930) nach fünftägig übergreifenden Mittelwerten.

Winde von einer Stärke ≥ 4 Beaufort. Die stärkeren Winde kommen am Abend häufiger vor als am Morgen oder am Mittag. So ist z. B. die Häufigkeit der Windstärken ≥ 4 um 7 Uhr nur von Oktober bis Februar, um 21 Uhr aber von Oktober bis April größer als 50%, und um 21 Uhr ist sie im Jänner und Februar sogar noch größer als 60%. Um 14 Uhr geht die Häufigkeit dieser Winde im Juni und August sogar nahe an 30% herunter, während sie um 21 Uhr über 40% bleibt. Von November bis Februar wehen zu den drei Beobachtungsterminen mehr als 20%, von Mai bis Juli aber weniger als 10% der Winde mit Sturmesstärke, das ist ≥ 6 Beaufort. Im Sommer ist die Häufigkeit der starken Stürme ganz bedeutend geringer als im Winter.

Einen genaueren Einblick in den Jahresgang bietet wieder eine Verfolgung der 30jährigen Mittelwerte der Windstärken, die in Tab. 100 wiedergegeben sind. Sie beziehen sich auf die Beobachtungen zum 7-Uhr-Termin. Nach fünftägig übergreifenden Mitteln ausgeglichen, ist ihr Jahresverlauf in Abb. 22 dargestellt. Im Gegensatz zu ähnlichen Darstellungen von anderen Elementen zeigen sich hier nur kleinere Schwankungen in kürzeren Intervallen, denen eine besondere Bedeutung nur schwer zuzuordnen ist. Als überraschend kann vielleicht empfunden werden, daß bei Einbruch des monsunartigen Witterungsrückschlages anfangs Juni in der mittleren Windstärke eigentlich gar nichts bemerkbar ist; erst in der zweiten Junihälfte nimmt sie etwas zu.

Bedeutendere Schwankungen macht die Kurve der ebenfalls nach übergreifenden fünftägigen Mittelwerten gezeichneten Sturmhäufigkeiten der 30jährigen Periode 1901/30, die auch in Abb. 22, ebenso wie die entsprechende Kurve der Kalmen, dargestellt ist.

Die charakteristischeren Wetterereignisse kommen also in den extremen Windstärken besser zum Ausdruck als in den mittleren. Auffallend ist die große Sturmhäufigkeit unmittelbar nach Jahresbeginn; sie geht mit einer großen Häufigkeit trüben Wetters parallel. Die Maxima der Sturmhäufigkeiten fallen im Winter und besonders im Herbst meist mit Perioden großer Häufigkeit von SW-Winden zusammen. Sehr interessant sind auch die Verhältnisse vor Einbruch des monsunartigen Sommer-Wetterrückschlages, die durch verhältnismäßig größere Häufigkeit von Windstillen gekennzeichnet sind. Es kommen um diese Zeit nahezu doppelt soviel Kalmen wie Stürme vor. Aber auch in den ersten zwei Dritteln des Juni ist die Kalmenhäufigkeit noch groß.

Für die einzelnen Monate ist die mittlere Zahl der Tage mit Sturm und die der Tage mit Kalmen in Tab. 97 zu finden. Es gibt auf dem Sonnblick im Jahr mehr als doppelt soviel Tage mit Sturm als Tage mit Kalmen. Bei Berücksichtigung der verschiedenen Monatslängen hat der Februar die größte Sturmhäufigkeit. Die wenigsten Stürme kommen im Juli vor. Von November bis März gibt es durchschnittlich an mehr als einem Drittel aller Tage Stürme, von Mai bis Juli aber nur an etwa einem Sechstel aller Tage. Die meisten Kalmen kommen im Mai vor. In diesem Monat gibt es ebensoviel Tage mit Windstille wie Tage mit Sturm, und im Juni sind die Tage mit Windstille sogar noch häufiger als die Tage mit Sturm. Die wenigsten Tage mit Kalmen hat der Dezember.

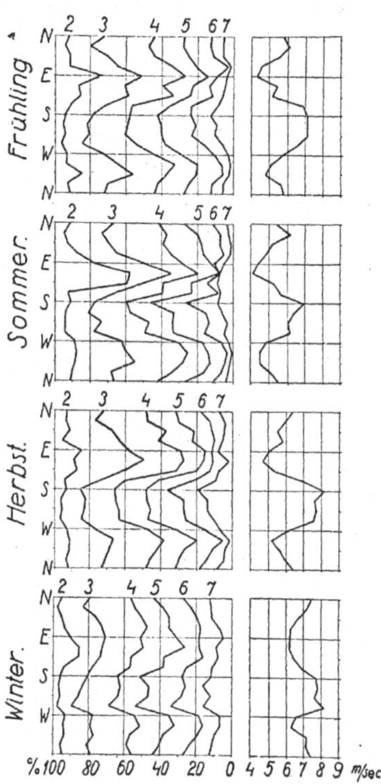

Abb. 23. Prozentuelle Häufigkeiten von Windstärken $\geq$ 2, 3, 4, 5, 6 und 7 bei den verschiedenen Windrichtungen nach den Terminbeobachtungen 1914—1936 und mittlere Windgeschwindigkeiten in m/sec.

Einen weiteren Einblick in die Windverhältnisse des Sonnblickgipfels gibt die Beachtung der den einzelnen Windrichtungen zukommenden Windstärken. Es ist die Frage, ob die verschiedenen Windstärken sich auf alle Richtungen verhältnismäßig gleich verteilen oder ob Winde aus bestimmten Richtungen im allgemeinen stärker sind als die aus anderen Richtungen. Die Antwort auf diese Frage ist aus der Häufigkeitstabelle 99 zu ersehen, in der, getrennt nach den vier Jahreszeiten, die prozentuelle Verteilung der Winde jeder Richtung auf alle Stärkegrade angegeben ist. Sehr anschaulich wird diese Verteilung in Abb. 23, in der die prozentuelle Wahrscheinlichkeit, daß bestimmte Stärkestufen überschritten werden, dargestellt ist. Man sieht daraus, daß die Häufigkeit starker Winde aus dem E-Quadranten verhältnismäßig gering, aus dem SW-Quadranten aber viel größer ist. So ist z. B. die Wahrscheinlichkeit, daß E-Winde im Herbst eine Stärke 5 erreichen oder überschreiten, nur 16%, während bei SW-Winden diese Wahrscheinlichkeit 46% beträgt. Die Unterschiede der Windstärken bei verschiedenen Richtungen sind im Winter gering, nehmen im Frühling zu und sind im Sommer und Herbst am größten. Die Bedeutung der festgestellten Unterschiede hängt auch von der Häufigkeit des Vorkommens der betreffenden Windrichtungen ab. Wir wissen aus dem Vorhergehenden, daß auf dem Sonnblick E-Winde nur sehr selten, SW-Winde aber sehr häufig sind. Von größerem Interesse wird daher ein Vergleich der Winde sein, die am häufigsten vorkommen. Es sind dies WSW-Winde einerseits und N-, bzw. NNE-Winde andererseits. Die Unterschiede zwischen diesen beiden Richtungen in den Stärkestufen sind nicht sehr groß. Im allgemeinen sind starke WSW-Winde verhältnismäßig häufiger als starke N-, bzw. NNE-Winde. Die Häufigkeitsunterschiede gehen bis zu 10%. Diese Unterschiede der verschiedenen Windrichtungen hinsichtlich der Windstärke kommen am besten in den aus den einzelnen Beaufort-Werten berechneten mittleren Geschwindigkeiten zum Ausdruck, die in der letzten Spalte der Tab. 99 wiedergegeben und auch in Abb. 23 dargestellt sind. Daraus ist auch deutlich ersichtlich, daß die SW-Winde besonders im Frühling und noch mehr im Herbst im Mittel wesentlich stärker sind als die N-Winde.

Als Ergänzung zu den bisherigen Ergebnissen der Windschätzungen müssen nun die Ergebnisse der Windregistrierung behandelt werden. Dabei will ich nur die mit dem

Tabelle 99. Prozentuelle Häufigkeitsverteilung der Windstärken bei den verschiedenen Windrichtungen (1914—1936) nach den Terminbeobachtungen und mittlere Windgeschwindigkeiten, m/sec.

Windrichtung	Beaufort-Grad 1	2	3	4	5	6	7	8	9	10	11	12	Mittlere Windgeschwindigkeit m/sec.
					Winter:								
N	5	16	22	13	17	14	7	4	1	1	0	0	7·35
NNE	2	15	28	16	16	11	6	4	2	0	—	—	7·14
NE	5	19	26	15	16	9	5	3	2	0	0	—	6·60
ENE	6	21	25	14	17	11	4	1	1	0	—	—	6·19
E	9	20	20	19	13	13	4	1	1	—	—	—	6·18
ESE	14	13	24	22	8	11	5	1	1	1	—	—	6·15
SE	15	12	18	18	21	9	4	1	2	—	—	—	6·35
SSE	7	15	21	18	14	15	7	2	1	—	—	—	6·91
S	4	15	17	12	23	17	8	3	—	1	—	—	7·66
SSW	3	13	21	17	21	10	7	5	2	1	0	—	7·73
SW	4	10	23	16	19	16	7	3	1	1	0	—	7·65
WSW	2	9	21	16	19	18	10	4	1	0	—	—	8·08
W	6	16	23	20	16	12	5	2	0	—	—	—	6·50
WNW	6	15	28	19	15	11	4	2	0	—	—	—	6·28
NW	6	16	20	19	18	10	5	3	1	1	1	—	7·12
NNW	4	15	22	18	17	14	7	2	1	0	0	—	7·06
					Frühling:								
N	8	20	28	17	15	7	3	1	1	0	—	0	5·75
NNE	6	15	32	19	15	7	3	2	1	0	—	—	6·07
NE	8	22	26	19	14	7	2	2	0	0	—	—	5·59
ENE	8	26	31	14	17	2	2	—	—	—	—	—	4·95
E	27	22	24	13	5	5	2	2	—	—	—	—	4·34
ESE	13	26	21	17	9	9	3	—	2	—	—	—	5·40
SE	14	27	25	10	12	6	5	1	—	—	—	—	5·14
SSE	9	20	14	20	13	15	4	3	1	—	—	1	6·85
S	6	16	20	16	19	11	6	5	1	—	—	—	7·10
SSW	5	13	22	19	19	12	6	2	2	—	—	—	7·10
SW	5	14	21	20	17	12	7	2	2	—	—	—	7·11
WSW	3	12	30	17	22	10	5	1	0	—	—	—	6·60
W	6	21	29	15	19	7	2	1	0	0	—	—	5·68
WNW	6	29	31	13	14	5	1	—	1	—	—	—	5·08
NW	15	28	20	16	15	4	2	0	—	—	—	—	4·80
NNW	7	23	28	17	13	7	3	2	0	0	—	—	5·61

Tabelle 99 (Fortsetzung).

Beaufort-Grad	1	2	3	4	5	6	7	8	9	10	11	12	Mittlere Windgeschwindigkeit m/sec.
Windrichtung													
						Sommer:							
N	9	24	26	14	15	8	3	1	0	—	—	—	5·50
NNE	5	21	35	18	22	5	3	1	--	—	—	—	6·29
NE	7	23	30	21	11	6	2	—	—	—	—	—	5·20
ENE	12	23	30	18	11	4	2	—	—	—	—	--	4·84
E	22	29	22	15	2	5	4	—	—	1	—	—	4·42
ESE	42	23	15	12	—	—	—	4	—	4	—	—	4·09
SE	41	9	11	16	9	5	3	2	—	4	—	—	5·22
SSE	7	27	26	17	15	1	2	3	1	—	—	1	5·66
S	9	13	19	14	19	18	6	1	1	—	—	—	7·00
SSW	6	13	23	25	18	9	5	1	0	—	—	—	6·41
SW	6	20	26	14	20	11	2	1	0	0	—	—	5·99
WSW	6	17	28	16	18	11	3	1	0	—	—	—	6·09
W	11	26	32	13	11	5	1	1	0	—	—	—	4·81
WNW	12	28	34	12	10	3	—	1	0	—	—	—	4·45
NW	12	32	28	15	8	3	1	1	—	—	—	—	4·45
NNW	10	22	34	17	10	4	2	1	—	—	—	—	4·98
						Herbst:							
N	7	20	24	17	14	10	4	3	1	0	—	—	6·29
NNE	7	16	29	17	18	9	3	1	0	—	—	—	5·97
NE	8	24	29	16	10	7	4	1	1	—	—	—	5·54
ENE	5	30	23	18	12	5	3	2	1	—	1	—	5·78
E	15	26	29	13	5	4	4	3	1	—	—	—	5·05
ESE	11	39	22	11	6	8	—	3	—	—	—	—	4·68
SE	13	27	29	11	7	5	4	2	2	—	—	—	5·24
SSE	5	21	14	18	21	11	7	2	—	1	—	—	6·93
S	6	9	19	17	13	17	12	4	3	—	—	—	8·15
SSW	4	13	18	17	21	13	9	4	1	—	—	—	7·62
SW	4	13	19	17	19	13	9	4	2	0	0	—	7·69
WSW	3	12	21	16	21	16	7	3	1	—	—	—	7·54
W	7	16	29	16	17	8	5	1	1	—	—	—	6·18
WNW	8	25	28	18	15	4	1	1	—	—	—	—	5·14
NW	9	22	27	15	16	7	2	1	1	0	—	—	5·59
NNW	7	22	25	15	16	10	3	2	—	—	—	—	5·93

seit 1901 in Betrieb stehenden Anemographen (Kew-Modell) gewonnenen Registrierungen verwerten. Die Ergebnisse sind nur für die Jahre 1901—1914 und 1927—1936 ausgewertet worden. Es stehen demnach Registrierungen von 23 Jahren zur Verfügung. Während die Windbeobachtungen seit 1887 lückenlos vorliegen, weisen die Registrierungen einige kleinere Unterbrechungen auf. Dafür hat der Registrierapparat aber den Vorteil der größeren Objektivität, so daß in der Reihe der Windaufzeichnungen Beobachterwechsel, die gerade bei Windschätzungen oft große Inhomogenitäten bringen, sich nicht viel bemerkbar machen können. Der Anemograph wurde das letzte Mal im Jahre 1931 geeicht. Danach ist die wahre Windgeschwindigkeit gegeben durch V_W (km/h) $= 1·4 + 1·004$ v (km/h). Der Proportionalitätsfaktor zur registrierten Geschwindigkeit ist so wenig von 1 verschieden, daß diese Korrektur praktisch vernachlässigt werden kann und also nur zur Stundengeschwindigkeit noch der kleine Betrag von 1·4 km/h zu addieren ist. In den Angaben der folgenden Tabellen ist aber diese Korrektur nicht angebracht.

Zum Vergleich mit den Schätzungsergebnissen sind in Tab. 97 für die drei Beobachtungstermine und für das Tagesmittel die registrierten Geschwindigkeiten angegeben. Im Jahresdurchschnitt sind diese um 22% höher als die geschätzten.

Tabelle 100. Mittlere Windstärken (Beaufort) für jeden Tag nach 7-Uhr-Beobachtungen in den Jahren 1901—1930.

Tag	Jänner	Februar	März	April	Mai	Juni	Juli	August	Sept.	Okt.	Nov.	Dez.
1	4·1	3·5	3·4	3·7	2·6	2·9	3·1	3·4	3·3	3·0	3·4	3·7
2	4·4	4·1	3·8	3·2	2·4	2·9	3·0	3·6	3·1	3·4	3·7	3·0
3	4·5	4·1	3·7	3·4	3·1	2·5	3·0	3·1	2·7	3·2	3·4	3·8
4	4·4	3·9	3·5	3·5	2·7	3·0	2·6	3·0	3·1	3·3	3·6	3·5
5	4·4	4·0	3·5	3·4	3·5	2·7	3·1	2·6	2·6	3·6	3·8	3·7
6	3·5	3·4	3·4	2·9	2·7	3·0	2·9	3·2	3·3	3·3	3·2	3·9
7	3·4	4·1	3·4	3·0	3·3	2·6	3·3	2·7	3·0	3·3	3·2	3·5
8	4·0	3·6	3·3	3·1	2·7	2·8	2·8	3·4	3·1	3·3	4·0	3·6
9	3·6	4·0	3·3	3·3	2·6	2·6	3·3	3·6	3·0	3·1	3·5	4·0
10	3·0	3·7	3·9	3·5	3·0	3·3	3·3	2·6	2·8	3·3	3·6	3·9
11	3·8	3·4	3·8	4·0	2·8	2·5	2·8	3·1	2·9	3·1	2·9	4·1
12	3·6	4·1	3·9	2·9	3·2	2·3	3·0	3·1	3·2	3·4	3·5	3·8
13	3·8	3·4	3·9	3·6	2·6	2·6	3·1	2·6	3·1	3·3	4·0	2·9
14	3·7	3·7	3·5	3·5	2·8	2·4	3·1	2·6	3·7	3·3	3·7	4·0
15	4·2	3·6	3·5	3·1	3·0	2·6	2·6	3·0	2·8	3·1	3·2	3·7
16	4·7	3·2	3·4	3·0	3·0	3·1	2·7	2·3	2·7	3·0	3·4	3·7
17	4·1	3·1	3·4	2·9	3·6	3·2	3·1	2·9	3·3	3·4	3·1	3·9
18	3·6	3·5	3·0	2·7	2·6	2·5	2·8	2·8	3·7	3·5	3·8	4·5
19	3·6	3·6	3·4	3·2	2·3	3·2	2·8	3·0	3·4	3·0	4·4	3·6
20	3·2	3·8	3·3	2·9	3·2	3·5	2·9	2·9	2·8	3·6	3·8	3·9
21	3·5	3·6	3·3	3·1	2·4	2·7	2·8	3·3	3·3	3·8	3·9	3·0
22	3·5	4·0	3·9	3·1	2·5	3·0	2·9	3·2	3·5	3·5	3·5	3·7
23	4·2	3·8	3·6	3·1	3·1	2·8	3·2	3·0	3·1	2·7	3·2	3·5
24	3·5	3·6	3·7	3·0	3·3	3·1	2·6	3·5	3·3	3·0	3·5	3·4
25	4·0	3·0	2·5	2·9	3·1	3·2	2·8	2·7	3·2	3·2	3·3	3·6
26	3·7	2·7	3·3	2·8	2·8	3·6	3·3	3·1	3·2	3·6	3·4	3·7
27	3·8	3·5	3·4	2·7	2·7	2·9	3·1	3·4	3·0	3·6	3·4	3·7
28	3·7	3·6	3·0	2·9	2·9	2·5	2·5	3·4	3·2	4·0	3·4	3·8
29	3·1	—	3·0	3·3	2·4	3·1	3·0	3·5	3·0	3·7	3·5	3·6
30	2·9	—	3·7	2·7	3·0	3·1	2·7	3·3	3·0	3·5	3·4	3·7
31	3·6	—	3·7	—	2·7	—	3·3	3·3	—	3·4	—	4·1

Aus welchen Einzelwerten die in Tab. 97 angeführten Monatsmittel zustande kommen, zeigt die Tab. 101, die die Häufigkeitsverteilung der Tagesmittel der Windgeschwindigkeit, ausgedrückt in Promille, wiedergibt. Die mittleren Variationsbreiten der Tagesmittel der Windgeschwindigkeiten sind sehr groß. Sie sind im Sommer geringer als im Winter und schwanken zwischen 39 und 52 km/h. Dasselbe zeigt auch die Streuung um den Mittelwert oder die mittlere Abweichung (Quadratwurzel aus dem Mittelwert der Summe der Abweichungsquadrate). Sie ist mit 10 km/h am kleinsten im August und mit 13·8 km/h am größten im Jänner. Die Häufigkeitsverteilungen sind nach den kleineren Werten hin unsymmetrisch; das heißt, es kommen Werte, die kleiner als der Mittelwert sind und von diesem nur wenig abweichen, häufiger vor als die Werte, die größer als der Mittelwert sind. Diese Unsymmetrie besteht das ganze Jahr hindurch; sie ist aber im Sommer deutlicher als im Winter. Von Dezember bis März sind mehr als ein Viertel aller Tagesmittel der Windgeschwindigkeit größer als Sturmesstärke; von Mai bis August sind es aber nur 10%.

Welche täglichen Höchstwerte vorkommen und wie oft sie vorkommen, zeigt die Tab. 102. Sie gibt, ebenfalls in Promille ausgedrückt, nach Klassenintervallen von je 4 km/h zusammengefaßt, die Häufigkeitsverteilungen der täglichen Windstärkemaxima. Diese zeigen eine ähnliche Unsymmetrie wie die Häufigkeitsverteilungen der Tagesmittel der Windgeschwindigkeit. Ihre mittlere Variationsbreite ist aber viel größer.

Tabelle 101. Häufigkeitsverteilung der Tagesmittel der Windgeschwindigkeit, $^0/_{00}$.

km/Std.	Jänner	Februar	März	April	Mai	Juni	Juli	August	Sept.	Okt.	Nov.	Dez.
0·0 bis 0·9	—	—	—	—	3	4	2	1	—	1	2	1
1·0 „ 2·9	5	1	4	—	12	13	—	3	2	2	7	1
3·0 „ 4·9	8	4	7	6	15	11	9	7	3	7	6	6
5·0 „ 6·9	11	7	10	14	18	24	14	10	19	8	27	10
7·0 „ 8·9	20	16	16	25	27	33	24	26	33	12	28	22
9·0 „ 10·9	26	32	39	51	54	45	42	26	52	30	28	28
11·0 „ 12·9	51	28	43	68	70	50	84	50	52	40	40	49
13·0 „ 14·9	36	44	53	56	85	85	93	62	67	70	55	58
15·0 „ 16·9	59	53	68	70	105	90	87	89	94	70	49	66
17·0 „ 18·9	60	62	71	78	55	93	77	96	88	70	71	57
19·0 „ 20·9	50	43	68	77	84	79	65	88	64	83	46	81
21·0 „ 22·9	71	61	65	82	69	59	83	86	66	76	57	64
23·0 „ 24·9	49	70	59	67	61	88	74	90	75	77	52	72
25·0 „ 26·9	57	74	69	57	64	76	67	76	57	53	77	52
27·0 „ 28·9	58	38	56	48	48	44	63	52	68	58	67	49
29·0 „ 30·9	59	42	52	43	52	49	47	54	34	64	62	63
31·0 „ 32·9	56	61	48	46	35	32	32	31	33	36	40	38
33·0 „ 34·9	53	56	22	34	30	22	25	31	27	38	60	47
35·0 „ 36·9	34	38	36	46	39	19	25	21	33	38	28	30
37·0 „ 38·9	31	42	33	25	5	19	23	26	32	24	34	34
39·0 „ 40·9	18	43	25	21	11	17	9	18	27	27	25	28
41·0 „ 42·9	25	26	32	16	11	10	15	5	11	17	22	25
43·0 „ 44·9	30	40	22	15	14	10	6	12	12	18	13	29
45·0 „ 46·9	22	24	16	11	6	4	8	10	10	21	25	12
47·0 „ 48·9	26	16	15	14	6	7	8	5	14	9	17	14
49·0 „ 50·9	23	13	14	6	7	6	1	9	8	11	16	8
51·0 „ 52·9	11	9	9	3	3	5	4	4	1	5	8	11
53·0 „ 54·9	6	12	11	5	4	3	1	2	2	8	12	6
55·0 „ 56·9	9	11	8	4	—	—	4	5	4	4	8	8
57·0 „ 58·9	11	9	2	3	3	2	—	1	4	4	5	4
59·0 „ 60·9	3	9	4	2	1	—	1	3	—	8	1	6
61·0 „ 62·9	5	6	3	2	—	1	3	—	3	2	5	4
63·0 „ 64·9	7	3	1	1	—	—	1	—	1	2	1	2
65·0 „ 66·9	3	—	4	1	3	—	2	1	1	2	5	2
67·0 „ 68·9	—	1	8	—	—	—	1	—	2	1	3	5
69·0 „ 70·9	—	2	3	2	—	—	—	—	—	—	—	4
$\geqq$ 71·0	7	4	4	1	—	—	—	—	1	4	4	4

Größtes Tagesmittel der Windgeschwindigkeit, km/Std.:

	Jänner	Februar	März	April	Mai	Juni	Juli	August	Sept.	Okt.	Nov.	Dez.
	91·9	75·7	81·4	76·2	66·6	61·2	67·3	65·0	72·6	79·6	82·7	81·6

Kleinstes Tagesmittel der Windgeschwindigkeit, km/Std.:

	Jänner	Februar	März	April	Mai	Juni	Juli	August	Sept.	Okt.	Nov.	Dez.
	2·1	2·8	1·8	3·3	0·0	0·0	0·1	0·2	1·4	0·1	0·1	0·9

Durchschnittliches Tagesmittel, km/Std.:

	Jänner	Februar	März	April	Mai	Juni	Juli	August	Sept.	Okt.	Nov.	Dez.
	28·5	29·3	27·1	24·3	21·9	21·6	22·3	23·3	23·7	26·0	27·0	27·0

Streuung der Tagesmittel um den Mittelwert, km/Std.:

	Jänner	Februar	März	April	Mai	Juni	Juli	August	Sept.	Okt.	Nov.	Dez.
	13·8	13·2	13·3	11·4	10·7	10·2	10·3	10·1	11·4	12·2	13·4	13·0

Durchschnittlich kleinstes Tagesmittel der Windgeschwindigkeit, km/Std.:

	Jänner	Februar	März	April	Mai	Juni	Juli	August	Sept.	Okt.	Nov.	Dez.
	8·9	9·3	7·5	7·7	5·9	6·5	7·8	8·0	8·1	8·4	7·0	7·8

Durchschnittlich größtes Tagesmittel der Windgeschwindigkeit, km/Std.:

	Jänner	Februar	März	April	Mai	Juni	Juli	August	Sept.	Okt.	Nov.	Dez.
	59·0	57·4	59·4	51·5	46·1	45·5	46·5	46·6	50·2	55·2	57·3	56·7

Durchschnittliche Variationsbreite der Tagesmittel der Windgeschwindigkeit, km/Std.:

	Jänner	Februar	März	April	Mai	Juni	Juli	August	Sept.	Okt.	Nov.	Dez.
	50·1	48·1	51·9	43·8	40·2	39·0	38·7	38·6	42·1	46·8	50·3	48·9

Sie schwankt zwischen 51·2 km/h im August und 72·0 km/h im Dezember. Die mittleren Abweichungen oder die Werte der Streuung steigen von dem kleinsten Wert 13·5 km/h im

Tabelle 102. Häufigkeitsverteilung der täglichen Windstärkemaxima, $^o/_{oo}$.

km/Std.	Jänner	Februar	März	April	Mai	Juni	Juli	August	Sept.	Okt.	Nov.	Dez.
0 bis 4	—	—	—	1	3	3	1	1	—	1	—	—
5 „ 8	1	—	3	—	2	2	—	—	—	—	3	1
9 „ 12	9	—	3	3	5	7	3	3	5	6	2	10
13 „ 16	14	6	15	16	15	18	7	10	21	8	19	20
17 „ 20	29	22	24	45	71	58	43	22	47	32	36	41
21 „ 24	31	39	56	59	83	76	60	52	58	58	65	62
25 „ 28	61	68	60	80	120	83	101	84	92	69	69	50
29 „ 32	85	72	93	125	108	117	125	123	122	104	72	92
33 „ 36	70	62	85	101	102	116	121	130	107	94	70	69
37 „ 40	103	80	111	111	129	127	137	130	129	112	104	91
41 „ 44	68	84	81	82	93	94	108	100	95	90	79	74
45 „ 48	85	63	79	80	70	81	91	90	47	78	70	71
49 „ 52	79	82	85	77	61	50	61	95	86	71	83	74
53 „ 56	62	61	33	44	38	49	34	47	30	58	52	41
57 „ 60	63	82	65	47	37	40	25	36	48	58	65	57
61 „ 64	33	56	32	29	16	22	26	24	31	35	53	37
65 „ 68	51	53	38	31	20	25	19	11	29	32	49	53
69 „ 72	39	39	34	22	11	17	13	16	17	20	34	51
73 „ 76	28	29	31	19	5	5	10	8	8	17	15	23
77 „ 80	23	46	21	12	4	7	4	7	7	28	10	33
81 „ 84	18	16	17	4	2	2	3	3	7	5	12	7
85 „ 88	14	17	11	3	2	—	1	4	4	5	8	14
89 „ 92	6	9	8	4	2	—	2	4	6	7	7	9
93 „ 96	9	8	3	1	—	1	1	—	2	1	5	5
97 „ 100	5	5	4	2	1	—	3	—	2	4	6	5
101 „ 104	4	1	1	1	—	—	1	—	0	4	3	—
105 „ 108	6	—	1	—	—	—	—	—	1	2	5	3
109 „ 112	3	—	3	—	—	—	—	—	—	1	—	—
113 „ 116	—	—	1	—	—	—	—	—	—	—	—	1
117 „ 120	1	—	—	—	—	—	—	—	—	—	1	—
> 120	—	—	3	—	—	—	—	—	—	—	3	6

Größtes tägliches Maximum, km/St.:

	Jänner	Februar	März	April	Mai	Juni	Juli	August	Sept.	Okt.	Nov.	Dez.
	117	103	125	102	99	93	104	90	106	112	121	137

Kleinstes tägliches Maximum, km/Std.:

	Jänner	Februar	März	April	Mai	Juni	Juli	August	Sept.	Okt.	Nov.	Dez.
	7	13	8	2	0	0	2	3	10	2	6	8

Durchschnittliches Maximum, km/Std.:

	Jänner	Februar	März	April	Mai	Juni	Juli	August	Sept.	Okt.	Nov.	Dez.
	48·3	50·6	46·2	41·5	37·4	38·5	39·1	40·6	40·4	44·1	46·0	47·0

Streuung der Maxima um den Durchschnittswert, km/Std.:

	Jänner	Februar	März	April	Mai	Juni	Juli	August	Sept.	Okt.	Nov.	Dez.
	19·1	19·7	19·1	15·8	14·0	14·2	13·7	13·5	15·6	17·4	19·4	20·6

Durchschnittlich kleinste Windstärkemaxima, km/Std.:

	Jänner	Februar	März	April	Mai	Juni	Juli	August	Sept.	Okt.	Nov.	Dez.
	17·8	21·0	17·5	18·4	16·0	15·6	18·9	19·4	18·0	17·7	17·6	16·4

Durchschnittlich größte Windstärkemaxima, km/Std.:

	Jänner	Februar	März	April	Mai	Juni	Juli	August	Sept.	Okt.	Nov.	Dez.
	87·8	86·4	86·9	77·0	70·9	69·8	73·0	70·6	80·0	83·6	87·8	88·4

Durchschnittliche Variationsbreite der täglichen Windstärkemaxima, km/Std.:

	Jänner	Februar	März	April	Mai	Juni	Juli	August	Sept.	Okt.	Nov.	Dez.
	70·0	65·4	69·4	58·6	54·9	54·2	54·1	51·2	62·0	65·9	70·2	72·0

August auf den Höchstwert 20·6 km/h im Dezember. Die Unterschiede der Streuung der täglichen Windstärkemaxima zwischen Sommer und Winter sind also bedeutend größer als die der Tagesmittel der Windgeschwindigkeiten. Vom November bis März sind mehr als 70%, im Februar sogar mehr als drei Viertel aller täglichen Windstärkemaxima größer als Sturmstärke; auch im Sommer sind es noch beträchtlich mehr als die Hälfte aller täglichen Maxima. Die größte bisher registrierte Stundengeschwindigkeit betrug 137 km und kam im Dezember 1901 vor. Die der Häufigkeitsverteilung der Tab. 102 zugrunde gelegten Maxima sind nicht momentane stärkste Stöße, sondern Durchschnittswerte über einzelne Stunden. Nach Registrierungen in der Niederung gilt, daß die einzelnen stärksten Stöße um etwa 70% höher sind als die durchschnittliche Stundengeschwindigkeit. Wenn dieses Verhältnis auch für den Sonnblick gelten würde, so wäre der bisher stärkste Windstoß auf dem Sonnblick mit etwa 230 km/h anzunehmen.

Aus der Tatsache, daß die Windschätzungen im allgemeinen zu niedrig waren, folgt auch, daß die in Tab. 97 angegebenen Durchschnittszahlen der Tage mit Sturm ebenfalls zu niedrig sein werden. Abgesehen von den Schätzungsfehlern kommt auch noch dazu, daß einzelne nur kürzere Zeit andauernde Stürme, namentlich wenn sie bei Nacht auftreten, der Beobachtung entgehen. Die Registrierung gibt uns nun die Möglichkeit zu untersuchen, **wieviel Stürme tatsächlich vorkommen und in welchem Verhältnis ihre Zahl zu den durch Windstärkeschätzungen gewonnenen Sturmhäufigkeiten steht.** Im allgemeinen werden Winde von einer Mindeststärke von 6 Beaufort als Sturm gezählt. Nach der international festgelegten Umrechnungsskala entspricht dem eine Windgeschwindigkeit von mindestens 36 km/h. Ich habe nun aus den Jahren, aus denen ausgewertete Windregistrierungen vorliegen, ausgezählt, wie oft Tage mit Windstärkemaxima ≥ 36 km/h vorkamen. Dabei ist unter Maximum wieder nicht der stärkste Windstoß, sondern die höchste durchschnittliche Stundengeschwindigkeit zu verstehen.

Für den Vergleich stehen Auswertungen der Windregistrierungen von 1901—1914 und von 1927—1936 zur Verfügung. Wie aus den im Anhang wiedergegebenen Monats- und Jahreswerten der Sturmhäufigkeiten zu sehen ist, wurden in der ersten Periode bedeutend weniger Stürme gezählt als in der zweiten. Dies ist sehr auffallend, weil nämlich die Windregistrierungen für beide Perioden annähernd gleiche Mittelwerte ergeben (7.0 m/sec. für 1901/14 und 6.9 m/sec. für 1927/36). Daß in der ersten Periode weniger Stürme angegeben sind als im letzten Jahrzehnt, ist zum Teil auch dadurch erklärt, daß bis 1914 nach der zehnteiligen Skala die Windstärke geschätzt wurde und daß sie seither aber nach der zwölfteiligen Skala bestimmt wird. Die Unterschiede können aber natürlich nicht so groß sein. Wir haben nun in den Aufzeichnungen des Anemographen eine objektive Kontrolle für die Schätzungen. Die auffallenden Unterschiede der beiden erwähnten Perioden ließen es zweckmäßig erscheinen, beim Vergleich zwischen Schätzung und Registrierung sie getrennt zu behandeln. In Tab. 103 sind nun die mit Berücksichtigung der vereinzelten Lücken in den Anemographen-Aufzeichnungen berechneten Werte der durch Schätzung und der durch Registrierung bestimmten mittleren Sturmtage einander gegenübergestellt, und dazu ist auch ihr Verhältnis angegeben. Einer Anzahl von 242 registrierten Sturmtagen pro Jahr in

Tabelle 103. Zahl der Sturmtage nach Schätzung und nach Registrierung (≥ 36 km/Std.).

	Jänner	Februar	März	April	Mai	Juni	Juli	August	Sept.	Okt.	Nov.	Dez.	Jahr
1901—1914, mittlere Zahl der Sturmtage:													
nach Schätzung . . .	7.4	8.8	8.3	4.5	2.9	2.9	2.8	3.9	4.0	6.3	7.5	9.3	68.6
nach Registrierung . .	23.0	21.8	22.9	20.2	16.6	16.8	18.8	19.9	17.1	20.6	21.6	22.6	241.9
Registrierung/Schätzung	3.10	2.46	2.76	4.51	5.83	5.73	6.74	5.18	4.29	3.28	2.88	2.43	3.57
1927—1936, mittlere Zahl der Sturmtage:													
nach Schätzung . . .	12.7	11.9	9.6	6.4	3.6	4.3	6.1	5.7	7.1	8.7	11.9	10.7	98.7
nach Registrierung . .	21.9	21.3	19.9	16.9	15.2	16.8	17.5	19.2	18.1	20.3	20.1	20.5	227.7
Registrierung/Schätzung	1.72	1.79	2.07	2.64	4.28	3.87	2.87	3.39	2.55	2.34	1.69	1.93	2.31
Mittlere registrierte Windgeschwindigkeiten (m/sec.):													
1901—1914	8.1	8.1	7.7	6.7	6.2	5.9	6.1	6.5	6.3	7.3	7.5	8.0	7.0
1927—1936	7.7	8.4	6.8	6.5	5.7	6.5	6.6	6.9	6.9	7.1	7.1	6.8	6.9

der Periode 1901/14 stehen 228 Sturmtage in der Periode 1927/36 gegenüber. Dagegen betrug die durch Schätzung bestimmte mittlere Zahl von Sturmtagen pro Jahr in der ersten Periode 69, in der zweiten aber 99. Es ist demnach anzunehmen, daß in der ersten Periode die Sturmhäufigkeit wesentlich zu niedrig geschätzt worden ist. Das Verhältnis der durch Registrierung geschätzten Sturmtage zu den auf Grund der Windstärkeschätzungen gefundenen beträgt im ersten Abschnitt 3˙57 und im Abschnitt 1927/36 aber 2˙31. Da die Windbeobachtungen des letzten Jahrzehnts zuverlässiger erscheinen, ist der letztere Wert als wahrscheinlichste Umrechnungszahl der aus den Windbeobachtungen bestimmten Sturmtage auf die wahre Anzahl von Sturmtagen anzunehmen. Der Unterschied zwischen der durch Windstärkeschätzungen und der durch Registrierungen bestimmten Zahl von Sturmtagen weist auch einen ausgesprochenen jährlichen Gang auf: im Sommer sind die Unterschiede viel größer als im Winter. Im Jänner ist die auf Grund der Registrierungen bestimmte Zahl von Sturmtagen nur um 72%, im Mai aber um 328% größer als die Zahl der geschätzten Sturmtage. Zum größten Teil wird sich dies daraus erklären, daß im Winter sehr starke Winde viel häufiger sind als im Sommer und daß daher im Winter der für Stürme charakteristische Schwellenwert viel weiter überschritten wird als im Sommer. Zum Teil erklärt sich aber die Unterschätzung der Stürme im Sommer vielleicht auch psychologisch, weil Stürme im Winter viel unangenehmer empfunden werden als im Sommer.

Für die Beurteilung der auf dem Sonnblick registrierten Windgeschwindigkeiten ist es von Bedeutung zu kennen, inwieferne diese den Windgeschwindigkeiten der freien Atmosphäre nahekommen, bzw. von ihnen abweichen. Es ist ja naheliegend, daß eine solch gewaltige Masse, wie sie unsere Alpen darstellen, einem allgemeinen Strom als Hindernis entgegengestellt, bedeutende Störungen verursachen muß. Daß diese Störungen nicht nur den Rand des Gebirges betreffen, sondern auch im Zentrum des Gebirges noch in einer beträchtlichen Höhe darüber hinaus wirken, wurde schon mehrfach festgestellt. So hat z. B. H. v. Ficker [59] auf Grund von Erfahrungen bei Freiballonfahrten den Einflußbereich der Störungszone zu 1000 bis 1500 m über Gipfelhöhe angegeben. Erst jüngst haben Burger und Ekhart [60] bei Verarbeitung des aerologischen Beobachtungsmaterials des österreichischen Flugwetterdienstes auch wieder als obere Grenze des Störungsbereiches des Gebirges eine absolute Höhe von 5000 m festgestellt, was obigem Werte ziemlich nahekommt.

In den bereits erwähnten Arbeiten von Schumacher und Roschkott, die die Abweichung des Windes auf Berggipfeln von dem der freien Atmosphäre behandeln, finden wir die in Tab. 104 zusammengestellten Werte. Es ergibt sich daraus, daß die Abweichungen nicht einheitlich gleich sind, sondern von der Windrichtung abhängen. Im wesentlichen erscheinen die entlang des Hauptkammes der Tauern wehenden Winde auf dem Sonnblick geschwächt und die senkrecht dazu gerichteten verstärkt. Dies ist durch Wirkung der Reibung einerseits und durch Drängung der Stromlinien andererseits leicht erklärlich und entspricht auch einer theoretischen Ableitung von Arakawa [61], der festgestellt hat, daß schräg auf einen Gebirgskamm anströmende Luft gegen diesen hin abgelenkt und dabei über dem Kamm beschleunigt wird. Eine gute Illustration hiefür sind die Windrosen und Windverhältnisse auf dem Sonnblick.

Die aus Tab. 104 ersichtlichen Abweichungen der Windgeschwindigkeiten auf dem Sonnblick von denen der freien Atmosphäre spielen auch eine Rolle bei Beurteilung der Windversetzung, da gerade die häufigsten Windrichtungen beschleunigt werden. Das mag auch einen Teil zur auffallenden zweiflügeligen Formung der Windrosen vom Sonnblick beitragen, die wir in Abb. 18 bereits für die Windrichtungen gesehen haben. In derselben Abbildung sind auch die aus den durch die Registrierungen gewonnenen Windwegen zu-

Tabelle 104. Mittlere Abweichung der Windgeschwindigkeiten auf dem Sonnblick bei verschiedenen Windrichtungen von den Windgeschwindigkeiten in der freien Atmosphäre (m/sec.).

Windrichtung:

N   NNE   NE   ENE   E   ESE   SE   SSE   S   SSW   SW   WSW   W   WNW   NW   NNW

Abweichung der Windgeschwindigkeit auf dem Sonnblick nach Roschkott (Lienz):

$+0.8$ $+1.0$ $+0.0$ -1.9 -2.0 -3.0 -4.0 $-$ $+2.4$ $+0.4$ $+1.9$ $+0.5$ -1.9 -0.8 -1.3 -3.3

Abweichung der Windgeschwindigkeit auf dem Sonnblick nach Schumacher (Wien, München):

$+1.7$ $-$ -1.4 $-$ -2.5 $-$ $+0.9$ $-$ $+3.0$ $-$ $+1.8$ $-$ -2.3 $-$ -0.5 $-$

sammengesetzten Windfiguren dargestellt. Sie weichen der Form nach nur wenig von den Richtungswindrosen ab. Der bemerkenswerteste Unterschied ist der, daß bei der Windfigur der Luftversetzung der NE-Flügel im Verhältnis zum SW-Flügel etwas verkleinert ist. Dies betrifft auch noch die W-Windrichtung, während die WSW-Komponente der Luftversetzung relativ zur Häufigkeit dieser Richtung größer ist. Diese Unterschiede sind durch die Verschiedenheiten der mittleren Geschwindigkeiten aus den einzelnen Windrichtungen, die aus dem Vorhergehenden bekannt sind, verursacht.

Den durchschnittlichen jährlichen Windweg bringt für die einzelnen Windrichtungen, auf Grund der zehnjährigen Registrierungen 1927/36, die Tab. 105. Die dort angegebenen Zahlenwerte wurden zur Zeichnung der Abb. 19 und zur Berechnung der resultierenden Luftversetzung in den einzelnen Monaten verwendet. Die Resultierenden sind in Tab. 92 den aus den Häufigkeiten der Windrichtungen berechneten Resultierenden gegenübergestellt. Der Umstand, daß die südwestlichen Winde im Durchschnitt stärker sind als die nördlichen, bewirkt, daß der resultierende Vektor der Windversetzung im allgemeinen gegenüber der aus den Häufigkeiten berechneten Resultierenden gegen W hin etwas gedreht ist. Die Abweichung ist nach dieser Richtung mit 23° im Juni am größten. Die Windversetzung aus nördlicher oder nordöstlicher Richtung ist in diesem Monat verhältnismäßig klein. Nur im Februar, in welchem Monat die Winde aus nördlicher und nordöstlicher Richtung bedeutend überwiegen, ist die aus den Windwegen berechnete Resultierende der aus den Häufigkeiten der Richtungen bestimmten nahezu gleichgestellt.

Im vorhergehenden wurde bereits gezeigt, daß die Winde aus dem E-Quadranten im Mittel am schwächsten sind und die aus dem SW-Quadranten am stärksten. Die Stärke der

Tabelle 105. Durchschnittlicher jährlicher Windweg (berechnet nach den Registrierungen der Jahre 1927—1936), km.

	Jänner	Februar	März	April	Mai	Juni	Juli	August	Sept.	Okt.	Nov.	Dez.	Jahr
N	2353	2844	1943	1808	1490	1529	1711	2042	2265	1762	1478	1935	23160
NNE . . .	2085	2252	2496	1403	1267	1211	1841	1737	1259	1399	1336	1531	19817
NE	1655	2180	1531	785	1284	1268	1441	1475	1040.	907	1044	1645	16255
ENE . . .	948	1405	817	461	783	625	650	1056	463	476	556	750	8930
E	249	438	344	66	112	169	79	190	130	142	173	196	2288
ESE . . .	127	211	108	20	39	20	18	13	41	55	62	136	850
SE	150	241	274	59	152	33	30	31	91	49	140	192	1442
SSE . . .	378	515	525	190	192	109	425	361	237	137	460	307	3836
S	494	523	531	200	200	412	1074	705	632	365	406	400	5942
SSW . . .	627	564	811	500	595	677	1044	917	844	594	609	411	8193
SW	1318	1125	1557	955	1693	1203	1118	1246	1451	1381	1750	1181	15978
WSW . . .	4181	1991	3551	4477	4075	3620	2564	2515	3299	4016	5733	3789	43811
W	2279	1436	2377	2889	1667	2320	2160	2073	2469	3619	2802	2491	28582
WNW . . .	956	1107	734	1196	943	886	1084	1135	1219	1575	847	1273	12955
NW	672	905	494	779	499	580	556	603	654	703	495	732	7772
NNW . . .	1976	2040	1082	1090	806	852	775	997	1320	1558	1110	1601	15207

SW-Winde überwiegt die der nördlichen Winde, die verhältnismäßig auch sehr stark sind. Diese Ergebnisse wurden aus den Windschätzungen und aus den Unterschieden der Windrosen der Richtungen und der Windwege abgeleitet. Sie zeigen sich aber noch viel extremer, wenn man die Maxima der aus den verschiedenen Richtungen kommenden Winde betrachtet, wozu die Registrierungen die Möglichkeit geben. Aus der zehnjährigen Periode 1927/36 wurden für jeden Monat die durchschnittlichen Maxima der Windgeschwindigkeit für jede Richtung berechnet und in Tab. 106 zusammengestellt. Die stärksten Winde kommen fast das ganze Jahr hindurch aus WSW. Ein zweites Stärkemaximum liegt bei der N-Richtung, das aber besonders im Oktober und November ganz bedeutend von dem Maximum der WSW-Winde übertroffen wird. Verhältnismäßig nur geringe Stärken erreichen die Winde aus dem E-Quadranten. Die Durchschnittsmaxima der Winde aus E, ESE und SE liegen das ganze Jahr hindurch unter Sturmesstärke; von April bis November gilt dies auch noch für ENE-Winde, von April bis Juni und im September und Oktober auch für SSE- und im April und Mai auch für S-Winde. Es zeigt sich sehr deutlich, daß die maximalen Geschwindigkeiten der NW- und WNW-Winde beträchtlich geringer sind als die der WSW- und N-Winde. Die Durchschnittsmaxima der NW-Winde liegen von Mai bis Juli unter Sturmesstärke.

Die Registrierungen geben auch die Möglichkeit, die täglichen Gänge der Windwege in den einzelnen Komponenten und in der Zusammenfassung zur resultierenden Luftversetzung zu untersuchen. Über die tägliche Drehung des Windes ist bereits viel geschrieben worden, und es kann auf die bereits bei Besprechung der Drehung der Windrichtungen erwähnte Literatur verwiesen werden. Hier will ich in Tab. 107 nur die aus den achtjährigen Aufzeichnungen von 1910/14 und 1927/30 abgeleiteten mittleren Windwege, und zwar in Abweichungen von den für jede Windrichtung berechneten durchschnittlichen stündlichen Windwegen, bringen. Es ergibt sich dann ein ähnliches Bild wie bei den Windrichtungen (siehe Tab. 95) mit der Ergänzung, daß es sich hier um die tatsächliche Windversetzung handelt. Im wesentlichen ist die Windversetzung aus nördlichen Richtungen tagsüber verringert und nachts erhöht. Es finden sich eigentlich Doppelwellen im Tagesgang, über die hier weiter nicht gesprochen werden kann. Bei den südlichen Winden ist es umgekehrt: da

Tabelle 106. Durchschnittliche Maxima der Windgeschwindigkeiten bei verschiedenen Windrichtungen (nach stündlichen Auswertungen der Registrierungen 1927—1936), m/sec.

	Jänner	Februar	März	April	Mai	Juni	Juli	August	Sept.	Okt.	Nov.	Dez.	Jahr
N	17·6	20·0	16·0	13·6	15·2	12·0	14·1	13·3	16·8	15·4	13·9	16·2	15·3
NNE . . .	16·7	17·3	15·0	14·0	15·3	12·5	13·5	14·1	11·8	13·5	13·4	17·2	14·5
NE	14·0	16·1	13·0	10·7	11·9	10·2	10·9	11·3	10·7	11·2	12·0	15·2	12·3
ENE	12·6	13·8	11·2	9·8	8·3	7·6	8·8	10·2	8·8	7·6	9·9	11·7	10·0
E	7·5	8·4	7·3	3·9	4·6	3·4	4·6	5·2	4·8	4·3	8·0	7·4	5·8
ESE	6·4	9·0	7·4	2·7	4·4	1·5	2·3	2·8	2·6	3·5	5·4	8·1	4·7
SE	7·9	9·7	6·5	6·0	5·7	3·1	3·5	4·6	4·9	4·2	7·4	8·5	6·0
SSE	10·8	10·5	10·2	8·1	7·4	6·9	11·4	11·8	9·4	7·1	12·2	10·0	9·6
S	11·9	11·8	12·5	8·0	8·5	12·7	14·6	13·5	16·2	11·0	13·0	10·6	12·0
SSW	13·8	11·8	15·8	12·5	11·7	12·7	15·8	14·4	14·6	12·2	14·4	10·8	13·4
SW	17·3	14·8	15·8	13·3	14·4	14·7	14·2	13·1	15·3	16·8	17·0	14·8	15·1
WSW . . .	20·6	16·4	17·0	17·8	15·5	16·7	17·3	14·7	18·6	20·6	20·0	19·4	17·9
W	17·2	14·8	17·8	15·5	13·0	15·2	16·5	13·5	16·8	18·7	18·4	16·9	16·2
WNW . . .	12·5	13·7	11·7	13·4	9·0	11·2	11·0	12·3	13·4	16·2	12·3	14·1	12·6
NW	13·8	13·9	11·4	12·3	9·9	9·5	9·4	10·7	10·7	12·3	11·1	12·6	11·5
NNW . . .	18·3	17·2	12·9	14·0	14·0	10·9	11·5	12·6	15·4	14·4	15·8	17·7	14·6

Durchschnittliches Maximum ohne Rücksicht auf die Windrichtung:

	Jänner	Februar	März	April	Mai	Juni	Juli	August	Sept.	Okt.	Nov.	Dez.	Jahr
	22·6	22·7	22·4	20·1	19·8	18·5	20·4	19·2	23·2	22·3	21·5	21·9	21·2

überwiegt die Luftversetzung tagsüber gegen die bei Nacht. Es zeigt sich also wieder die bekannte Winddrehung mit der Sonne, die in den für jede dritte Stunde berechneten resultierenden Windwegen deutlich zum Ausdruck kommt. Die Resultierenden sind zum besseren Vergleich den aus den Häufigkeiten der Windrichtungen derselben Beobachtungszeit berechneten Resultierenden in Tab. 96 gegenübergestellt. Es handelt sich dabei immer nur — das sei, um Mißverständnisse zu vermeiden, betont — um die Zusatzvektoren zum Vektor der durchschnittlichen täglichen Windversetzung. Man sieht aus Tab. 96, daß die aus den Windwegen berechneten Vektoren in ihrer Drehung mit der Sonne gegenüber den aus den Richtungshäufigkeiten berechneten etwas zurückbleiben. Nachts drängen sich die Vektoren in die N-Richtung zusammen, abgesehen von dem 24-Uhr-Vektor, der auffallenderweise in die W-Richtung weist.

Nicht nur für praktische Zwecke, sondern auch in klimatologischer Hinsicht ist die Andauer bestimmter Windstärken von Bedeutung. Ihre Beachtung gibt uns auch einen weiteren Einblick in die Struktur des Wetterablaufes. Um die Übersichtlichkeit nicht zu verlieren, ist es natürlich vorteilhaft, die Unterteilung der betrachteten Windstärken nicht zu weit zu treiben. Eine natürliche Einteilung wird vielleicht die folgende sein: 1. Winde $\geqq 6$ Beaufort, das ist $\geqq 36$ km/h, also Stürme; 2. mäßig starke und starke Winde, worunter

Tabelle 107. Tagesgang des Windweges für die verschiedenen Windrichtungen (Abweichungen vom durchschnittlichen stündlichen Windweg in km).

Zeit	1 Uhr	2	3	4	5	6	7	8	9	10	11	12
N . . .	93	44	— 24	106	164	163	90	85	111	— 80	— 197	— 217
NNE .	— 118	— 62	— 44	— 52	— 73	— 28	75	174	113	114	35	— 83
NE . .	— 81	— 74	— 45	— 30	26	47	49	36	67	40	21	— 24
ENE .	— 26	— 59	— 69	— 25	1	— 17	0	9	— 21	— 1	— 34	— 53
E . . .	27	5	4	20	20	17	— 7	— 7	— 21	— 9	— 13	— 14
ESE . .	13	20	5	5	18	13	1	— 4	7	3	— 4	— 9
SE . .	— 3	— 5	6	— 10	2	— 9	18	— 11	9	22	7	13
SSE . .	— 14	— 21	— 29	1	— 38	— 17	— 29	5	— 10	32	43	43
S . . .	— 27	— 39	— 70	— 58	— 69	— 42	— 60	— 8	9	41	114	85
SSW .	— 87	— 150	— 130	— 145	— 178	— 184	— 92	— 100	6	126	297	300
SW . .	47	— 60	— 285	— 188	— 140	— 187	— 101	— 21	— 30	22	52	121
WSW .	— 18	84	— 71	— 65	— 183	— 114	— 247	— 215	— 205	— 29	— 27	25
W . .	107	71	138	124	136	19	— 99	— 91	— 137	— 77	— 148	— 82
WNW .	53	— 9	14	74	26	18	57	— 5	— 16	— 27	— 51	— 102
NW . .	— 8	89	89	57	90	93	45	15	— 15	— 14	— 57	— 60
NNW .	— 43	— 5	119	101	137	137	134	64	— 54	— 72	— 191	— 176

	13	14	15	16	17	18	19	20	21	22	23	24 Uhr	Mittel
N . . .	— 274	— 266	— 280	— 176	— 187	149	144	95	100	104	136	105	1179
NNE .	— 77	— 98	— 120	— 16	30	82	93	112	59	— 22	— 69	— 70	951
NE . .	— 88	— 118	— 57	31	74	101	74	56	— 14	— 13	— 15	— 63	568
ENE .	— 31	— 17	2	18	68	78	49	68	60	19	— 21	— 9	289
E . . .	— 5	— 27	— 3	6	— 28	— 14	5	— 8	— 7	24	23	15	77
ESE . .	— 9	— 11	— 16	— 19	— 16	— 5	— 5	— 5	4	6	0	9	36
SE . .	— 14	— 12	— 25	— 3	3	16	19	11	— 4	— 14	— 4	— 12	45
SSE . .	48	16	19	— 7	9	— 41	— 14	— 14	— 24	— 3	29	20	98
S . . .	113	103	68	62	12	— 20	— 24	— 45	— 23	— 46	— 62	— 37	192
SSW .	290	262	153	59	— 6	— 18	— 75	— 48	— 56	— 83	— 44	— 72	670
SW . .	138	26	— 90	11	44	58	16	59	24	120	158	33	1411
WSW .	38	116	186	152	125	102	78	20	51	98	22	83	1648
W . .	— 122	— 23	10	51	23	20	— 74	— 61	— 28	— 6	103	106	666
WNW .	— 89	— 66	— 9	— 1	— 34	— 4	31	58	51	6	30	— 7	447
NW . .	— 88	— 89	— 87	— 63	— 6	— 3	— 8	— 8	3	66	7	— 40	331
NNW .	— 177	— 164	— 95	— 59	— 21	41	45	55	83	26	4	1	566

die Stärken ≥ 4 Beaufort, das ist ≥ 19 km/h zusammengefaßt werden; 3. schwache Winde mit Stärken ≤ 3 Beaufort, das ist ≤ 18 km/h; 4. ganz leiche Winde und Windstillen (≤ 1 Beaufort oder ≤ 6 km/h).

Für jede dieser Gruppen wurde ausgezählt, zu wieviel Stunden in jedem Monat die entsprechenden Windstärken herrschten [62]. Die aus dem zehnjährigen Beobachtungszeitraum 1926/35 so gewonnenen Stundenzahlen und auch der zeitliche Anteil der vier Stärkestufen, ausgedrückt in Promille, sind in Tab. 108 wiedergegeben. Daraus ersieht man, daß auf dem Sonnblick von Jänner bis März und im November mehr als ein Viertel der ganzen Zeit stürmische Winde wehen. Die wenigsten stürmischen Stunden hat der Mai (13'8%). Der Anteil der stürmischen Stunden beträgt im Jahresdurchschnitt 22%, im Winter 28%, im Frühling 20%, im Sommer 16% und im Herbst 23%. Winde von 4 Beaufort und darüber wehen auf dem Sonnblick im Februar zu über 70%, von Oktober bis März zu über 60% und von April bis September noch mehr als die Hälfte der ganzen Zeit. Im Jahresdurchschnitt beträgt ihr Anteil 61%, im Winter 66%, im Frühling 59%, im Sommer 58% und im Herbst 61%. Der Anteil der schwachen Winde von 3 Beaufort und weniger ist mit 27% am kleinsten im Februar, mit 45% am größten im Mai und Juli. Die ganz leichten Winde von 1 Beaufort und die Windstillen herrschen im Februar nicht ganz 5% und im Juli etwas über 10% der Zeit. Ihr Anteil beträgt im Jahresdurchschnitt 8%, im Winter 6%, im Frühling 9%, im Sommer 10% und im Herbst 6%.

Ein besonderes Charakteristikum der Windverhältnisse ist ihre Beständigkeit. Diese soll hier in bezug auf die Andauer bestimmter Windstärken untersucht werden. Ein brauchbares Maß hiefür gibt die Andauer, die auf Grund der Registrierungen in Stunden angegeben werden kann. Es wurde aus dem zehnjährigen Beobachtungsmaterial der Jahre 1926/35 ausgezählt, wie oft der Wind in den oben erwähnten vier Stärkestufen 1, 2, 3, 4 ... usw. Stunden ununterbrochen anhielt. Nach Jahreszeiten zusammengefaßt sind die Häufigkeiten der so gewonnenen Windperioden in Tab. 109 zusammengestellt. Außer den Häufigkeiten ist auch noch die mittlere und die längste Andauer angegeben.

Stürme, die länger als einen halben Tag andauern, sind im Winter mehr als doppelt so häufig wie im Sommer. In der zehnjährigen Beobachtungszeit betrug ihre Häufigkeit im Winter 154, im Frühling 100, im Sommer 66 und im Herbst 124. Im November 1934 hielt ein Sturm ohne Unterbrechung länger als drei Tage (80 Stunden) an. Im Winter ist nicht nur die Anzahl stürmischer Perioden häufiger, sondern es ist auch ihre mittlere Andauer bedeutend größer als im Sommer.

Perioden mit Windstärken von 4 Beaufort und darüber sind im Gegensatz zu den Stürmen im Winter viel seltener und ihre durchschnittliche Andauer ist viel länger als im Sommer. Im Bereich der 4-Beaufort-Grenze ist demnach der Wind im Sommer unbeständiger

Tabelle 108. Andauer von Windstärken ≥ 36, ≥ 19, ≤ 18 und ≤ 6 km/Std. in der 10jährigen Beobachtungszeit 1926—1935 in Stunden und $^0/_{00}$.

Windstärke	Jänner	Februar	März	April	Mai	Juni	Juli	August	Sept.	Okt.	Nov.	Dez.
Stunden:												
≥ 36 km/Std. . .	2116	2226	1894	1439	1028	1188	1127	1213	1391	1728	1958	1679
≥ 19 „ . .	4994	4916	4677	4304	4093	4193	4070	4438	4171	4671	4562	4464
≤ 18 „ . .	2446	1852	2763	2896	3348	3007	3371	3002	3040	2769	2638	2976
≤ 6 „ . .	403	322	599	634	746	676	753	668	534	434	448	635
Promille:												
≥ 36 km/Std. . .	285	329	255	200	138	165	151	163	193	232	272	226
≥ 19 „ . .	672	728	630	598	550	585	548	597	580	628	633	600
≤ 18 „ . .	328	272	370	402	450	415	452	403	420	372	367	400
≤ 6 „ . .	54	48	81	88	100	94	101	90	74	58	62	86

Tabelle 109. Häufigkeiten von Windperioden bestimmter Andauer in der 10jährigen Beobachtungszeit 1926—1935.

Andauer in Stunden	Windgeschwindigkeit ≥ 36 km/Std.				Windgeschwindigkeit ≥ 19 km/Std.			
	Winter	Frühling	Sommer	Herbst	Winter	Frühling	Sommer	Herbst
1	128	146	169	156	88	117	136	107
2	95	84	105	70	91	109	155	122
3	63	67	77	65	74	92	114	91
4	47	54	54	44	60	67	95	60
5	39	34	46	37	46	67	65	51
6	52	39	27	29	38	58	72	48
1—6	424	424	478	401	397	510	637	479
7—12	132	99	94	109	151	180	223	147
13—18	71	51	34	59	87	119	119	120
19—24	41	22	14	23	57	60	78	67
25—30	18	13	8	12	42	32	36	22
31—36	10	4	4	14	32	34	21	30
37—42	2	3	3	5	31	17	16	16
43—48	3	3	2	5	20	11	11	16
49—60	6	2	1	3	16	15	18	15
61—72	3	1	—	2	11	13	7	15
73—96	—	1	—	1	14	10	7	20
97—120	—	—	—	—	8	1	1	4
121—144	—	—	—	—	3	2	—	1
145—168	—	—	—	—	1	—	—	1
169—192	—	—	—	—	—	—	—	—
>192	—	—	—	—	1	1	—	—

Mittlere Andauer in Stunden:

	Winter	Frühling	Sommer	Herbst	Winter	Frühling	Sommer	Herbst
	8·5	7·5	5·5	7·9	16·4	12·9	10·7	13·6

Längste Andauer in Stunden:

	Winter	Frühling	Sommer	Herbst	Winter	Frühling	Sommer	Herbst
	70	75	49	80	205	201	106	149

Anzahl der Perioden:

	Winter	Frühling	Sommer	Herbst	Winter	Frühling	Sommer	Herbst
	710	623	638	634	871	1005	1174	953

Andauer in Stunden	Windgeschwindigkeit ≤ 18 km/Std.				Windgeschwindigkeit ≤ 6 km/Std.			
	Winter	Frühling	Sommer	Herbst	Winter	Frühling	Sommer	Herbst
1	127	137	190	115	121	199	205	136
2	113	128	152	168	95	110	129	103
3	90	109	122	89	53	67	68	65
4	68	96	98	78	40	59	59	39
5	58	54	71	67	21	34	39	20
6	56	51	62	44	17	26	31	27
1—6	512	575	695	561	347	495	531	390
7—12	191	207	230	192	45	53	59	30
13—18	72	98	133	73	10	8	11	9
19—24	45	48	63	55	—	5	3	—
25—30	22	31	19	25	—	1	1	1
31—36	12	17	20	21	—	1	—	1
37—42	4	9	8	4	—	—	—	—
43—48	2	10	3	13	—	—	—	—
49—60	4	8	2	6	—	—	—	—
61—72	3	2	1	2	—	—	—	—
>72	3	—	—	—	—	—	—	—

Mittlere Andauer in Stunden:

	Winter	Frühling	Sommer	Herbst	Winter	Frühling	Sommer	Herbst
	8·3	9·0	8·0	8·8	3·4	3·5	3·5	3·3

Längste Andauer in Stunden:

	Winter	Frühling	Sommer	Herbst	Winter	Frühling	Sommer	Herbst
	81	64	61	63	18	36	29	36

Anzahl der Perioden:

	Winter	Frühling	Sommer	Herbst	Winter	Frühling	Sommer	Herbst
	870	1005	1174	952	402	563	605	431

als im Winter. Dies kommt daher, daß im Winter der Wind im allgemeinen wesentlich stärker weht und daher auch in seiner Unbeständigkeit seltener unter die 4-Beaufort-Grenze sinkt als im Sommer. Windstärken von 4 Beaufort oder darüber hielten in der zehnjährigen Beobachtungszeit länger als einen Tag im Winter 179-, im Frühling 136-, im Sommer 117- und im Herbst 140mal an. Im Jänner 1933 dauerte ein Wind von dieser Stärke länger als acht Tage (205 Stunden) ununterbrochen an. Aus dem Vergleich der Gesamtzahl der Perioden von Winden ≥ 6 und ≥ 4 Beaufort ersieht man, daß die mäßig starken Winde im Winter in 82%, im Frühling in 62%, im Sommer in 54% und im Herbst in 67% aller Fälle über Sturmesstärke anwachsen.

Die schwachen Winde von 3 Beaufort oder weniger einschließlich der Windstillen haben eine geringere durchschnittliche Andauer als die stärkeren Winde über 3 Beaufort, aber, abgesehen vom Winter, eine noch etwas größere durchschnittliche Andauer als die stürmischen Winde. Länger als einen Tag dauerten sie auf dem Sonnblick in der zehnjährigen Beobachtungszeit im Winter 50-, im Frühling 77-, im Sommer 53- und im Herbst 71mal. Es kam

Tabelle 110. Wahrscheinlichkeiten, daß bestimmte Windstärken länger als n Stunden andauern, $^0/_{00}$.

	Jänner	Februar	März	April	Mai	Juni	Juli	August	Sept.	Okt.	Nov.	Dez.
Windstärke $\geq$ 36 km/Std.:												
1	800	842	782	795	710	740	776	705	683	764	817	820
2	650	705	676	668	530	593	620	525	576	650	706	708
3	551	626	598	535	415	486	478	414	468	524	639	620
4	508	563	513	443	330	422	380	326	404	453	565	525
5	444	507	453	384	290	324	322	269	341	394	513	482
6	369	459	378	320	244	278	283	229	312	327	476	386
12	226	247	233	128	108	93	112	102	151	185	257	178
18	111	158	114	46	74	51	54	44	73	97	142	83
24	52	97	66	23	40	19	34	31	44	59	100	30
30	44	44	26	18	23	5	15	26	44	38	63	13
36	24	26	18	14	17	5	10	13	24	17	37	9
42	20	22	18	9	6	5	5	1	24	4	26	9
48	16	22	9	9	—	5	—	—	10	4	16	—
60	8	4	4	5	—	—	—	—	10	—	5	—
72	—	—	—	5	—	—	—	—	—	—	5	—
Windstärke $\geq$ 19 km/Std.:												
1	916	928	887	881	872	871	870	902	890	908	855	860
2	841	811	778	780	761	746	730	766	732	804	729	741
3	779	731	709	662	639	650	630	671	635	700	643	631
4	719	660	637	602	598	560	557	590	560	624	608	553
5	661	596	561	550	528	508	495	536	512	564	558	511
6	622	562	524	498	448	451	432	475	445	510	533	457
12	393	415	299	339	294	291	265	244	288	339	406	308
18	306	302	187	216	178	185	156	155	151	218	290	206
24	234	227	144	138	122	109	92	97	93	147	208	157
30	180	177	122	102	86	76	64	66	84	132	159	115
36	119	155	97	63	50	52	54	47	67	90	124	85
42	76	121	75	51	33	43	33	35	47	78	106	55
48	50	91	56	45	25	33	15	26	41	57	81	39
60	25	68	41	30	11	22	10	7	35	39	57	30
72	14	49	16	21	6	8	8	5	20	21	42	24
96	11	19	6	6	—	—	—	2	9	3	7	12
120	7	4	6	3	—	—	—	—	3	—	4	6
144	7	—	3	—	—	—	—	—	3	—	—	—
192	4	—	3	—	—	—	—	—	—	—	—	—

Tabelle 110 (Fortsetzung).

	Jänner	Februar	März	April	Mai	Juni	Juli	August	Sept.	Okt.	Nov.	Dez.
Windstärke ≦ 18 km/Std.:												
1	900	801	861	848	890	830	838	852	858	865	930	859
2	767	675	749	711	760	702	729	706	689	712	722	732
3	654	589	623	600	669	616	652	562	608	611	624	620
4	564	522	548	501	559	543	568	474	525	533	536	546
5	475	488	470	464	511	486	496	419	460	466	453	503
6	407	407	416	408	466	434	433	373	432	420	384	425
12	218	138	222	223	226	236	224	185	216	183	237	217
18	128	60	122	127	127	110	125	67	125	119	161	136
24	68	26	72	87	74	41	76	22	76	58	95	75
30	30	11	41	53	45	33	42	14	44	37	69	51
36	23	7	22	34	31	11	21	5	29	18	33	24
42	15	7	19	22	20	3	13	—	26	12	29	18
48	15	7	6	12	11	3	5	—	12	3	11	12
60	11	—	—	3	3	3	—	—	3	—	4	9
72	4	—	—	—	—	—	—	—	—	—	—	6
Windstärke ≦ 6 km/Std.:												
1	718	626	680	614	653	689	675	618	670	705	681	731
2	422	383	473	432	453	434	436	476	413	425	522	550
3	289	299	353	333	317	326	344	335	285	238	381	388
4	173	187	247	208	232	261	225	231	173	173	293	313
5	126	131	206	146	159	184	174	162	140	129	222	256
6	89	84	173	94	109	112	119	136	106	94	80	213
12	7	19	47	16	23	26	28	21	17	29	35	44
18	—	—	20	5	14	5	9	5	—	—	18	—
24	—	—	7	—	5	—	5	—	—	—	18	—
30	—	—	—	—	5	—	—	—	—	—	9	—

einmal vor, daß länger als drei Tage (81 Stunden) lang die Windstärke nicht über 3 Beaufort anstieg.

Die ganz schwachen Winde von 1 Beaufort und die Windstillen dauern im Jahresdurchschnitt nur 3·4 Stunden an. Sie sind viel seltener als Stürme und halten meist nur ganz wenige Stunden an. Ihre Andauer überstieg die Zeit von einem halben Tag in der zehnjährigen Beobachtungszeit im Winter nur 10-, im Frühling 15-, im Sommer 15- und im Herbst 11mal.

Aus den Häufigkeiten der verschiedenen Windperioden kann man die Wahrscheinlichkeit berechnen, mit der eine Andauer über eine bestimmte Zeit hinaus zu erwarten ist. Für die einzelnen Monate sind diese Wahrscheinlichkeiten in Tab. 110 angegeben. Die Wahrscheinlichkeit einer längeren Andauer von starken und besonders von stürmischen Winden ist, abweichend von einem normalen Jahresgang, im Februar und November viel größer als in den anderen Monaten. Am kleinsten sind diese Wahrscheinlichkeiten im August und im Mai. Die Wahrscheinlichkeit, daß ein Sturm länger als einen Vierteltag andauert, ist im November und Februar etwa doppelt so groß wie im August. Mit einer Wahrscheinlichkeit von 0·50 ist zu erwarten, daß ein Sturm im Winter mindestens 5, im Sommer 3 und im Frühling und Herbst mindestens 4 Stunden andauert. Bei den ganz leichten Winden und Windstillen besteht in allen Jahreszeiten dieselbe Wahrscheinlichkeit dafür, daß sie eine Andauer von 3 Stunden nicht erreichen.

Als J. Pernter [54] in seiner Arbeit über die Windverhältnisse auf dem Sonnblick auch den täglichen Gang der Windgeschwindigkeit untersuchte, standen ihm Registrierungen von nur zwei Jahren zur Verfügung. Er hat daher alle Monate zusammengefaßt und damit für den Jahresdurchschnitt den bekannten Tagesgang auf Bergen mit dem

Maximum nachts und dem Minimum mittags festgestellt. Seither ist das Beobachtungsmaterial beträchtlich angewachsen. Ich habe nun aus 20 Jahren, von denen die Registrierungen ausgewertet vorgelegen sind, mittlere Tagesgänge für jeden Monat berechnet. Sie sind in Tab. 111 angegeben. Trotz der verhältnismäßig großen Zahl von Beobachtungsjahren sind die mittleren Tagesgänge noch nicht ausgeglichen. Sie zeigen auch noch vereinzelte unregelmäßige Schwankungen, die wahrscheinlich nur Ergebnisse von Zufälligkeiten sind.

Auffallend ist vor allem, daß sich der nach der Theorie erwartete Tagesgang des Höhentypus nur in den Monaten Juni bis September zeigt. In allen übrigen Monaten ist von dem mittägigen Minimum nichts zu merken. Von Juni bis September tritt das Minimum um 13 bis 14 Uhr ein und in den übrigen Monaten meist um 6 bis 7 Uhr. Das Maximum tritt im Mai, Juni und September um 21 bis 22 Uhr, im August um 22 bis 23 Uhr, im Juli um 23 bis 24 Uhr, in allen anderen Monaten aber um 17 bis 18 Uhr ein. Was die Erklärung dieser Tagesgänge anlangt, so sind dabei wohl die besonderen orographischen Bedingungen zu berücksichtigen. Eine allgemeine Theorie, wie sie jüngst A. Wagner [63] für den Tagesgang der Windgeschwindigkeit entwickelt hat, stößt bei diesen komplizierten Verhältnissen, wo so mancherlei störende Erscheinungen auftreten, auf Schwierigkeiten. Wagner weist auch selbst darauf hin.

Tabelle 111. Tagesgang der Windgeschwindigkeit auf dem Sonnblick m/sec. (1902—1914, 1927—1933).

Stunde	Jänner	Februar	März	April	Mai	Juni	Juli	August	Sept.	Okt.	Nov.	Dez.	Jahr
1	8.02	8.18	7.28	6.71	6.17	6.22	6.37	7.17	6.73	7.00	7.05	7.58	7.04
2	7.99	7.93	7.12	6.50	5.95	6.11	6.22	7.04	6.57	7.00	7.03	7.58	6.92
3	7.87	7.79	6.93	6.31	5.74	6.04	6.18	6.93	6.55	6.92[×]	7.02	7.47	6.81
4	8.05	7.95	7.07	6.34	5.75	6.01	6.33	6.98	6.67	6.96	6.99	7.73	6.90
5	8.10	7.93	7.03	6.26	5.69	5.93	6.40	6.91	6.77	7.00	6.94	7.64	6.89
6	8.05	7.95	7.04	6.12	5.66	6.03	6.40	6.90	6.76	6.92[×]	6.95	7.58	6.86
7	7.84[×]	7.75	6.90[×]	6.09[×]	5.63[×]	5.86	6.28	6.58	6.52	6.97	6.88[×]	7.32	6.72
8	7.89	7.89	7.36	6.45	5.91	5.89	6.19	6.45	6.42	7.28	7.29	7.40	6.87
9	7.87	7.59[×]	7.11	6.28	5.87	5.69	5.83	6.10	6.17	7.05	7.09	7.24[×]	6.66
10	8.27	8.14	7.53	6.68	6.27	5.91	5.98	6.13	6.37	7.49	7.45	7.64	6.99
11	8.21	7.94	7.60	6.81	6.21	5.62	5.69	5.95	6.24	7.47	7.44	7.49	6.89
12	8.21	8.04	7.64	6.88	6.21	5.47	5.49	5.87	5.95	7.42	7.40	7.44	6.84
13	8.11	8.03	7.78	6.93	6.21	5.54	5.48	5.89	5.97	7.42	7.59	7.42	6.86
14	8.00	7.97	7.69	6.79	6.08	5.35[×]	5.43[×]	5.72[×]	5.67[×]	7.17	7.54	7.40	6.73
15	8.01	8.00	7.73	6.93	6.14	5.65	5.61	5.85	5.87	7.23	7.48	7.38	6.82
16	8.23	8.30	8.04	7.04	6.19	5.75	5.84	6.00	6.04	7.26	7.65	7.77	7.01
17	8.27	8.52	7.98	7.00	6.23	6.00	5.96	5.89	6.32	7.45	7.71	7.98	7.11
18	8.28	8.79	8.29	7.16	6.28	6.20	6.06	6.21	6.54	7.55	7.82	8.07	7.27
19	8.10	8.67	8.02	7.03	6.23	6.20	6.02	6.37	6.58	7.35	7.60	7.72	7.16
20	8.07	8.58	7.98	7.08	6.35	6.33	6.24	6.72	6.72	7.36	7.50	7.74	7.22
21	7.96	8.32	7.60	6.90	6.26	6.15	6.28	6.82	6.66	7.19	7.21	7.62	7.08
22	8.18	8.57	7.80	6.94	6.63	6.33	6.45	7.19	6.92	7.29	7.34	7.90	7.30
23	7.93	8.31	7.61	6.83	6.41	6.32	6.48	7.22	6.83	7.21	7.13	7.79	7.17
24	7.97	8.30	7.33	6.75	6.36	6.26	6.51	7.20	6.82	7.09	7.16	7.62	7.11
Amplitude	0.5	1.2	1.4	1.1	1.0	1.1	1.1	1.5	1.2	0.7	0.9	0.9	0.64
Mittel	8.05	8.13	7.50	6.69	6.10	5.97	6.07	6.52	6.44	7.21	7.30	7.61	6.97
Periodisches Maximum	8.3	8.8	8.3	7.2	6.6	6.4[×]	6.5	7.2	6.9	7.6	7.8	8.1	7.5
Periodisches Minimum	7.8	7.6	6.9	6.1	5.6	5.3[×]	5.4	5.7	5.7	6.9	6.9	7.2	6.4
Mittleres aperiodisches tägliches Maximum	13.4	14.0	12.9	11.6	10.5	10.5	10.9	11.5	11.2	12.4	12.7	13.2	12.1
Mittleres absolutes Maximum	25.0	23.9	24.6	21.9	20.4	19.4	19.4	19.9	22.1	23.1	23.9	25.9	28.7

Von den kleineren Schwankungen der Kurven der Tagesgänge fallen durch ihr Vorkommen in den meisten Monaten relativ höhere Windgeschwindigkeiten um 7 bis 8 Uhr und um 21 bis 22 Uhr auf. Es ist aber nicht erklärlich, welche Bedeutung ihnen zuzuschreiben ist.

Die mittleren periodischen Schwankungen sind von Oktober bis Jänner kleiner als 1 m/sec. Am größten sind sie im August mit 1˙5 und im März mit 1˙4 m/sec. Die mittleren täglichen aperiodischen Maxima sind um 4 bis 5 m/sec. größer als die periodischen Maxima. Der Unterschied ist mit 3˙9 m/sec. am kleinsten im Mai und mit 5˙2 m/sec. am größten im Februar.

Die durchschnittlichen monatlichen Maxima der Windgeschwindigkeit schwanken zwischen 19 und 26 m/sec. Sie sind mit 19˙4 m/sec. im Juni und Juli am niedrigsten und mit 25˙9 m/sec. im Dezember am größten.

Noch weniger als bei der Temperatur ist bei der Windgeschwindigkeit der mittlere Tagesgang die normale Erscheinung. Es treten überaus häufig Störungen des den lokalen Verhältnissen entsprechenden Normaltypus des Wetters auf, die bewirken, daß die Tagesgänge der meteorologischen Elemente sehr stark und an verschiedenen Tagen in ganz verschiedener Form deformiert werden. Sehr deutlich kommt die Wirkung solcher Störungen auch in den Häufigkeitsverteilungen der Eintrittszeiten der täglichen Wind-

Tabelle 112. Häufigkeiten des Eintritts der täglichen Windstärkemaxima zu bestimmten Tagesstunden, °/₀₀.

Stunde			Winter	Frühling	Sommer	Herbst
0	bis	1	109	80	99	96
1	„	2	45	48	54	51
2	„	3	30	33	40	32
3	„	4	39	41	46	32
4	„	5	33	31	65	38
5	„	6	28	29	44	38
6	„	7	36	25	34	36
7	„	8	50	60	40	61
8	„	9	21	13	15	20
9	„	10	47	62	34	57
10	„	11	27	41	25	37
11	„	12	25	31	25	32
12	„	13	30	37	16	26
13	„	14	10	12	4	12
14	„	15	49	43	24	36
15	„	16	35	42	23	18
16	„	17	27	23	21	35
17	„	18	64	61	44	51
18	„	19	21	42	22	31
19	„	20	42	38	46	33
20	„	21	31	32	52	30
21	„	22	66	56	68	57
22	„	23	65	49	71	61
23	„	24	70	71	88	80
6	„	18	421	450	305	421
18	„	6	579	550	695	579

Eintrittszeiten der periodischen Extreme:

	Winter	Frühling	Sommer	Herbst
Maximum	17 bis 18	17 bis 18	22 bis 23	17 bis 18
Minimum	8 „ 9	6 „ 7	13 „ 14	8 „ 9

Mittlere periodische Tagesschwankung, m/sec.:

	Winter	Frühling	Sommer	Herbst
	0˙8	1˙1	1˙2	0˙5

geschwindigkeits-Maxima auf die verschiedenen Stunden zum Ausdruck. Wenn die Eintrittszeiten dieser Maxima dem mittleren Tagesgang entsprechen sollten, dann müßten sie von Oktober bis April vorwiegend um 17 bis 18 Uhr, in den übrigen Monaten aber in den letzten Stunden vor Mitternacht eintreten. Wie die Tab. 112 zeigt, fallen im Winter und Frühling nur 6% und im Herbst nur 5% aller Tagesmaxima der Windgeschwindigkeit auf 18 Uhr. Die meisten Extreme treten in der ersten Tagesstunde ein, sehr viele finden sich auch in der letzten Tagesstunde. Diese Maxima sind in der weitaus überwiegenden Zahl keine eigentlichen Höchstwerte der Geschwindigkeit im Verlaufe der Entwicklung einer Windperiode. Sie kommen meist nur durch den willkürlichen Schnitt, den die Einteilung der Zählung vom Tagesbeginn bis Tagesende darstellt, zustande. Dem Höhentypus der Verteilung der Windgeschwindigkeit entsprechend, sollten ja ebenfalls nachts die Windstärkemaxima eintreten. Es wäre aber ganz verfehlt, anzunehmen, daß damit die große Häufigkeit der Maxima zu Tagesbeginn und Tagesende zu erklären wäre, da, wie ich an anderer Stelle [64] gezeigt habe, z. B. auch in Wien, also an einem Orte mit dem Taltypus des täglichen Windganges, der mittags das Maximum hat, die Häufigkeit der Maxima zu Tagesbeginn und Tagesende sehr groß ist, was durch ein Anwachsen der Windstärke den Tag über bis über den Tag hinaus, bzw. durch ein Abflauen vom Vortag her zustande kommt. Wohl aber entspricht das Minimum der Häufigkeiten des Eintrittes der größten Windgeschwindigkeiten um 14 Uhr dem Höhentypus auf dem Berge. Am deutlichsten ist dies im Sommer ausgesprochen, während im Winter die Häufigkeiten des Eintrittes der Windstärkemaxima über alle Stunden, vom frühen Morgen bis zum Abend, ziemlich gleichmäßig verteilt sind. Im Jahresdurchschnitt fallen auf dem Sonnblick auf die Tageshälfte 40% und auf die Nachthälfte 60% aller Tagesmaxima der Windgeschwindigkeit.

Für stürmische Tage allein ergab sich dasselbe Bild der Häufigkeitsverteilung der Eintrittszeiten der Tagesmaxima wie für die Gesamtheit aller Tage. Das hängt auch mit der großen Häufigkeit der Windstärkemaxima von Sturmesstärke zusammen (vgl. Tab. 102).

In 16·2% aller Fälle treten Stunden mit den höchsten Windgeschwindigkeiten mehrmals im Tage auf.

Einen weiteren Einblick in das Zustandekommen der mittleren Tagesgänge der Windgeschwindigkeit bietet die Betrachtung der Häufigkeitsverteilung der Windgeschwindigkeiten zu den einzelnen Tagesstunden. Diese hat Helma Pohl [65] auf Grund der Registrierungen der Jahre 1928—1933 auch für den Sonnblick für die Monate Jänner, April, Juli und Oktober aufgestellt. Ausgeglichen nach der Formel $(a + 2\,b + c)/4$ hat sie die Tagesgänge der Dezilenkurven dargestellt, aus denen ich die in Tab. 113 zusammengestellten Werte entnommen habe. (Bekanntlich wird durch den Zentralwert der ganze Umfang des Kollektivs in zwei gleiche Teile geteilt, so daß die Hälfte aller Ereignisse unter ihm und die andere Hälfte über ihm liegt. Je zwei aufeinanderfolgende Dezile geben die Intervalle an, in die je 10% aller Ereignisse fallen.) Auch im Tagesgang der Häufigkeitsverteilungen der Windgeschwindigkeiten kommt der Höhentypus nur im Sommer zum Ausdruck. Der Tagesgang der Zentralwerte folgt in der Form dem mittleren Tagesgang der Windgeschwindigkeit, liegt aber immer etwas unter diesem.

Im Jänner folgen die Tagesgänge der unteren Dezilenwerte ebenfalls dem mittleren Tagesgang der Windgeschwindigkeit. Die Tagesgänge der ersten bis dritten oberen Dezilenwerte zeigen aber ein etwas anderes Verhalten. Es überwiegt zunächst ein Maximum zu Mittag, und daneben bildet sich fortschreitend gegen höhere Windgeschwindigkeiten ein sekundäres Maximum nachts aus, das beim vierten Dezil bereits deutlich überwiegt und so dem Höhentypus des Tagesganges der Windgeschwindigkeit entspricht. Ein ähnliches Verhalten zeigen die Tagesgänge der Dezilenwerte im April. Mit anwachsender Windgeschwindigkeit verschiebt

Tabelle 113. Dezilen der Häufigkeitsverteilung der Windgeschwindigkeiten zu den einzelnen Tagesstunden, m/sec.

Jänner

Stunde	2	4	6	8	10	12	14	16	18	20	22	24
Höchster Wert	22·5	26·4	30·3	27·0	30·2	28·6	27·0	26·6	26·6	26·4	26·2	25·0
4. oberes Dezil	17·0	16·5	15·4	15·3	15·6	15·1	15·2	15·6	15·5	15·3	16·6	17·1
3. „ „	13·5	12·8	11·9	11·7	13·0	13·2	13·2	13·1	12·8	12·7	13·1	13·6
2. „ „	11·0	10·4	9·6	9·8	11·0	11·7	11·3	10·7	10·6	10·9	11·1	11·0
1. „ „	8·4	8·5	8·0	8·4	9·0	9·7	9·4	9·1	9·1	9·2	9·5	8·9
Zentralwert	7·0	6·9	6·3	6·7	7·3	7·5	7·7	7·6	7·6	8·0	8·0	7·8
1. unteres Dezil	5·8	5·6	5·2	5·3	5·8	6·2	6·2	6·4	6·4	6·7	6·8	6·4
2. „ „	4·8	4·8	4·2	4·2	4·8	5·2	5·2	5·7	5·5	5·5	5·6	5·2
3. „ „	3·9	3·9	3·6	3·5	3·9	4·2	4·2	4·5	4·3	3·9	4·1	3·8
4. „ „	2·6	2·7	2·3	2·4	2·5	3·1	3·2	3·3	2·9	2·6	2·9	2·6
Niedrigster Wert	0·6	0·5	0·2	0·1	0·6	0·4	0·7	0·4	0·2	0·9	1·1	0·7
Mittlere Windgeschwindigkeit	8·4	8·2	7·6	7·6	8·2	8·5	8·4	8·6	8·4	8·5	8·7	8·7

April

Stunde	2	4	6	8	10	12	14	16	18	20	22	24
Höchster Wert	19·4	20·8	24·5	23·2	25·8	23·6	22·2	25·3	24·9	22·3	21·2	19·6
4. oberes Dezil	10·9	10·8	11·6	12·4	14·0	13·5	13·2	13·0	12·6	12·3	12·5	11·8
3. „ „	8·7	8·1	8·2	9·9	11·3	11·3	10·9	11·3	10·7	10·0	9·8	9·4
2. „ „	7·6	7·1	7·2	8·0	9·0	9·3	9·4	10·0	9·5	8·5	8·3	8·1
1. „ „	6·7	6·2	6·2	6·9	7·1	7·8	7·8	7·9	8·2	7·6	7·0	6·8
Zentralwert	5·8	5·5	5·5	5·9	6·1	6·5	6·6	6·8	7·1	6·5	6·0	5·9
1. unteres Dezil	4·8	4·6	4·4	5·2	5·4	5·6	5·6	5·9	6·1	5·5	5·1	5·0
2. „ „	4·1	3·9	3·7	4·1	4·3	4·7	4·8	4·8	5·2	4·7	4·2	4·1
3. „ „	3·2	2·9	3·1	3·3	3·5	3·5	3·9	3·7	4·1	3·8	3·2	3·2
4. „ „	1·9	2·0	2·2	2·2	2·3	2·3	2·3	2·5	2·7	2·4	2·2	2·1
Niedrigster Wert	0·2	0·0	0 2	0·5	1·0	1·1	0·6	0·7	0·8	0·4	0·6	0·7
Mittlere Windgeschwindigkeit	6·1	5·9	6·0	6·5	7·0	7·3	7·2	7·4	7·5	6·9	6·7	6·5

Juli

Stunde	2	4	6	8	10	12	14	16	18	20	22	24
Höchster Wert	18·6	19·0	17·7	19·3	20·1	19·0	16·5	15·1	15·8	16·0	19·3	17·5
4. oberes Dezil	10·7	11·0	10·6	9·2	9·8	9·9	9·7	9·7	9·9	10·6	11·4	11·0
3. „ „	8·3	9·0	8·9	7·9	8·2	8·3	8·2	8·1	8·0	8·4	8·7	8·8
2. „ „	7·2	7·2	7·1	6·6	6·6	6·5	6·8	6·7	6·6	6·7	7·3	7·6
1. „ „	6·1	6·1	6·0	5·6	5·6	5·6	5·7	5·5	5·5	5·8	6·3	6·6
Zentralwert	5·4	5·2	5·2	4·9	4·6	4·4	4·5	4·6	4·6	5·0	5·6	5·7
1. unteres Dezil	4·7	4·5	4·6	4·1	3·7	3·5	3·8	4·0	4·2	4·3	4·7	4·8
2. „ „	4·0	3·9	3·9	3·2	2·8	2·7	2·8	3·3	3·6	3·8	4·1	4·1
3. „ „	3·2	3·2	3·1	2·3	1·8	1·8	2·1	2·6	2·6	2·8	3·3	3·3
4. „ „	2·3	2·3	2·3	1·6	1·2	1·2	1·4	1·9	1·7	1·9	2·1	2·3
Niedrigster Wert	0·0	0·1	0·2	0·0	0·0	0·0	0·1	0·0	0·1	0·0	0·1	0·2
Mittlere Windgeschwindigkeit	5·9	5·9	5·9	5·2	5·1	5·0	5·0	5·2	5·2	5·6	6·0	6·0

Oktober

Stunde	2	4	6	8	10	12	14	16	18	20	22	24
Höchster Wert	20·4	17·8	20·5	19·5	24·2	22·4	18·2	19·7	18·0	20·6	22·6	19·4
4. oberes Dezil	12·0	11·8	12·6	13·5	13·9	14·3	13·5	13·9	14·1	13·8	13·8	11·0
3. „ „	9·9	10·0	10·3	10·3	11·6	12·1	11·5	11·7	11·4	10·8	10·6	9·8
2. „ „	8·1	8·1	8·5	8·9	10·1	10·3	9·5	9·4	9·3	8·9	8·8	8·1
1. „ „	6·9	6·9	7·0	7·8	8·3	8·2	7·9	7·9	7·9	7·5	7·0	6·9
Zentralwert	5·9	5·6	5·8	6·7	7·1	6·8	6·4	6·6	6·8	6·5	6·2	6·0
1. unteres Dezil	4·9	4·6	4·8	5·7	6·1	5·9	5·7	5·8	5·8	5·6	5·3	5·1
2. „ „	4·3	4·0	4·2	4·7	5·2	4·7	4·5	4·6	4·9	4·8	4·3	4·5
3. „ „	3·4	3·2	3·3	3·5	3·9	3·7	3·6	3·8	4·0	3·9	3·6	3·6
4. „ „	2·2	2·1	2·4	2·6	2·1	2·8	2·9	2·9	3·0	2·9	2·5	2·8
Niedrigster Wert	0·2	0·1	0·0	0·0	0·2	0·4	0·4	0·8	0·9	0·9	0·8	0·7
Mittlere Windgeschwindigkeit	6·5	6·3	6·6	6·9	7·7	7·7	7·3	7·5	7 6	7·4	7·1	6·8

sich ihr Maximum von den Abendstunden gegen Mittag hin. Im Juli entsprechen die Tagesgänge der Dezilenwerte ebenso wie die Tagesgänge der mittleren Windgeschwindigkeit dem Höhentypus.

Die Häufigkeitsverteilung der Windgeschwindigkeiten zu den einzelnen Tagesstunden ist beträchtlich unsymmetrisch. Die Abweichungen von den Mittelwerten sind nach kleineren Windgeschwindigkeiten hin häufiger, aber geringer als die nach größeren Windgeschwindigkeiten. Die Streuung der Windgeschwindigkeiten ist im Winter viel größer als im Sommer. Der Zentralwert liegt im Tagesmittel im Jänner bei $7{\cdot}4$ m/sec., im April bei $6{\cdot}2$ m/sec., im Juli bei $5{\cdot}0$ und im Oktober bei $6{\cdot}4$ m/sec., das ist im Jänner um $0{\cdot}9$, im April um $0{\cdot}6$, im Juli um $0{\cdot}5$ und im Oktober um $0{\cdot}7$ m/sec. unter der mittleren Windgeschwindigkeit dieser Monate. Im Durchschnitt aller Tagesstunden liegen 30% der Windgeschwindigkeiten in einem Bereich von $5{\cdot}5$ m/sec. im Jänner, $3{\cdot}8$ m/sec. im April, $3{\cdot}4$ m/sec. im Juli und $4{\cdot}4$ m/sec. im Oktober über dem Zentralwert und ebenso viele in einem Bereich von $3{\cdot}4$ m/sec. im Jänner, $2{\cdot}8$ m/sec. im April, $2{\cdot}3$ m/sec. im Juli und $2{\cdot}8$ m/sec. im Oktober unter dem Zentralwert, worin sich deutlich die Unsymmetrie der Häufigkeitsverteilungen zeigt.

DIE LUFTDRUCKVERHÄLTNISSE.

Die Messungen des Luftdruckes auf dem Sonnblick haben im Zusammenhang mit den anderen Beobachtungen große Bedeutung besonders für die theoretische Meteorologie erlangt. Darüber soll aber hier nicht gesprochen werden und es sei diesbezüglich nur auf die Lehrbücher, im besonderen auf das von Hann und Süring herausgegebene, verwiesen. Nur eine kurze Übersicht über die aus den 50jährigen Beobachtungen abgeleiteten durchschnittlichen Luftdruckverhältnisse sei auch hier gegeben. Seit Gründung des Observatoriums werden auf dem Sonnblick Luftdruckbeobachtungen gemacht und auch Registrierungen durchgeführt. Die Instrumente sind im Gelehrtenzimmer aufgestellt. Die Registrierungen liegen für die ganze Beobachtungsreihe stündlich ausgewertet vor.

Eine Übersicht über den mittleren Jahresgang des Luftdruckes ist der Tab. 114 zu entnehmen. Die dort angegebenen Werte sind bereits mit der Barometerkorrektur und auch mit der Schwerekorrektion (—0'21 mm) versehen und auf 0° reduziert. Die Ermittlung der Barometerkorrekturen für die früheren Jahre sowie die Untersuchung der Homogenität der Reihe durch Vergleiche mit anderen Stationen wurde gelegentlich der Vorbereitung der Luftdruckwerte des Sonnblicks für die World Weather Records von A. Wagner besorgt. Für die letzte Zeit standen die Ergebnisse von Barometervergleichen aus den Jahren 1926 und 1931 zur Verfügung. Überdies habe ich zur Kontrolle diese Sonnblickwerte auch mit anderen Bergstationen verglichen. Es ist daher anzunehmen, daß die im Anhang mitgeteilten Luftdruckwerte wirklich richtig sind.

Das Jahresmittel des Luftdruckes beträgt 519'81 mm; das ist 68% des normalen Luftdruckes im Meeresniveau. Es liegen also nur mehr ungefähr zwei Drittel der ganzen Atmosphäre über dem Sonnblickgipfel und ein Drittel schon unter ihm. Der Jahresgang des Luftdruckes ist auf dem Sonnblick in einer einfachen Welle sehr ausgeprägt. Sein Minimum fällt auf den Februar und sein Maximum auf den August. Er weicht ganz beträchtlich von dem Jahresgang an Stationen der Niederung ab. In Wien fällt z. B. das Hauptminimum auf den April und das Hauptmaximum auf den Jänner; daneben gibt es dort noch ein sekundäres Minimum im Oktober und ein sekundäres Maximum im September. Trotz des bedeutend geringeren Luftdruckes ist auf dem Sonnblick die Jahresschwankung mit 10'4 mm mehr als doppelt so groß wie in Wien, wo sie im 70jährigen Mittel nur 4'4 mm beträgt. Während in der Niederung die Monate mit den extremen Luftdruckmitteln in den einzelnen Jahren ganz verschieden verteilt sind, häufen sich auf dem Sonnblick die Luftdruckmaxima um den August und die Minima um den Februar. In der 50jährigen Beobachtungszeit fiel das höchste Monatsmittel 2mal auf den Juni, 18mal auf den Juli, 22mal auf den August, 7mal auf den September und 1mal auf den Oktober. Das niedrigste Monatsmittel fiel 2mal auf den November, 7mal auf den Dezember, 8mal auf den Jänner, 14mal auf den Februar, 12mal auf den März und 7mal auf den April. Der Jahresverlauf des Luftdruckes auf dem Sonnblick ähnelt dem der Temperatur. Dies kommt auch schön zum Ausdruck, wenn man ihn im Relativmaß der Jahresschwankung durch Prozente darstellt (letzte Zeile der Tab. 114): Die Extreme fallen auf dieselben Monate wie die Temperaturextreme. Im Frühjahr bleibt der Anstieg des Luftdruckes im Vergleich zum Temperaturanstieg etwas zurück (vgl. Tab. 2). In der äußeren Ähnlichkeit der Jahresgänge der Temperatur und des Luftdruckes zeigt sich auch ihre innere Verwandtschaft. Den Hauptanteil an der Entwicklung des Jahresganges des Luftdruckes nimmt die Temperatur der niedrigeren Luftschichten. Durch die Erwärmung der Niederung werden die Flächen gleichen Druckes im Sommer gehoben und damit muß der Druck auf hohen Bergen ansteigen.

Tabelle 114. Die Luftdruckverhältnisse.

	Jänner	Februar	März	April	Mai	Juni	Juli	August	Sept.	Okt.	Nov.	Dez.	Mittel
Monats- und Jahresmittel (1887—1936), 500 + … mm:													
	16·32	15·06$^{\times}$	15·14	16·51	20·75	23·52	25·16	**25·49**	24·35	20·92	18·19	16·28	19·81
Höchste Monats- und Jahresmittel, 500 + … mm:													
	24·7	22·5	21·0	22·3	25·4	27·0	29·0	28·7	28·2	26·6	23·5	22·1	21·92
Jahr . .	1925	1920	1921	1914	1920	1917	1911 1928	1932	1895	1921	1897	1932	1920
Niedrigste Monats- und Jahresmittel, 500 + … mm:													
	6·0	7·8	9·6	12·1	16·8	19·3	21·8	22·6	20·9	15·8	12·3	10·7	18·19
Jahr . .	1895	1889	1888	1903	1902	1933	1888	1896	1912 1931	1905	1910	1935	1895
Größte positive Abweichungen der Monats- und Jahresmittel, mm:													
	8·4	7·4	5·9	5·8	4·6	4·5	3·8	3·2	3·8	5·7	5·3	5·8	2·15
Größte negative Abweichungen der Monats- und Jahresmittel, mm:													
	10·3	7·3	5·5	4·4	4·0	4·2	3·4	2·9	3·5	5·1	5·9	5·6	1·58
Variationsbreite der Monats- und Jahresmittel, mm:													
	18·7	14·7	11·4	10·2	8·6	8·7	7·2	6·1	7·3	10·8	11·2	11·4	3·73
Durchschnittliche Abweichung der Monats- und Jahresmittel, mm:													
	2·69	3·17	2·07	1·58	1·52	1·08	1·21	1·03$^{\times}$	1·55	1·71	2·11	2·28	0·63
Durchschnittliche Monats- und Jahresmaxima, 500 + … mm:													
	26·4	24·2	24·3	24·7	27·5	29·6	30·6	30·8	30·8	28·8	27·3	26·3	32·7
Durchschnittliche Monats- und Jahresminima, 500 + … mm:													
	3·7	4·0	4·1	7·5	12·2	16·2	18·0	17·9	15·8	10·9	6·7	4·7	0·1
Durchschnittliche Variationsbreite, mm:													
	22·7	20·2	20·2	17·2	15·3	13·4	12·6	12·9	15·0	17·9	20·6	21·6	32·6
Absolutes Maximum, 500 + … mm:													
Größtes .	33·6	32·0	32·0	30·6	33·5	36·2	34·7	35·2	35·0	33·4	34·0	33·4	36·2
Jahr . .	1890	1887	1920	1911	1908	1935	1905	1892	1936	1900	1906	1932	1935
Kleinstes .	18·7	16·5	17·8	18·6	23·6	25·4	27·1	25·6	26·2	21·1	20·8	19·9	29·6
Jahr . .	1895	1901	1901	1903	1910	1933	1919	1896	1912	1905	1910	1895	1913
Absolutes Minimum, 500 + … mm:													
Tiefstes . .	— 4·6	— 3·3	— 3·3	1·9	2·8	10·9	13·6	12·8	9·0	4·5	— 4·2	— 2·6	— 4·6
Jahr . .	1910	1889	1917	1936	1895	1933	1909	1905	1919	1930	1903	1894	1910
Höchstes .	16·6	12·8	13·4	13·0	19·3	22·6	23·0	22·1	23·0	17·4	15·0	12·1	5·0
Jahr . .	1925	1891	1921	1893	1917	1917	1905	1928	1900	1899	1892	1932	1932
Absolute Variationsbreite, mm:													
	38·2	35·3	35·3	28·7	30·7	25·3	21·1	22·4	26·0	28·9	38·2	36·0	40·8
10jährige Mittelwerte, 500 + … mm:													
1887—1896	15·03	14·73	14·24	16·42	20·07	23·43	24·64	25·12	24·30	19·64	18·42	15·77	19·31
1897—1906	17·24	14·55	14·44	16·87	19·60	23·12	25·55	25·69	24·11	20·97	18·71	16·32	19·76
1907—1916	16·55	15·12	15·08	17·09	21·48	23·57	24·43	25·27	23·76	22·19	17·15	16·49	19·85
1917—1926	16·32	16·30	16·03	16·20	22·29	23·47	25·52	25·51	25·07	21·21	18·31	16·37	20·22
1927—1936	16·45	14·62	15·93	15·95	20·32	24·00	25·66	25·88	24·53	20·57	18·37	16·45	19·90
30jährige Mittelwerte, 500 + … mm:													
1901—1930	16·69	15·36	15·55	16·53	21·29	23·56	25·25	25·53	24·33	21·65	17·78	16·08	19·96
Relativer Jahresgang des Luftdruckes in % der mittleren Jahresschwankung:													
1887—1936	12	0	1	14	54	81	96	100	89	56	30	12	—

Die Schwankungen zwischen den größten positiven und größten negativen Abweichungen der Monatsmittel von den 50jährigen Mittelwerten sind trotz des niedrigeren Luftdruckes sehr beträchtlich. Die Schwankung ist im Jänner dreimal so groß wie im August. Von Mai bis August sind die Schwankungen auf dem Sonnblick größer und vom September bis April sind sie aber kleiner als in Wien. Im Juni ist die Schwankung auf dem Sonnblick 8·7 und in Wien 6·3 mm, im Dezember ist sie auf dem Sonnblick 11·4 und in Wien aber 17·1 mm. Ein ähnliches Verhalten wie die Schwankungen zeigen auch die durchschnittlichen Abweichungen der Monats- und Jahresmittel von den 50jährigen Mittelwerten.

Die aus der 50jährigen Reihe berechneten durchschnittlichen Monatsmaxima und -minima weichen ebenfalls im Winter viel weiter als im Sommer von den Mittelwerten ab. Ihre Abweichungen sind aber ebenso wie die daraus berechneten durchschnittlichen Variationsbreiten des Luftdruckes das ganze Jahr hindurch kleiner als in Wien. Die Abweichungen der durchschnittlichen Luftdruckminima sind in allen Monaten um etwa 2 mm größer als die der Maxima. Das durchschnittliche jährliche Luftdruckmaximum liegt um 12·9 mm höher und das durchschnittliche jährliche Minimum aber um 19·7 mm niedriger als das Jahresmittel.

Die in den einzelnen Monaten erreichten absoluten Luftdruckmaxima sind nicht viel voneinander verschieden; die absoluten Minima sind aber im Winter beträchtlich tiefer als im Sommer. Das absolute Minimum des Luftdruckes war im Jänner um 18 mm niedriger als

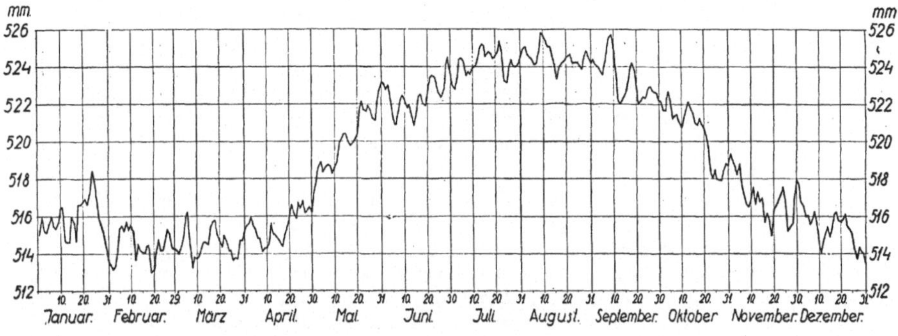

Abb. 24. Jahresgang des Luftdruckes um 7 Uhr, 1901—1930.

im Juli. Daraus folgt, daß die absolute Variationsbreite im Winter viel größer ist als im Sommer; sie beträgt im Jänner 38·2 mm, im Juli aber nur 21·1 mm. Der höchste, bisher auf dem Sonnblick gemessene Luftdruck war 536·2 mm am 27. Juni 1935 und der niedrigste 495·4 mm am 25. Jänner 1910. Die absolute Schwankung des Luftdruckes beträgt demnach auf dem Sonnblick 40·8 mm, während sie in Wien 55·6 mm erreichte.

Um einen genaueren Einblick in den mittleren Jahresablauf des Luftdruckes zu geben, habe ich wieder versucht, aus 30jährigen täglichen Beobachtungen Mittelwerte für jeden Tag zu berechnen und sie zum Jahresgang aneinanderzureihen. Ich habe dazu die 7-Uhr-Werte genommen, weil diese am wenigsten thermisch gestört erscheinen. Sie sind in Tab. 115 wiedergegeben. Bei Beachtung dieses Jahresganges und bei Deutung der darin ersichtlichen Singularitäten ist besonders zu bedenken, daß der Luftdruck auf dem Berggipfel eine Resultierende verschiedener Ursachen darstellt. Einmal kommt darin eine advektive Komponente, die durch die allgemeine Zirkulation und durch wandernde Druckgebilde, durch Zyklonen oder Antizyklonen verursacht ist, zur Wirkung. Ferner trägt zur jahreszeitlichen Luftdruckentwicklung, wie erwähnt, die durch Erwärmung der unteren Luftschichten hervorgerufene Hebung und Senkung der Flächen gleichen Druckes bei. Schließlich sind aber auch thermodynamische Prozesse, wie Schrumpfungsvorgänge der Antizyklonen, von Bedeutung, die besonders im Winter im Zusammenhang mit der Temperaturgestaltung ganz wesentlich werden können.

Beim Vergleich des in Abb. 24 dargestellten Jahresganges des Luftdruckes mit dem in Abb. 5 wiedergegebenen Jahresgang der Temperatur aus derselben Periode, 1901/30, fallen

Tabelle 115. 30jährige Mittel des Luftdruckes um 7 Uhr (1901—1930), 500 + ...mm.
(An die Werte ist ein $B_c = 0.8\,mm$ und $G_c = -0.2\,mm$ anzubringen.)

Tage	Jänner	Februar	März	April	Mai	Juni	Juli	August	Sept.	Okt.	Nov.	Dez.
1	15·0	13·4	14·2	15·5	17·3	23·1	23·1	24·9	24·4	22·1	19·3	17·7
2	15·8	13·2	14·0	15·6	17·8	22·8	22·8	25·1	24·1	21·7	18·9	16·7
3	15·2	13·3	14·4	15·9	18·6	23·0	23·3	24·7	24·0	21·7	18·6	16·5
4	15·1	14·1	14·8	15·5	19·0	22·2	24·4	24·5	23·8	22·7	18·2	16·0
5	15·6	15·3	16·0	15·3	18·3	21·3	24·5	24·4	23·6	22·2	18·8	16·0
6	16·0	15·5	16·2	14·8	18·6	20·9	24·3	24·1	24·1	21·2	17·6	15·6
7	15·5	15·2	14·5	14·8	18·8	21·5	23·5	24·2	25·0	21·4	17·1	15·9
8	15·3	15·4	13·2	14·1	18·7	22·2	23·8	24·8	25·6	21·4	16·6	16·3
9	15·6	15·3	13·8	14·3	18·3	22·5	23·6	25·8	25·7	21·1	16·5	15·5
10	16·4	15·5	13·8	14·3	18·6	22·3	23·9	25·7	24·9	20·8	16·9	14·5
11	16·4	15·2	13·9	14·5	18·8	21·8	24·1	25·5	23·7	21·3	17·5	14·0
12	14·7	13·7	14·2	15·6	19·9	22·0	24·3	25·1	22·2	21·7	16·6	14·7
13	14·6	14·5	14·6	15·1	20·2	21·3	24·9	25·1	22·0	22·1	17·3	15·1
14	14·6	14·1	14·6	15·0	20·5	20·9	25·2	24·6	22·0	21·8	16·8	15·4
15	15·9	14·1	14·5	14·8	20·4	21·6	25·1	24·1	22·5	21·6	16·9	14·9
16	15·6	14·1	15·3	14·6	20·0	22·5	24·6	23·3	23·0	21·0	15·7	15·3
17	14·7	14·4	15·7	14·4	19·7	22·6	24·8	23·9	23·8	20·9	16·1	16·1
18	16·6	14·4	15·8	15·0	19·9	22·3	24·7	24·2	24·2	21·2	15·8	16·2
19	16·6	13·0	15·0	15·3	20·1	21·9	24·4	24·3	23·8	20·9	15·0	15·8
20	16·8	13·1	14·7	16·0	20·4	22·6	24·6	24·5	23·0	20·7	16·3	15·7
21	16·9	14·1	14·4	16·6	21·7	23·4	24·8	24·6	22·0	20·3	16·5	15·9
22	16·6	14·7	15·0	16·1	22·1	23·6	25·4	24·7	22·2	19·6	16·8	16·1
23	17·1	14·2	14·7	15·9	21·7	23·5	24·8	24·2	23·4	18·5	17·1	15·4
24	18·4	14·2	14·1	16·7	21·7	23·1	23·2	24·2	22·3	17·9	17·6	15·3
25	17·8	14·8	14·1	16·7	21·9	22·6	23·2	24·2	22·7	18·4	16·9	15·1
26	16·9	15·3	13·6	16·9	21·7	22·4	23·9	24·1	23·0	18·0	15·2	14·2
27	15·9	15·0	13·8	16·2	21·2	22·8	24·4	23·8	22·7	17·9	15·4	13·8
28	15·6	14·3	13·7	16·3	21·2	24·0	24·1	24·4	22·6	17·9	15·6	14·3
29	15·1	—	14·7	16·5	22·1	24·5	24·0	24·8	22·6	18·5	16·8	14·1
30	14·4	—	14·7	16·2	22·7	23·7	24·1	24·5	22·2	18·8	18·0	13·9
31	13·7	—	15·2	—	23·3	—	24·4	24·2	—	18·7	—	13·5

ganz überraschend deutlich Gleichzeitigkeit und Gleichsinnigkeit der wichtigsten Singularitäten in beiden auf. Hoher Druck fällt mit Temperaturerhöhung zusammen und umgekehrt. Als wichtigste Belege hiefür erwähne ich nur die Singularitäten um den 24. Jänner, 8. März, Anfang und Mitte Juni, Anfang Juli, 10. August, 9. und 18. September, Ende Oktober und Anfang November, Ende November und Anfang Dezember. Sowohl in den Anstiegen wie auch in den Rückgängen zeigt sich der Gleichlauf. Besonders schön kommt dies auch bei Einbruch des monsunartigen Witterungsumschlages im Juni zum Ausdruck. Etwas mehr gestört ist der Gleichlauf in der Zeit des stärksten Temperatur- und Luftdruckanstieges im April und Mai. Um diese Zeit scheint sich die Wetterentwicklung in größerer Unregelmäßigkeit zu vollziehen. Auf Beziehungen der Singularitäten des Luftdruckganges zu anderen meteorologischen Erscheinungen wurde gelegentlich schon früher hingewiesen. Auf weitere Einzelheiten hier einzugehen, ist leider nicht möglich. Bei Gegenüberstellung der Jahresgänge der verschiedenen Elemente, die ich im vorhergehenden gebracht habe, bleibt dem Leser nun die Möglichkeit für weitere Vergleiche und Überlegungen.

Als Illustration der Bedeutung des Luftdruckes für das Wetter soll auf Grund der 50jährigen Beobachtungen das durchschnittliche Wetter zur Zeit der Luftdruckextreme angegeben werden. Aus jedem Monat wurde aus den Terminbeobachtungen der höchste und tiefste Luftdruck herausgesucht und das zugehörige Wetter des Tages durch

Angabe der Temperatur, der relativen Feuchtigkeit, der Bewölkung und der Windstärken um 7 und 14 Uhr, des Dampfdruckes um 7 Uhr und der Sonnenscheindauer bestimmt. Die so gewonnenen Mittelwerte für das Wetter beim Luftdruckmaximum und Luftdruckminimum auf dem Sonnblick wie auch ihre Differenzen sind in Tab. 116 zusammengestellt. Zur Dar-
stellung des gleichzeitigen Wetters in der Niederung wurden dieselben Daten für die Tage der Luftdruckextreme auf dem Sonnblick auch für Kremsmünster zusammengestellt. Für beide Stationen sind die Unterschiede der erwähnten Witterungselemente auch in Abb. 25 graphisch dargestellt. In diesem Zusammenhange muß auch die grundlegende Arbeit von Hann [66] über die Luftdruck- und Temperaturverhältnisse auf dem Sonnblickgipfel und über ihre Bedeutung für die Theorie der Zyklonen und Antizyklonen wie auch seine Untersuchung der gleichzeitigen interdiurnen Luftdruck- und Temperaturänderungen auf dem Sonnblick und in Salzburg in ihrer Beziehung zu unperiodischen Luftdruckschwankungen wieder in Erinnerung gebracht werden. Er hat dort die Wetteränderungen, im besonderen die Temperaturänderungen beim Vorübergang von Zyklonen oder Antizyklonen, bzw. Steig- oder Fallgebieten dargelegt. Der Hinweis darauf muß hier genügen.

Es sollen nur kurz auf Grund der Tab. 116 die charakteristischesten Unterschiede des Wetters und seiner Elemente bei Luftdruckmaxima und Luftdruckminima auf dem Sonnblick im Vergleich mit den analogen Verhältnissen der Niederung nach den Beobachtungen von Kremsmünster hervorgehoben werden.

Zunächst ist festzuhalten, daß die Differenzen zwischen Luftdruckmaxima und Luftdruckminima selbst im Mittel von November bis März auf dem Sonnblick kleiner, in den übrigen Monaten aber größer sind als in Kremsmünster. Das ist wohl hauptsächlich darauf zurückzuführen, daß bei starken Erwärmungen im sommerlichen Hochdruckwetter die Flächen gleichen Druckes stärker gehoben werden als im Winter, wo diese Erwärmung wegen der kürzeren Tageslänge und auch wegen der andersartigen Schichtung der Atmosphäre und den damit zusammenhängenden Witterungsverhältnissen nicht so groß und zum Teil überhaupt nicht vorhanden ist. Durch Differenzenbildung der analogen Luftdruckwerte von Sonnblick und Kremsmünster findet man, daß die vertikalen Luftdruckgradienten

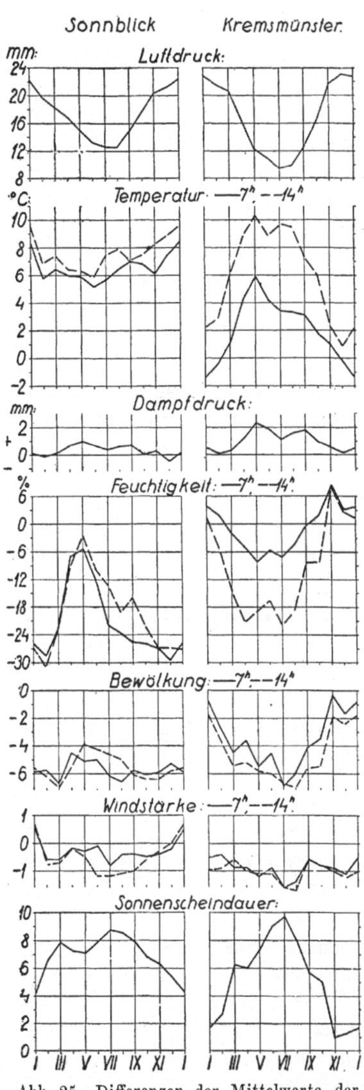

Abb. 25. Differenzen der Mittelwerte der Witterungselemente bei den monatlichen Luftdruckmaxima und -minima auf dem Sonnblick und in Kremsmünster.

im Winter merklich größer sind als im Sommer und daß sie von November bis März im Hochdruckgebiet etwas größer sind als im Tiefdruckgebiet, während es im Sommerhalbjahr umgekehrt ist.

Zur Zeit des Luftdruckmaximums ist es auf dem Sonnblick zu allen Jahreszeiten und besonders im Winter viel wärmer als im Luftdruckminimum. Die Temperaturunterschiede

144 Die Luftdruckverhältnisse.

Tabelle 116. Durchschnittliches Wetter zur Zeit der monatlichen Luftdruckmaxima und -minima auf dem Sonnblick und in Kremsmünster (1887—1936).

Sonnblick

	Luftdruck $500+\dots$ mm	Temperatur °C 7ʰ	Temperatur °C 14ʰ	Dampfdruck mm 7ʰ	Rel. Feuchtigkeit % 7ʰ	Rel. Feuchtigkeit % 14ʰ	Bewölkung Zehntel 7ʰ	Bewölkung Zehntel 14ʰ	Wind Beaufort 7ʰ	Wind Beaufort 14ʰ	Sonnenscheindauer Stunden
Jänner:											
Luftdruckmaxima .	26·1	— 8·8	— 7·3	1·3	61·8	59·6	3·2	3·1	4·4	4·1	6·3
Luftdruckminima .	3·8	— 17·2	— 16·9	1·2	87·5	86·5	9·1	8·7	3·9	3·4	1·1
Differenz	22·3	8·4	9·6	0·1	— 25·7	— 26·9	— 5·9	— 5·6	0·5	0·7	4·2
Februar:											
Luftdruckmaxima .	23·8	— 10·2	— 8·7	1·2	61·6	59·8	3·4	2·9	3·4	3·3	7·7
Luftdruckminima .	4·0	— 16·0	— 15·6	1·3	90·1	90·6	9·2	9·1	4·0	4·1	1·2
Differenz	19·8	5·8	6·9	— 0·1	— 28·5	— 30·8	— 5·8	— 6·2	— 0·6	— 0·8	6·5
März:											
Luftdruckmaxima .	22·4	— 8·5	— 6·7	1·5	67·0	66·5	3·3	2·8	3·3	3·2	8·4
Luftdruckminima .	4·1	— 14·9	— 14·1	1·4	90·6	89·6	10·0	9·8	3·9	3·9	0·6
Differenz	18·3	6·4	7·4	0·1	— 23·6	— 23·1	— 6·7	— 7·0	— 0·6	— 0·7	7·8
April:											
Luftdruckmaxima .	24·4	— 6·4	— 4·6	2·4	82·9	80·2	4·6	4·0	3·1	3·3	8·5
Luftdruckminima .	7·5	— 12·4	— 11·0	1·7	90·1	89·6	9·1	9·5	3·3	3·5	1·3
Differenz	16·9	6·0	6·4	0·7	— 7·2	— 9·4	— 4·5	— 5·5	— 0·2	— 0·2	7·2
Mai:											
Luftdruckmaxima .	27·2	— 2·1	— 0·5	3·5	85·1	88·9	4·3	5·6	3·1	2·9	8·4
Luftdruckminima .	12·2	— 8·0	— 6·8	2·5	90·3	91·5	9·4	9·5	3·4	3·4	1·3
Differenz	15·0	5·9	6·3	1·0	— 5·2	— 2·6	— 5·1	— 3·9	— 0·3	— 0·5	7·1
Juni:											
Luftdruckmaxima .	29·4	0·4	2·6	3·9	82·4	84·6	4·7	5·4	3·2	2·1	8·7
Luftdruckminima .	16·2	— 4·8	— 3·3	3·2	94·5	94·5	9·7	9·6	3·3	3·3	0·8
Differenz	13·2	5·2	5·9	0·7	— 12·1	— 9·9	— 5·0	— 4·2	— 0·1	— 1·2	7·9
Juli:											
Luftdruckmaxima .	30·4	3·7	5·9	4·3	73·4	79·4	3·0	4·9	2·7	2·2	10·6
Luftdruckminima .	17·8	— 2·0	— 1·6	3·9	95·3	92·8	9·2	9·5	3·5	3·4	1·9
Differenz	12·6	5·7	7·5	0·4	— 21·9	— 13·4	— 6·2	— 4·6	— 0·8	— 1·2	8·7
August:											
Luftdruckmaxima .	30·6	3·2	5·1	4·3	72·1	77·3	2·8	4·4	3·3	2·3	10·1
Luftdruckminima .	18·0	— 3·2	— 2·8	3·7	95·7	96·4	9·4	9·4	3·7	3·4	1·6
Differenz	12·6	6·4	7·9	0·6	— 23·6	— 19·1	— 6·6	— 5·0	— 0·4	— 1·1	8·5
September:											
Luftdruckmaxima .	30·6	1·6	3·3	3·6	68·0	77·6	3·5	3·1	3·4	2·5	9·5
Luftdruckminima .	15·8	— 5·4	— 3·8	2·9	93·6	93·5	9·3	9·2	3·8	3·5	1·6
Differenz	14·8	7·0	7·1	0·7	— 25·6	— 15·9	— 5·8	— 6·1	— 0·4	— 1·0	7·9
Oktober:											
Luftdruckmaxima .	28·6	— 2·1	— 0·8	2·5	65·1	70·4	3·4	2·9	3·1	2·8	8·1
Luftdruckminima .	11·0	— 8·9	— 8·3	2·4	91·0	92·4	9·5	9·3	3·6	3·4	1·3
Differenz	17·6	6·8	7·5	0·1	— 25·9	— 22·0	— 6·1	— 6·4	— 0·5	— 0·6	6·8
November:											
Luftdruckmaxima .	27·0	— 5·2	— 3·7	2·1	62·1	63·0	3·5	2·9	3·5	3·1	6·9
Luftdruckminima .	6·6	— 11·3	— 12·0	1·8	89·0	89·8	9·4	9·3	3·9	3·4	0·6
Differenz	20·4	6·1	8·3	0·3	— 26·9	— 26·8	— 5·9	— 6·4	— 0·4	— 0·3	6·3
Dezember:											
Luftdruckmaxima .	25·9	— 7·7	— 6·3	0·9	58·6	61·1	3·6	3·1	3·8	3·9	6·3
Luftdruckminima .	4·7	— 15·2	— 15·2	1·3	87·9	87·9	8·9	8·9	4·0	3·9	1·0
Differenz	21·2	7·5	8·9	— 0·4	— 29·3	— 26·8	— 5·3	— 5·8	— 0·2	0·0	5·3

Tabelle 116 (Fortsetzung).

	Luftdruck 7oo+...mm	Temperatur °C		Dampfdruck mm	Rel. Feuchtigkeit %		Bewölkung Zehntel		Wind Beaufort		Sonnenscheindauer Stunden
		7ʰ	14ʰ	7ʰ	7ʰ	14ʰ	7ʰ	14ʰ	7ʰ	14ʰ	
					Kremsmünster						
Jänner:											
Luftdruckmaxima .	38·6	— 1·0	1·8	4·0	90·6	83·1	8·3	6·4	1·6	1·2	2·7
Luftdruckminima .	15·8	— 2·4	— 0·4	3·5	86·9	81·7	9·1	8·2	2·1	2·2	1·0
Differenz	22·8	— 1·4	2·2	0·5	3·7	1·4	— 0·8	— 1·8	— 0·5	— 1·0	1·7
Februar:											
Luftdruckmaxima .	36·4	— 2·3	3·4	3·6	87·6	73·0	6·0	5·1	1·6	1·4	4·3
Luftdruckminima .	14·8	— 2·7	0·5	3·5	85·6	78·4	8·7	8·7	2·0	2·3	1·6
Differenz	21·6	— 0·4	2·9	0·1	2·0	— 5·4	— 2·7	— 3·6	— 0·4	— 0·9	2·7
März:											
Luftdruckmaxima .	34·4	1·7	10·0	4·6	85·3	59·5	4·5	3·0	1·1	1·4	7·9
Luftdruckminima .	13·7	0·6	3·9	4·3	87·5	74·4	9·0	8·4	2·0	2·0	1·7
Differenz	20·7	1·1	6·1	0·3	— 2·2	— 14·9	— 4·5	— 5·4	— 0·9	— 0·6	6·2
April:											
Luftdruckmaxima .	32·4	7·7	15·9	6·3	80·4	50·9	4·5	3·4	1·2	2·0	8·5
Luftdruckminima .	16·0	3·4	7·1	5·1	85·3	72·1	8·1	8·6	2·1	3·0	2·5
Differenz	16·4	4·3	8·8	1·2	— 4·9	— 21·2	— 3·6	— 5·2	— 0·9	— 1·0	6·0
Mai:											
Luftdruckmaxima .	31·8	13·8	21·7	9·2	77·4	52·1	3·1	2·8	0·7	1·3	10·6
Luftdruckminima .	19·5	7·9	11·4	6·9	85·6	70·7	8·6	8·6	1·9	2·4	3·3
Differenz	12·3	5·9	10·3	2·3	— 8·2	— 18·6	— 5·5	— 5·8	— 1·2	— 1·1	7·3
Juni:											
Luftdruckmaxima .	32·7	16·4	24·0	10·8	78·0	53·7	3·9	2·8	1·0	1·3	11·4
Luftdruckminima .	21·6	12·2	15·1	8·9	83·5	70·5	8·4	8·8	1·9	2·4	2·4
Differenz	11·1	4·2	8·9	1·9	— 5·5	— 16·8	— 4·5	— 6·0	— 0·9	— 1·1	9·0
Juli:											
Luftdruckmaxima .	31·4	17·9	26·3	11·6	77·2	50·7	2·3	1·8	0·6	1·1	12·6
Luftdruckminima .	21·8	14·5	16·6	10·4	84·4	72·5	9·2	8·5	2·2	2·7	2·9
Differenz	9·6	3·4	9·7	1·2	— 7·2	— 21·8	— 6·9	— 6·7	— 1·6	— 1·6	9·7
August:											
Luftdruckmaxima .	32·3	16·3	24·8	11·3	82·7	56·0	3·5	2·0	0·8	1·1	10·9
Luftdruckminima .	22·4	13·0	15·3	9·7	87·0	74·9	9·5	9·0	2·2	2·8	2·9
Differenz	9·9	3·3	9·5	1·6	— 4·3	— 18·9	— 6·0	— 7·0	— 1·4	— 1·7	8·0
September:											
Luftdruckmaxima .	34·1	12·4	20·7	9·6	88·6	64·2	4·4	2·6	1·0	1·4	8·1
Luftdruckminima .	21·6	9·3	13·4	7·8	88·7	72·6	8·5	8·2	1·6	2·0	2·5
Differenz	12·5	3·1	7·3	1·8	— 0·1	— 8·4	— 4·1	— 5·6	— 0·6	— 0·6	5·6
Oktober:											
Luftdruckmaxima .	35·0	6·9	13·9	7·0	91·7	69·9	5·6	3·2	1·2	1·5	6·4
Luftdruckminima .	18·5	5·1	7·9	6·0	89·6	78·3	9·1	8·7	2·0	2·3	1·4
Differenz	16·5	1·8	6·0	1·0	2·1	— 8·4	— 3·5	— 5·5	— 0·8	— 0·8	5·0
November:											
Luftdruckmaxima .	36·8	2·7	5·8	5·3	92·8	85·1	8·3	7·3	1·2	1·2	2·0
Luftdruckminima .	15·0	1·7	3·5	4·7	87·2	79·9	8·6	9·2	2·1	2·2	1·0
Differenz	21·8	1·0	2·3	0·6	5·6	5·2	— 0·3	— 1·9	— 0·9	— 1·0	1·0
Dezember:											
Luftdruckmaxima .	37·6	— 1·4	0·8	4·0	90·9	86·7	7·5	6·8	1·1	1·0	2·1
Luftdruckminima ·	14·5	— 1·6	— 0·1	3·8	87·8	84·0	9·1	9·2	2·2	2·2	0·8
Differenz	23·1	— 0·2	0·9	0·2	3·1	2·7	— 1·6	— 2·4	— 1·1	— 1·2	1·3

sind am Nachmittag etwas größer als am Morgen. Ganz anders ist bekanntlich der Temperaturunterschied zwischen Hoch- und Tiefdrucklagen in der Niederung. Dort sind am Morgen die Antizyklonen im Winter kälter als die Zyklonen und in den übrigen Jahreszeiten ist es umgekehrt; die Übertemperatur der Antizyklonen ist aber auch da nicht so groß wie in der Höhe. Am Nachmittag sind in jedem Monat die Temperaturen im Luftdruckmaximum höher als im Minimum. Die Unterschiede sind im Winter nicht groß, im Sommer aber zufolge der starken Einstrahlungswirkung viel größer als auf dem Sonnblick. Am Nachmittag sind die mittleren Temperaturdifferenzen zwischen Tief und Hoch in der Niederung viel größer als am Morgen — besonders im Frühling und Herbst —; mit diesen Verhältnissen hängt es zusammen, daß die vertikalen Temperaturgradienten im Hochdruck im Winter etwa nur halb so groß sind wie im Sommer, während im Tiefdruck die jahreszeitlichen Unterschiede nicht beträchtlich sind. Am Morgen sind in allen Monaten die vertikalen Temperaturgradienten im Tiefdruck kleiner als im Hochdruck, am Nachmittag ist dies nur in den Monaten Oktober bis März der Fall; in den übrigen Monaten ist es umgekehrt.

Die Dampfdruckwerte sind zufolge der höheren Temperaturen im Hochdruckgebiet im Mittel etwas höher als im Tiefdruck. Die Unterschiede sind in der Niederung im Sommer etwa doppelt so groß wie auf dem Sonnblick. Im Winter sind die Unterschiede minimal. Der vertikale Gradient des Dampfdruckes ist in allen Monaten im Luftdruckmaximum etwas größer als im Luftdruckminimum.

Die relative Feuchtigkeit ist auf dem Sonnblick in allen Monaten im Hochdruck viel niedriger als im Tiefdruck, nur in den Monaten des stärksten thermischen Auftriebes, im April und Mai, sind die Unterschiede recht gering, da in diesen Monaten auch bei hohem Luftdruck die Feuchtigkeit ziemlich groß ist. Vom Mai bis November ist der Feuchtigkeitsunterschied zwischen Hoch und Tief am Nachmittag auf dem Sonnblick geringer, in den übrigen Monaten aber etwas höher als am Morgen. In der Niederung sind die Unterschiede der relativen Feuchtigkeit zwischen Hoch und Tief am Morgen nicht so groß wie auf dem Berg; die Feuchtigkeit ist in Kremsmünster nur von März bis September beim Luftdruckmaximum geringer als beim Minimum; in den übrigen Monaten ist es aber umgekehrt, womit auch die häufige Nebelbildung beim Hochdruckwetter der Niederung zusammenhängt. Am Nachmittag ist in der Niederung im Frühling und Sommer die relative Feuchtigkeit beim tiefsten Druck bedeutend höher als beim höchsten Druck; im Winter ist sie aber auch am Nachmittag im Hochdruck noch etwas höher. Die mittleren Feuchtigkeitsdifferenzen zwischen Kremsmünster und Sonnblick haben beim Luftdruckmaximum am Morgen von April bis Juni geringe negative Werte, von Juli bis März aber positive Werte, die im Winter bis über 30% ansteigen; am Nachmittag sind sie nur von November bis Februar positiv, in den übrigen Monaten aber und besonders im Frühling und Sommer stark negativ. Zur Zeit des Luftdruckminimums ist die Feuchtigkeit in allen Monaten sowohl am Morgen wie auch am Nachmittag auf dem Sonnblick höher als in der Niederung; die Unterschiede sind im Sommer und am Nachmittag am größten.

Die Bewölkung ist auf dem Sonnblick im Hochdruck in allen Monaten viel geringer als im Tiefdruck. Im Frühling und Sommer sind die Unterschiede in der Niederung ähnlich, im Spätherbst und im Winter sind sie dort aber nur gering. Die hohe Bewölkungszahl der Niederung im Hochdruckgebiet ist durch häufige Nebelbildung oder Hochnebeldeckenentwicklung an der Inversionsschicht verursacht. Dieselben Verhältnisse spiegeln sich in den Unterschieden der Sonnenscheinstunden wider, die bei hohem Luftdruck auf dem Sonnblick in allen Monaten viel höher sind als bei tiefem Druck; in der Niederung sind die Unterschiede aber in den Spätherbst- und Wintermonaten nur gering. Bei maximalem Luftdruck ist die Bewölkung

Tabelle 117. Tagesgang des Luftdruckes; Abweichungen vom Tagesmittel in Hundertstel mm (1901—1930).

Monat	1^h	2^h	3^h	4^h	5^h	6^h	7^h	8^h	9^h	10^h	11^h	12^h
Jänner . .	3	0	−3	−14	−23	−28	−22	−12	−1	10	18	10
Februar .	6	2	−11	−23	−28	−32	−31	−18	−9	0	11	13
März . .	−3	−5	−21	−31	−36	−36	−31	−23	−12	−2	8	14
April . .	−9	−15	−31	−40	−46	−43	−36	−30	−18	−4	5	11
Mai . . .	−14	−28	−40	−50	−52	−47	−39	−28	−18	−5	8	18
Juni . . .	−1	−16	−31	−40	−42	−40	−34	−27	−14	−2	10	20
Juli . . .	0	−15	−30	−40	−43	−41	−36	−27	−18	−6	6	15
August . .	2	−11	−25	−36	−39	−37	−33	−26	−15	−2	7	14
September .	5	−8	−21	−32	−40	−38	−32	−25	−11	3	10	16
Oktober .	15	−2	−16	−24	−28	−30	−25	−12	0	9	14	13
November .	7	2	−8	−20	−23	−25	−22	−9	1	12	15	7
Dezember .	8	5	1	−9	−18	−20	−18	−10	2	13	17	7
Jahr . . .	2	−7	−20	−30	−35	−35	−30	−21	−8	2	10	13

Monat	13^h	14^h	15^h	16^h	17^h	18^h	19^h	20^h	21^h	22^h	23^h	24^h	Mittl. periodische Tagesschwankung	Mittl. aperiodische Tagesschwankung
Jänner . .	−3	−11	−7	−3	0	3	10	15	17	17	17	10	46	317
Februar .	7	−1	−1	−1	3	7	15	17	19	22	20	16	54	308
März . .	12	7	7	5	5	9	16	22	25	26	23	19	62	291
April . .	16	18	16	15	14	13	17	27	29	29	26	19	75	263
Mai . . .	25	27	34	25	20	18	19	25	32	32	27	18	86	216
Juni . . .	24	26	27	23	16	13	14	16	23	26	19	12	69	213
Juli . . .	20	21	22	19	15	13	14	18	26	28	26	17	71	206
August . .	18	20	20	18	15	8	9	16	22	23	21	13	62	205
September .	17	16	14	11	9	7	12	20	22	22	17	8	62	212
Oktober .	6	1	0	0	0	6	12	15	18	19	13	6	49	251
November .	−1	−8	−8	−6	−3	4	10	13	15	18	16	12	43	291
Dezember .	−3	−12	−10	−7	−4	−2	4	8	10	13	14	7	37	314
Jahr . . .	12	9	9	8	7	8	13	18	20	23	20	13	—	—

auf dem Sonnblick am Morgen von August bis März und am Nachmittag von Oktober bis März geringer als in der Niederung.

Die Windstärke ist, abgesehen vom Jänner, auf dem Sonnblick und in Kremsmünster in allen Monaten im Luftdruckminimum stärker als im Maximum. Die Unterschiede sind in der Niederung größer als in der Höhe.

Aus dieser kurzen Übersicht über die Witterungsverhältnisse bei extremen Luftdruckwerten ergibt sich in der Kombination der einzelnen meteorologischen Elemente der beherrschende Einfluß der Luftdrucklagen auf unser Wetter und andererseits zeigt sich auch, daß der Luftdruck als Ordnungsprinzip für Wetterlagen im Hochgebirge viel eindeutiger zur Geltung kommt als in der Niederung.

Zum Abschluß will ich vom Luftdruck der Vollständigkeit halber nur noch eine Zusammenstellung der aus 30jährigen Registrierungen abgeleiteten Tagesgänge für die einzelnen Monate und für das Jahr mitteilen. Die Werte sind in Tab. 117 als Abweichungen vom Tagesmittel in Hundertstelmillimeter wiedergegeben. Dabei ist der Jahresgang nicht eliminiert. Das Wesentliche am Tagesgang des Luftdruckes auf den Bergen ist ja aus den gründlichen Bearbeitungen von Hann [67] und von Obermayer [68] bekannt, und es kann daher, was Einzelheiten und besonders was das theoretische Interesse anlangt, das dem Tagesgang des Luftdruckes zukommt, auf diese wie auch auf das in dem Lehrbuch von Hann-Süring und an anderen Stellen Angeführte verwiesen werden.

Wie ich bereits einleitend erwähnt habe, mußte es bei dieser Bearbeitung des ganzen Beobachtungsmaterials des Sonnblick-Observatoriums vor allem darauf ankommen, die besonderen Möglichkeiten der langen Reihe zu einer eingehenden Statistik zu verwerten. Statistik geht in Einzelheiten. Darin bringt sie sehr viel. Demzufolge enthebt auch eine Darstellung in der vorliegenden Art den Leser nicht einer in gewisser Hinsicht oft mühevollen Mitarbeit zur Kombination zum Gesamtbild der Wetterentwicklung und des Wetterablaufes, zum tieferen Blick in die Struktur des Wettergeschehens in unserem Hochgebirge, in seine Möglichkeiten und in seine Wahrscheinlichkeiten.

Im folgenden zweiten Teil soll das meteorologische Geschehen im Bereiche des Gebirgsstockes der Sonnblickgruppe behandelt werden. Dort wird uns eine ganz andere Aufgabe gestellt sein. Dort muß es sich darum handeln, die Möglichkeiten eines engen Netzes von Beobachtungsstationen auszuschöpfen.

ANHANG.

$$\textit{Temperaturmittel } \frac{7 + 14 + 21 + 21}{4}, \ ^{\circ}C.$$

Jahr	Jänner	Februar	März	April	Mai	Juni	Juli	August	Sept.	Okt.	Nov.	Dez.	Mittel
1886	—	—	—	—	—	—	—	—	—	− 3·4	− 9·3	− 13·2	—
1887	− 12·6	− 15·7	− 10·7	− 9·6	− 6·7	− 2·0	2·8	0·4	− 1·6	− 9·1	− 9·2	− 15·5	− 7·5
1888	− 14·6	− 15·4	− 13·0	− 9·4	− 4·2	− 0·5	− 0·9	0·0	− 0·2	− 6·5	− 7·5	− 9·0	− 6·8
1889	− 13·5	− 17·5	− 14·2	− 10·1	− 1·3	0·9	0·2	0·3	− 4·2	− 4·7	− 8·0	− 12·8	− 7·1
1890	− 10·6	− 13·6	− 11·4	− 9·1	− 3·2	− 3·1	0·3	2·0	− 3·3	− 7·1	− 10·8	− 14·1	− 7·0
1891	− 16·3	− 13·5	− 12·0	− 11·4	− 3·0	− 1·0	0·3	0·4	0·3	− 3·6	− 9·2	− 11·3	− 6·7
1892	− 13·5	− 13·6	− 13·7	− 7·2	− 3·8	− 0·9	0·3	2·5	− 0·4	− 5·6	− 7·3	− 13·6	− 6·4
1893	− 17·5	− 13·4	− 12·3	− 8·1	− 5·3	− 1·9	1·0	0·9	− 1·0	− 3·4	− 8·1	− 10·8	− 6·7
1894	− 12·4	− 13·1	− 11·6	− 6·3	− 3·5	− 2·9	2·2	0·7	− 2·2	− 5·4	− 7·0	− 13·7	− 6·3
1895	− 17·2	− 18·3	− 12·9	− 6·9	− 5·0	− 0·6	2·2	0·8	1·5	− 5·4	− 5·5	− 12·6	− 6·7
1896	− 12·7	− 10·1	− 10·3	− 12·0	− 6·7	− 1·1	1·3	− 1·2	− 2·1	− 4·3	− 10·3	− 11·6	− 6·7
1897	− 13·7	− 10·4	− 10·8	− 8·2	− 6·5	− 0·2	1·2	1·5	− 0·9	− 6·1	− 7·4	− 10·4	− 6·0
1898	− 7·9	− 14·9	− 11·0	− 7·3	− 4·5	− 1·6	− 0·8	2·1	0·0	− 2·8	− 5·8	− 10·4	− 5·4
1899	− 10·9	− 10·3	− 11·7	− 8·8	− 5·3	− 2·1	0·3	1·0	− 2·2	− 2·7	− 6·7	− 13·1	− 6·0
1900	− 12·8	− 10·9	− 14·8	− 10·5	− 4·1	− 0·6	2·4	− 0·2	0·9	− 4·0	− 7·8	− 8·6	− 5·9
1901	− 14·0	− 19·6	− 13·3	− 8·3	− 4·2	− 0·5	0·9	0·4	− 0·7	− 5·0	− 9·6	− 11·7	− 7·1
1902	− 11·4	− 11·0	− 12·6	− 5·7	− 8·5	− 2·5	1·1	0·6	− 0·4	− 5·7	− 7·9	− 11·9	− 6·3
1903	− 11·1	− 10·2	− 10·8	− 12·6	− 4·5	− 2·0	− 0·2	1·8	− 0·1	− 4·1	− 9·2	− 11·4	− 6·2
1904	− 12·1	− 13·2	− 10·3	− 6·8	− 2·9	0·4	2·8	1·4	− 3·6	− 5·4	− 10·4	− 10·5	− 5·9
1905	− 16·5	− 14·4	− 10·9	− 9·5	− 3·9	0·0	3·5	1·4	0·0	− 10·7	− 9·3	− 9·7	− 6·7
1906	− 12·8	− 14·3	− 11·9	− 8·5	− 3·3	− 1·6	1·7	1·7	− 2·8	− 2·0	− 6·6	− 16·2	− 6·4
1907	− 15·2	− 14·9	− 15·2	− 10·1	− 2·8	− 0·4	− 1·0	1·6	0·1	− 2·5	− 8·6	− 11·9	− 6·7
1908	− 11·9	− 16·1	− 14·8	− 11·5	− 2·3	0·3	0·3	− 0·5	− 2·7	− 3·6	− 10·0	− 12·5	− 7·1
1909	− 15·0	− 19·5	− 14·3	− 8·4	− 5·9	− 2·1	− 0·4	0·9	− 2·0	− 4·0	− 11·8	− 11·1	− 7·8
1910	− 13·4	− 12·7	− 11·4	− 8·9	− 5·1	− 0·6	− 0·9	0·4	− 3·9	− 4·0	− 12·7	− 10·2	− 6·9
1911	− 13·4	− 14·1	− 11·7	− 9·3	− 4·1	− 1·7	2·2	1·9	0·1	− 4·0	− 6·5	− 10·8	− 5·9
1912	− 12·0	− 10·5	− 10·2	− 11·2	− 4·0	− 0·9	0·8	− 1·3	− 7·1	− 5·4	− 13·0	− 8·0	− 6·9
1913	− 11·9	− 13·8	− 8·6	− 9·3	− 4·7	− 1·3	− 2·8	− 0·9	− 2·5	− 2·3	− 7·2	− 12·9	− 6·5
1914	− 13·0	− 7·7	− 11·5	− 6·8	− 5·1	− 2·4	− 0·5	1·5	− 3·1	− 6·2	− 10·1	− 10·1	− 6·2
1915	− 15·5	− 14·2	− 12·7	− 9·3	− 1·4	0·6	0·4	− 1·1	− 3·4	− 7·8	− 12·0	− 9·1	− 7·1
1916	− 10·1	− 13·4	− 9·2	− 8·6	− 3·5	− 2·2	0·0	− 0·1	− 3·2	− 5·1	− 8·3	− 10·7	− 6·2
1917	− 14·5	− 13·4	− 13·9	− 12·1	− 1·6	− 1·1	0·8	1·3	1·1	− 6·5	− 8·6	− 14·4	− 6·7
1918	− 10·7	− 11·2	− 11·5	− 6·6	− 3·8	− 3·9	0·3	− 0·2	0·7	− 6·6	− 9·9	− 9·9	− 6·1
1919	− 12·2	− 13·6	− 12·0	− 10·6	− 7·8	− 1·2	− 1·9	1·8	0·1	− 9·2	− 11·5	− 12·3	− 7·5
1920	− 10·7	− 9·6	− 8·1	− 6·6	− 0·7	− 1·3	2·0	− 0·4	− 1·3	− 3·6	− 6·7	− 9·4	− 4·7
1921	− 10·1	− 12·3	− 9·4	− 9·8	− 2·2	− 2·1	2·7	2·2	0·4	− 1·5	− 10·2	− 11·1	− 5·3
1922	− 14·8	− 12·1	− 9·6	− 9·3	− 3·4	− 0·3	0·8	2·4	− 2·9	− 6·2	− 12·1	− 11·8	− 6·6
1923	− 14·0	− 12·5	− 11·1	− 8·3	− 3·3	− 4·3	2·5	2·3	− 2·1	− 2·7	− 7·9	− 14·6	− 6·3
1924	− 14·5	− 15·3	− 12·1	− 8·4	− 2·2	− 0·9	1·3	− 1·2	− 0·4	− 3·7	− 7·5	− 8·3	− 6·1
1925	− 8·9	− 11·8	− 15·1	− 7·9	− 3·7	− 1·4	0·7	0·8	− 4·1	− 3·6	− 9·1	− 14·1	− 6·5
1926	− 13·7	− 8·9	− 11·0	− 7·0	− 5·6	− 3·2	0·3	1·1	0·7	− 3·6	− 6·0	− 12·4	− 5·8
1927	− 12·6	− 13·5	− 10·3	− 8·3	− 3·9	0·1	1·5	1·4	− 0·9	− 3·6	− 7·3	− 11·2	− 5·7
1928	− 11·2	− 11·6	− 11·0	− 7·6	− 6·8	− 1·1	4·2	3·1	− 1·1	− 4·5	− 8·7	− 13·1	− 5·8
1929	− 15·6	− 16·0	− 10·8	− 11·0	− 2·9	0·2	2·1	2·5	0·3	− 4·5	− 7·9	− 11·0	− 6·2
1930	− 8·9	− 13·4	− 9·8	− 7·5	− 4·9	1·8	0·6	1·2	− 1·0	− 4·7	− 7·0	− 11·2	− 5·4
1931	− 13·4	− 15·2	− 12·6	− 9·8	− 2·2	2·0	1·7	0·4	− 5·9	− 5·2	− 6·6	− 12·4	− 6·6
1932	− 8·1	− 16·5	− 13·3	− 10·0	− 3·9	− 2·0	2·1	3·7	2·6	− 5·2	− 6·9	− 8·0	− 5·5
1933	− 14·4	− 13·9	− 10·3	− 9·0	− 6·2	− 3·5	1·4	1·3	− 1·2	− 4·6	− 9·4	− 13·3	− 6·9
1934	− 12·5	− 11·9	− 10·4	− 5·8	− 2·4	− 1·5	1·5	0·7	0·4	− 4·3	− 8·4	− 8·2	− 5·2
1935	− 16·5	− 13·3	− 13·4	− 9·3	− 5·0	1·7	1·7	0·7	− 0·1	− 3·6	− 7·5	− 13·2	− 6·5
1936	− 10·4	− 12·9	− 9·7	− 7·7	− 2·7	− 0·9	1·9	0·8	− 1·3	− 8·9	− 7·6	− 9·8	− 5·8

TABELLE II.

Temperaturabweichungen vom 50jährigen Mittel, °C.

Jahr	Jänner	Februar	März	April	Mai	Juni	Juli	August	Sept.	Okt.	Nov.	Dez.	Mittel
1887	+0·3	−2·3	+1·0	−0·8	−2·6	−0·8	+1·9	−0·5	−0·3	−4·2	−0·6	−4·0	−1·1
1888	−1·7	−2·0	−1·3	−0·6	−0·1	+0·7	−1·8	−0·9	+1·1	−1·6	+1·1	+2·5	−0·4
1889	−0·6	−4·1	−2·5	−1·3	+2·8	+2·1	−0·7	−0·6	−2·9	+0·2	+0·6	−1·3	−0·7
1890	+2·3	−0·2	+0·3	−0·3	+0·9	−1·9	−0·6	+1·1	−2·0	−2·2	−2·2	−2·6	−0·6
1891	−3·4	−0·1	−0·3	−2·6	+1·1	+0·2	−0·6	−0·5	+1·6	+1·3	−0·6	+0·2	−0·3
1892	−0·6	−0·2	−2·0	+1·6	+0·3	+0·3	−0·6	+1·6	+0·9	−0·7	+1·3	−2·1	0
1893	−4·6	0	−0·6	+0·7	−1·2	−0·7	+0·1	0	+0·3	+1·5	+0·5	+0·7	−0·3
1894	+0·5	+0·3	+0·1	+2·5	+0·6	−1·7	+1·3	−0·2	−0·9	−0·5	+1·6	−2·2	+0·1
1895	−4·3	−4·9	−1·2	+1·9	−0·9	+0·6	+1·3	−0·1	+2·8	−0·5	+3·1	−1·1	−0·3
1896	+0·2	+3·3	+1·4	−3·2	−2·6	+0·1	+0·4	−2·1	−0·8	+0·6	−1·7	−0·1	−0·3
1897	−0·8	+3·0	+0·9	+0·6	−2·4	+1·0	+0·3	+0·6	+0·4	−1·2	+1·2	+1·1	+0·4
1898	+5·0	−1·5	+0·7	+1·5	−0·4	−0·4	−1·7	+1·2	+1·3	+2·1	+2·8	+1·1	+1·0
1899	+2·0	+3·1	0	0	−1·2	−0·9	−0·6	+0·1	−0·9	+2·2	+1·9	−1·6	+0·4
1900	+0·1	+2·5	−3·1	−1·7	0	+0·6	+1·5	−1·1	+2·2	+0·9	+0·8	+2·9	+0·5
1901	−1·1	−6·2	−1·6	+0·5	−0·1	+0·7	0	−0·5	+0·6	−0·1	−1·0	−0·2	−0·7
1902	+1·5	+2·4	−0·9	+3·1	−4·4	−1·3	+0·2	−0·3	+0·9	−0·8	+0·7	−0·4	+0·1
1903	+1·8	+3·2	+0·9	−3·8	−0·4	−0·8	−1·1	+0·9	+1·2	+0·8	−0·6	+0·1	+0·2
1904	+0·8	+0·2	+1·4	+2·0	+1·2	+1·6	+1·9	+0·5	−2·3	−0·5	−1·8	+1·0	+0·5
1905	−3·6	−1·0	+0·8	−0·7	+0·2	+1·2	+2·6	+0·5	+1·3	−5·8	−0·7	+1·8	−0·3
1906	+0·1	−0·9	−0·2	+0·3	+0·8	−0·4	+0·8	+0·8	−1·5	+2·9	+2·0	−4·7	0
1907	−2·3	−1·5	−3·5	−1·3	+1·3	+0·8	−1·9	+0·7	+1·4	+2·4	0	−0·4	−0·3
1908	+1·0	−2·7	−3·1	−2·7	+1·8	+1·5	−0·6	−1·4	−1·4	+1·3	−1·4	−1·0	−0·7
1909	−2·1	−6·1	−2·6	+0·4	−1·8	−0·9	−1·3	0	−0·7	+0·9	−3·2	+0·4	−1·4
1910	−0·5	+0·7	+0·3	−0·1	−1·0	+0·6	−1·8	−0·5	−2·6	+0·9	−4·1	+1·3	−0·5
1911	−0·5	−0·7	0	−0·5	0	−0·5	+1·3	+1·0	+1·4	+0·9	+2·1	+0·7	+0·5
1912	+0·9	+2·9	+1·5	−2·4	+0·1	+0·3	−0·1	−2·2	−5·8	−0·5	−4·4	+3·5	−0·5
1913	+1·0	−0·4	+3·1	−0·5	−0·6	−0·1	−3·7	−1·8	−1·2	+2·6	+1·4	−1·4	−0·1
1914	−0·1	+5·7	+0·2	+2·0	−1·0	−1·2	−1·4	+0·6	−1·8	−1·3	−1·5	+1·4	+0·2
1915	−2·6	−0·8	−1·0	−0·5	+2·7	+1·8	−0·5	−2·0	−2·1	−2·9	−3·4	+2·4	−0·7
1916	+2·8	0	+2·5	+0·2	+0·6	−1·0	+0·9	−1·0	−1·9	−0·2	+0·3	+0·8	+0·2
1917	−1·6	0	−2·2	−3·3	+2·5	+0·1	−0·1	+0·4	+2·4	−1·6	0	−2·9	−0·3
1918	+2·2	+2·2	+0·2	+2·2	+0·3	−2·7	−0·6	−1·1	+2·0	−1·7	−1·3	+1·6	+0·3
1919	+0·7	−0·2	−0·3	−1·8	−3·7	0	−2·8	+0·9	+1·4	−4·3	−2·9	−0·8	−1·1
1920	+2·2	+3·8	+3·6	+2·2	+3·4	−0·1	+1·1	−1·3	0	+1·3	+1·9	+2·1	+1·7
1921	+2·8	+1·1	+2·3	−1·0	+1·9	−0·9	+1·8	+1·3	+1·7	+3·4	−1·6	+0·4	+1·1
1922	−1·9	+1·3	+2·1	−0·5	+0·7	+0·9	−0·1	+1·5	−1·6	−1·3	−3·5	−0·3	−0·2
1923	−1·1	+0·9	+0·6	+0·5	+0·8	−3·1	+1·6	+1·4	−0·8	+2·2	+0·7	−3·1	+0·1
1924	−1·6	−1·9	−0·4	+0·4	+1·9	+0·3	+0·4	−2·1	+0·9	+1·2	+1·1	+2·8	+0·3
1925	+4·0	+1·6	−3·4	+0·9	+0·4	−0·2	−0·2	−0·1	−2·8	+1·3	−0·5	−2·6	−0·1
1926	−0·8	+4·5	+0·7	+1·8	−1·5	−2·0	−0·6	+0·2	+2·0	+1·3	+2·6	−0·9	+0·6
1927	+0·3	−0·1	+1·4	+0·5	+0·2	+1·3	+0·6	+0·5	+0·4	+1·3	+1·3	+0·3	+0·7
1928	+1·7	+1·8	+0·7	+1·2	−2·7	+0·1	+3·3	+2·2	+0·2	+0·4	−0·1	−1·6	+0·6
1929	−2·7	−2·6	+0·9	−2·2	+1·2	+1·4	+1·2	+1·6	+1·6	+0·4	+0·7	+0·5	+0·2
1930	+4·0	0	+1·9	+1·3	−0·8	+3·0	−0·3	+0·3	+0·3	+0·2	+1·6	+0·3	+1·0
1931	−0·5	−1·8	−0·9	−1·0	+1·9	+3·2	+0·8	−0·5	−4·6	−0·3	+2·0	+0·1	−0·2
1932	+4·8	−3·1	−1·6	−1·2	+0·2	−0·8	+1·2	+2·8	+3·9	−0·3	+1·7	+3·5	+0·9
1933	−1·5	−0·5	+1·4	−0·2	−2·1	−3·2	+0·5	+0·4	+0·1	+0·3	−0·8	−1·8	−0·5
1934	+0·4	+1·5	+1·3	+3·0	+1·7	−0·3	+0·6	−0·2	+1·7	+0·6	+0·2	+3·3	+1·2
1935	−3·6	+0·1	−1·7	−0·5	−0·9	+2·9	+0·8	−0·2	+1·2	+1·3	+1·1	−1·7	−0·1
1936	+2·5	+0·5	+2·0	+1·1	+1·4	+0·3	+1·0	−0·1	0	−4·0	+1·0	+1·7	+0·6

Absolute Maxima der Temperatur, ^{0}C.

Jahr	Jänner	Februar	März	April	Mai	Juni	Juli	August	Sept.	Okt.	Nov.	Dez.	Maxima
1887	− 4·0	− 4·0	− 2·0	− 1·0	− 0·6	3·0	9·0	6·6	5·3	− 1·4	− 4·4	− 4·2	9·0
1888	− 6·6	− 9·0	− 5·2	− 2·0	2·0	8·0	4·8	10·0	5·0	2·6	1·2	− 2·0	10·0
1889	− 5·8	− 3·6	− 5·0	− 4·0	3·4	7·0	10·0	8·4	5·4	− 0·2	0·4	− 4·0	10·0
1890	− 3·0	− 5·0	0·8	− 3·8	3·6	4·0	8·0	9·4	5·0	5·2	− 5·0	− 6·8	9·4
1891	− 6·0	− 4·6	− 3·0	− 1·0	2·1	9·8	10·2	7·0	8·0	4·2	− 2·8	− 2·4	10·2
1892	− 5·0	− 6·2	− 3·0	− 1·0	5·0	6·4	9·8	11·4	6·4	2·6	1·0	− 2·4	11·4
1893	− 5·2	− 6·0	− 3·3	1·8	3·2	5·6	8·9	9·8	6·8	2·1	0·0	− 3·0	9·8
1894	− 6·3	− 2·6	− 4·4	1·0	2·8	4·2	13·0	10·8	5·0	− 1·0	0·8	− 6·0	13·0
1895	− 8·2	− 8·8	− 4·2	2·0	1·4	6·6	7·6	7·2	8·6	1·2	1·6	− 4·8	8·6
1896	− 6·0	− 5·0	− 2·8	− 1·4	2·0	5·0	7·8	6·0	5·0	1·0	− 2·2	− 5·0	7·8
1897	− 3·8	− 0·2	− 2·4	1·0	2·0	10·0	12·0	8·8	7·0	2·8	0·0	− 1·0	12·0
1898	− 2·0	− 3·5	− 1·4	1·6	1·0	4·8	8·0	8·0	6·8	2·8	− 1·8	− 2·6	8·0
1899	− 1·4	1·2	− 1·8	− 2·4	1·3	4·8	8·1	9·0	7·8	3·8	2·1	0·0	9·0
1900	− 4·0	0·0	− 4·0	− 1·5	1·2	5·6	11·1	7·1	6·6	5·4	0·0	− 0·8	11·1
1901	1·3	− 9·0	− 6·3	− 1·4	5·3	6·2	6·5	8·0	3·4	3·0	− 1·9	− 4·4	8·0
1902	− 3·2	− 7·0	− 4·7	1·4	0·0	7·0	8·4	7·0	7·8	1·3	1·0	− 4·7	8·4
1903	− 3·2	− 1·3	− 1·4	− 4·4	1·5	2·0	7·2	7·6	9·8	6·1	− 1·2	− 7·4	9·8
1904	− 6·0	− 5·3	− 3·2	2·7	6·8	8·6	9·0	8·3	2·0	0·0	0·5	− 1·2	9·0
1905	− 3·3	− 4·8	− 2·7	− 3·1	1·2	7·7	13·8	7·6	6·7	− 2·4	− 3·2	− 2·8	13·8
1906	− 2·1	− 7·6	− 2·0	− 0·2	2·0	9·7	8·7	10·2	9·5	5·7	− 0·2	− 5·0	10·2
1907	− 6·6	− 7·8	− 5·3	− 5·0	4·2	6·5	5·6	9·7	5·0	1·0	− 1·3	− 2·8	9·7
1908	− 3·3	− 4·8	− 7·4	− 3·9	6·7	6·4	5·9	5·2	4·3	3·2	− 2·2	− 3·3	6·7
1909	− 3·8	− 8·2	− 4·8	0·8	4·7	6·3	8·0	9·0	5·7	− 0·2	− 4·0	− 4·9	9·0
1910	− 4·6	− 3·9	− 3·8	− 2·9	0·8	4·0	8·7	8·1	0·7	1·7	− 4·4	− 5·2	8·7
1911	− 4·4	− 3·4	− 4·1	0·6	2·1	5·2	10·1	9·2	7·7	3·2	1·3	− 0·8	10·1
1912	− 5·3	− 1·3	− 2·2	− 2·8	6·3	7·0	7·6	4·8	− 0·1	0·5	− 4·7	− 0·9	7·6
1913	− 1·8	− 3·6	− 2·2	0·6	5·2	7·2	2·2	6·8	6·3	4·2	1·1	− 4·7	7·2
1914	− 2·9	− 1·2	− 4·9	1·3	1·0	3·1	7·5	9·0	5·7	− 0·7	− 1·3	− 1·0	9·0
1915	− 6·8	− 6·0	− 3·7	− 1·0	4·0	9·2	8·7	7·6	2·5	− 0·7	− 2·3	− 1·0	9·2
1916	− 1·0	− 7·0	− 3·4	0·2	3·6	4·1	7·7	6·4	3·4	4·2	1·8	− 3·8	7·7
1917	− 3·5	− 4·7	− 4·6	− 3·7	4·0	7·1	8·1	6·6	8·0	3·1	− 0·5	− 2·5	8·1
1918	− 2·4	− 2·9	− 5·6	− 1·2	4·3	2·7	10·5	9·3	7·6	− 0·7	0·5	− 0·7	10·5
1919	− 5·2	− 5·0	− 1·0	− 1·9	0·5	6·6	5·7	9·5	7·4	1·6	− 3·2	− 4·2	9·5
1920	− 3·3	− 3·2	3·5	2·0	6·9	6·9	10·6	7·9	3·5	4·4	− 1·0	0·7	10·6
1921	− 0·9	− 5·8	1·2	− 1·2	5·5	8·8	11·9	11·2	6·6	5·5	− 1·4	− 2·0	11·9
1922	− 4·5	− 4·0	− 1·7	2·7	5·3	7·3	8·9	9·3	4·9	− 0·6	− 4·8	− 3·3	9·3
1923	− 6·4	− 2·9	− 2·6	0·1	5·1	6·8	10·5	11·7	4·8	4·0	2·3	− 5·9	11·7
1924	− 4·5	− 8·8	− 1·8	− 0·4	6·4	7·3	9·0	8·4	6·9	1·9	2·6	− 0·9	9·0
1925	− 1·5	− 3·5	− 4·5	− 0·9	5·0	6·3	10·8	11·7	5·2	2·4	0·6	− 1·6	11·7
1926	− 1·9	− 3·0	− 2·1	2·0	0·4	2·3	10·3	9·5	8·6	5·5	1·0	− 0·3	10·3
1927	− 1·6	− 5·1	− 2·1	0·0	6·3	10·4	8·5	9·3	5·7	4·2	5·8	− 3·7	10·4
1928	− 4·1	− 2·1	− 5·6	− 0·8	− 0·4	9·6	11·2	10·4	8·3	3·8	− 1·5	− 4·7	11·2
1929	− 7·0	− 4·6	− 4·6	− 0·1	4·5	8·9	11·6	9·6	8·0	4·3	− 2·0	0·6	11·6
1930	− 2·8	− 4·4	0·5	− 0·5	6·1	7·3	12·9	11·1	6·3	7·2	2·0	− 2·8	12·9
1931	− 5·1	− 4·8	− 4·2	− 1·6	7·0	10·5	10·0	9·2	3·6	4·2	− 0·7	− 2·9	10·5
1932	1·1	− 7·5	− 3·5	− 2·7	6·0	5·2	9·3	10·2	7·8	4·7	− 0·9	0·1	10·2
1933	− 3·4	− 3·0	− 2·4	− 2·2	2·1	0·3	12·1	10·9	4·8	4·6	− 2·2	− 4·6	12·1
1934	− 5·0	− 4·4	− 4·4	3·5	3·2	8·3	8·1	7·4	7·6	4·5	0·7	− 1·1	8·3
1935	− 5·2	− 2·3	− 0·5	− 0·1	2·7	12·8	9·9	8·8	7·4	2·9	0·2	− 5·1	12·8
1936	− 2·7	− 3·9	− 2·7	− 1·4	2·4	9·0	9·9	6·4	7·6	1·9	− 3·7	− 0·8	9·9

TABELLE IV.

Absolute Minima der Temperatur, °C.

Jahr	Jänner	Februar	März	April	Mai	Juni	Juli	August	Sept.	Okt.	Nov.	Dez.	Minima
1887	−20.6	−32.0	−22.0	−23.0	−15.4	−9.0	−6.0	−7.6	−13.0	−20.4	−18.6	−33.0	−33.0
1888	−29.8	−27.8	−30.2	−20.0	−14.0	−10.8	−9.8	−9.4	−8.0	−21.0	−18.6	−23.0	−30.2
1889	−29.0	−27.6	−34.0	−21.0	−6.8	−3.2	−6.0	−9.0	−16.4	−14.4	−22.2	−26.0	−34.0
1890	−25.6	−30.0	−34.6	−17.6	−9.8	−10.8	−8.0	−8.8	−11.6	−23.8	−20.2	−26.2	−34.6
1891	−33.8	−31.6	−24.0	−23.4	−16.8	−11.8	−5.2	−6.0	−10.0	−25.4	−24.0	−30.0	−33.8
1892	−24.0	−27.2	−28.0	−20.0	−18.6	−8.2	−6.8	−5.6	−10.0	−17.6	−18.2	−27.4	−28.0
1893	−32.2	−24.2	−26.0	−19.4	−18.9	−7.4	−6.4	−7.6	−9.6	−13.0	−18.6	−27.5	−32.2
1894	−25.2	−27.2	−20.8	−14.0	−12.2	−9.6	−6.1	−9.2	−13.4	−16.0	−20.0	−23.0	−27.2
1895	−33.8	−30.8	−26.2	−17.2	−15.2	−10.2	−7.6	−6.4	−7.9	−18.0	−16.0	−22.6	−33.8
1896	−29.4	−18.8	−18.8	−19.0	−13.2	−7.8	−7.6	−8.0	−12.2	−13.0	−22.0	−22.0	−29.4
1897	−29.4	−24.6	−23.0	−20.0	−18.4	−15.8	−6.0	−5.0	−9.2	−16.2	−24.8	−19.5	−29.4
1898	−15.4	−24.6	−20.5	−20.0	−13.0	−10.7	−10.4	−8.4	−9.0	−10.8	−10.5	−25.4	−25.4
1899	−19.4	−25.0	−28.8	−18.2	−15.0	−11.0	−8.2	−6.4	−11.8	−13.6	−20.4	−24.6	−28.8
1900	−21.2	−21.1	−29.1	−22.4	−10.2	−7.0	−9.1	−8.0	−8.0	−14.5	−14.8	−17.2	−29.1
1901	−31.5	−33.0	−25.6	−19.0	−11.0	−9.6	−4.3	−7.8	−6.4	−13.8	−20.2	−20.2	−33.0
1902	−25.6	−17.2	−23.3	−16.3	−16.5	−9.6	−7.1	−9.4	−8.1	−14.2	−19.3	−20.2	−25.6
1903	−19.5	−25.8	−19.0	−24.0	−12.0	−7.3	−8.4	−6.8	−9.0	−14.8	−20.1	−17.2	−25.8
1904	−23.2	−23.8	−19.4	−18.5	−13.7	−6.3	−3.6	−7.7	−14.0	−14.6	−22.5	−28.0	−28.0
1905	−37.2	−28.4	−18.6	−23.0	−12.2	−6.4	−6.1	−6.5	−7.7	−19.4	−15.2	−26.6	−37.2
1906	−26.7	−23.0	−23.0	−18.0	−14.0	−10.2	−8.0	−7.0	−14.2	−10.8	−15.0	−27.1	−27.1
1907	−27.9	−25.3	−27.1	−18.7	−11.2	−9.3	−7.8	−8.0	−8.2	−7.2	−17.9	−22.0	−27.9
1908	−28.6	−27.5	−23.3	−21.5	−11.0	−9.9	−6.0	−6.6	−12.9	−12.3	−19.8	−23.0	−28.6
1909	−25.2	−30.8	−24.6	−24.9	−19.0	−8.7	−9.2	−7.6	−9.8	−16.8	−26.3	−20.6	−30.8
1910	−25.3	−23.3	−21.4	−20.2	−13.2	−7.8	−7.3	−5.2	−11.6	−9.9	−22.5	−21.6	−25.3
1911	−28.5	−26.6	−18.8	−19.3	−11.9	−11.5	−5.6	−4.7	−10.3	−13.0	−15.9	−18.1	−28.5
1912	−25.7	−26.5	−17.0	−24.7	−13.2	−8.1	−4.9	−7.6	−13.3	−14.4	−23.6	−18.3	−26.5
1913	−19.2	−24.5	−19.9	−24.8	−13.6	−9.0	−8.7	−8.3	−10.1	−15.5	−14.1	−24.8	−24.8
1914	−26.0	−18.0	−20.0	−16.0	−12.9	−11.2	−6.5	−5.0	−12.0	−15.2	−23.4	−18.4	−26.0
1915	−27.4	−22.8	−26.4	−17.6	−6.7	−7.5	−7.6	−9.5	−9.4	−12.5	−28.5	−22.4	−28.5
1916	−20.6	−24.0	−16.4	−18.8	−10.9	−10.0	−7.1	−7.7	−12.0	−15.0	−23.4	−18.2	−24.0
1917	−26.3	−20.8	−25.3	−21.3	−6.9	−6.2	−5.9	−5.6	−8.2	−14.8	−20.4	−27.6	−27.6
1918	−30.2	−30.0	−23.8	−12.1	−11.1	−11.9	−7.9	−7.8	−7.8	−15.8	−19.8	−19.8	−30.2
1919	−19.1	−31.6	−22.8	−22.6	−17.1	−9.4	−7.5	−8.1	−12.7	−19.5	−25.6	−25.6	−31.6
1920	−21.3	−20.5	−22.2	−14.7	−16.9	−10.8	−7.3	−7.8	−7.5	−12.2	−18.6	−14.4	−22.2
1921	−21.0	−18.6	−18.2	−17.7	−16.2	−12.6	−5.8	−8.3	−13.2	−17.3	−21.8	−19.0	−21.8
1922	−27.8	−31.6	−20.0	−17.4	−12.8	−8.1	−9.1	−6.6	−11.5	−11.8	−26.1	−25.4	−31.6
1923	−25.1	−18.2	−18.2	−14.7	−15.8	−12.4	−4.9	−5.3	−10.8	−12.2	−19.3	−28.9	−28.9
1924	−25.8	−26.8	−22.0	−19.6	−12.1	−9.0	−6.6	−8.2	−10.6	−9.8	−23.6	−19.0	−26.8
1925	−21.0	−21.1	−28.7	−15.4	−15.2	−7.0	−6.4	−7.5	−12.9	−16.9	−25.2	−29.6	−29.6
1926	−30.2	−15.1	−22.8	−14.4	−15.3	−8.8	−8.0	−7.6	−8.1	−16.9	−16.2	−22.9	−30.2
1927	−22.1	−25.4	−16.6	−18.5	−16.5	−9.6	−4.6	−8.2	−8.0	−14.6	−21.0	−33.0	−33.0
1928	−18.3	−19.1	−20.9	−16.1	−18.6	−11.1	−3.5	−5.3	−13.0	−17.5	−19.6	−21.9	−21.9
1929	−32.6	−29.0	−21.0	−26.6	−9.8	−7.8	−7.9	−5.0	−10.1	−15.8	−19.1	−24.3	−32.6
1930	−17.0	−19.4	−21.2	−13.6	−13.3	−2.2	−7.4	−8.0	−8.2	−15.6	−18.0	−18.5	−21.2
1931	−22.2	−29.2	−25.5	−22.2	−12.5	−7.2	−7.7	−8.6	−14.9	−18.8	−15.9	−30.0	−30.0
1932	−25.8	−29.6	−25.6	−18.3	−13.5	−9.8	−4.3	−4.6	−1.4	−15.5	−15.8	−21.7	−29.6
1933	−29.5	−26.6	−25.0	−17.9	−12.6	−9.1	−6.3	−7.3	−9.8	−14.7	−15.6	−23.6	−29.5
1934	−21.7	−25.3	−17.5	−19.0	−10.1	−8.2	−6.7	−6.0	−7.2	−16.2	−19.0	−15.6	−25.3
1935	−26.8	−27.2	−28.0	−20.1	−20.0	−6.0	−7.8	−7.2	−11.4	−15.6	−17.0	−24.4	−28.0
1936	−19.7	−30.0	−20.8	−18.9	−8.7	−12.2	−5.0	−6.8	−15.0	−15.8	−14.0	−19.7	−30.0

Mittelwerte der relativen Feuchtigkeit, $^0/_0$.

Jahr	Jänner	Februar	März	April	Mai	Juni	Juli	August	Sept.	Okt.	Nov.	Dez.	Mittel
1887	91	91	91	98	93	94	92	92	91	94	97	92	93
1888	87	91	91	90	93	93	97	92	88	82	67	78	87
1889	87	93	94	97	94	92	94	95	92	95	82	78	91
1890	77	72	87	93	93	94	91	91	95	79	94	77	87
1891	78	73	90	88	84	92	95	94	86	98	93	83	88
1892	90	99	87	87	91	95	89	86	86	88	75	68	87
1893	84	91	88	81	93	93	88	85	87	81	84	79	86
1894	80	79	81	88	93	92	89	82	84	86	70	79	84
1895	92	83	87	86	94	96	92	87	74	89	74	86	87
1896	77	53	90	93	95	96	90	96	95	91	87	77	87
1897	84	80	92	91	94	90	91	97	95	84	68	67	86
1898	59	82	82	84	92	92	88	85	73	84	86	76	82
1899	81	63	75	89	90	88	90	83	88	66	67	85	80
1900	88	86	83	89	90	91	85	91	72	78	87	61	84
1901	71	89	96	91	95	89	91	82	84	81	62	80	84
1902	71	87	78	83	88	86	79	87	74	84	60	70	79
1903	61	67	77	88	89	88	88	81	73	76	78	85	80
1904	79	86	83	83	80	81	78	83	86	80	75	67	80
1905	79	80	80	83	84	85	79	85	81	80	84	64	80
1906	74	84	77	85	87	86	87	79	82	66	69	81	80
1907	79	76	80	86	86	85	94	88	89	94	76	88	85
1908	66	86	94	95	93	89	92	96	81	68	62	80	84
1909	66	79	87	79	90	96	94	89	91	92	80	89	86
1910	82	85	80	92	93	96	93	91	91	85	88	86	88
1911	73	75	89	87	96	91	88	83	82	78	79	90	84
1912	90	90	89	89	92	96	91	95	90	77	85	72	88
1913	77	74	75	88	89	84	91	92	94	78	86	82	84
1914	79	72	90	81	95	96	96	91	86	93	90	87	88
1915	91	88	90	92	97	96	95	89	81	80	81	88	88
1916	68	88	89	88	94	94	95	89	89	80	84	83	87
1917	82	59	62	88	86	87	91	91	78	88	65	76	81
1918	61	64	88	92	91	93	93	93	89	92	78	75	84
1919	84	81	83	89	90	87	94	86	85	—	—	—	—
1920	—	—	—	—	—	—	—	—	—	—	—	—	—
1921	—	—	—	—	—	—	—	—	—	—	—	—	—
1922	—	—	—	—	—	—	—	—	—	88	78	77	—
1923	81	79	79	86	87	89	87	84	87	82	85	87	84
1924	79	85	85	91	92	96	91	96	90	80	73	68	85
1925	59	84	87	89	92	92	97	93	94	75	79	75	85
1926	79	84	83	84	94	96	94	83	87	81	91	89	87
1927	85	78	85	92	95	93	96	94	91	77	87	84	88
1928	79	67	82	92	91	88	88	91	90	84	87	83	85
1929	72	68	70	86	93	93	89	91	85	88	88	88	84
1930	70	70	80	94	95	92	96	84	87	75	76	77	83
1931	76	81	74	86	88	88	92	97	96	79	78	67	84
1932	61	70	76	91	90	92	95	87	92	92	81	69	83
1933	80	75	79	89	92	96	92	85	90	83	85	76	85
1934	78	72	90	90	94	96	90	95	88	77	85	89	87
1935	81	80	76	90	89	88	83	93	79	93	71	85	84
1936	86	76	82	94	94	95	95	87	88	82	71	72	85

TABELLE VI.

Bewölkung.

Jahr	Jänner	Februar	März	April	Mai	Juni	Juli	August	Sept.	Okt.	Nov.	Dez.	Mittel
1887	2·8	4·0	6·2	6·2	8·2	7·5	6·7	6·2	7·0	6·7	7·6	7·1	6·3
1888	5·2	7·6	7·9	7·2	6·7	7·2	8·4	7·1	6·4	5·2	5·4	4·4	6·6
1889	4·7	7·8	7·1	7·9	8·1	8·0	7·7	7·8	7·7	8·3	4·0	5·4	7·0
1890	6·0	3·2	6·2	7·6	7·4	7·9	7·1	6·9	7·3	6·0	7·9	4·3	6·5
1891	5·4	3·5	7·4	7·0	8·1	8·1	8·1	6·9	4·4	5·8	6·2	4·9	6·3
1892	6·2	8·4	5·5	6·3	7·3	8·5	6·4	4·8	5·6	7·1	4·3	4·2	6·2
1893	5·8	7·0	5·6	5·3	8·7	7·5	7·4	5·7	6·8	5·9	6·1	4·5	6·3
1894	4·8	5·5	4·4	5·8	7·6	8·0	7·2	7·4	8·0	7·6	4·5	6·0	6·4
1895	7·9	7·1	7·9	7·8	8·9	8·8	8·6	7·9	6·3	8·7	6·4	8·3	7·9
1896	5·5	4·6	7·9	9·0	8·7	9·1	8·6	9·7	8·8	9·1	9·0	7·9	8·2
1897	8·0	7·4	8·9	8·6	8·7	7·1	7·8	6·9	6·5	5·6	3·3	4·5	6·9
1898	4·7	7·5	6·8	6·8	8·4	8·7	7·5	6·4	5·2	5·9	6·2	5·0	6·6
1899	6·3	4·6	6·3	8·8	8·2	7·6	8·5	7·0	6·7	3·1	3·3	6·6	6·4
1900	8·2	6·3	6·4	6·4	7·4	7·9	6·4	7·7	4·7	4·4	6·3	4·0	6·3
1901	3·9	5·1	7·7	6·9	7·5	6·6	7·6	5·5	6·2	5·0	4·6	6·3	6·1
1902	5·5	7·6	5·9	6·2	8·0	7·5	6·2	6·8	5·0	6·9	3·7	5·7	6·2
1903	3·2	4·8	4·9	7·7	7·5	8·2	7·6	5·7	4·5	6·0	6·7	5·6	6·0
1904	4·1	7·2	6·7	6·3	6·5	7·0	6·5	6·8	7·6	5·7	5·5	4·6	6·2
1905	6·1	6·4	6·2	6·5	7·5	7·5	6·1	6·5	6·2	6·7	7·7	3·7	6·4
1906	4·5	6·4	6·2	7·4	7·8	8·1	7·3	5·8	6·9	4·5	6·1	7·7	6·6
1907	7·5	5·7	7·1	8·3	6·4	7·2	8·2	7·1	5·6	7·7	4·6	7·0	6·9
1908	3·9	7·7	6·9	8·7	7·2	7·4	7·7	7·6	6·1	3·7	4·9	5·7	6·5
1909	4·3	8·0	7·0	6·3	7·7	8·3	8·1	7·4	6·9	6·5	6·1	7·8	7·0
1910	6·8	7·3	6·7	8·2	7·5	8·0	7·7	7·3	6·5	5·7	8·1	6·5	7·2
1911	4·4	5·8	7·2	6·1	8·5	7·7	7·9	6·5	5·9	5·3	5·8	6·6	6·5
1912	7·1	6·7	7·5	8·2	7·4	7·6	7·6	7·9	7·7	6·0	6·9	4·8	7·1
1913	5·4	4·4	6·1	8·3	7·7	7·1	8·5	7·2	7·4	5·3	7·2	6·8	6·8
1914	4·9	4·8	7·7	6·0	8·6	8·5	8·2	6·3	6·8	7·0	6·8	7·2	6·9
1915	8·4	7·7	7·7	7·0	8·0	8·0	7·9	7·4	7·0	6·4	6·5	7·4	7·5
1916	6·0	7·1	8·4	7·3	6·9	8·6	8·7	7·6	6·4	6·1	7·6	7·6	7·4
1917	7·0	4·6	7·8	8·7	6·5	6·3	8·0	7·6	4·9	7·3	6·1	7·0	6·8
1918	5·2	5·5	7·4	9·1	8·0	9·0	8·3	7·7	7·0	8·4	5·8	7·7	7·4
1919	7·2	6·1	7·7	8·6	7·7	7·2	8·3	6·4	3·4	7·3	7·5	5·7	6·9
1920	5·5	3·4	5·6	6·8	5·6	7·2	5·8	8·0	7·6	3·8	3·6	6·5	5·8
1921	6·6	3·9	4·2	8·0	6·6	7·1	6·3	5·3	3·9	3·2	3·3	4·2	5·2
1922	5·5	4·8	6·2	7·3	5·8	6·2	5·3	5·2	7·8	7·8	6·7	6·7	6·3
1923	8·0	6·5	5·6	7·5	6·2	8·7	6·0	5·6	7·6	6·4	7·4	8·0	7·0
1924	6·1	6·6	6·6	8·3	7·4	8·0	7·6	8·4	6·5	5·0	4·5	4·2	6·6
1925	4·2	7·1	7·0	7·7	7·4	7·6	8·5	7·4	8·1	4·5	6·7	6·3	6·9
1926	7·6	7·1	7·6	6·2	8·6	8·9	8·9	6·1	6·6	6·6	7·6	7·6	7·5
1927	7·0	5·6	6·3	8·6	7·4	7·6	7·3	7·2	7·8	4·5	6·8	5·0	6·8
1928	5·6	5·4	6·8	7·8	7·9	6·6	6·6	7·1	7·0	7·0	7·2	6·3	6·8
1929	5·5	4·8	4·7	8·1	7·8	7·8	6·6	6·7	4·6	6·4	6·6	7·6	6·4
1930	4·5	3·9	6·8	8·5	8·3	7·5	8·4	5·6	6·9	5·8	6·4	4·7	6·4
1931	6·1	7·0	5·6	7·3	6·4	6·6	7·3	8·1	8·1	5·6	6·4	5·6	6·7
1932	3·6	4·5	6·1	7·9	7·5	7·6	8·0	5·8	7·2	7·0	6·0	4·5	6·3
1933	6·9	6·8	6·2	8·3	8·5	9·0	7·8	6·7	6·9	5·6	7·4	5·9	7·2
1934	6·1	4·8	7·5	6·8	8·2	8·3	7·2	8·0	6·4	6·0	5·7	7·3	6·9
1935	6·7	7·0	6·0	8·3	7·7	6·1	7·2	7·5	5·8	8·2	6·2	7·7	7·0
1936	8·3	6·6	6·7	8·3	8·0	8·6	8·4	6·7	7·2	7·2	5·8	6·1	7·3

TABELLE VII.

Zahl der heiteren Tage.

Jahr	Jänner	Februar	März	April	Mai	Juni	Juli	August	Sept.	Okt.	Nov.	Dez.	Summe
1887	19	13	9	2	0	1	0	6	4	2	3	2	61
1888	7	1	0	3	2	0	0	5	5	9	5	10	47
1889	9	2	3	1	0	0	1	3	1	1	15	8	44
1890	5	16	4	0	2	0	2	1	1	7	0	13	51
1891	9	14	3	1	1	0	0	2	10	6	5	8	59
1892	5	1	10	7	4	1	4	8	9	4	8	10	71
1893	8	2	8	8	0	2	0	2	2	4	5	11	52
1894	11	4	9	6	2	0	3	1	0	1	12	6	55
1895	1	1	1	1	0	0	0	1	2	0	5	0	12
1896	6	4	2	0	0	0	0	0	0	0	0	0	12
1897	1	2	0	0	0	4	0	2	6	8	15	12	50
1898	9	0	5	4	0	0	1	0	6	7	7	8	47
1899	7	8	8	1	1	3	0	2	2	14	1	2	49
1900	0	3	5	2	2	0	4	1	8	8	5	13	51
1901	13	11	2	3	0	2	0	8	5	8	14	3	69
1902	7	3	8	3	2	2	4	3	9	2	16	9	68
1903	17	5	10	3	1	0	1	5	11	9	5	6	73
1904	9	1	3	2	5	3	2	1	2	4	7	11	50
1905	4	7	2	4	4	1	5	6	5	4	2	13	57
1906	10	2	6	1	3	1	2	5	5	9	7	0	51
1907	3	4	2	1	0	2	1	0	5	0	6	3	27
1908	12	2	2	0	1	0	0	0	6	13	6	5	47
1909	11	3	4	4	2	0	0	3	3	3	3	3	39
1910	2	2	6	2	0	1	1	1	5	6	0	5	31
1911	12	5	2	3	0	1	1	3	5	10	3	2	47
1912	3	1	2	2	2	0	1	0	2	2	4	7	26
1913	8	8	4	1	2	1	1	3	2	9	1	2	42
1914	11	12	3	3	1	1	1	5	2	4	2	0	43
1915	0	4	3	3	0	0	2	1	4	6	3	1	27
1916	5	3	2	6	0	0	0	1	5	4	0	0	26
1917	4	8	0	0	2	3	0	1	4	1	7	2	32
1918	5	5	4	0	0	0	1	1	4	1	4	1	26
1919	4	4	3	0	1	2	0	3	17	4	3	11	52
1920	7	16	9	3	4	0	7	2	3	10	14	3	78
1921	3	12	14	2	2	2	3	7	13	14	15	10	97
1922	11	10	8	3	4	2	4	8	5	1	4	4	64
1923	3	3	1	4	5	0	7	7	1	5	2	1	30
1924	7	5	5	0	1	0	2	0	2	7	9	12	50
1925	13	3	4	3	1	2	0	4	2	10	3	6	51
1926	1	2	4	8	2	0	2	8	5	5	3	2	42
1927	4	9	7	0	1	1	1	2	2	10	6	9	52
1928	8	7	4	2	0	4	0	1	3	3	4	7	43
1929	7	7	10	2	1	1	4	3	9	5	4	0	53
1930	9	14	6	0	0	1	0	7	2	8	1	8	56
1931	9	5	9	4	7	4	2	1	1	9	7	8	66
1932	15	11	7	3	3	2	2	6	2	2	7	10	70
1933	7	3	7	1	2	0	3	4	2	7	2	8	46
1934	8	9	1	0	0	0	4	1	4	3	8	1	39
1935	6	3	6	0	2	3	0	3	5	0	3	1	32
1936	0	5	3	6	0	0	2	4	3	4	8	6	35

TABELLE VIII.

Zahl der trüben Tage.

Jahr	Jänner	Februar	März	April	Mai	Juni	Juli	August	Sept.	Okt.	Nov.	Dez.	Summe
1887	5	6	16	10	19	14	10	12	13	13	17	14	149
1888	8	17	16	15	11	10	21	16	13	11	7	4	149
1889	6	16	14	17	17	16	18	17	15	21	8	13	178
1890	10	5	11	16	14	19	14	13	15	11	17	8	153
1891	14	5	15	14	19	19	17	12	5	9	11	6	146
1892	11	21	9	15	19	19	9	7	8	16	4	5	143
1893	13	11	10	10	23	16	17	8	10	11	8	7	144
1894	8	9	6	9	16	18	14	10	16	15	8	11	140
1895	16	10	20	18	26	21	17	17	10	21	11	17	204
1896	8	7	20	24	21	23	21	31	22	26	23	16	242
1897	19	16	24	19	22	15	16	8	14	11	4	7	175
1898	7	15	16	12	18	20	11	9	8	10	15	9	150
1899	16	5	15	23	18	16	21	13	9	2	12	14	164
1900	19	10	13	9	17	15	15	15	7	8	10	5	143
1901	5	6	20	10	15	13	13	12	13	10	9	10	136
1902	10	14	9	11	8	18	11	11	8	13	7	11	131
1903	6	5	10	20	14	19	17	6	8	13	13	10	141
1904	5	14	17	13	13	12	11	11	19	8	12	8	143
1905	12	15	11	10	17	16	11	13	11	14	18	4	152
1906	4	10	13	15	18	17	14	10	14	7	12	6	140
1907	19	8	12	17	10	13	20	14	10	21	7	16	167
1908	6	14	14	19	14	13	15	16	12	4	6	10	143
1909	7	13	13	8	17	19	19	16	10	10	9	20	161
1910	14	12	18	19	11	18	16	12	11	6	18	14	169
1911	5	6	14	11	16	15	17	12	13	11	10	10	140
1912	13	8	16	20	18	17	15	18	19	7	13	6	160
1913	10	7	7	20	15	15	22	14	15	10	16	12	163
1914	6	7	15	10	23	19	20	11	15	16	11	11	164
1915	20	17	18	13	19	16	18	15	14	12	12	13	187
1916	11	15	24	19	11	21	23	16	11	9	16	15	191
1917	14	7	13	22	11	8	18	14	8	13	3	11	142
1918	7	9	15	21	18	23	19	18	15	18	9	18	190
1919	15	9	17	20	15	15	19	11	5	17	14	13	170
1920	9	4	11	12	8	11	10	18	18	4	4	12	121
1921	13	6	7	20	13	14	11	6	5	4	5	2	106
1922	10	8	13	15	8	8	7	3	11	16	12	13	124
1923	21	9	11	18	10	19	10	5	13	13	14	19	162
1924	12	13	16	15	14	17	17	21	12	5	4	8	154
1925	5	16	15	17	13	18	20	16	18	7	13	12	170
1926	17	12	18	13	22	21	26	13	14	15	19	15	205
1927	17	11	13	22	12	15	11	12	18	6	16	9	162
1928	10	10	15	17	17	13	9	12	14	15	17	12	161
1929	8	8	5	20	16	18	14	12	7	14	12	15	149
1930	5	7	16	21	17	12	19	8	12	12	7	5	141
1931	13	16	13	7	13	13	13	16	18	10	16	12	160
1932	7	7	15	16	18	18	18	10	13	13	12	5	152
1933	17	13	14	19	24	23	19	13	14	10	15	12	193
1934	13	7	14	13	17	19	17	19	8	12	10	15	164
1935	12	15	11	18	18	8	11	14	9	18	11	15	160
1936	18	13	13	15	17	21	22	14	16	19	12	11	191

Zahl der Tage mit Nebel.

Jahr	Jänner	Februar	März	April	Mai	Juni	Juli	August	Sept.	Okt.	Nov.	Dez.	Summe
1887	0	8	18	16	12	25	21	19	24	18	21	16	198
1888	10	14	23	20	20	18	28	19	16	14	12	9	203
1889	12	18	18	25	25	25	27	26	26	31	11	14	258
1890	20	9	22	26	27	22	20	19	21	17	24	14	241
1891	18	8	25	22	26	15	28	23	14	23	20	15	237
1892	22	24	18	20	22	27	19	14	17	24	8	10	225
1893	19	22	19	17	27	26	20	14	21	21	21	14	241
1894	17	16	12	18	24	25	26	23	24	26	12	23	246
1895	28	21	26	26	28	27	29	27	18	27	15	30	302
1896	16	9	22	28	28	28	28	31	28	27	29	22	296
1897	26	19	29	28	28	21	26	25	17	17	5	12	253
1898	9	24	20	22	28	26	24	19	19	22	18	19	250
1899	18	10	19	29	29	24	25	22	20	9	12	25	242
1900	28	23	25	22	24	27	20	27	12	14	22	13	257
1901	11	18	28	23	25	25	29	19	19	21	12	24	254
1902	18	21	22	18	27	21	22	25	18	23	9	19	243
1903	11	18	17	25	25	27	30	20	15	20	23	21	252
1904	13	28	22	21	22	27	25	26	24	20	15	16	259
1905	25	22	23	24	27	23	20	23	22	24	28	13	274
1906	19	24	25	26	26	26	23	22	21	15	18	26	271
1907	24	20	26	29	18	25	26	22	16	24	11	21	262
1908	10	24	23	29	20	24	31	26	18	13	11	16	245
1909	12	25	24	17	25	27	25	23	24	24	18	27	271
1910	26	23	23	26	23	24	24	23	21	21	27	20	281
1911	13	12	27	17	29	22	20	21	16	16	15	22	230
1912	21	20	24	26	23	24	24	26	23	19	23	16	269
1913	14	10	20	26	26	21	28	24	24	15	20	22	250
1914	16	15	27	17	29	29	30	23	23	25	20	21	275
1915	26	20	25	27	30	28	28	28	24	23	21	26	306
1916	19	24	26	24	24	27	29	26	24	18	21	25	287
1917	23	10	26	29	20	15	27	27	12	26	18	22	255
1918	13	15	25	30	26	28	5	24	22	28	18	23	257
1919	21	20	26	28	27	21	27	16	19	26	24	20	275
1920	20	10	23	24	21	26	16	27	22	16	9	21	235
1921	21	13	17	25	20	25	24	18	11	11	13	14	212
1922	21	14	22	25	26	26	20	19	19	25	22	20	259
1923	28	19	20	23	23	27	19	18	26	20	25	29	277
1924	24	27	24	27	27	28	27	21	26	22	20	18	291
1925	17	21	27	26	29	26	29	25	27	20	24	20	291
1926	25	20	23	20	29	29	28	16	18	17	19	25	269
1927	17	14	22	24	26	21	24	27	23	13	19	15	245
1928	17	16	23	23	25	17	16	20	20	20	21	18	236
1929	14	9	14	24	27	22	19	22	13	21	22	22	229
1930	13	19	22	27	27	18	21	19	22	16	19	22	253
1931	26	23	17	23	21	15	24	29	28	21	25	25	277
1932	12	16	23	25	24	26	28	18	24	26	27	17	266
1933	25	23	21	27	29	29	28	24	23	25	25	21	300
1934	23	18	31	24	28	23	24	29	22	17	19	27	285
1935	23	24	19	25	25	20	20	23	20	30	17	25	271
1936	25	18	23	29	27	27	27	18	21	21	17	17	270

TABELLE X.

Sonnenscheindauer (Stunden).

Jahr	Jänner	Februar	März	April	Mai	Juni	Juli	August	Sept.	Okt.	Nov.	Dez.	Summe
1887	—	172	129	105	73	128	165	184	137	119	66	75	—
1888	147	78	80	126	177	172	85	138	140	166	155	144	1608
1889	141	75	114	87	103	110	116	111	90	63	163	136	1309
1890	114	205	144	102	140	112	169	145	119	139	63	133	1585
1891	121	181	104	124	80	116	114	131	203	157	105	124	1560
1892	97	48	145	153	162	84	204	227	145	91	167	164	1687
1893	108	95	174	219	64	132	132	214	113	153	111	152	1667
1894	143	158	208	169	107	100	178	169	106	90	177	113	1718
1895	70	139	116	130	79	116	150	174	241	86	131	53	1485
1896	161	208	116	87	121	92	162	18	92	50	57	73	1237
1897	67	94	55	90	85	187	139	149	115	160	200	162	1503
1898	156	87	109	125	79	87	154	216	214	127	106	146	1606
1899	118	177	175	48	117	148	139	180	123	210	194	76	1705
1900	30	100	111	145	123	108	187	89	185	158	68	142	1446
1901	138	127	63	135	110	138	93	171	107	134	144	54	1414
1902	115	51	120	152	80	118	186	162	169	85	154	82	1474
1903	136	99	149	72	88	72	122	189	172	124	66	45	1334
1904	95	69	86	125	172	156	194	153	85	134	121	99	1489
1905	82	86	114	138	117	115	209	154	132	106	40	161	1454
1906	117	89	130	87	109	100	137	216	122	201	106	54	1468
1907	73	113	113	76	183	121	113	164	169	69	129	63	1386
1908	158	66	100	52	148	189	156	142	169	212	141	98	1631
1909	149	54	100	171	126	96	130	153	118	115	104	34	1350
1910	67	82	138	96	129	116	106	131	130	126	50	60	1231
1911	151	142	109	168	76	128	168	184	159	158	123	74	1638
1912	63	92	108	92	140	146	167	104	83	137	80	129	1340
1913	125	181	179	106	127	169	118	141	132	178	81	94	1630
1914	137	148	119	222	84	97	135	233	171	122	92	78	1638
1915	38	76	125	166	147	161	152	186	154	141	102	65	1511
1916	124	63	66	139	174	96	130	162	139	164	78	62	1396
1917	90	183	126	71	224	206	159	159	226	126	130	87	1787
1918	168	178	145	39	149	101	142	183	156	68	124	70	1520
1919	73	121	105	39	120	161	106	223	209	75	66	97	1396
1920	98	204	163	95	193	93	169	109	117	218	168	77	1704
1921	81	165	204	(90)	(154)	(105)	(189)	(183)	199	215	169	120	(1874)
1922	89	143	133	100	(177)	(99)	(209)	(233)	(89)	63	89	82	(1506)
1923	59	93	186	108	168	100	251	242	123	110	61	68	1568
1924	108	108	140	95	170	125	168	85	140	187	156	160	1641
1925	169	95	116	92	130	170	110	157	81	214	115	94	1543
1926	66	86	121	177	67	49	90	224	182	154	83	66	1366
1927	95	149	157	101	153	133	165	157	113	209	92	127	1651
1928	133	147	125	105	116	182	252	189	126	124	84	105	1687
1929	131	168	229	101	127	161	179	175	215	120	102	76	1783
1930	154	178	128	83	97	192	122	225	132	150	104	134	1700
1931	110	94	188	134	192	185	169	107	91	167	108	123	1667
1932	194	178	167	91	148	128	147	241	138	116	133	157	1838
1933	104	131	176	128	94	80	157	219	141	167	67	106	1567
1934	116	172	107	155	154	121	176	132	161	179	124	75	1672
1935	105	96	184	91	147	213	219	159	213	75	119	56	1675
1936	51	119	150	99	124	116	109	205	137	115	128	115	1467

TABELLE XI.

Niederschlagssummen, mm.

Jahr	Jänner	Februar	März	April	Mai	Juni	Juli	August	Sept.	Okt.	Nov.	Dez.	Zusammen
1890	—	—	—	—	—	—	—	233	165	298	279	152	—
1891	184	53	164	129	244	223	342	220	157	104	119	152	2091
1892	183	243	157	256	97	212	189	98	127	87	48	61	1758
1893	110	206	186	97	196	144	204	75	118	72	85	91	1584
1894	32	96	120	153	180	136	151	111	132	139	89	163	1502
1895	218	162	349	249	187	131	144	143	70	239	43	318	2253
1896	158	67	223	249	274	93	84	211	143	369	153	138	2162
1897	77	152	230	209	219	105	172	135	98	108	33	90	1628
1898	77	239	152	113	217	166	151	86	63	142	183	140	1729
1899	181	44	117	302	197	148	117	91	183	51	49	138	1618
1900	204	133	201	131	162	107	191	114	62	36	147	55	1543
1901	65	113	218	125	176	150	127	134	121	115	71	155	1570
1902	142	96	177	47	341	167	115	132	56	148	25	208	1654
1903	56	118	156	241	136	146	194	112	88	232	167	103	1749
1904	49	205	177	134	113	154	64	189	148	190	130	137	1690
1905	195	210	154	156	156	82	105	175	77	190	197	50	1747
1906	113	131	241	237	122	163	119	132	213	59	186	269	1985
1907	222	91	212	199	73	105	171	88	94	234	46	137	1672
1908	39	182	127	291	162	74	110	120	95	45	63	77	1385
1909	87	221	159	90	137	135	102	162	109	90	107	167	1566
1910	195	154	115	153	142	142	151	175	91	89	195	121	1723
1911	48	141	169	102	105	144	65	78	109	142	90	205	1398
1912	139	104	199	207	175	112	142	149	199	103	129	48	1706
1913	84	66	73	119	158	144	168	119	131	93	161	200	1516
1914	83	73	211	124	286	216	154	78	177	150	108	105	1765
1915	189	148	152	126	104	86	193	171	103	64	160	95	1591
1916	142	175	149	133	117	125	134	111	140	85	220	199	1730
1917	125	50	142	200	42	57	146	112	71	162	143	151	1406
1918	52	134	159	142	158	223	143	154	111	174	76	154	1679
1919	122	58	119	244	169	150	166	64	69	137	159	101	1558
1920	79	56	88	93	79	126	168	140	99	14	15	89	(1046)
1921	192	57	29	136	91	140	79	99	39	85	73	94	(1114)
1922	175	61	105	198	66	63	96	58	191	137	149	100	1399
1923	115	75	84	127	109	256	52	130	90	77	114	171	1400
1924	125	111	54	119	162	170	144	172	122	70	23	75	1347
1925	50	149	138	220	179	118	114	177	131	59	113	104	1552
1926	120	94	211	187	150	141	181	90	105	110	89	155	1633
1927	163	86	134	131	112	137	108	161	100	49	108	50	1339
1928	90	115	84	154	172	194	81	174	112	128	157	96	1557
1929	59	46	60	146	121	80	81	122	33	138	95	142	1123
1930	29	38	112	132	209	41	136	101	147	133	87	38	1203
1931	106	163	82	162	95	109	133	117	125	192	167	130	1581
1932	52	58	86	186	175	91	120	66	37	151	130	31	1183
1933	110	75	110	181	278	239	100	98	123	171	133	109	1727
1934	138	100	119	176	112	127	123	187	92	97	159	131	1561
1935	96	241	166	198	260	50	93	90	71	240	138	155	1798
1936	88	164	74	186	193	138	176	88	144	97	45	215	1608

TABELLE XII.

Zahl der Tage mit Niederschlag.

Jahr	Jänner	Februar	März	April	Mai	Juni	Juli	August	Sept.	Okt.	Nov.	Dez.	Summe
1891	17	9	24	25	22	25	27	26	10	15	20	15	235
1892	22	24	19	21	21	25	22	14	16	22	13	11	230
1893	22	23	19	17	26	27	25	17	22	19	21	14	252
1894	15	17	17	19	24	17	16	20	19	20	11	21	216
1895	24	16	22	22	21	21	18	14	10	23	8	24	223
1896	13	8	18	26	21	20	17	26	22	21	19	14	225
1897	15	16	26	21	24	15	20	21	17	11	15	12	203
1898	9	22	18	13	21	22	20	13	11	20	14	17	200
1899	18	10	17	26	23	20	23	20	21	7	12	24	221
1900	28	21	23	20	22	18	16	21	10	9	18	12	218
1901	10	18	27	17	22	21	26	19	15	15	11	20	221
1902	18	18	22	12	26	23	19	17	10	20	7	18	210
1903	7	15	17	23	23	22	23	15	12	16	18	14	205
1904	6	26	20	18	18	19	20	22	20	14	14	12	209
1905	18	21	21	22	20	17	18	22	15	21	26	9	230
1906	19	19	22	21	23	22	23	15	22	8	17	27	238
1907	25	22	26	29	14	19	23	17	12	22	11	21	241
1908	12	26	26	29	17	18	19	23	17	6	11	16	220
1909	14	26	21	13	19	23	19	20	18	18	16	26	233
1910	25	22	20	25	21	26	23	18	16	15	26	21	258
1911	16	16	24	19	22	22	19	20	16	17	15	25	231
1912	25	20	29	28	25	21	17	26	23	18	26	15	273
1913	19	13	21	27	23	21	24	22	22	12	22	23	249
1914	18	15	27	17	26	25	27	20	18	22	20	25	260
1915	30	25	25	18	24	20	23	24	16	16	21	22	264
1916	19	25	27	26	22	23	26	20	21	22	24	26	281
1917	21	14	27	28	16	18	23	21	11	24	21	25	249
1918	12	15	24	28	26	28	27	22	18	26	15	22	263
1919	17	18	27	28	24	22	26	17	9	18	19	16	241
1920	15	7	15	16	13	23	16	22	16	4	9	18	174
1921	16	9	4	21	16	21	16	16	6	10	9	11	155
1922	24	12	20	25	14	16	14	13	17	21	22	18	216
1923	25	22	15	22	21	26	16	16	19	18	23	25	248
1924	21	18	18	26	21	20	22	24	18	17	5	12	222
1925	11	19	22	18	22	18	25	18	23	9	17	21	223
1926	22	20	23	18	26	25	24	14	15	16	16	19	238
1927	23	14	22	24	23	23	19	14	18	9	16	9	214
1928	19	15	19	20	22	22	13	19	17	17	19	19	221
1929	17	14	13	24	21	21	11	17	11	17	16	19	201
1930	9	12	21	22	21	21	22	16	19	15	12	16	206
1931	17	20	16	21	16	19	19	20	21	15	16	16	216
1932	6	11	16	24	22	21	23	15	13	23	17	8	199
1933	19	21	15	24	27	26	19	14	17	15	22	19	238
1934	19	12	18	13	17	21	16	22	16	13	17	21	205
1935	25	22	17	24	18	14	14	22	15	19	14	22	226
1936	20	16	15	22	23	23	25	16	16	20	14	14	224

Zahl der Tage mit Schneefall.

Jahr	Jänner	Februar	März	April	Mai	Juni	Juli	August	Sept.	Okt.	Nov.	Dez.	Summe
1891	17	9	24	25	22	19	23	20	9	15	20	15	218
1892	22	24	19	21	20	23	16	12	15	22	13	11	218
1893	22	23	19	17	26	25	18	11	21	14	21	14	231
1894	15	17	17	19	24	17	15	17	19	20	11	21	212
1895	24	16	22	22	21	17	8	13	8	23	8	24	206
1896	13	8	18	26	21	18	10	22	22	21	19	14	212
1897	15	16	26	21	24	10	13	7	15	11	15	12	185
1898	9	22	18	13	21	17	16	4	11	20	14	17	182
1899	18	10	17	26	23	18	17	8	16	7	12	24	196
1900	28	21	23	20	22	16	9	13	4	9	18	12	195
1901	10	18	27	17	22	12	11	12	12	15	11	20	187
1902	18	18	22	12	26	21	10	11	9	20	7	18	192
1903	7	15	17	23	23	21	17	9	10	16	18	14	190
1904	6	26	20	18	16	18	11	16	19	14	14	12	190
1905	18	21	21	22	20	15	6	8	14	21	26	9	201
1906	19	19	22	21	23	15	10	7	17	8	17	27	205
1907	25	22	26	29	12	11	20	13	9	22	11	21	221
1908	12	26	26	29	16	11	11	19	15	6	11	16	198
1909	14	26	21	13	19	22	14	15	18	18	16	26	222
1910	25	22	20	25	20	24	22	12	16	15	26	21	248
1911	16	16	24	19	22	22	12	12	15	17	15	25	215
1912	25	20	29	28	25	20	14	24	23	18	26	15	267
1913	19	13	21	27	23	21	24	20	20	12	22	23	245
1914	18	15	27	17	26	25	23	14	18	22	20	25	250
1915	30	25	25	18	23	15	18	22	16	16	21	22	251
1916	19	25	27	26	22	22	19	16	20	22	24	26	268
1917	21	14	27	28	16	14	13	14	7	24	21	25	224
1918	12	15	24	28	25	27	22	16	11	26	15	22	243
1919	17	18	27	28	24	21	25	17	8	18	19	16	238
1920	15	7	15	16	12	21	10	11	13	4	9	18	151
1921	16	9	4	21	15	15	8	8	2	10	9	11	128
1922	24	12	20	25	14	9	11	8	16	21	22	18	200
1923	25	22	15	22	21	26	14	23	19	18	23	25	253
1924	21	18	18	26	21	16	16	14	15	17	5	12	199
1925	11	19	22	18	22	16	18	13	21	9	17	21	207
1926	22	20	23	18	26	25	19	11	13	16	16	19	228
1927	23	14	22	24	23	19	17	10	15	9	16	9	201
1928	19	15	19	20	22	16	8	7	17	17	19	19	198
1929	17	14	13	24	21	16	9	14	7	17	16	19	187
1930	9	12	21	22	21	13	18	16	17	15	12	16	192
1931	17	20	16	21	15	14	12	11	21	15	16	16	194
1932	6	11	16	24	22	20	13	8	5	23	17	8	173
1933	19	21	15	24	27	26	13	16	17	15	22	19	234
1934	19	12	18	13	17	21	9	16	15	13	17	21	191
1935	25	22	17	24	18	11	6	16	14	19	14	22	208
1936	20	16	15	22	23	17	14	14	13	20	14	24	212

TABELLE XIV.

Zahl der Tage mit Gewitter.

Jahr	Jänner	Februar	März	April	Mai	Juni	Juli	August	Sept.	Okt.	Nov.	Dez.	Summe
1887	0	0	0	0	0	0	4	2	0	0	0	0	6
1888	0	0	0	0	0	3	5	4	1	0	0	0	13
1889	0	0	0	0	0	3	7	6	3	1	1	0	21
1890	0	0	0	0	0	5	7	5	0	0	0	0	17
1891	0	0	0	0	1	3	11	3	1	0	0	0	19
1892	0	0	0	0	1	6	9	4	3	0	0	0	23
1893	0	0	0	0	0	2	7	5	2	2	0	0	18
1894	0	0	0	1	4	5	3	6	3	0	0	0	22
1895	0	0	0	0	1	2	5	5	3	0	0	0	16
1896	—	—	—	—	—	—	—	—	—	—	—	—	—
1897	0	0	0	0	0	2	4	7	0	0	0	0	13
1898	0	0	0	0	1	3	3	8	1	0	0	0	16
1899	0	0	0	0	0	3	2	5	3	0	0	0	13
1900	0	0	0	1	0	1	9	0	1	0	0	0	12
1901	0	0	0	0	1	4	3	0	0	0	0	0	8
1902	0	0	0	0	0	1	5	7	3	0	0	0	16
1903	0	0	0	0	2	1	4	1	3	0	0	0	11
1904	0	0	0	0	4	4	10	6	0	0	0	0	24
1905	0	0	0	0	0	1	8	9	1	0	0	0	19
1906	0	0	0	0	3	3	1	5	1	0	0	0	13
1907	0	0	0	0	6	5	7	7	0	0	0	0	25
1908	0	0	0	0	1	5	5	8	0	0	0	0	19
1909	0	0	0	0	2	3	5	6	1	0	0	0	17
1910	0	0	0	0	2	6	5	7	0	0	0	0	20
1911	0	0	0	0	1	3	10	8	3	1	0	0	26
1912	0	0	0	0	2	2	9	6	0	0	0	0	19
1913	0	0	0	0	2	5	6	4	1	0	0	0	18
1914	0	0	0	0	2	1	7	6	0	0	0	0	16
1915	0	0	0	0	3	1	8	4	5	0	0	0	21
1916	0	0	0	0	1	4	9	8	0	0	0	0	22
1917	0	0	0	0	4	10	9	6	3	1	0	0	33
1918	0	0	0	0	5	3	10	4	6	0	0	0	28
1919	0	0	0	0	0	4	4	5	1	0	0	0	14
1920	0	0	0	0	3	2	7	0	1	0	0	0	13
1921	0	0	0	0	0	3	7	3	1	1	0	0	15
1922	0	0	0	0	1	4	1	5	0	1	0	0	12
1923	0	0	0	0	2	1	5	5	1	0	0	0	14
1924	0	0	0	0	3	6	5	3	2	0	0	0	19
1925	0	0	0	0	0	2	6	4	0	0	0	0	12
1926	0	0	0	1	0	1	2	5	3	1	1	0	14
1927	0	0	0	1	3	4	6	9	0	0	0	0	23
1928	0	0	0	0	1	7	13	8	2	2	0	0	33
1929	0	0	0	0	1	9	8	6	5	1	0	0	30
1930	0	0	0	0	0	3	8	1	1	0	0	0	13
1931	0	0	0	0	0	11	6	5	2	0	0	0	24
1932	0	0	0	0	0	2	2	10	2	1	0	0	17
1933	0	0	0	0	0	0	6	7	2	0	0	0	15
1934	0	0	0	0	4	3	13	9	1	0	2	0	32
1935	0	0	0	0	2	8	5	2	2	0	0	0	19
1936	0	0	0	0	5	11	5	4	2	0	0	0	27

Häufigkeiten der N-Winde zu den drei Beobachtungsterminen.

Jahr	Jänner	Februar	März	April	Mai	Juni	Juli	August	Sept.	Okt.	Nov.	Dez.	Summe
1887	24	21	10	11	11	44	15	23	19	36	18	17	249
1888	39	14	18	18	35	19	13	29	15	27	25	21	273
1889	23	16	23	10	4	17	22	23	24	5	24	15	206
1890	29	17	23	8	13	27	11	10	28	23	25	12	226
1891	25	13	16	18	9	21	10	4	13	9	13	14	165
1892	14	12	15	19	13	19	20	14	10	6	25	19	186
1893	18	17	16	20	7	22	18	23	13	16	8	21	199
1894	6	29	25	18	12	19	19	12	11	9	13	19	192
1895	14	21	27	11	23	12	13	18	22	10	13	23	207
1896	24	24	7	35	28	11	18	13	11	0	18	25	214
1897	21	7	23	17	15	15	36	19	6	15	19	27	220
1898	32	21	20	16	14	17	33	18	27	19	3	17	237
1899	12	18	13	13	16	25	27	20	15	12	20	9	200
1900	15	12	19	19	15	12	6	6	9	10	5	14	142
1901	8	16	7	9	19	14	16	20	7	15	17	8	156
1902	18	2	23	5	19	19	23	8	7	15	6	19	164
1903	9	20	17	12	10	17	19	12	8	11	16	6	157
1904	5	9	11	15	13	11	13	14	9	16	13	27	156
1905	10	18	20	12	3	8	13	7	4	7	5	17	124
1906	16	9	14	8	15	27	19	20	13	9	5	6	161
1907	13	5	11	6	7	9	15	14	12	3	10	15	120
1908	30	23	17	15	9	18	18	14	12	24	8	12	200
1909	21	18	14	14	25	14	17	14	12	15	21	15	200
1910	16	12	12	16	7	8	13	12	18	13	18	11	156
1911	30	36	13	15	14	14	14	21	23	4	7	27	218
1912	21	16	14	39	18	15	20	6	26	14	29	17	235
1913	13	23	13	9	20	17	18	25	22	13	21	30	224[*]
1914	32	12	27	29	24	43	31	24	33	26	36	14	331
1915	25	21	34	31	16	28	23	27	30	20	26	8	289
1916	52	17	3	20	25	10	24	25	17	16	10	8	227
1917	13	20	20	19	19	20	20	11	14	11	23	15	205
1918	8	18	17	5	37	22	17	22	4	26	21	29	226
1919	14	13	19	22	48	38	32	22	8	14	4	13	247
1920	18	14	12	4	10	10	16	10	6	2	1	8	111
1921	13	9	3	6	5	17	8	9	12	15	5	12	114
1922	15	6	10	9	12	8	16	7	4	12	26	14	139
1923	28	24	16	15	11	34	13	22	28	14	7	27	239
1924	24	20	12	15	8	17	25	17	10	12	12	7	179
1925	16	13	20	12	12	22	16	26	13	9	1	12	172
1926	21	21	29	12	12	10	15	18	19	11	4	35	207
1927	26	26	21	23	14	12	16	20	14	14	14	19	219
1928	18	27	17	14	30	24	12	10	13	13	28	18	224
1929	26	14	38	23	12	15	17	14	29	11	8	14	221
1930	14	7	20	12	12	4	14	15	17	14	8	11	148
1931	15	14	13	17	11	21	13	12	25	26	18	23	208
1932	16	24	22	5	15	12	7	28	4	5	15	7	160
1933	13	24	11	28	20	21	26	16	27	19	3	16	224
1934	19	20	8	8	16	29	29	17	23	22	13	18	222
1935	39	19	23	19	16	16	32	22	20	11	15	18	250
1936	9	16	16	15	11	18	14	30	23	30	14	25	221

TABELLE XVI.

Häufigkeiten der NE-Winde zu den drei Beobachtungsterminen.

Jahr	Jänner	Februar	März	April	Mai	Juni	Juli	August	Sept.	Okt.	Nov.	Dez.	Summe
1887	2	17	14	18	16	20	15	0	2	2	4	9	119
1888	14	7	0	1	9	2	2	7	13	3	6	8	72
1889	15	18	10	14	7	15	10	4	5	7	15	13	133
1890	8	9	6	14	11	12	8	3	16	6	7	9	109
1891	16	21	5	12	6	6	9	4	12	10	7	7	115
1892	10	7	17	12	12	15	9	6	12	2	12	8	122
1893	22	6	19	22	24	17	8	7	2	8	8	15	158
1894	7	17	20	14	13	19	7	7	1	3	6	15	129
1895	6	4	8	13	8	10	10	7	10	6	1	7	90
1896	16	27	4	14	14	4	5	4	2	0	15	13	118
1897	4	19	7	14	27	32	12	6	1	10	13	3	148
1898	6	8	2	7	9	4	5	10	9	6	0	6	72
1899	4	8	15	7	13	10	26	9	4	4	6	8	114
1900	14	5	13	17	15	15	20	14	11	4	10	18	156
1901	16	16	11	22	17	28	19	17	4	5	18	9	182
1902	11	3	13	9	15	22	11	13	7	10	14	24	152
1903	15	25	26	30	22	25	23	7	16	14	14	11	228
1904	14	15	16	19	23	18	31	26	15	17	32	22	248
1905	31	18	18	9	21	22	28	14	10	12	7	14	204
1906	18	21	8	8	8	15	18	19	25	18	16	17	191
1907	25	14	20	17	4	15	24	10	26	5	13	8	181
1908	11	9	9	6	3	9	18	10	4	8	1	9	97
1909	10	8	1	2	6	6	8	19	12	12	22	10	116
1910	28	14	22	14	16	16	16	11	25	13	14	13	202
1911	23	16	11	21	16	11	27	19	14	3	2	4	167
1912	6	9	16	21	10	11	13	5	18	9	9	6	133
1913	7	17	4	12	19	13	2	8	9	9	5	13	118
1914	14	10	8	18	14	6	14	16	8	2	7	1	118
1915	12	5	11	16	13	16	7	13	11	12	8	3	127
1916	6	8	8	22	14	3	18	15	19	9	13	6	141
1917	8	3	1	4	2	5	4	0	5	3	4	7	46
1918	2	4	6	4	3	2	6	7	1	7	13	8	63
1919	10	14	13	20	22	4	4	4	12	23	7	16	149
1920	16	21	19	14	20	20	13	24	8	17	15	14	201
1921	19	23	18	26	12	30	27	13	20	24	9	20	241
1922	10	23	13	9	24	26	14	8	10	13	26	15	191
1923	30	23	33	21	7	17	33	9	13	4	3	15	208
1924	31	29	23	13	14	25	15	12	5	8	18	15	208
1925	16	9	22	6	19	32	22	13	16	13	10	12	190
1926	24	13	18	16	17	26	26	17	16	8	1	20	202
1927	12	22	10	10	10	3	8	14	9	20	9	9	136
1928	10	18	15	11	9	5	14	9	9	11	9	25	145
1929	20	17	30	11	19	18	26	21	29	19	11	16	237
1930	12	11	21	14	19	15	21	17	8	26	9	24	197
1931	18	19	14	14	16	12	14	11	14	10	12	25	179
1932	17	28	11	17	11	19	11	16	10	8	5	8	161
1933	20	16	21	17	26	19	27	21	11	7	2	16	203
1934	26	23	9	6	13	22	18	14	12	14	21	15	193
1935	27	12	11	7	7	11	23	14	4	0	10	4	130
1936	5	11	14	4	6	20	13	17	4	7	8	15	124

TABELLE XVII.

Häufigkeiten der E-Winde zu den drei Beobachtungsterminen.

Jahr	Jänner	Februar	März	April	Mai	Juni	Juli	August	Sept.	Okt.	Nov.	Dez.	Summe
1887	1	2	0	2	0	1	0	0	0	2	0	2	10
1888	1	1	3	1	0	0	0	1	0	4	1	1	13
1889	3	2	3	2	6	0	5	2	4	0	7	6	40
1890	4	5	2	2	1	3	3	2	2	6	2	10	42
1891	4	30	1	4	3	2	2	2	4	3	1	3	59
1892	3	7	8	2	3	4	1	3	5	1	1	1	39
1893	5	2	25	22	7	8	5	1	1	1	5	4	86
1894	5	3	5	9	7	9	6	1	4	3	7	7	66
1895	1	1	5	7	1	4	5	4	0	3	5	1	37
1896	15	11	3	3	7	0	2	4	0	3	2	0	50
1897	0	9	0	0	24	11	2	2	2	13	9	0	72
1898	0	3	1	2	3	4	4	1	3	5	2	4	32
1899	3	6	8	1	6	5	11	6	1	4	1	2	54
1900	9	0	4	4	4	7	13	18	13	1	3	2	78
1901	10	5	3	2	4	5	3	1	2	1	2	0	38
1902	0	3	4	3	1	3	3	1	0	1	4	3	26
1903	2	0	1	4	3	5	4	0	7	3	3	3	35
1904	8	5	2	2	3	2	6	7	7	9	0	4	55
1905	11	5	3	3	9	6	4	4	2	2	2	0	51
1906	2	1	1	8	3	0	0	12	21	9	14	21	92
1907	15	11	29	24	5	5	3	2	5	0	3	0	102
1908	0	0	1	2	0	2	1	0	0	0	1	4	11
1909	3	3	1	0	1	0	0	6	4	3	4	1	26
1910	5	4	10	1	3	4	4	4	4	3	0	2	44
1911	11	4	2	6	8	3	10	7	3	2	2	1	59
1912	4	3	3	0	1	2	2	1	1	0	0	2	19
1913	2	3	0	3	2	4	0	2	0	2	0	1	19
1914	4	3	2	1	1	0	1	7	0	0	0	2	21
1915	3	4	1	7	2	2	1	4	1	6	1	2	34
1916	1	0	2	1	2	0	1	0	3	1	5	1	17
1917	8	4	3	1	3	2	2	3	1	1	2	2	32
1918	2	5	3	7	1	2	2	0	0	1	3	2	28
1919	4	9	2	3	2	2	1	0	1	5	1	3	33
1920	1	4	1	1	1	3	2	5	0	10	8	2	38
1921	8	16	8	25	8	10	9	4	12	13	20	21	154
1922	10	12	4	5	15	8	5	2	4	4	2	7	78
1923	4	2	7	1	1	1	4	1	1	0	0	0	22
1924	2	4	6	3	2	4	4	1	1	2	7	5	41
1925	3	1	4	1	6	3	3	2	7	1	8	13	52
1926	4	5	3	10	11	14	22	2	4	5	0	4	84
1927	1	4	2	0	1	0	3	1	2	3	1	3	21
1928	3	0	2	1	3	1	3	0	3	1	2	5	24
1929	7	15	8	1	5	4	7	9	7	4	2	1	70
1930	3	5	4	4	5	20	3	7	6	9	7	6	79
1931	9	8	4	3	6	3	2	1	5	1	4	12	58
1932	7	10	7	6	3	6	7	6	5	3	2	1	63
1933	8	5	17	3	9	6	7	10	2	5	8	10	90
1934	8	6	1	1	6	1	2	1	2	3	1	0	32
1935	3	1	4	1	2	1	1	2	0	0	2	2	19
1936	2	2	4	3	7	3	1	1	0	1	1	3	28

TABELLE XVIII.

Häufigkeiten der SE-Winde zu den drei Beobachtungsterminen.

Jahr	Jänner	Februar	März	April	Mai	Juni	Juli	August	Sept.	Okt.	Nov.	Dez.	Summe
1887	3	4	2	0	0	0	0	0	4	2	4	1	20
1888	0	7	6	8	2	1	1	1	0	1	0	2	29
1889	4	1	0	0	10	2	0	1	0	6	3	8	35
1890	3	6	4	3	2	2	6	8	0	4	1	4	43
1891	4	2	1	2	7	3	4	2	5	5	2	4	41
1892	5	6	3	7	4	1	2	6	4	2	3	2	45
1893	5	0	3	2	1	3	10	1	0	0	4	1	30
1894	2	1	2	2	2	1	3	3	4	6	6	2	34
1895	6	3	1	3	3	2	1	1	2	3	2	1	28
1896	5	2	3	3	9	3	4	6	5	9	3	1	53
1897	0	11	0	5	4	1	0	3	0	8	1	6	39
1898	2	7	10	3	3	4	0	3	1	4	7	0	44
1899	4	1	2	5	1	1	1	3	3	2	3	4	30
1900	2	2	5	1	5	4	14	0	1	3	8	1	46
1901	6	1	9	1	7	0	3	1	13	9	3	1	54
1902	1	7	2	0	0	0	1	0	1	0	3	3	18
1903	2	0	1	0	0	1	1	1	5	0	3	6	20
1904	9	1	3	3	1	0	1	0	6	3	0	0	27
1905	4	4	2	1	4	1	1	5	4	1	6	2	35
1906	4	3	4	3	4	0	3	1	0	4	4	12	42
1907	15	16	20	7	5	1	1	0	1	5	14	2	87
1908	3	0	6	6	7	5	6	1	1	8	6	11	60
1909	6	10	12	4	2	0	0	6	1	2	1	2	46
1910	1	1	2	0	3	1	0	0	3	3	2	2	18
1911	4	0	1	2	1	0	0	0	1	2	0	1	12
1912	0	0	0	2	0	0	1	0	3	2	1	3	12
1913	0	1	0	4	2	2	0	0	3	1	2	2	17
1914	4	3	3	2	2	2	0	0	1	1	0	1	19
1915	2	3	0	1	3	6	1	0	0	3	3	0	22
1916	0	1	10	2	4	2	1	2	2	2	1	3	30
1917	12	6	6	8	8	6	2	10	1	9	4	6	78
1918	4	8	9	21	5	4	3	1	1	2	1	0	59
1919	16	6	0	0	0	1	6	1	2	3	1	1	31
1920	5	4	6	6	1	1	5	3	1	4	5	7	48
1921	1	2	4	8	4	4	3	4	1	2	4	2	39
1922	3	0	1	3	1	1	4	3	3	3	3	1	26
1923	2	2	1	2	1	0	0	2	0	0	1	1	12
1924	0	2	1	1	1	1	0	0	1	3	3	4	17
1925	1	1	0	5	0	0	3	3	1	1	2	1	18
1926	2	1	0	2	0	1	0	0	3	2	0	1	12
1927	1	0	1	0	0	1	1	2	0	1	2	2	11
1928	3	3	4	1	1	0	0	0	3	0	0	0	15
1929	3	2	1	1	3	2	0	3	0	0	1	3	19
1930	2	10	0	1	0	0	2	0	1	4	0	2	22
1931	2	3	0	2	1	2	1	1	1	0	2	3	18
1932	6	4	0	3	1	0	2	3	1	1	3	1	25
1933	3	3	5	1	1	1	1	1	0	1	6	5	28
1934	6	2	5	3	7	2	1	4	6	1	1	2	40
1935	1	0	8	1	2	1	1	2	1	2	1	4	24
1936	1	5	1	0	3	1	3	0	1	0	2	1	18

Häufigkeiten der S-Winde zu den drei Beobachtungsterminen.

Jahr	Jänner	Februar	März	April	Mai	Juni	Juli	August	Sept.	Okt.	Nov.	Dez.	Summe
1887	12	5	5	4	7	4	2	1	20	17	23	6	106
1888	8	23	33	23	9	16	13	9	11	2	3	9	159
1889	2	1	8	7	20	4	7	11	4	17	5	14	100
1890	3	14	9	10	13	1	14	14	3	5	8	15	109
1891	5	1	8	3	13	5	7	15	9	10	14	1	91
1892	7	8	10	12	13	6	4	9	6	15	6	4	100
1893	4	0	1	0	3	3	5	2	4	6	11	12	51
1894	6	4	8	4	6	0	8	2	12	8	11	3	72
1895	15	0	9	12	8	7	4	2	3	4	6	1	71
1896	7	9	27	2	5	14	5	8	12	13	14	5	111
1897	6	2	6	7	1	1	5	14	12	8	6	12	80
1898	7	5	13	10	16	9	2	9	3	9	19	2	104
1899	3	4	4	6	4	1	2	3	3	1	2	15	48
1900	7	2	9	5	8	8	8	2	3	5	6	1	64
1901	8	2	10	3	11	1	4	6	16	14	2	8	85
1902	8	11	3	4	2	4	1	4	4	1	15	12	69
1903	4	1	2	2	10	8	6	7	7	4	7	12	70
1904	9	6	14	6	2	3	5	2	3	6	1	4	61
1905	6	5	0	1	8	6	3	4	4	1	7	9	54
1906	5	9	5	14	12	1	7	1	1	1	0	1	57
1907	1	3	2	4	7	16	2	1	2	12	6	8	64
1908	6	5	16	15	16	19	8	9	9	18	10	23	154
1909	12	8	33	19	14	5	6	13	12	3	4	9	138
1910	2	9	11	6	13	5	3	4	4	10	8	7	82
1911	7	0	10	5	7	7	4	1	5	5	7	5	63
1912	1	2	3	2	2	2	6	6	3	8	6	6	47
1913	8	8	4	14	6	5	13	5	4	4	8	4	83
1914	9	11	1	3	7	3	2	6	6	4	1	2	49
1915	5	5	0	3	2	5	1	1	3	1	3	1	30
1916	1	6	10	6	7	11	1	3	6	5	9	11	76
1917	17	13	26	21	24	23	12	32	25	26	6	22	247
1918	20	8	20	36	11	13	9	8	26	18	9	9	187
1919	18	3	5	4	0	4	5	7	6	2	1	2	57
1920	2	5	12	7	3	0	6	2	5	8	5	4	59
1921	2	5	9	4	4	3	5	2	2	0	3	0	39
1922	2	0	2	4	1	4	4	4	1	1	4	0	27
1923	0	2	3	6	10	0	0	6	11	2	1	4	45
1924	2	3	4	1	2	3	4	7	17	6	5	11	65
1925	2	6	1	8	1	2	6	7	3	2	3	1	42
1926	3	1	2	4	0	2	0	0	1	3	4	8	28
1927	5	2	4	1	1	6	11	8	13	3	1	4	59
1928	6	0	8	4	1	2	4	9	7	1	4	3	49
1929	11	10	3	1	5	0	4	10	3	1	6	4	58
1930	0	13	2	3	2	4	6	7	3	2	1	4	47
1931	1	5	4	3	6	7	8	3	4	2	8	0	51
1932	9	4	5	4	5	2	20	8	12	5	9	5	88
1933	3	5	6	0	1	0	3	3	1	5	7	9	43
1934	3	2	3	7	6	1	2	9	5	2	3	1	44
1935	2	1	10	2	2	7	1	8	6	6	4	7	56
1936	1	1	0	3	5	3	7	1	4	0	2	3	30

TABELLE XX.

Häufigkeiten der SW-Winde zu den drei Beobachtungsterminen.

Jahr	Jänner	Februar	März	April	Mai	Juni	Juli	August	Sept.	Okt.	Nov.	Dez.	Summe
1887	20	12	25	29	29	5	31	21	30	19	34	26	281
1888	11	18	13	20	20	23	36	27	27	35	16	22	268
1889	15	15	16	20	30	18	13	18	15	24	14	20	218
1890	20	12	21	24	23	9	18	35	17	13	26	16	234
1891	5	3	26	15	35	26	21	32	19	32	29	22	265
1892	21	15	23	18	21	20	11	25	25	42	12	9	242
1893	7	13	2	3	10	8	13	9	32	29	23	17	166
1894	27	4	7	9	20	2	10	26	27	35	25	11	203
1895	34	24	24	21	25	25	26	24	12	29	32	26	302
1896	9	1	28	8	5	25	19	28	29	54	20	27	253
1897	37	21	27	24	3	2	3	20	21	16	6	20	200
1898	13	11	23	22	27	27	11	8	7	24	33	20	226
1899	21	13	13	21	12	2	4	11	19	27	12	32	187
1900	24	44	12	14	14	13	11	25	15	31	35	20	258
1901	14	21	28	30	17	12	22	10	24	30	18	36	262
1902	13	28	20	26	15	22	14	24	24	27	21	16	250
1903	31	13	27	17	28	19	21	26	22	23	16	36	279
1904	23	25	23	17	13	13	8	12	20	11	11	11	187
1905	11	7	8	11	27	23	12	23	34	18	34	15	223
1906	24	19	29	22	18	6	12	2	0	9	7	8	156
1907	7	7	1	5	33	20	14	23	17	50	33	36	246
1908	14	17	31	27	35	15	13	33	25	4	10	5	229
1909	11	6	15	18	13	30	27	21	25	34	8	33	241
1910	17	28	19	31	21	20	19	18	8	26	25	34	266
1911	7	8	30	23	29	24	8	12	12	41	46	33	273
1912	19	24	26	8	10	21	28	36	8	31	25	20	256
1913	27	19	46	26	25	14	14	17	24	28	23	9	272
1914	10	31	21	18	25	15	17	18	17	31	27	37	267
1915	20	20	19	18	31	19	25	12	15	12	22	34	247
1916	6	34	40	24	19	34	17	15	17	21	33	33	293
1917	17	10	13	12	16	14	15	22	19	25	11	15	189
1918	28	12	15	15	7	10	20	21	41	26	17	18	236
1919	13	10	24	25	5	15	21	20	38	22	48	27	268
1920	26	17	29	40	29	20	33	18	20	19	22	13	286
1921	6	14	25	7	29	6	14	24	10	6	13	7	161
1922	12	6	13	16	5	12	12	16	11	15	7	7	132
1923	6	8	14	18	32	6	11	14	16	26	24	25	200
1924	14	14	19	14	23	12	15	22	22	22	18	27	222
1925	27	20	15	18	14	8	11	15	13	15	14	7	177
1926	11	8	5	15	12	2	4	5	4	10	29	7	112
1927	24	10	22	12	19	26	16	16	16	20	27	20	228
1928	17	6	20	26	19	11	17	20	23	23	16	4	202
1929	9	12	2	16	26	7	10	15	10	14	20	10	151
1930	17	11	12	17	19	13	8	9	10	7	17	18	158
1931	16	16	16	9	21	13	16	26	5	22	19	4	183
1932	12	5	12	18	24	13	19	10	17	21	18	26	195
1933	18	4	12	3	8	15	8	9	16	12	26	13	144
1934	10	7	26	26	13	10	8	23	18	17	21	17	196
1935	5	23	16	19	29	22	7	17	22	27	22	20	229
1936	21	13	22	17	19	17	31	11	19	5	21	19	215

Häufigkeiten der W-Winde zu den drei Beobachtungsterminen.

Jahr	Jänner	Februar	März	April	Mai	Juni	Juli	August	Sept.	Okt.	Nov.	Dez.	Summe
1887	8	3	15	12	17	3	6	11	4	4	1	7	91
1888	4	7	9	2	7	9	12	6	5	5	17	16	99
1889	7	14	7	18	6	13	18	22	17	18	9	6	155
1890	11	12	10	18	18	11	14	13	12	17	10	18	164
1891	11	2	26	20	10	14	15	19	11	14	12	17	171
1892	13	11	5	12	12	14	19	11	17	18	9	18	159
1893	10	21	11	3	11	14	11	14	22	15	16	12	160
1894	20	11	17	21	20	16	24	25	18	19	4	6	201
1895	7	9	6	9	13	19	23	17	9	20	16	15	163
1896	5	1	14	11	7	9	15	14	13	10	10	10	119
1897	11	4	11	15	11	15	20	16	28	11	20	12	174
1898	12	13	17	19	10	14	18	8	12	16	16	11	166
1899	21	16	17	17	16	12	5	14	23	19	10	9	179
1900	6	6	16	12	15	13	6	15	23	23	14	12	161
1901	11	7	14	14	4	7	3	7	8	7	12	13	107
1902	16	18	8	19	19	8	19	25	20	32	17	6	207
1903	12	8	9	17	13	12	15	30	14	29	19	14	192
1904	14	18	12	13	20	24	14	21	16	16	20	11	199
1905	10	10	24	25	12	10	9	18	23	16	10	6	173
1906	6	4	9	15	6	6	6	17	6	31	28	11	145
1907	3	10	4	17	25	11	20	29	16	16	6	9	166
1908	3	7	2	7	7	4	9	12	15	2	32	14	114
1909	7	10	3	11	8	5	16	5	13	15	14	17	124
1910	14	6	7	11	12	12	8	22	8	10	17	10	137
1911	4	14	9	11	3	8	7	9	5	22	19	10	121
1912	12	15	12	5	23	17	8	28	14	14	10	19	177
1913	18	6	13	13	9	18	17	19	21	28	14	14	190
1914	7	11	20	14	12	9	16	11	17	16	13	27	173
1915	11	10	17	12	18	6	19	13	15	18	14	35	188
1916	9	14	14	10	12	23	19	15	17	24	15	25	197
1917	7	8	7	7	4	5	16	6	10	7	11	6	94
1918	10	10	11	0	8	7	15	14	10	5	9	11	110
1919	3	21	19	11	4	13	15	17	3	6	15	9	136
1920	7	6	4	12	14	23	11	10	27	15	22	26	177
1921	18	4	20	5	16	9	14	20	18	12	18	14	168
1922	19	28	35	32	23	23	19	28	17	38	9	32	303
1923	9	13	12	19	26	17	21	24	12	31	41	11	236
1924	12	6	20	26	20	10	17	23	19	23	20	16	212
1925	18	25	20	25	28	9	17	18	26	26	31	29	272
1926	17	23	18	15	23	21	11	24	24	35	44	7	262
1927	11	11	24	26	30	33	25	26	26	19	29	22	282
1928	23	20	17	24	17	31	31	32	23	33	20	20	291
1929	10	7	3	28	19	28	17	14	5	34	31	28	224
1930	32	18	26	26	26	14	27	22	23	19	24	16	273
1931	19	12	24	25	22	18	26	29	18	21	17	10	241
1932	21	6	26	25	24	20	19	7	31	39	28	38	284
1933	21	11	15	16	17	22	11	19	23	22	34	16	227
1934	11	9	32	26	19	8	17	15	15	19	21	22	214
1935	6	21	11	26	25	22	13	9	17	37	26	30	243
1936	39	18	26	38	21	16	18	15	23	28	30	21	293

TABELLE XXII.

Häufigkeiten der NW-Winde zu den drei Beobachtungsterminen.

Jahr	Jänner	Februar	März	April	Mai	Juni	Juli	August	Sept.	Okt.	Nov.	Dez.	Summe
1887	6	2	8	7	10	13	11	19	6	5	3	10	100
1888	11	6	9	10	9	10	8	3	2	9	20	10	107
1889	17	17	20	16	7	17	16	11	18	14	10	11	174
1890	14	8	16	10	8	24	14	7	12	19	11	9	152
1891	20	12	10	15	9	11	25	15	13	8	11	24	173
1892	20	20	8	7	10	11	26	17	11	7	22	32	191
1893	20	19	9	10	13	11	17	28	15	15	12	4	173
1894	6	12	9	10	9	23	13	17	13	0	14	30	166
1895	10	22	13	13	10	9	10	20	32	18	15	19	191
1896	8	10	16	14	16	15	24	16	18	4	7	11	159
1897	13	11	17	8	6	8	12	5	13	7	16	13	129
1898	19	16	3	8	8	9	17	27	22	8	8	31	176
1899	23	15	18	18	11	20	8	21	19	17	34	12	216
1900	12	8	8	9	6	12	2	5	7	15	7	24	115
1901	19	10	7	8	5	11	6	18	6	6	18	13	127
1902	26	7	14	7	9	4	17	9	18	2	3	8	124
1903	12	16	5	5	5	3	2	10	6	8	9	2	83
1904	6	5	4	12	12	13	15	9	7	13	10	10	116
1905	10	13	16	21	2	1	10	11	6	19	6	20	135
1906	12	4	16	1	13	19	8	18	10	12	16	16	145
1907	14	18	6	10	5	13	12	14	9	2	5	15	123
1908	26	26	11	12	15	18	20	14	24	17	17	8	208
1909	15	15	5	18	12	1	8	7	5	5	7	4	102
1910	1	4	0	8	2	2	8	5	7	5	4	9	55
1911	2	6	12	4	1	5	5	6	9	12	2	10	74
1912	11	7	8	7	7	4	15	6	14	10	5	13	107
1913	15	6	13	6	7	17	28	16	7	5	11	19	150
1914	13	3	11	5	7	10	11	11	14	9	2	9	105
1915	11	11	11	1	4	6	11	15	13	8	10	10	111
1916	15	7	4	5	10	7	12	18	9	15	3	6	111
1917	11	20	17	18	17	15	22	9	15	11	29	20	204
1918	19	19	12	2	21	24	21	20	7	8	11	13	177
1919	6	6	11	5	6	11	12	15	8	11	13	21	125
1920	18	13	9	6	12	13	7	8	20	4	8	18	136
1921	25	4	2	2	6	9	13	16	14	21	16	15	143
1922	21	9	15	12	8	7	15	11	16	7	11	15	147
1923	9	10	3	6	5	10	6	12	4	14	10	6	95
1924	6	5	6	17	8	6	9	7	12	13	4	5	98
1925	6	4	8	8	6	13	6	8	9	21	8	17	114
1926	11	12	16	8	9	7	6	15	16	19	8	10	137
1927	12	7	4	16	12	9	13	6	9	13	7	14	122
1928	13	12	8	8	9	16	11	12	9	10	11	13	132
1929	5	7	6	9	3	15	7	2	4	9	7	14	88
1930	9	7	6	7	7	6	7	16	22	12	21	7	127
1931	12	6	14	15	9	11	13	9	16	10	8	13	136
1932	5	5	10	9	8	13	8	12	7	11	10	7	105
1933	7	16	6	20	10	5	8	14	9	20	7	8	130
1934	9	14	7	10	13	17	16	10	9	15	5	16	141
1935	10	17	9	15	9	10	15	2	19	10	9	8	133
1936	14	20	4	8	8	12	6	17	16	22	12	6	145

TABELLE XXIII.

Häufigkeiten der Windstillen zu den drei Beobachtungsterminen.

Jahr	Jänner	Februar	März	April	Mai	Juni	Juli	August	Sept.	Okt.	Nov.	Dez.	Summe
1887	17	18	14	7	3	0	13	18	5	6	3	15	119
1888	5	4	2	7	2	10	8	10	17	7	2	4	78
1889	7	0	6	3	3	4	2	1	3	2	3	0	34
1890	1	1	2	1	4	1	5	1	0	0	0	0	16
1891	3	0	0	1	1	2	0	0	4	2	1	1	15
1892	0	1	4	1	5	0	1	2	0	0	0	0	14
1893	2	6	7	8	17	4	6	8	1	3	3	7	72
1894	14	3	0	3	4	1	3	0	0	0	4	0	32
1895	0	0	0	1	2	2	1	0	0	0	0	0	6
1896	4	2	1	0	2	9	1	0	0	0	1	1	21
1897	1	0	2	0	2	5	3	8	7	5	0	0	33
1898	2	0	4	3	3	2	3	9	6	2	2	2	38
1899	2	3	3	2	14	14	9	6	3	7	2	2	67
1900	4	5	7	9	11	6	13	8	8	1	2	1	75
1901	1	6	4	1	9	12	17	13	10	6	6	5	84
1902	0	5	6	17	13	8	4	9	9	5	7	2	85
1903	6	1	5	3	2	0	2	0	5	1	3	3	31
1904	5	3	8	3	6	6	0	2	7	2	3	4	49
1905	0	4	2	7	7	13	13	7	3	17	13	10	96
1906	6	14	7	11	14	16	20	3	14	0	0	1	106
1907	0	0	0	0	2	0	2	0	2	0	0	0	6
1908	0	0	0	0	1	0	0	0	0	12	5	7	25
1909	8	6	9	4	12	29	11	2	6	4	9	2	102
1910	9	6	10	3	16	22	22	17	13	10	2	5	135
1911	5	0	5	3	14	18	18	18	18	2	5	2	108
1912	19	11	11	6	22	18	0	5	3	5	5	7	112
1913	3	1	0	3	3	0	1	1	0	3	6	1	22
1914	0	0	0	0	1	2	1	0	0	4	4	0	12
1915	4	5	0	1	4	2	5	8	2	13	3	0	47
1916	3	0	2	0	0	0	0	0	0	0	1	0	6
1917	0	0	0	0	0	0	0	0	0	0	0	0	0
1918	0	0	0	0	0	0	0	0	0	0	1	3	4
1919	2	2	0	0	6	2	3	7	12	7	0	1	42
1920	0	3	1	0	3	0	0	13	3	14	4	1	42
1921	1	7	4	7	9	2	0	1	1	0	2	2	36
1922	0	0	0	0	2	1	2	0	1	0	2	2	10
1923	5	0	4	2	0	5	5	3	5	2	3	4	38
1924	2	4	2	0	15	12	4	4	3	4	3	3	56
1925	4	5	3	7	7	1	9	1	2	5	13	1	58
1926	0	0	2	8	9	7	9	12	3	0	0	1	51
1927	1	2	5	2	6	0	0	0	1	0	0	0	17
1928	0	1	2	1	4	0	1	1	0	1	0	5	16
1929	2	0	2	0	1	1	5	5	3	1	4	3	27
1930	4	2	2	6	3	14	5	0	0	0	3	5	44
1931	1	1	4	2	1	3	0	1	2	1	2	3	21
1932	0	1	0	3	2	5	0	3	3	0	0	0	17
1933	0	0	0	2	1	1	0	0	1	2	2	0	9
1934	1	1	2	3	0	0	0	0	0	0	1	2	10
1935	0	0	1	0	1	0	0	0	0	0	1	0	3
1936	1	1	6	2	3	0	0	1	0	0	0	0	14

TABELLE XXIV.

Zahl der Tage mit Sturm (Wind ≥ 6).

Jahr	Jänner	Februar	März	April	Mai	Juni	Juli	August	Sept.	Okt.	Nov.	Dez.	Summe
1887	8	5	11	16	17	8	3	9	12	14	25	6	114
1888	28	7	8	7	8	7	6	5	4	6	3	10	99
1889	12	10	17	16	9	7	4	6	6	9	7	11	115
1890	13	6	13	9	5	6	6	14	8	11	12	11	114
1891	9	13	18	6	11	6	6	6	2	9	9	16	114
1892	18	13	9	9	11	10	3	4	5	14	5	11	114
1893	14	15	11	10	10	8	4	6	13	12	9	13	125
1894	8	15	16	3	2	10	5	12	11	10	10	10	112
1895	14	9	15	7	7	1	5	6	4	12	9	15	104
1896	14	8	10	12	4	4	3	5	6	18	12	7	103
1897	6	6	11	5	7	5	6	10	4	3	6	3	72
1898	8	17	16	9	10	10	4	7	2	8	9	14	114
1899	10	11	3	5	6	7	2	3	9	12	23	18	109
1900	15	15	15	10	7	9	8	10	7	6	7	6	115
1901	11	7	9	6	1	3	4	2	5	6	6	8	68
1902	9	13	12	1	2	2	0	5	3	2	4	9	62
1903	5	12	7	4	5	3	6	6	2	4	4	7	65
1904	6	7	6	4	1	1	1	1	1	4	9	16	57
1905	9	6	5	2	1	0	2	4	1	3	6	11	50
1906	8	7	7	6	1	0	1	1	2	1	10	9	53
1907	13	5	5	1	5	1	4	2	1	7	2	2	48
1908	3	7	4	0	5	3	0	3	4	1	5	4	39
1909	1	3	3	3	1	0	1	1	4	6	9	9	41
1910	13	11	10	9	4	4	3	3	3	8	13	13	94
1911	8	14	10	4	0	7	1	5	3	10	7	9	78
1912	8	5	8	3	3	4	0	12	7	9	9	10	76
1913	8	14	15	8	6	4	2	1	7	9	6	10	90
1914	5	17	19	12	5	9	14	8	13	18	15	17	152
1915	17	17	18	8	7	6	11	4	5	5	15	14	127
1916	18	17	2	3	4	5	7	3	7	6	11	18	101
1917	14	11	18	18	11	3	7	10	5	22	14	25	157
1918	19	14	8	10	5	8	8	13	19	18	12	14	148
1919	7	15	14	11	6	8	8	9	16	9	14	16	133
1920	22	13	17	10	10	6	12	6	10	7	10	7	130
1921	15	13	8	8	5	11	4	7	7	5	11	14	108
1922	11	13	12	10	4	2	6	6	6	5	12	16	103
1923	10	12	7	9	10	5	5	10	14	11	5	12	110
1924	16	7	13	7	5	1	6	5	11	5	13	12	101
1925	12	13	11	4	5	8	3	5	8	10	4	20	103
1926	16	12	13	4	6	4	5	4	6	12	16	7	105
1927	9	8	8	5	2	10	4	8	7	5	7	8	81
1928	8	12	5	8	2	3	2	6	4	10	10	6	76
1929	14	12	15	11	3	3	11	3	7	13	11	15	118
1930	18	12	10	5	2	2	6	7	4	9	18	14	107
1931	12	7	9	5	4	7	9	10	9	13	12	18	115
1932	20	17	12	7	9	2	3	3	13	9	16	16	127
1933	12	12	9	9	4	5	9	12	12	10	9	7	106
1934	7	11	4	4	1	4	6	4	3	7	17	8	76
1935	16	15	16	7	9	9	3	3	6	5	14	12	115
1936	11	13	8	3	0	1	8	5	6	6	11	8	80

TABELLE XXV.

Luftdruckmittel (500 + ... mm).

Jahr	Jänner	Februar	März	April	Mai	Juni	Juli	August	Sept.	Okt.	Nov.	Dez.	Mittel
1887	18·6	19·4	16·5	17·5	18·3	25·0	27·6	24·8	22·5	18·1	14·4	11·3	19·50
1888	17·1	9·8	9·6	14·3	22·3	23·2	21·8	24·9	25·6	20·3	18·5	20·2	18·97
1889	16·7	7·8	12·9	13·1	21·1	24·0	24·2	24·9	21·6	18·7	22·8	18·4	18·84
1890	19·4	16·7	15·1	14·5	19·4	23·3	24·1	25·1	25·6	20·7	15·0	13·8	19·39
1891	13·7	21·8	13·3	14·8	19·2	23·4	24·3	24·3	26·7	21·5	17·1	19·4	19·95
1892	12·8	11·7	13·6	17·4	21·4	23·8	24·6	27·0	25·6	18·4	21·4	14·1	19·32
1893	11·2	14·3	18·4	20·9	20·8	22·9	24·1	26·7	22·2	22·2	15·6	18·1	19·78
1894	16·0	17·2	15·9	17·9	18·4	22·3	25·4	25·4	23·1	19·5	21·6	15·4	19·82
1895	6·0	8·3	11·7	17·4	20·4	23·6	25·2	25·5	28·2	18·0	21·6	12·4	18·19
1896	18·8	20·3	15·4	16·4	19·4	22·8	25·1	22·6	21·9	19·0	16·2	14·6	19·38
1897	11·8	19·5	14·7	16·3	16·9	24·7	24·4	25·0	23·6	22·9	23·5	19·2	20·21
1898	24·6	13·1	13·0	17·9	19·0	22·9	24·6	27·8	25·4	20·0	18·6	19·6	20·53
1899	16·5	17·9	17·3	16·7	20·4	22·8	26·2	26·6	22·0	24·4	23·4	13·4	20·64
1900	13·8	12·2	11·4	16·4	19·0	23·3	26·3	24·3	27·2	22·3	16·0	19·4	19·29
1901	16·4	10·4	10·8	17·7	21·0	24·0	24·6	25·0	22·6	19·8	18·2	12·5	18·58
1902	18·6	13·0	14·0	18·2	16·8	21·4	25·3	24·6	24·4	20·0	18·2	16·3	19·25
1903	19·0	21·7	18·4	12·1	19·6	21·4	23·8	25·6	25·3	20·0	17·6	13·7	19·85
1904	17·5	10·2	15·4	19·3	22·8	24·5	27·2	26·0	22·4	21·5	17·5	16·8	20·09
1905	16·8	16·4	15·2	15·3	20·9	23·0	27·4	25·3	23·9	15·8	14·1	21·1	19·59
1906	17·4	11·1	14·2	18·8	19·6	23·2	25·7	26·7	24·3	23·0	20·0	11·2	19·61
1907	17·6	13·0	16·5	12·5	22·0	23·9	23·8	27·1	26·5	21·1	20·0	15·7	19·98
1908	19·2	14·7	14·0	13·9	24·5	25·4	25·0	24·3	24·9	25·7	18·8	16·2	20·55
1909	17·0	11·8	9·8	19·8	21·8	22·0	23·7	25·7	23·3	22·7	15·1	14·3	18·91
1910	14·7	14·2	18·4	16·4	18·4	22·7	22·8	25·1	23·7	23·6	12·3	16·1	19·03
1911	19·0	17·4	15·1	17·6	20·2	24·6	29·0	27·3	26·1	22·2	18·8	17·6	21·25
1912	15·9	15·8	17·1	17·3	21·6	23·2	24·8	22·8	20·9	21·0	15·8	21·6	19·81
1913	16·9	18·6	20·4	16·4	20·6	25·1	22·3	24·6	23·4	23·8	20·9	16·7	20·80
1914	15·6	19·3	13·8	22·3	21·3	22·4	23·2	26·9	23·8	20·2	16·7	16·8	20·19
1915	8·2	12·6	13·5	17·8	22·6	24·8	24·9	24·4	22·8	19·1	15·1	16·9	18·56
1916	21·4	13·8	12·2	16·9	21·8	21·8	24·8	24·5	22·2	22·5	18·0	13·0	19·40
1917	9·9	15·5	11·4	14·2	23·8	27·0	26·3	24·7	27·8	18·5	19·9	15·3	19·53
1918	19·2	21·3	17·2	16·4	22·4	22·2	25·1	25·6	24·4	20·4	19·8	17·4	20·95
1919	14·1	12·2	14·1	15·3	20·6	25·1	23·2	27·2	26·2	19·3	12·7	15·0	18·74
1920	17·2	22·5	19·2	17·9	25·4	23·0	26·2	24·8	24·9	21·8	22·6	17·6	21·92
1921	18·9	18·2	21·0	17·0	21·9	23·5	27·6	25·3	27·1	26·6	18·3	17·5	21·91
1922	11·7	16·1	15·3	14·1	24·6	23·9	25·0	25·8	21·2	18·4	18·1	16·1	19·20
1923	16·7	12·6	17·4	15·1	22·2	21·9	27·7	26·4	25·4	21·8	15·8	12·6	19·64
1924	15·5	11·0	14·6	16·4	23·3	23·9	25·0	23·0	24·2	23·0	21·3	21·4	20·22
1925	24·7	15·1	13·7	16·6	20·5	23·2	24·7	25·3	22·2	21·9	15·6	13·8	19·77
1926	15·3	18·5	16·4	19·0	18·2	21·0	24·4	27·0	27·3	20·4	19·0	17·0	20·30
1927	14·6	17·5	15·8	17·6	21·8	24·3	24·7	25·5	22·6	23·0	19·3	14·0	20·14
1928	17·9	19·3	15·2	16·0	17·0	24·2	29·0	26·8	24·8	21·4	16·0	15·2	20·24
1929	15·4	12·1	20·4	14·6	21·6	24·5	27·2	26·7	27·1	20·4	18·3	17·3	20·46
1930	18·4	14·9	15·9	14·3	20·0	25·6	23·2	25·9	24·1	20·5	19·5	15·8	19·84
1931	12·4	11·6	13·4	15·5	21·8	26·5	24·5	23·3	20·9	21·8	19·5	18·5	19·14
1932	23·7	14·9	14·0	14·7	19·7	22·8	24·1	28·7	26·0	18·3	21·1	22·1	20·84
1933	16·0	13·7	18·4	18·5	19·0	19·3	27·1	26·7	24·4	20·6	14·7	13·7	19·34
1934	18·9	19·7	12·9	17·6	23·2	23·2	25·2	23·7	26·2	22·0	18·7	16·5	20·65
1935	13·4	11·6	17·1	15·2	19·4	26·6	26·5	25·0	24·9	19·7	18·0	10·7	18·98
1936	13·8	10·9	16·2	15·5	19·7	23·4	25·1	26·5	24·3	18·0	18·6	20·7	19·39

LITERATUR.

[1] A. v. Obermaier, Die Beobachtungsstation auf dem Hohen Sonnblick, ihre Anlage, ihre Entwicklung und ihre Kosten. Jber. Sonnblick-Ver. für 1892, 1, 1.

[2] A. v. Obermaier, Die meteorologische Beobachtungsstation auf dem Gipfel des Sonnblick. Meteorol. Zs., 4, 1887, 33.

[3] J. Hann, Zur Geschichte der meteorologischen Station auf dem Hohen Sonnblick. Meteorol. Zs., 4, 1887, 42.

[4] A. Durig, Zur Geschichte des Sonnblick-Observatoriums. Jber. Sonnblick-Ver. für 1936, 45, 18.

[5] W. Trabert, Die bisherigen Ergebnisse der wissenschaftlichen Beobachtungen auf dem Sonnblick. Jber. Sonnblick-Ver. für 1894, 3, 1.

[6] F. Steinhauser, Die Höhenobservatorien des Sonnblick-Vereins auf dem Obir (2044 m) und auf dem Sonnblick (3106 m). 25 Jahre Kaiser Wilhelm-Ges. z. Förd. d. Wiss., Bd. II. Die Naturwissenschaften, 148, Berlin 1936.

[7] F. Steinhauser, Die wissenschaftlichen Arbeiten auf dem Sonnblick und ihre Bedeutung. Jber. Sonnblick-Ver. für 1936, 45, 27.

[8] A. Wagner, 50 Jahre Sonnblick-Observatorium. Mitteil. d. D. u. Ö. A. V., 1936, 215.

[9] Diese Arbeiten sind so zahlreich, daß es nicht möglich ist, sie alle hier anzuführen. Literaturhinweise auf die wichtigsten wissenschaftlichen Veröffentlichungen, in denen Beobachtungsmaterial vom Sonnblick-Observatorium oder Ergebnisse von dort durchgeführten Sonderuntersuchungen verarbeitet sind, finden sich in meinem Bericht über die Höhenobservatorien des Sonnblick-Vereins auf dem Obir und auf dem Sonnblick in: 25 Jahre Kaiser Wilhelm-Ges. z. Förd. d. Wiss., Bd. II. Die Naturwissenschaften, S. 148—158, Berlin 1936. Ein Literaturverzeichnis über alle wissenschaftlichen Arbeiten, die mit dem Observatorium auf dem Sonnblick zusammenhängen, ist im XXXVIII. Jber. d. Sonnblick-Ver. für 1928 enthalten; die seither erschienenen wissenschaftlichen Arbeiten werden alljährlich im Tätigkeitsbericht der Jahresberichte des Sonnblick-Vereines und im Almanach der Wiener Akademie der Wissenschaften angeführt.

[10] A. Schmauß, Der Sinn der Singularitätenforschung. Das Wetter, Zs. f. angew. Meteorol., 49, 1932, 97 u. a.

[11] A. Schmauß, Zur Klimaverwerfung um die Jahrhundertwende. Beitr. Phys. fr. Atmosphäre, 19, 1932, 37.

[12] V. Conrad, Die klimatologischen Elemente und ihre Abhängigkeit von terrestrischen Einflüssen. Hb. d. Klimatologie, 1, Teil B, 135. — W. Köppen, Der jährliche Temperaturgang in den gemäßigten Zonen und die Vegetationsperiode. Meteorol. Zs., 1926, 161.

[13] Wl. Gorczyński, Sur le calcul du degré du continentalisme et son application dans la climatologie. Geogr. Ann. 1920, 324. Zitiert nach V. Conrad, Die klimatologischen Elemente ... Hb. d. Klimatologie.

[14] H. U. Sverdrup, Meteorology p. I. The Norweg. North Polar Exped. with the "Maud" 1918—1925. Scientif. Res. Vol. III. 1930.

[15] Vgl. auch A. Huber, Das Klima der Zugspitze. Deutsches meteorolog. Jahrb. für 1913, Bayern, L, 17.

[16] Vgl. auch A. Huber, Das Klima der Zugspitze. Deutsches meteorolog. Jahrb. für 1913, Bayern, L, 25. — A. Schmauß, Gleichzeitige Temperaturen auf der Zugspitze und in der freien Atmosphäre in gleicher Seehöhe. Deutsches meteorol. Jahrb. für 1908, Bayern, Anhang. — H. v. Ficker, Temperaturdifferenz zwischen freier Atmosphäre und Berggipfeln. Meteorol. Zs., 1913, 278. — W. Peppler, Zur Frage des Temperaturunterschiedes zwischen den Berggipfeln und der freien Atmosphäre. Beitr. Phys. fr. Atmosphäre 1931, 17, 247.

[17] Zahlenbeispiele hier und im Folgenden öfter aus: F. Steinhauser, Das Klima des Gasteiner Tales. Beiheft zu Jahrg. 1931 d. Jahrb. d. Zentralanst. f. Met. u. Geodyn., 4, 25—60. — E. Ekhart, Das Klima von Innsbruck, Ber. d. Naturw.-medizin. Ver. XLIII/XLIV (1931/32—1933/34). — A. Wagner, Der jährliche Gang der meteorologischen Elemente in Wien (1851—1920). Klimatogr. v. Österreich, X.

[18] F. Steinhauser, Wie ändert sich unser Klima? Meteorol. Zs., 1935, 363.

[19] V. Conrad, Die klimatologischen Elemente ... S. 97. Hb. d. Klimatologie, IB. — E. H. Chapman, Professional Notes Nr. 5. Met. Off. London, 1919.

[20] V. Conrad, Die klimatologischen Elemente ... S. 111.

[21] Hann-Süring, Lehrbuch der Meteorologie. 4. Aufl. S. 635.

[22] F. Steinhauser, Ein Beitrag zur Anwendung der beschreibenden Statistik in der Klimatologie. Meteorol. Zs., 1935, 206.

[23] W. Köppen, Durchschnittliche Abweichung, Asymmetrie und Korrelationsfaktor. Meteorol. Zs., 1913, 113.

[24] F. Steinhauser, Über Zusammenhänge in der Struktur des Jahresganges der Temperatur in Mitteleuropa. Meteorol. Zs., 1937, 488.

[25] F. Steinhauser, Die interdiurne Veränderlichkeit der Tagesmittel der Temperatur auf dem Sonnblick, 3106 m, und auf der Zugspitze, 2962 m. Meteorol. Zs., 1937, 153. — Nach vierjährigen Beobachtungen wurde die interdiurne Veränderlichkeit auf dem Sonnblick auch von J. Hann untersucht: J. Hann, Die Veränderlichkeit der Temperatur in Österreich. Denkschr. d. Wiener Akad. d. Wiss., **58**, 99, 1891.

[26] A. Schmauß, Die interdiurne Veränderlichkeit der Temperatur auf der Zugspitze. Reichsamt f. Wetterdienst, wiss. Abhandl., **2**, Nr. 1, Berlin 1936, 26 S.

[27] F. Steinhauser, Temperaturwellen im Hochgebirge der Ostalpen. Das Wetter, Zs. f. angew. Meteorol., 1937, **54**, 115.

[28] W. Trabert, Der tägliche Gang der Temperatur und des Sonnenscheins auf dem Sonnblickgipfel. Denkschr. d. Wiener Akad. d. Wiss., **49**, 1892, 199.

[29] J. Valentin, Der tägliche Gang der Lufttemperatur in Österreich. Denkschr. d. Wiener Akad. d. Wiss., **73**, 1901, 133.

[30] V. Conrad, Die klimatologischen Elemente und ihre Abhängigkeit von terrestrischen Einflüssen. Hb. d. Klimatologie, **1**, Teil B, 162.

[31] F. Steinhauser, Über die täglichen Temperaturschwankungen im Gebirge. Gerlands Beitr. z. Geophys., **50**, 360, 1937.

[32] G. Hellmann, Über die Eintrittszeiten der täglichen Temperaturextreme. Meteorol. Zs., Hann-Band, 389, 1906. — F. Steinhauser, Eintrittszeiten der täglichen Temperaturextreme in verschiedenen Höhenlagen in den Ostalpen. Meteorol. Zs., 1935, 252.

[33] Vergleich mit Kremsmünster in: F. Steinhauser, Ein Beitrag zur Anwendung der beschreibenden Statistik in der Klimatologie. Meteorol. Zs., 1935. 206.

[34] J. Hann, Studien über die Luftdruck- und Temperaturverhältnisse auf dem Sonnblickgipfel, nebst Bemerkung über deren Bedeutung für die Theorie der Zyklonen und Antizyklonen. Wiener Sitzber., **100**, 367, 1891.

[35] Die Vergleichsmessungen von W. Trabert sind im Bericht über die Inspektionsreisen im Wiener Meteorol. Jahrb., 1894 veröffentlicht worden.

[36] J. Hann, Die Verhältnisse der Luftfeuchtigkeit auf dem Sonnblickgipfel, 3106 m. Wiener Sitzber., 1895, 351. — A. Gilič, Der tägliche Gang der relativen Feuchtigkeit auf dem Sonnblickgipfel (3106 m) von 1899 bis 1910. Wiener Sitzber., IIa, **127**, 1918, 2229.

[37] F. Steinhauser, Über die Häufigkeitsverteilung der relativen Feuchtigkeit im Hochgebirge und in der Niederung. Meteorol. Zs., 1936, 223. — F. Steinhauser, Über die Häufigkeitsverteilungen des Dampfdruckes im Hochgebirge und in der Niederung und ihre Beziehungen zueinander. Meteorol. Zs., 1936, 415.

[38] Vgl. auch: A. v. Obermaier, Die Häufigkeitszahlen der Bewölkung. Wiener Sitzber., IIa, **117**, 217, 1908.

[39] Vergleich mit anderen Stationen bei: F. Steinhauser und G. Perl, Der Jahresgang der Bereitschaft zu heiterem, wolkigem oder trübem Wetter in den Ostalpen. Meteorol. Zs., 1937, 321.

[40] A. v. Obermaier, Die Häufigkeit des Sonnenscheins auf dem Sonnblickgipfel, verglichen mit jener auf anderen Gipfel- und Niederungsstationen. 13. Jber. d. Sonnblick-Ver., für 1904, 17.

[41] A. Roschkott, Die Sonnenscheinverhältnisse auf dem Sonnblick. 41. Jber. d. Sonnblick-Ver. für 1932, 10.

[42] V. Conrad, Ermittlung der effektiv möglichen Sonnenscheindauer bei Horizontüberhöhungen. Gerlands Beitr. z. Geophys., **21**, 1929, 306. — Auch V. Conrad, Die klimatologischen Elemente. 1, B 438.

[43] Nach J. Gutmann, Die Aufstellung des Sonnenscheinautographen auf dem Sonnblick. 44. Jber. d. Sonnblick-Ver. für 1935, 60.

[44] A. Wagner, Beziehungen zwischen Sonnenschein und Bewölkung in Wien. Meteorol. Zs., 1927, 161.

[45] F. Steinhauser, Ergebnisse neuerer Beobachtungen über die Niederschlagsverhältnisse im Sonnblickgebiet. 41. Jber. d. Sonnblick-Ver. für 1932, 18.

[46] Jährliche Berichte über die Ostalpengletscher in der Zeitschrift für Gletscherkunde.

[47] A. Wagner, Zur Erklärung der rezenten Gletscherschwankungen. Meteorol. Zs., 1937, 147.

[48] E. Reichel, Bemerkungen über die Niederschlagsverteilung in den östlichen Zentralalpen. Meteorol. Zs., **51**, 1934, 144.

[49] A. Wagner, Gibt es im Gebirge eine Höhenzone maximalen Niederschlags? Gerlands Beitr. z. Geophys., **50**, 150, 1937.

[50] F. Steinhauser, Über die Niederschlagsbereitschaft in den Ostalpen. 44. Jber. d. Sonnblick-Ver. für 1935, 55.

[51] V. Conrad, Die klimatologischen Elemente ... Hb. d. Klimatologie, IB, 414.

[52] F. Steinhauser, Über den Schneeanteil am Gesamtniederschlag im Hochgebirge der Ostalpen. Gerlands Beitr. z. Geophys., **46**, 405, 1936.

[53] E. Ekhart, Geographische und jahreszeitliche Verteilung der Gewitterhäufigkeit in den Alpen. Gerlands Beitr. z. Geophys., **46**, 62, 1936.

[54] J. M. Pernter, Die Windverhältnisse auf dem Sonnblick und einigen anderen Gipfelstationen. Denkschr. d. Wiener Akad. d. Wiss., 58, 203, 1891. — J. Hann, Über die tägliche Drehung der mittleren Windrichtung und über eine Oszillation der Luftmassen von halbtägiger Periode auf Berggipfeln von 2—4 km Seehöhe. Wiener Sitzber., IIa, 111, 1615, 1902. — E. Kleinschmidt, Der tägliche Gang des Windes in der freien Atmosphäre und auf Berggipfeln. Beitr. z. Phys. d. fr. Atmosphäre, 10, 1, 1921.

[55] A. Roschkott, Der Wind auf Berggipfeln und in der freien Atmosphäre. Meteorol. Zs., 1934, 374. — A. Roschkott, Die Windverhältnisse im Sonnblickgebiet. Beiheft z. Jahrg. 1929 d. Jahrb. d. Zentralanst. f. Met. u. Geodyn., Wien 1936, 55.

[56] C. Schumacher, Der Wind in der freien Atmosphäre und auf Säntis, Zugspitze und Sonnblick. Beitr. z. Phys. d. fr. Atmosphäre, 11, 1923, 20.

[57] F. Travniček hat die säkularen Schwankungen der Windrichtungen an verschiedenen europäischen Bergstationen untersucht und kommt zu dem Ergebnis, daß solche Schwankungen an allen Stationen zu finden sind, daß sie aber, was die Schwierigkeit ihrer Erklärung noch erhöht, nicht überall in gleicher Phase ablaufen (Die wahren Windverteilungen auf den europäischen meteorologischen Hochstationen. Beitr. z. Phys. d. fr. Atmosph., 23, 1936, S. 5). Er glaubt an eine etwa 30jährige Periode dieser Erscheinung. Abgesehen davon, daß ihm meist nur verhältnismäßig zu kurze Reihen zur Verfügung standen, was einen Schluß auf eine regelmäßige periodische Wiederkehr einer Schwankung an sich schon gewagt erscheinen läßt, sprechen auch die auf dem Sonnblick festgestellten Schwankungen, wie sie Abb. 21 zeigt, nicht dafür, daß wir hier an einen rein periodischen Vorgang glauben dürfen.

[58] Hann-Süring, Lehrbuch der Meteorologie. 4. Aufl. 422.

[59] H. v. Ficker, Die Wirkung der Berge auf Luftströmungen. Meteorol. Zs., 1913, 608.

[60] A. Burger und E. Ekhart, Über die tägliche Zirkulation der Atmosphäre im Bereiche der Alpen. Gerlands Beitr. z. Geophys., 49, 1937, 341.

[61] H. Arakawa, The effect of Topography on the direction and velocity of wind. Geophys. Mag. Tokyo, 1932, 5, 63.

[62] F. Steinhauser, Andauer und Perioden bestimmter Windstärken am Hauptkamm der Ostalpen. Das Wetter, Zs. f. angew. Meteorol., 53, 277, 1936.

[63] A. Wagner, Zur Theorie des täglichen Ganges der Windverhältnisse. Gerlands Beitr. z. Geophys., 47, 172, 1936.

[64] F. Steinhauser, Zum täglichen Gang der Windgeschwindigkeit: Eintrittszeiten der täglichen Maxima. Meteorol. Zs., 1936, 479.

[65] H. Pohl, Häufigkeitsverteilung der Windgeschwindigkeit zu den einzelnen Tagesstunden an Orten mit charakteristischen Lagen. Meteorol. Zs., 1936, 340. — H. Pohl, Zur Kenntnis der Windgeschwindigkeiten einiger Orte mit charakteristischen Lagen in den Ostalpen. Dissertation, Wien, 1936.

[66] J. Hann, Studien über die Luftdruck- und Temperaturverhältnisse auf dem Sonnblickgipfel nebst Bemerkungen über deren Bedeutung für die Theorie der Zyklonen und Antizyklonen. Wiener Sitzber., 100, 367, (1891). — Die gleichzeitigen interdiurnen Luftdruck- und Temperaturänderungen auf dem Sonnblickgipfel (3106 m) und zu Salzburg (403 m) mit Bemerkungen über die unperiodischen Luftdruckschwankungen. Wiener Sitzber., 122, 45, (1913).

[67] J. Hann, Weitere Untersuchungen über die tägliche Oscillation des Barometers. Denkschr. d. Wiener Akad. d. Wiss., 59, (1892).

[68] A. Obermaier, Die Veränderlichkeit der täglichen Barometeroscillation auf dem Sonnblick im Laufe des Jahres. Wiener Sitzber., 110, 289, (1901).

[69] W. Peppler, Die relative Feuchtigkeit in der freien Atmosphäre über Süddeutschland. Zs. f. angew. Meteorol., Das Wetter, 54, 1937, 342.

[70] A. Peppler, Hoch- und Tiefdruckbereitschaft im Oktober—Dezember in Südwestdeutschland. Zs. f. angew. Meteorol., Das Wetter, 54, 1937, 377.

INHALTSVERZEICHNIS.